Elemente der Mathematik

EdM

Nordrhein-Westfalen
6. Schuljahr

Herausgegeben von
Heinz Griesel
Helmut Postel
Friedrich Suhr
Werner Ladenthin

Schroedel

Elemente der Mathematik

EdM

Nordrhein-Westfalen 6

Herausgegeben von
Prof. Dr. Heinz Griesel, Prof. Helmut Postel, Friedrich Suhr, Werner Ladenthin

Bearbeitet von
Lutz Breidert, Gabriele Dybowski, Christine Fiedler, Dr. Beate Goetz, Reinhard Kind, Werner Ladenthin, Matthias Lösche, Kerstin Schäfer, Thomas Sperlich, Friedrich Suhr, Prof. Dr. Hans-Georg Weigand, Ulrike Willms

Für Nordrhein-Westfalen bearbeitet von
Dr. Thomas Altmeyer, Prof. Dr. Regina Bruder, Kerstin Schäfer, Andreas Stümer, Tobias Termaat, Ulrike Willms

Für dieses Unterrichtswerk sind umfangreiche Unterrichtsmaterialien entwickelt worden:
Unterrichtsmaterialien Band 1 Best.-Nr. 87001

Für dieses Schulbuch erscheint ein passgenaues Arbeitsheft: Best.-Nr. 87452

Zum Schulbuch erscheinen Lösungen: Best.-Nr. 87443

Druck A[2] / Jahr 2014
Alle Drucke der Serie A sind im Unterricht parallel verwendbar.

Redaktion: Lena Schenk, Claus Peter Witt
Herstellung: Reinhard Hörner
Umschlagentwurf: LIO Design GmbH, Braunschweig
Innenlayout: JANSSEN KAHLERT Design & Kommunikation GmbH, Hannover
Illustrationen: Dietmar Griese, Laatzen
Zeichnungen: Schlierf, Type & Design, Lachendorf; Langner & Partner, Hemmingen
Satz: imprint, Zusmarshausen
Druck und Bindung: westermann druck GmbH, Braunschweig

ISBN 978-3-507-**87442**-8

Auf den Punkt gebracht   Im Blickpunkt

Auf den Punkt gebracht   Im Blickpunkt

Auf den Punkt gebracht   Im Blickpunkt

Über dieses Buch

Elemente der Mathematik ist auf der Basis des nordrhein-westfälischen Kernlehrplans Mathematik für einen gymnasialen Bildungsgang mit dem Abitur nach 12 Schuljahren konzipiert. Die zentralen Kompetenzen, die die Schülerinnen und Schüler erwerben sollen, werden deutlich herausgestellt, aber auch vielfältige Erweiterungsmöglichkeiten für thematische Profilbildungen angegeben.

Die über den Kernlehrplan hinausgehenden Anforderungen werden durch blaue Überschriften gekennzeichnet, die auch schon im Inhaltsverzeichnis erkennbar sind; dasselbe gilt auch für die dazugehörigen Aufgaben.

Bei der Darstellung der Lerninhalte werden im Rahmen der **inhaltsbezogenen Kompetenzen** alle Aspekte von Mathematik (als Anwendung, als Struktur sowie als kreatives und intellektuelles Handlungsfeld) ausgewogen berücksichtigt. Insbesondere wurden auch Ergebnisse und Schlussfolgerungen aus der TIMS- und der PISA-Studie angemessen eingearbeitet.

Zum Erwerb der **prozessbezogenen Kompetenzen** ermöglicht **Elemente der Mathematik** eine breite Palette unterschiedlichster schülerorientierter Unterrichtsformen: Beim gemeinsamen Entdecken, Erforschen, Beschreiben und Erklären erfahren die Schüler, dass nicht nur die Lösung eines Problems, sondern auch der Lösungsweg wichtig ist und dass dabei insbesondere die Analyse von Fehlern hilfreich ist. Argumentieren, Kommunizieren, Problemlösen und Modellieren gelangen so in den Vordergrund des unterrichtlichen Geschehens. Stets werden den Unterrichtenden konkrete Hilfen an die Hand gegeben, um solche problem- und handlungsorientierte Lernsituationen zu schaffen, in denen die Schülerinnen und Schüler altersangemessen ihr mathematisches Wissen möglichst eigenständig entwickeln und strukturieren können.

Zu den Lerninhalten

Aus den im Kerncurriculum angegebenen Kompetenzen, die am Ende der 6. Klasse erworben sein sollen, wurde folgende Themenabfolge für den Unterricht in Klasse 6 entwickelt:

Kapitel 1 Gebrochene Zahlen – Zentrale mathematische Leitidee „Zahl und Operation"
Aus den in Klasse 5 erworbenen Grunderfahrungen mit Brüchen wird der Begriff der gebrochenen Zahl erarbeitet und angewendet. Das Addieren und Subtrahieren von Brüchen sowie das Vervielfachen und Teilen von Brüchen (mit natürlichen Zahlen) wird aus Anwendungen herausgearbeitet.

Kapitel 2 Kreis – Winkel – Symmetrien –
Zentrale mathematische Leitideen „Zahl und Operation" und „Größen und Messen"
Zunächst wird der Kreis betrachtet. Beim Winkel wird besonderer Wert auf den Aufbau einer inhaltlichen Grundvorstellung gelegt. Aus Formen in Natur, Technik und Kunst werden Achsen- und Punktsymmetrie erarbeitet. Als Erweiterung werden die zugehörigen Abbildungen angeboten.

Kapitel 3 Dezimalbrüche – Zentrale mathematische Leitidee „Zahl und Operation"
Die den Schülern aus dem Alltag geläufigen Dezimalbrüche werden über die Erweiterung der von den natürlichen Zahlen bekannten Stellentafel eingeführt und in die Bruchrechnung eingeordnet. Die Rechenverfahren werden mithilfe der bekannten Teile der Bruchrechnung begründet.

Kapitel 4 Berechnungen an Vielecken –
Zentrale mathematische Leitideen „Raum und Form" und „Größen und Messen"
Ausgehend vom Flächeninhalt des Dreiecks werden der Flächeninhalt von Parallelogramm, Trapez und beliebigen Vielecken behandelt – stets in Zusammenhang mit vielfältigen Anwendungssituationen.

Kapitel 5 Multiplizieren und Dividieren von Brüchen – Zentrale mathematische Leitidee „Zahl und Operation“
Das im Alltag wenig vorkommende Multiplizieren und Dividieren zweier Brüche wird erarbeitet. Beim Berechnen von Termen werden alle Rechenarten zu Brüchen und Dezimalbrüchen behandelt.

Kapitel 6 Statistische Daten – Zentrale mathematische Leitideen „Daten und Zufall“
Ausgehend von einem Einblick in die Problemstellung der Stochastik werden Häufigkeiten, Diagramme, arithmetisches Mittel und Median behandelt. Besondere Wert wird auf einen sachgerechten Umgang sowie das Erkennen von Manipulationsmöglichkeiten gelegt.

Kapitel 7 Ganze Zahlen – Zentrale mathematische Leitidee „Zahl und Operation“
Ausgehend von der Verwendung der ganzen Zahlen in der Umwelt werden die ganzen Zahlen und auch ihre Addition und Multiplikation erarbeitet.

Zum methodischen Aufbau

1. Jedes Kapitel beginnt mit einer **Einstiegsseite**, die an die Erfahrungen der Schülerinnen und Schüler anknüpft und erste Aktivitäten zur Thematik ermöglicht. Diese Seite eignet sich für einen offenen Einstieg und gibt einen Ausblick auf das Thema des Kapitels.
An die Einstiegsseite schließt sich ein **fakultatives Lernfeld** mit verschiedenen offenen und reichhaltigen Lerngelegenheiten an: In unterschiedlichen Problemsituationen können die Schülerinnen und Schüler zentrale Inhalte und Verfahren auf eigenen Lernwegen durch Anknüpfen an Alltags- und Vorerfahrungen selbstständig und häufig handlungsorientiert entdecken. Der Aufbau eigener Vorstellungen und die Bearbeitung einer Vielfalt von Lösungsansätzen werden gefördert durch die Anregung, diese Lernfelder in der Regel in Partner- und Gruppenarbeit zu bearbeiten. Der Austausch über das Problem mit dem Partner bzw. in der Gruppe sowie der Bericht über die Erfahrungen in der ganzen Klasse fördern insbesondere überfachliche und fachliche Kompetenzen wie Problemlösen sowie Argumentieren und Kommunizieren.

2. Die folgenden **Lerneinheiten** bieten eine Möglichkeit zur systematischen Behandlung der Kapitelinhalte – je nach Vorgehen in der Lerngruppe können Teile davon auch in die Bearbeitung der Lernfelder integriert werden. Jede Lerneinheit beginnt mit einem offenen Einstieg (ohne Lösung im Buch), der die Schüler(innen) zu einer eigenständigen Problembearbeitung und -lösung anregt. Es kann sich eine Aufgabe mit Lösung oder eine Einführung anschließen, die alternativ oder ergänzend die Thematik bearbeiten. Durch ihre sorgfältige, schülergerechte Darstellung eignen sie sich sowohl zum eigenständigen Erarbeiten als auch zum Herausstellen von Problemlösestrategien. Der übersichtlichen Darstellung wegen folgen hier schon weiterführende Aufgaben, die im Unterricht in aller Regel erst nach einer erfolgten Festigung der zuerst behandelten Inhalte an einigen Übungsaufgaben thematisiert werden sollten. Sie dienen der Abrundung und Weiterführung der Theorie. Ihr Thema wird den Unterrichtenden in einer Überschrift genannt. In aller Regel sollten weiterführende Aufgaben im Unterricht bearbeitet werden und nicht als Hausaufgaben gestellt werden.
Die im Lernprozess erarbeiteten Ergebnisse werden häufig in einer Information zusammengefasst. In ihr werden auch Begriffe eingeführt und Ausblicke gegeben. Wesentliche Inhalte werden dabei optisch deutlich in einem Kasten mit einem roten Rahmen hervorgehoben. Hier wird großer Wert gelegt auf prägnante, altersgemäße Formulierungen, die auch beispielgebunden sein können.
Die folgenden Übungsaufgaben sind unter besonderer Berücksichtigung des Erwerbs sowohl überfachlicher als auch fachlicher Kompetenzen konzipiert worden. Sie dienen zur Festigung des Gelernten, der operativen Durcharbeitung und der Vernetzung der Lerninhalte mit denen früherer Themen; dabei sind überall offene Aufgaben integriert. Zur soliden Durcharbeitung wird konsequent

das Analysieren typischer Schülerfehler und entsprechendes Argumentieren gefordert. Auch die Übungsaufgaben ermöglichen Unterricht in vielfältigen schülerbezogenen Aktivitäten, bis hin zu Partnerarbeit und Teamarbeit sowie Spielen.
Einige Aufgaben enthalten in einem blauen Fond Musterbeispiele für Schreibweisen und Lösungswege. Manche Aufgaben enthalten Selbstkontroll-Möglichkeiten für die Schüler(innen). Aufgaben, die die Selbstständigkeit und Problemlösefähigkeit in besonderer Weise herausfordern, sind durch eine rote Aufgabennummer gekennzeichnet.

3. Abschnitte mit der Überschrift **Vermischte Übungen** finden sich an den Stellen eines Kapitels, an denen eine besonders starke Vermischung der bisher erworbenen Kompetenzen angebracht ist.

4. Eingestreut in die Übungsaufgaben finden sich in regelmäßigen Abständen Fragestellungen unter der Überschrift **Das kann ich noch!** zum Reaktivieren des bisher erworbenen Grundwissens.

5. Am Kapitelende folgt dann der fakultative Abschnitt **Aufgaben zur Vertiefung**, der neben einer Vernetzung auch eine Ergänzung des Lehrstoffes auf einem erhöhten Niveau zum Ziel hat. Da in diesen Abschnitten keine neuen Inhalte erarbeitet werden, ist ihre Behandlung fakultativ.

6. Den Kapitelabschluss bilden die Abschnitte **Das Wichtigste auf einen Blick** und **Bist du fit?**, in denen in besonderer Weise die erworbenen Grundqualifikationen zusammengestellt und getestet werden. Die Lösungen dieser Aufgaben sind im Anhang des Buches angegeben, sodass sie von den Schülerinnen und Schüler gut zum eigenständigen Üben für eine Klassenarbeit verwendet werden können.

7. Unter der Überschrift **Im Blickpunkt ( )** werden innermathematische, aber insbesondere auch fachübergreifende, komplexere Themen, die von besonderem Interesse sind und in engem Zusammenhang mit dem Lerninhalt des Kapitels stehen, als Ganzes behandelt. Zur Förderung der fachlichen Kompetenz des Problemlösens sind einige dieser Abschnitte als Forschungsaufträge formuliert. Die Blickpunkte gehen über die obligatorischen Inhalte des Kerncurriculums hinaus; sie eignen sich auch zur Differenzierung und Förderung von eigenständigen Schüleraktivitäten.

8. Um Schüler und Schülerinnen im eigenständigen Erarbeiten mathematischer Themen zu schulen, enthält jedes Kapitel eine Lerneinheit **Zum Selbstlernen**, in der das Thema so aufbereitet ist, dass es von den Lernenden ganz selbstständig bearbeitet werden kann.

9. An geeigneten Stellen werden unter der Überschrift **Auf den Punkt gebracht ( )** die für diese Klassenstufe vorgesehenen prozessbezogene Kompetenzen akzentuiert zusammengefasst.

10. Zur Unterstützung bei der Durchführung projektorientierter Unterrichtsphasen, aber auch bei der Bearbeitung der Lernfeldern, werden im Internet kostenfrei Materialien zu mehrfach im Unterricht erprobten **Projekten** angeboten:
www.elemente-der-mathematik.de

Symbole

1. Dieser Arbeitsauftrag ist für die Bearbeitung in Partnerarbeit konzipiert.
2. Dieser Arbeitsauftrag ist für die Bearbeitung durch eine Gruppe aus mehreren Schüler(innen) konzipiert.
3. Rote Aufgabennummern kennzeichnen Aufgaben, die die Selbstständigkeit und Problemlösefähigkeit der Schülerinnen und Schüler in besonderer Weise herausfordern.
4. Blaue Aufgabennummern (und Überschriften) kennzeichnen Zusatzstoffe.

In den Einheiten zum Selbstlernen kennzeichnet dieses Symbol einen Auftrag.

Bleib fit im ... Umgang mit Brüchen

Zum Aufwärmen

1. Unten siehst du Kuchenreste, z.B. $\frac{1}{2}$ Käse-Sahne-Torte. Beschreibe die Reste mit Brüchen.

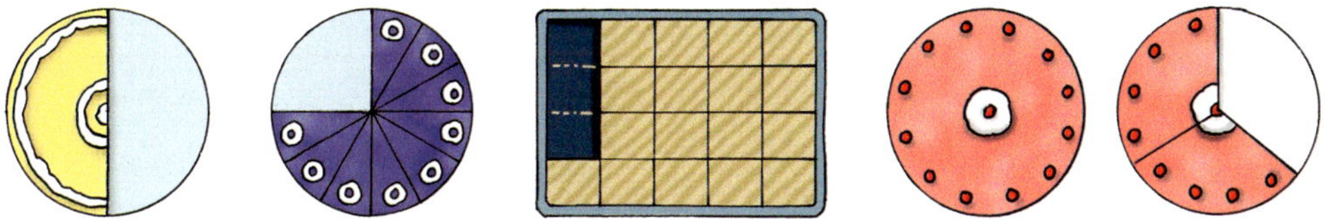

2. a) Eine neu geplante Ortsumgehung ist 12 km lang.
$\frac{2}{3}$ der Strecke sind schon fertig gestellt. Wie viel km sind das?

b) Jan erhielt bei der Klassensprecherwahl 24 von 30 abgegebenen Stimmen.
Welchen Anteil der abgegebenen Stimmen erhielt er?

c) Ein Landwirt hat 32 ha Wiesen. Das sind $\frac{4}{5}$ seines ganzen Landes.
Wie viel Land besitzt er?

Zum Erinnern

(1) Brüche zur Angabe von Teilen eines Ganzen

$\frac{3}{4}$ ← Zähler, ← Bruchstrich, ← Nenner

$\frac{1}{2}, \frac{1}{4}, \frac{3}{4}, \frac{1}{8}, \frac{3}{8}, \frac{5}{8}, \frac{2}{3}$, ... sind *Brüche*.

Der *Nenner* eines Bruches gibt an, in wie viele gleich große Teile ein Ganzes zerlegt wird. Der *Zähler* gibt an, wie viele solcher Teile dann genommen werden.

$\frac{99}{100}$ echt
$\frac{101}{100}$ unecht

Ist bei einem Bruch der Zähler kleiner als der Nenner, so nennt man ihn einen **echten Bruch**.
Bei Brüchen kann der Zähler auch größer als der Nenner oder gleich dem Nenner sein. Solche Brüche heißen **unechte Brüche**.

Beispiele: echte Brüche: $\frac{1}{2}$; $\frac{3}{4}$; $\frac{3}{5}$; $\frac{2}{7}$ *unechte Brüche:* $\frac{3}{2}$; $\frac{11}{4}$; $\frac{17}{8}$; $\frac{4}{4}$; $\frac{6}{3}$

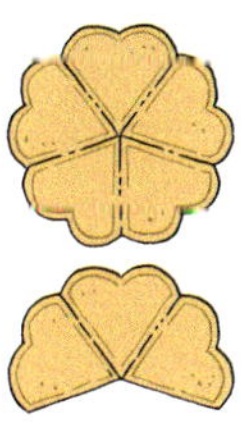

$1\frac{3}{5}$ Waffeln

Manche unechte Brüche geben die Anzahl von Ganzen, also natürliche Zahlen an.
Andere unechte Brüche geben keine natürlichen Zahlen an. Solche Brüche kann man auch in der **gemischten Schreibweise** notieren. Sie ist eine kurze Schreibweise für eine Summe aus einer natürlichen Zahl und einem echten Bruch.

Beispiele: $\frac{4}{4} = 1$; $\frac{8}{4} = 2$; $\frac{12}{4} = 3$; $\frac{3}{2} = 1 + \frac{1}{2} = 1\frac{1}{2}$; $\frac{11}{4} = 2 + \frac{3}{4} = 2\frac{3}{4}$

(2) Erweitern und Kürzen von Brüchen

Man kann ein- und denselben Anteil durch verschiedene Brüche angeben.

$\frac{4}{5} = \frac{4 \cdot 2}{5 \cdot 2} = \frac{8}{10}$

Erweitern eines Bruches heißt, seinen Zähler und Nenner mit derselben Zahl (nicht 0 oder 1) zu multiplizieren.

$\frac{6}{9} = \frac{6 : 3}{9 : 3} = \frac{2}{3}$

Kürzen eines Bruches heißt, seinen Zähler und Nenner durch dieselbe Zahl (nicht 0 oder 1) zu dividieren.

Anteile in Prozent (%)
$1\,\% = \frac{1}{100}$

(3) Grundaufgaben der Bruchrechnung

Beschreibt man Anteile an einem Ganzen mit Brüchen, so gibt es drei Typen von Aufgaben.

Der Teil ist gesucht.	Das Ganze ist gesucht.	Der Anteil ist gesucht.
$\frac{3}{4}$ von 8 €	$\frac{3}{4}$ des Ganzen sind 90 m.	$3\,\ell$ von $8\,\ell$
Ansatz: $8\,€ \xrightarrow{\text{davon } \frac{3}{4}} \square$	*Ansatz:* $\square \xrightarrow{\text{davon } \frac{3}{4}} 90\text{ m}$	*Ansatz:* $8\,\ell \xrightarrow{\text{davon } \square} 3\,\ell$
Rechnung: $(8\,€ : 4) \cdot 3 = 6\,€$	*Rechnung:* $(90\text{ m} : 3) \cdot 4 = 120\text{ m}$	*Rechnung:* $3\,\ell : 8\,\ell = \frac{3}{8}$

Zum Trainieren

3. Welche Brüche sind dargestellt?

a) 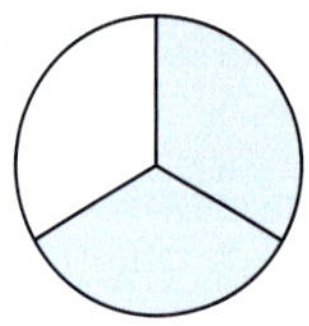
b) 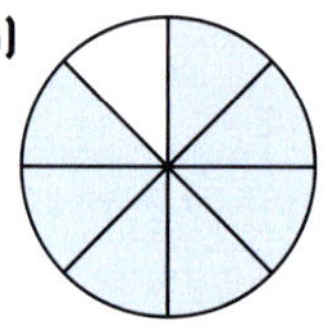
c) 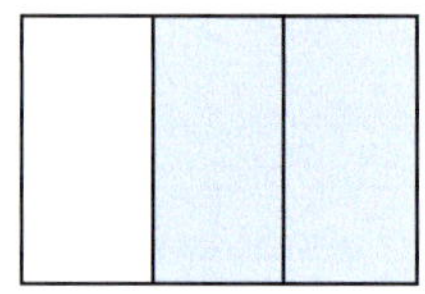
d) 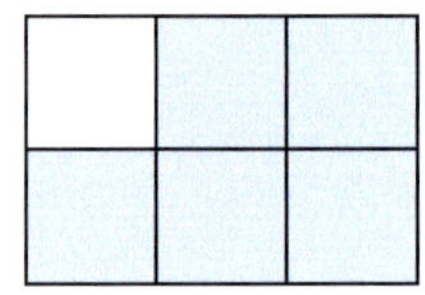

4. Skizziere
a) $\frac{3}{4}$ einer Torte; **b)** $\frac{5}{8}$ eines Blechkuchens; **c)** $\frac{1}{4}$ eines Stücks Butter; **d)** $3\frac{1}{2}$ Torten.

5. a) Gib als unechten Bruch an: $2\frac{1}{2}$; $4\frac{1}{3}$; $1\frac{3}{4}$; $5\frac{1}{6}$; $3\frac{2}{5}$; $1\frac{3}{8}$; $2\frac{1}{4}$
b) Gib in gemischter Schreibweise an: $\frac{7}{2}$; $\frac{5}{3}$; $\frac{9}{4}$; $\frac{6}{5}$; $\frac{21}{5}$; $\frac{25}{3}$; $\frac{31}{7}$

$1\frac{3}{4} = 1 + \frac{3}{4} = \frac{7}{4}$
$\frac{13}{5} = \frac{10}{5} + \frac{3}{5} = 2\frac{3}{5}$

6. a) Erweitere mit 2 [4; 5]: $\frac{1}{2}$, $\frac{4}{5}$, $\frac{2}{7}$, $\frac{3}{2}$, $\frac{5}{3}$ **b)** Erweitere auf den Nenner 36: $\frac{3}{4}$, $\frac{1}{9}$, $\frac{5}{12}$, $\frac{1}{6}$, $\frac{3}{2}$

7. Kürze so weit wie möglich: $\frac{6}{8}$, $\frac{12}{15}$, $\frac{18}{24}$, $\frac{5}{20}$, $\frac{12}{4}$, $\frac{14}{21}$, $\frac{12}{20}$, $\frac{6}{30}$, $\frac{30}{18}$, $\frac{12}{32}$, $\frac{6}{24}$, $\frac{8}{28}$

8. a) Anne, Bea, Christin und Doreen teilen sich drei Pizzas. Welchen Anteil an einer Pizza bekommt jede? Zeichne und rechne.
b) Wie viel bekommt jeder?
(1) Zwei Tafeln Schokolade werden an drei Jungen verteilt.
(2) Sechs Pfirsiche werden an vier Freunde verteilt.

9. Notiere als Bruch. Gib das Ergebnis – falls möglich – auch als natürliche Zahl oder in der gemischten Schreibweise an.
a) 5 : 8 **b)** 8 : 5 **c)** 6 : 3 **d)** 7 : 1 **e)** 0 : 4 **f)** 4 : 7

10. Ein neu geplanter Tunnel unter einem Fluss hindurch soll 800 m lang werden. $\frac{3}{4}$ ist schon fertig. Wie viel Prozent sind fertig? Wie viel m müssen noch gebaut werden?

11. 25 von 30 Kindern einer Klasse spielen ein Musikinstrument. Wie groß ist der Anteil?

12. Jan hat 12 CDs mit klassischer Musik. Das sind $\frac{4}{9}$ seiner CDs. Wie viele hat er insgesamt?

13. a) In der Klasse 6 a sind 24 von 30 Schülern Fahrschüler. Bestimme deren Anteil.
b) In der Klasse 6 b sind $\frac{5}{6}$ der 30 Schüler Fahrschüler. Wie viele sind das?
c) Die 6 c hat 21 Fahrschüler, das sind $\frac{3}{4}$ der Schüler. Wie viele Schüler hat die Klasse?

1. Gebrochene Zahlen

Im Alltag reicht es nicht immer, Größen mit natürlichen Zahlen anzugeben.
Oft findest du Zahlenangaben der folgenden Art:

- Erkläre, was die Zahlenangaben bedeuten.
- Findest du weitere solcher Angaben im Alltag?
- Wie viel Liter Mischgetränk sind im Krug oben?

In diesem Kapitel ...
lernst du weitere Beispiele dafür kennen, dass man Teile eines Ganzen mit Brüchen angeben kann. Weiter erarbeitest du, wie man solche Zahlen addiert, subtrahiert, vervielfacht und teilt.

Lernfeld: Mehr oder weniger Bruch

Brüche bei Schokoladentafeln

Schokoladentafeln haben je nach Sorte verschiedene Bruchstellen, damit man sie leichter aufteilen kann. Damit kannst du unterschiedliche Brüche herstellen und auch experimentieren, rechnen und Aufgaben erfinden.

→ Teile eine Schokoladentafel an den vorgesehenen Bruchstellen in drei unterschiedlich große Teile. Gib die Größen der Bruchteile an und schreibe eine Additionsaufgabe mit dem Ergebnis 1.
Kannst du andere solche Aufgaben mit der Schokolade darstellen?

Verwende jetzt zwei gleich große Tafeln mit unterschiedlichen Teilungen.

→ Welche Teile ergeben zusammen jeweils eine halbe oder eine viertel Tafel?
Kannst du passende Aufgaben mit Brüchen formulieren?

→ Nimm von jeder der beiden Tafeln ein Stückchen Schokolade. Welchen Bruchteil hast du zusammen? Gibt es eine besonders günstige Einteilung für jede der beiden Tafeln, um möglichst viele verschiedene Bruchteile erzeugen zu können?

→ Erfindet mit den Schokoladentafeln verschiedene Additions- und Subtraktionsaufgaben und stellt sie zeichnerisch dar.

Bruchmessbecher

Stellt aus zwei 15 cm langen Papierstreifen zwei Skalen mit Brüchen her. Der gesamte Streifen soll ein Ganzes sein. Bringt auf ihnen Markierungen für $\frac{1}{2}$, $\frac{1}{4}$, $\frac{3}{4}$, $\frac{1}{5}$, $\frac{2}{5}$, usw. und $\frac{1}{10}$, $\frac{2}{10}$, usw. durch Falten oder Abmessen an.
Klebt beide Streifen auf zwei identische Messzylinder aus der Schulsammlung.
Bringt die Null-Markierung unten an.

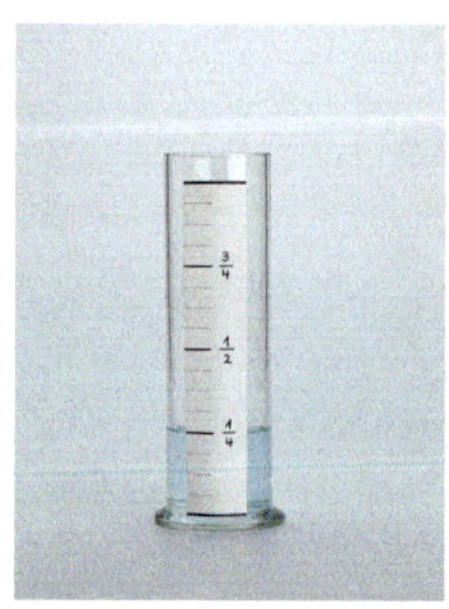

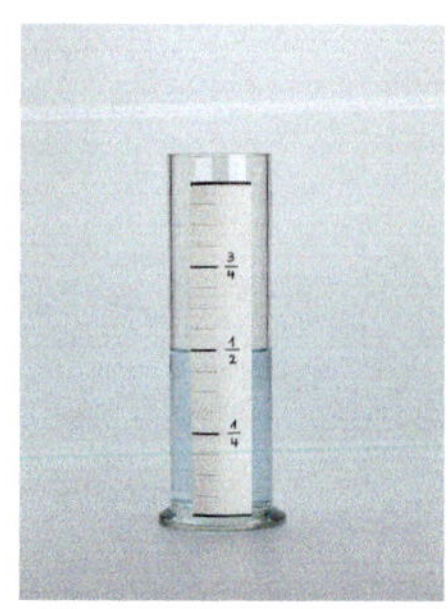

→ Füllt in beide Zylinder Wasser, z. B. bis zur Höhe $\frac{2}{5}$ bzw. $\frac{1}{2}$.
Kippt das Wasser des einen Zylinders in den anderen und lest den neuen Füllstand ab. Notiert dazu eine Additionsaufgabe mit dem Ergebnis.

→ Bildet weitere Beispiele und versucht, eine Additionsregel für Brüche zu entdecken. Eventuell sind für manche Additionsaufgaben weitere Markierungen notwendig.

1.1 Mischungs- und Teilverhältnisse

Einstieg

Bei einem Auto soll die Kühlflüssigkeit erneuert werden. Der Kühlkreislauf fasst $6\,\ell$.
Stellt einander geeignete Fragen und beantwortet sie.

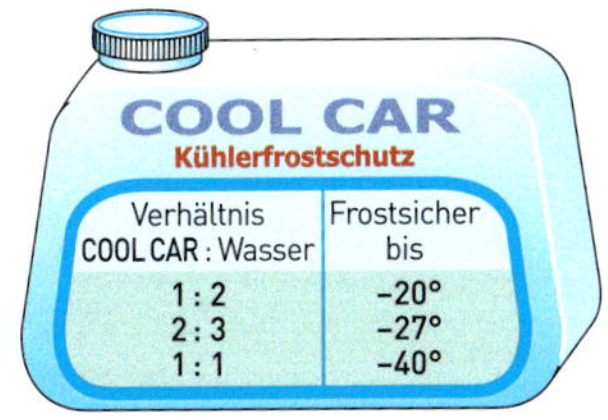

Aufgabe 1

Mischungsverhältnis

Zum Kochen von Konfitüre mit einer besonderen Sorte Gelierzucker sind Früchte und Gelierzucker im Verhältnis 3 : 2 (gelesen: 3 zu 2) zu mischen. Das bedeutet: Für 3 Gewichtsteile Früchte sind 2 Gewichtsteile Gelierzucker zu verwenden.

a) Für wie viel Früchte reicht eine 500-g-Packung Gelierzucker?

b) Gib andere Früchte- und Gelierzuckermengen an, die zusammen gehören. Vergleiche jeweils die Früchtemenge mit der Gelierzuckermenge.

c) Welchen Fruchtanteil hat die fertige Konfitüre?

Lösung

a) 500 g Gelierzucker sind 2 Teile, also wiegt 1 Teil 250 g.
Für die Herstellung der Konfitüre braucht man 3 solcher Teile, also $3 \cdot 250\,g = 750\,g$.
Ergebnis: Die Packung reicht für 750 g Früchte.

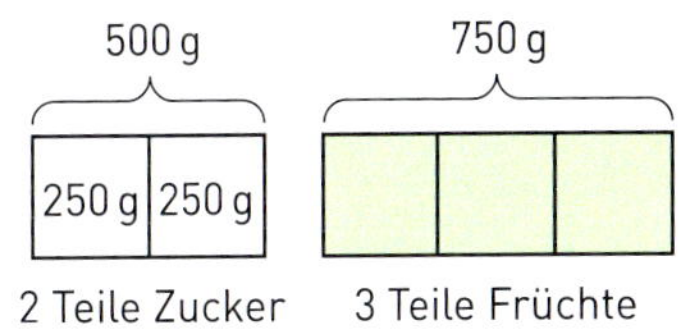

b) In Teilaufgabe a) haben wir die Fruchtmenge aus der Gelierzuckermenge wie folgt berechnet: $500\,g : 2 \cdot 3$, also $\frac{3}{2}$ von 500 g. Das gilt auch für andere Mengen als 500 g.
Die Fruchtmenge muss also jeweils anderthalb mal so groß sein wie die Gelierzuckermenge, zum Beispiel:

Menge an Gelierzucker (in g)	100	200	300	400
Menge an Früchten (in g)	150	300	450	600

c) Mit 200 g Gelierzucker und 300 g Früchten erhält man 500 g Konfitüre.
Also beträgt der Fruchtanteil $\frac{300}{500} = \frac{3}{5}$.
Dieses Ergebnis kannst du auch sofort dem Mischungsverhältnis 3 : 2 entnehmen. Aus 3 Teilen Früchte und 2 Teilen Gelierzucker erhält man 5 Teile Konfitüre. Also beträgt der Fruchtanteil:
$\frac{3\ \text{Teile}}{5\ \text{Teile}} = \frac{3}{5}$

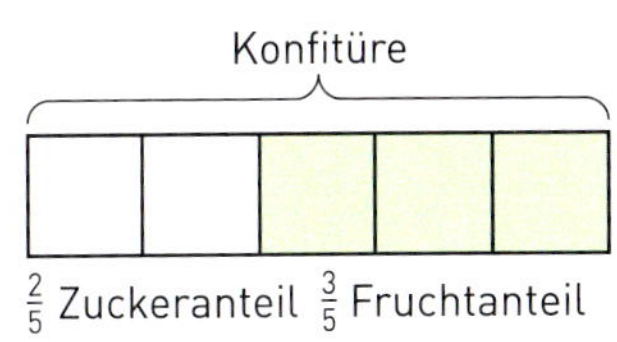

Information

Mit der Angabe 3 : 2 wurde die Fruchtmenge mit der Gelierzuckermenge verglichen, die man benötigt. Da die Fruchtmenge immer anderthalb mal so groß ist wie die Gelierzuckermenge, hat der Quotient aus beiden stets denselben Wert: $\frac{\text{Fruchtmenge}}{\text{Gelierzuckermenge}} = \frac{3}{2}$

Zum Vergleichen zweier gleichartiger Größen a und b kann man den Quotienten a : b bilden.
In dieser Form liest man den Quotienten als a zu b und bezeichnet ihn als **Verhältnis**.
Man kann das Verhältnis a : b auch in Form des Bruches $\frac{a}{b}$ angeben.

Beispiel: Bei einem anderen Gelierzucker ist das Verhältnis von Fruchtmenge zu Zuckermenge 2 : 1, d. h. die Fruchtmenge ist stets doppelt so groß wie die dafür benötigte Gelierzuckermenge.

Aufgabe 2

Teilverhältnis

Lies das Testament rechts. Wie ist ein Guthaben von 10 000 € aufzuteilen?
Welchen Anteil erhält jeder der beiden Erben?

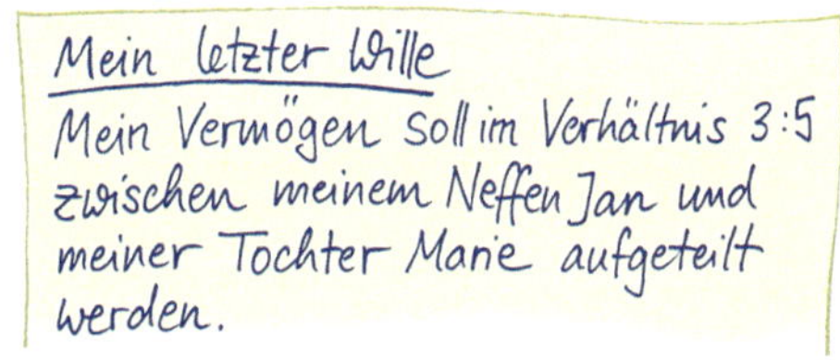

Lösung

Neffe Jan erhält 3, Tochter Marie 5 Teile.
Das Vermögen muss folglich in 3 + 5, also 8 gleiche Teile aufgeteilt werden.
Jeder dieser Teile beträgt dann 10 000 € : 8, also 1250 €.
Jan erhält dann 3 · 1250 €, also 3750 €.
Marie erhält 5 · 1250 €, also 6250 €.

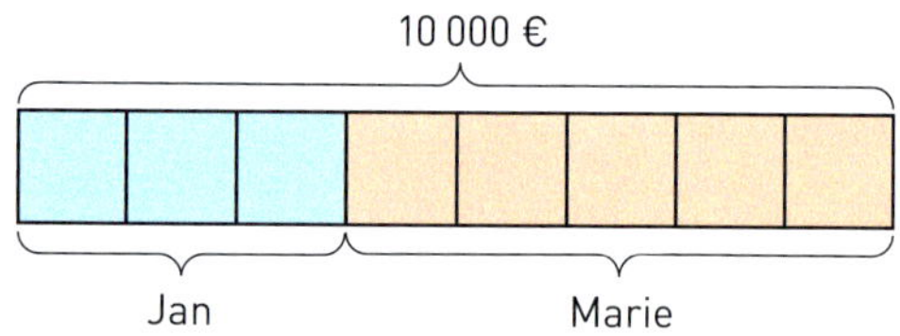

Jans Anteil ist 3 von 8 Teilen, also $\frac{3}{8}$. Maries dementsprechend 5 von 8 Teilen, also $\frac{5}{8}$.

Übungsaufgaben

3. Aus Fruchtsaftsirup kann durch Verdünnen mit Wasser gebrauchsfertiger Fruchtsaft hergestellt werden.

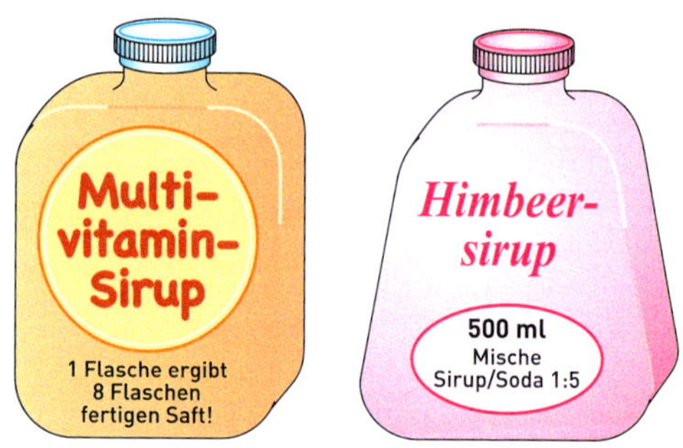

a) In welchem Verhältnis müssen Wasser und Multivitaminsirup gemischt werden?

b) Wie viel von den einzelnen Zutaten benötigt man für
(1) 200 mℓ, **(2)** 4 ℓ,
(3) 1,8 ℓ Multivitaminsaft?

c) Anne will bei ihrer Geburtstagsfeier ein Fruchtgetränk durch Mischen von Mineralwasser und Himbeersirup herstellen. Stelle geeignete Fragen und beantworte sie.

4. Herr Meyer und Frau Schulz tragen einen Streit vor Gericht aus. Die Kosten für den Prozess betragen 525 €. Sie sollen von beiden im Verhältnis 3 : 4 getragen werden.
Wie viel zahlt jeder?

5. Die Flüssigkeit für die Scheibenwaschanlage eines Pkw besteht bei einer Frostsicherheit bis –27° aus 2 Teilen Frostschutzmittel und 3 Teilen Wasser. Das Kühlsystem fasst 2,5 ℓ.
Wie viel ℓ Frostschutzmittel und wie viel ℓ Wasser braucht man?

6. Ein Manager behauptet: „Drei Fünftel meiner Arbeitszeit bin ich unterwegs."
Schreibe zu dieser Angabe ein Verhältnis.

1.2 Zahlenstrahl – Gebrochene Zahlen

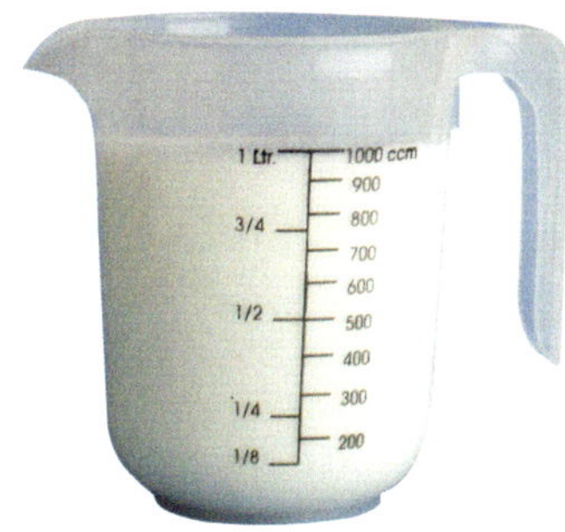

Einstieg

Auf dem Messbecher rechts seht ihr eine Skala mit Brüchen. Zeichnet selbst eine Skala in euer Heft, auf der man Achtel, Viertel und Halbe ablesen kann.

Aufgabe 1

Eintragen von Brüchen auf dem Zahlenstrahl

Rechts siehst du einen Zahlenstrahl für natürliche Zahlen. Zeichne den Abschnitt von 0 bis 3 vergrößert; wähle dazu 12 Kästchen für die (Einheits-)Strecke von 0 bis 1. Trage vom Anfangspunkt 0 aus ab:

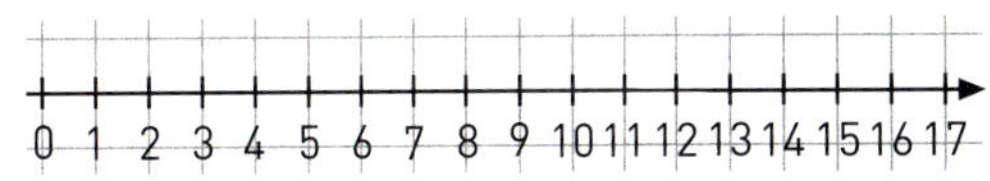

(1) $\frac{1}{2}$; $\frac{2}{2}$; $\frac{3}{2}$; $\frac{4}{2}$; $\frac{5}{2}$; $\frac{6}{2}$ **(2)** $\frac{1}{4}$; $\frac{2}{4}$; $\frac{3}{4}$; $\frac{4}{4}$; $\frac{5}{4}$; ...; $\frac{11}{4}$; $\frac{12}{4}$ **(3)** $\frac{1}{8}$; $\frac{2}{8}$; $\frac{3}{8}$; $\frac{4}{8}$; ...; $\frac{23}{8}$; $\frac{24}{8}$

Lösung

Zunächst unterteilst du die (Einheits-)Strecke von 0 bis 1 in zwei gleich lange Teile. Dann setzt du 1, 2, 3, 4, 5 bzw. 6 solcher Teilstrecken aneinander; diese trägst du von 0 aus ab. Entsprechend verfährst du mit den Vierteln und Achteln.

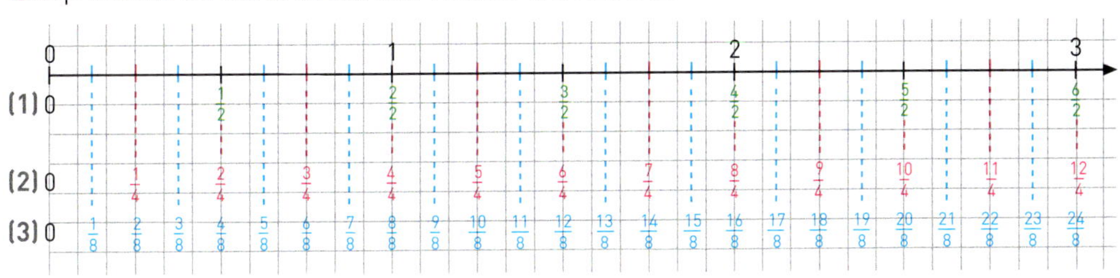

Weiterführende Aufgabe

Abtragen auf dem Zahlenstrahl auch bei gemischter Schreibweise

2. Zeichne einen Zahlenstrahl und trage ein:

a) $\frac{1}{3}$; $\frac{2}{3}$; $1\frac{1}{3}$; $2\frac{1}{3}$; $2\frac{2}{3}$ **b)** $\frac{1}{6}$; $\frac{2}{6}$; $\frac{3}{6}$; $\frac{4}{6}$; $\frac{5}{6}$; $1\frac{5}{6}$; $2\frac{1}{6}$

Information

Du weißt: Natürliche Zahlen wie 0, 1, 2, 3, ... beschreiben Punkte auf einem Zahlenstrahl. Auch Brüche wie $\frac{1}{2}$; $\frac{3}{4}$; $\frac{5}{8}$; $\frac{4}{3}$ legen Punkte auf dem Zahlenstrahl fest. Verschiedene Brüche können denselben Punkt festlegen.

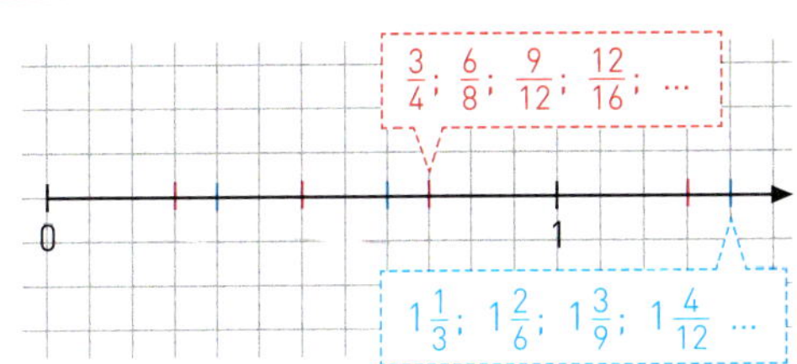

Beispiel: $\frac{3}{4}$; $\frac{6}{8}$; $\frac{9}{12}$; $\frac{12}{16}$ gehören zu *demselben* Punkt: $\frac{3}{4} = \frac{6}{8} = \frac{9}{12} = \frac{12}{16}$

Wir sagen: $\frac{3}{4}$; $\frac{6}{8}$; $\frac{9}{12}$ und $\frac{12}{16}$ sind verschiedene Schreibweisen für dieselbe **gebrochene Zahl**, oder auch: *die verschiedenen Brüche* $\frac{3}{4}$; $\frac{6}{8}$; $\frac{9}{12}$ *und* $\frac{12}{16}$ *haben denselben Wert.*

Beachte: Die natürlichen Zahlen sind besondere gebrochene Zahlen, da man sie als Bruch schreiben kann, z.B. $2 = \frac{2}{1} = \frac{4}{2} = \frac{6}{3} = \frac{8}{4} = ...$

Übungsaufgaben

3. Zeichne einen Zahlenstrahl; wähle 10 Kästchen für die Strecke von 0 bis 1.
Trage die Punkte ein für: **a)** $\frac{1}{5}$; $\frac{2}{5}$; $\frac{3}{5}$; $\frac{4}{5}$; $\frac{5}{5}$; $\frac{6}{5}$; $1\frac{4}{5}$; $2\frac{2}{5}$ **b)** $\frac{1}{10}$; $\frac{2}{10}$; $\frac{3}{10}$; $\frac{7}{10}$; $1\frac{5}{10}$; $2\frac{3}{10}$; $\frac{0}{10}$

4. Zeichne einen Zahlenstrahl; wähle für die Strecke von 0 bis 1 die in Klammern angegebene Länge. Trage die Punkte ein für:

a) $\frac{3}{2}$; $\frac{3}{4}$; $\frac{2}{3}$; $1\frac{2}{3}$; $2\frac{1}{6}$ (6 cm)

b) $\frac{5}{4}$; $\frac{7}{8}$; $\frac{19}{8}$; $2\frac{7}{8}$; $2\frac{11}{16}$; $3\frac{1}{16}$ (4 cm)

c) $\frac{7}{5}$; $\frac{9}{10}$; $1\frac{7}{10}$; $2\frac{1}{5}$; $2\frac{1}{10}$; $2\frac{1}{4}$; $\frac{21}{10}$ (5 cm)

d) $\frac{5}{12}$; $\frac{2}{3}$; $\frac{7}{6}$; $\frac{3}{4}$; $\frac{7}{12}$; $\frac{4}{6}$; $\frac{11}{24}$ (12 cm)

5. Auch im Alltag findet ihr Skalen mit gebrochenen Zahlen (siehe Bild links).
Was fällt euch auf? Findet ihr weitere Beispiele?

6. Notiere zu den angegebenen Punkten die gebrochenen Zahlen im Heft.

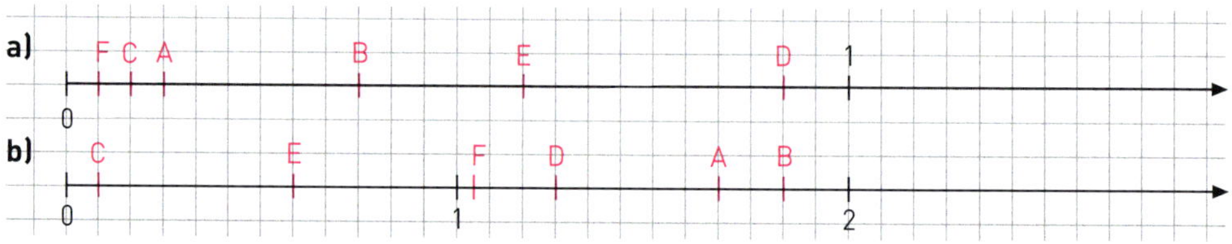

7. Übertrage den Zahlenstrahl in dein Heft.

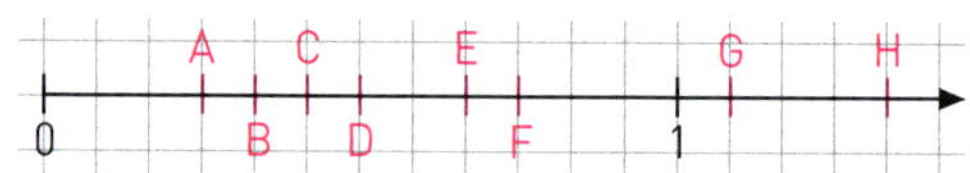

a) Gib zu den Punkten des Zahlenstrahls rechts die gebrochenen Zahlen an.

b) Trage die Punkte für die gebrochenen Zahlen $\frac{1}{6}$; $\frac{5}{6}$; $\frac{11}{12}$; $\frac{1}{8}$ und $1\frac{5}{12}$ ein.

c) Gib für jeden der Punkte von Teilaufgabe a) noch zwei weitere Brüche an.

8. Zeichne einen Zahlenstrahl.
Trage einige Punkte ein und lasse deinen Nachbarn zugehörige Brüche angeben.

9. Zum Punkt P in Abbildung (1) gehört die gebrochene Zahl $\frac{2}{3}$.

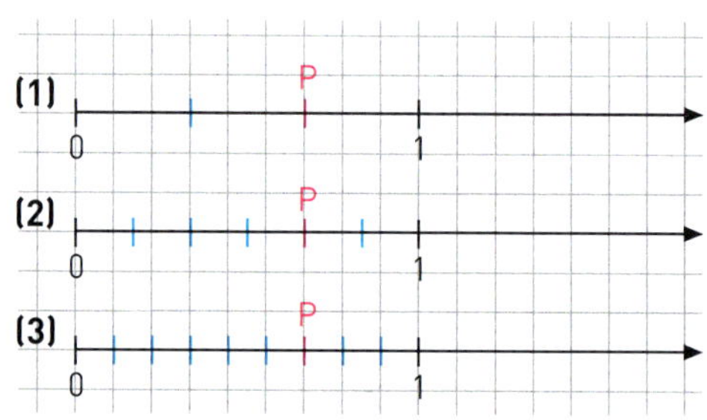

a) Lies aus den Abbildungen (2) und (3) andere Brüche ab, die auch zum Punkt P gehören.

b) Denke dir den Zahlenstrahl noch weiter unterteilt. Welche Brüche gehören dann z. B. auch zum Punkt P?

10. Zu welchen der Brüche $\frac{1}{4}$; $\frac{10}{6}$; $\frac{8}{12}$; $\frac{4}{3}$; $\frac{2}{3}$; $\frac{2}{8}$; $\frac{15}{12}$; $\frac{5}{3}$; $\frac{9}{12}$; $\frac{4}{6}$; $\frac{3}{12}$ gehört derselbe Punkt des Zahlenstrahls? Entscheide ohne zu zeichnen.

11. Welche Brüche kann man als natürliche Zahlen schreiben: $\frac{12}{6}$; $\frac{4}{8}$; $\frac{0}{10}$; $\frac{13}{1}$; $\frac{14}{2}$; $\frac{15}{3}$; $\frac{16}{4}$; $\frac{17}{5}$; $\frac{18}{6}$; $\frac{19}{7}$?

12. Mit welcher gebrochenen Zahl kannst du den Punkt angeben, der genau in der Mitte der angegebenen Zahlen liegt? Erläutere deine Überlegungen.

a) $2\frac{1}{2}$ und 3 **b)** $3\frac{2}{9}$ und $4\frac{5}{9}$ **c)** $\frac{2}{5}$ und $\frac{3}{5}$ **d)** $2\frac{1}{2}$ und $2\frac{1}{4}$ **e)** $2\frac{1}{2}$ und $2\frac{1}{3}$

1.3 Ordnen von gebrochenen Zahlen

Einstieg

Sophie, Max und Juan haben gleich große Tafeln Schokolade gleicher Form geschenkt bekommen und davon schon gegessen.
Wer hat noch am meisten übrig?

Aufgabe 1

Kleiner und größer bei gebrochenen Zahlen

Zu Annes Geburtstag gibt es Torten.

a) Von der Himbeertorte bleiben $\frac{7}{12}$ übrig, von der Ananastorte $\frac{5}{12}$ und von der Kiwitorte $\frac{2}{3}$.
Von welcher Torte bleibt am wenigsten übrig, von welcher am meisten?

b) Markiere $\frac{7}{12}$, $\frac{5}{12}$ und $\frac{2}{3}$ am Zahlenstrahl. Erkläre das Ergebnis von Teilaufgabe a) daran.

Lösung

a) Am einfachsten lassen sich die Reste der Himbeer- und Ananastorte vergleichen, da beide in 12 gleichgroße Stücke unterteilt wurden. 5 Zwölftel sind weniger als 7 Zwölftel, also $\frac{5}{12} < \frac{7}{12}$.
Mit dem Rest der Kiwitorte lässt es sich nicht so gut vergleichen. Wir können aber die Einteilung der Kiwitorte so verfeinern, dass auch hier jedes Teilstück $\frac{1}{12}$ der Torte ist. Das bedeutet:
Wir erweitern den Bruch $\frac{2}{3}$ mit 4 und erhalten $\frac{2}{3} = \frac{8}{12}$. Wir erkennen: $\frac{7}{12} < \frac{8}{12}$. Hauptnenner 12
Ergebnis: Von der Ananastorte bleibt am wenigsten übrig, von der Kiwitorte am meisten.

Himbeertorte | Ananastorte | Kiwitorte

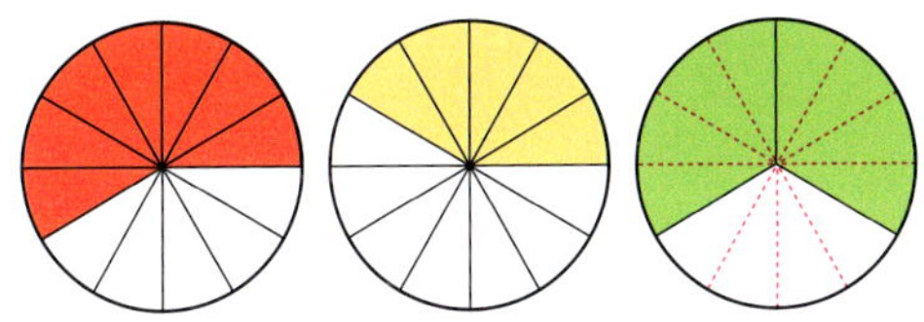

$\frac{7}{12}$ | $\frac{5}{12}$ | $\frac{2}{3}$

b) Da die Lösung von Teilaufgabe a) mithilfe von Zwölfteln erfolgte, unterteilen wir auch den Zahlenstrahl in Zwölftel:

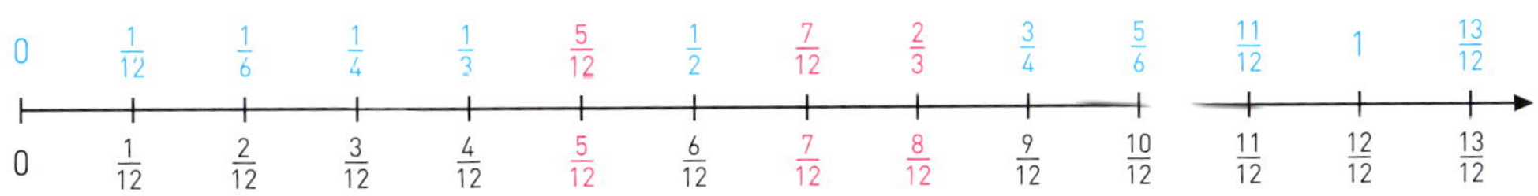

Der Punkt für die kleinste dieser gebrochene Zahlen liegt am weitesten links, der für die größte am weitesten rechts.

Information

(1) Kleiner und größer bei gebrochenen Zahlen

Gebrochene Zahlen lassen sich vergleichen und der Größe nach ordnen.
Sind die gebrochenen Zahlen als Brüche mit gleichem Nenner geschrieben, so braucht man nur die Zähler zu vergleichen.
Beispiel: $\frac{5}{12} < \frac{7}{12}$, denn $5 < 7$; man kann auch schreiben: $\frac{7}{12} > \frac{5}{12}$
Sind die gebrochenen Zahlen als Brüche mit verschiedenen Nennern geschrieben, so kann man durch Erweitern zu Brüchen mit gleichem Nenner übergehen.
Beispiel: $\frac{3}{4} < \frac{5}{6}$, da $\frac{9}{12} < \frac{10}{12}$; man kann auch schreiben: $\frac{5}{6} > \frac{3}{4}$
Brüche mit dem gleichen Nenner nennen wir **gleichnamig**.
Der kleinste gemeinsame Nenner heißt auch **Hauptnenner**.

Information

(2) *Kleiner* und *größer* am Zahlenstrahl

Gebrochene Zahlen lassen sich auch am Zahlenstrahl vergleichen.

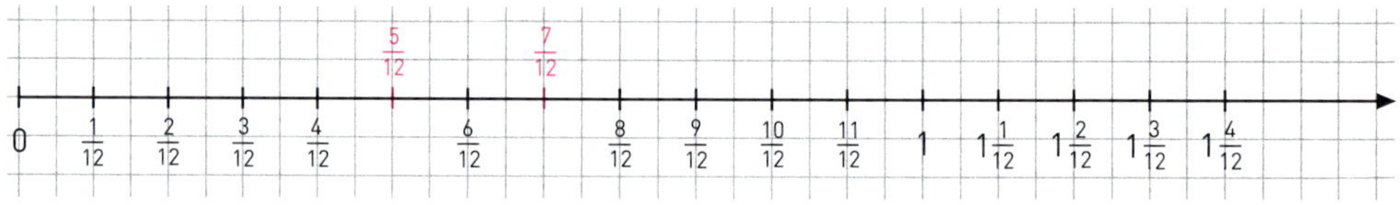

Auf dem Zahlenstrahl liegt der Punkt für die kleinere gebrochene Zahl links von dem für die größere gebrochene Zahl: $\frac{5}{12}$ liegt links von $\frac{7}{12}$, also $\frac{5}{12} < \frac{7}{12}$; $\frac{7}{12}$ liegt rechts von $\frac{5}{12}$, also $\frac{7}{12} > \frac{5}{12}$.

Weiterführende Aufgaben

Dichtliegen von gebrochenen Zahlen auf dem Zahlenstrahl

2. Erweitere die Brüche $\frac{8}{10}$ und $\frac{9}{10}$ so, dass du zwischen $\frac{8}{10}$ und $\frac{9}{10}$ mindestens 1 [mindestens 9; mindestens 1000] gebrochene Zahlen leicht angeben kannst.

Zwischen zwei natürlichen Zahlen liegt *nicht immer* eine natürliche Zahl, z. B. zwischen 8 und 9.
Zwischen zwei verschiedenen gebrochenen Zahlen findet man aber *immer* beliebig viele weitere gebrochene Zahlen.
Man sagt: Die gebrochenen Zahlen liegen auf dem Zahlenstrahl *dicht*.

Übungsaufgaben

3. Betrachte die Zutaten zur Herstellung eines Milchshakes im Rezept rechts. Wovon muss man am meisten nehmen, wovon am wenigsten?

4. Zeichne ein Rechteck mit den Seitenlängen 12 und 10 Karolängen. Schraffiere von der Fläche die angegebenen Anteile. Welches farbige Gebiet ist größer?

a) $\frac{4}{5}$ rot und $\frac{2}{3}$ blau, **b)** $\frac{5}{6}$ rot und $\frac{4}{5}$ blau, **c)** $\frac{3}{4}$ rot und $\frac{7}{10}$ blau.

5. Welche Zeitspanne ist länger? Betrachte dazu ein Zifferblatt.

a) $\frac{3}{4}$ h oder $\frac{7}{12}$ h **b)** $\frac{2}{3}$ h oder $\frac{3}{4}$ h **c)** $\frac{5}{6}$ h oder $\frac{9}{10}$ h **d)** $\frac{9}{10}$ h oder $\frac{11}{12}$ h

6. Vergleiche durch Erweitern. Überprüfe durch Umwandeln in eine kleinere Einheit.

a) $\frac{5}{8}$ kg und $\frac{11}{10}$ kg **b)** $\frac{7}{20}$ h und $\frac{5}{12}$ h **c)** $\frac{3}{4}$ m; $\frac{2}{5}$ m und $\frac{6}{25}$ m **d)** $\frac{3}{10}$ h; $\frac{1}{6}$ h und $\frac{5}{12}$ h

Das kann ich noch!

A) Du weißt, Prozent bedeutet Hundertstel: 21 % = $\frac{21}{100}$.
Gib als gekürzten Bruch an:
19 %, 10 %, 5 %, 3 %, 50 %, 100 %

B) Gib den Anteil in der Prozentschreibweise an:
$\frac{23}{100}$, $\frac{7}{100}$, $\frac{1}{50}$, $\frac{7}{20}$, $\frac{4}{25}$, $\frac{9}{10}$, $\frac{3}{4}$, $\frac{2}{5}$

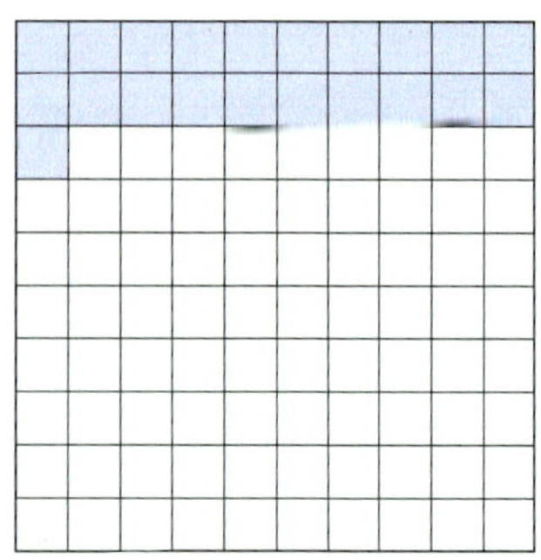

7. **a)** Von einer Kirschtorte bleiben $\frac{7}{8}$ übrig. Vergleiche mit der Kiwitorte, von der $\frac{7}{12}$ übrig bleiben. Von welcher der beiden Torten bleibt weniger übrig?

b) Ordne nach der Größe:
(1) $\frac{1}{3}; \frac{1}{5}; \frac{1}{9}; \frac{1}{4}$ **(2)** $\frac{7}{8}; \frac{7}{5}; \frac{7}{10}$

8. Formuliere eine Regel, wie man zwei Brüche mit gleichem Zähler schnell vergleichen kann. Begründe sie.

9. Setze im Heft das passende Zeichen <, > bzw. = ein; mache zunächst gleichnamig.

a)	b)	c)	d)	e)
$\frac{3}{5}$ □ $\frac{8}{15}$	$\frac{7}{10}$ □ $\frac{11}{20}$	$\frac{3}{4}$ □ $\frac{5}{6}$	$\frac{7}{20}$ □ $\frac{5}{8}$	$\frac{5}{6}$ □ $\frac{7}{8}$
$\frac{1}{24}$ □ $\frac{5}{8}$	$\frac{10}{15}$ □ $\frac{2}{3}$	$\frac{7}{10}$ □ $\frac{11}{15}$	$\frac{11}{6}$ □ $\frac{21}{8}$	$1\frac{3}{5}$ □ $1\frac{8}{15}$
$\frac{2}{3}$ □ $\frac{4}{7}$	$\frac{5}{6}$ □ $\frac{7}{10}$	$\frac{7}{12}$ □ $\frac{5}{8}$	$3\frac{4}{5}$ □ $1\frac{5}{6}$	$2\frac{4}{7}$ □ $2\frac{10}{21}$
$\frac{9}{11}$ □ $\frac{5}{6}$	$\frac{11}{6}$ □ $\frac{7}{4}$	$\frac{9}{12}$ □ $\frac{15}{20}$	$4\frac{2}{3}$ □ $4\frac{4}{5}$	$5\frac{7}{12}$ □ $5\frac{5}{9}$

10. Setze im Heft das Zeichen <, > bzw. = ein.

a)	b)	c)	d)	e)
$\frac{4}{10}$ □ $\frac{2}{5}$	$\frac{2}{3}$ □ $\frac{3}{5}$	$\frac{3}{4}$ □ $\frac{2}{5}$	$\frac{11}{6}$ □ $\frac{13}{8}$	75 % □ $\frac{3}{5}$
$\frac{5}{6}$ □ $\frac{11}{12}$	$\frac{6}{5}$ □ $\frac{8}{7}$	$\frac{4}{5}$ □ $\frac{5}{6}$	$\frac{7}{10}$ □ $\frac{11}{12}$	$\frac{40}{99}$ □ 40 %

11. Ordne die gebrochenen Zahlen.

a) $\frac{7}{12}; \frac{5}{6}; \frac{3}{4}$ **c)** $\frac{7}{8}; \frac{3}{4}; \frac{5}{6}$ **e)** $\frac{5}{9}; \frac{7}{12}; \frac{8}{15}$

b) $\frac{13}{20}; \frac{4}{5}; \frac{7}{10}$ **d)** $\frac{3}{10}; \frac{7}{15}; \frac{5}{12}$ **f)** $\frac{6}{7}; \frac{13}{14}; \frac{2}{3}$

$\frac{5}{3} = \frac{30}{18}$ $\frac{26}{18} < \frac{30}{18} < \frac{33}{18}$

$\frac{11}{6} = \frac{33}{18}$ $\frac{13}{9} < \frac{5}{3} < \frac{11}{6}$

$\frac{13}{9} = \frac{26}{18}$

12. Auf welcher der beiden Obstschalen ist der Anteil der Kiwi größer? Erkläre.

13. Tim und Maria wollen $\frac{20}{7}$ und $\frac{53}{13}$ nach der Größe ordnen. Vervollständige ihre Lösungswege und vergleiche sie.

14. Ordne nach der Größe. Verwandle zunächst in die gemischte Schreibweise.

a) 4 und $\frac{17}{4}$ **c)** $\frac{9}{2}$ und $\frac{7}{5}$ **e)** $\frac{52}{5}, \frac{45}{4}$ und $\frac{68}{7}$

b) $\frac{19}{3}$ und $\frac{23}{5}$ **d)** $\frac{51}{8}$ und $\frac{52}{9}$ **f)** $\frac{62}{7}, \frac{89}{10}$ und $\frac{71}{8}$

$\frac{13}{5}$ $\frac{22}{7}$

$2\frac{3}{5} < 3\frac{1}{7}$

also $\frac{13}{5} < \frac{22}{7}$

15. Zum Vergleichen von zwei gebrochenen Zahlen kann man verschieden vorgehen. Schreibe eine Zusammenfassung mit mehreren Möglichkeiten.

16. Ordne. Überlege zunächst, ob du das Ergebnis unmittelbar erkennen kannst.

a) $\frac{1}{3}; \frac{1}{4}; \frac{1}{5}$ **c)** $\frac{2}{3}; \frac{3}{4}; \frac{4}{5}$ **e)** $\frac{10}{7}; \frac{7}{10}; \frac{2}{9}$ **g)** $\frac{5}{4}; \frac{7}{6}; \frac{8}{7}; \frac{6}{5}$ **i)** $\frac{19}{20}; \frac{9}{4}; \frac{12}{25}; \frac{13}{10}$

b) $\frac{4}{3}; \frac{5}{4}; \frac{6}{5}$ **d)** $\frac{3}{8}; \frac{9}{4}; \frac{7}{5}$ **f)** $\frac{11}{4}; \frac{7}{5}; \frac{25}{8}$ **h)** $\frac{9}{10}; \frac{10}{9}; \frac{14}{15}; \frac{15}{14}$ **j)** $\frac{17}{36}; \frac{41}{35}; \frac{71}{45}; \frac{13}{24}$

17. Jeder notiert vier Brüche und lässt sie von seinem Partner ordnen.

18. Gib eine kleinere und eine größere gebrochene Zahl an. Ändere nur
(1) den Zähler des Bruches, **(2)** den Nenner des Bruches.

$\frac{2}{9} < \frac{4}{9} < \frac{5}{9}$; $\frac{4}{11} < \frac{4}{9} < \frac{4}{7}$

a) $\frac{7}{20}$ **b)** $\frac{13}{40}$ **c)** $\frac{3}{4}$ **d)** $\frac{17}{8}$

19. Welche Zahl kannst du für $\square$ setzen? Notiere im Heft:

a) $\frac{5}{8} < \frac{\square}{8} < \frac{7}{8}$ **b)** $\frac{3}{10} < \frac{\square}{10} < \frac{7}{10}$ **c)** $\frac{3}{10} < \frac{3}{\square} < \frac{3}{8}$

20. Suche eine gebrochene Zahl zwischen:

a) $\frac{3}{8}$ und $\frac{7}{8}$ **b)** $\frac{2}{9}$ und $\frac{5}{9}$ **c)** $\frac{1}{5}$ und $\frac{1}{3}$ **d)** $\frac{1}{15}$ und $\frac{2}{15}$

21. Welche der gebrochenen Zahlen $\frac{5}{8}; \frac{7}{4}; \frac{3}{7}; \frac{5}{9}; \frac{12}{5}; \frac{5}{12}; \frac{7}{5}; \frac{9}{8}; \frac{7}{20}; \frac{11}{9}; \frac{7}{15}; \frac{13}{8}; \frac{5}{3}; \frac{4}{9}$ sind

a) größer als 1; **b)** kleiner als 1; **c)** kleiner als $\frac{1}{2}$; **d)** größer als $1\frac{1}{2}$?

22. Gib fünf gebrochene Zahlen an, die

a) kleiner als 1; **b)** größer als 1; **c)** kleiner als $\frac{1}{2}$; **d)** größer als $\frac{1}{2}$; **e)** größer als 2
sind.

23. Beim Schießen auf eine Torwand erzielt Tanja bei 20 Schüssen 7 Treffer, Tim bei 30 Schüssen 11 Treffer und Maria bei 40 Schüssen 17 Treffer.
Den Anteil der Treffer an der Gesamtzahl der Schüsse nennt man auch *Trefferquote*.
Stelle die Daten in einer geeigneten Tabelle zusammen.
Wer hat die beste, wer hat die schlechteste Trefferquote?

24. Tim erzählt seinem Freund Tobias: „Wir waren 14 Tage im Urlaub und hatten 4 Regentage." „Wir hatten aber nur 3 Regentage bei 10 Urlaubstagen", erwidert Tobias.
Wer hatte das bessere Wetter?

25. Max trägt auf dem Zahlenstrahl zwei verschiedene gebrochene Zahlen ein.
Dann bestimmt er die Zahl, die genau in der Mitte dieser beiden gebrochenen Zahlen liegt.
Danach bestimmt er die Zahl, die in der Mitte zwischen der kleineren Zahl und der mittleren Zahl liegt. Ebenso bestimmt er die Zahl in der Mitte zwischen der zuerst bestimmten Mitte und der größeren Zahl.

a) Führe das Verfahren durch für **(1)** $\frac{2}{7}$ und $\frac{4}{7}$, **(2)** $\frac{3}{4}$ und $\frac{3}{5}$.

b) Welche Zahl liegt in der Mitte zwischen der zweitkleinsten und der zweitgrößten Zahl?

1.4 Addieren und Subtrahieren von gebrochenen Zahlen

Einstieg

Auf dem Schulfest sind an den Kuchenständen einige Stücke vom Blechkuchen übrig geblieben.

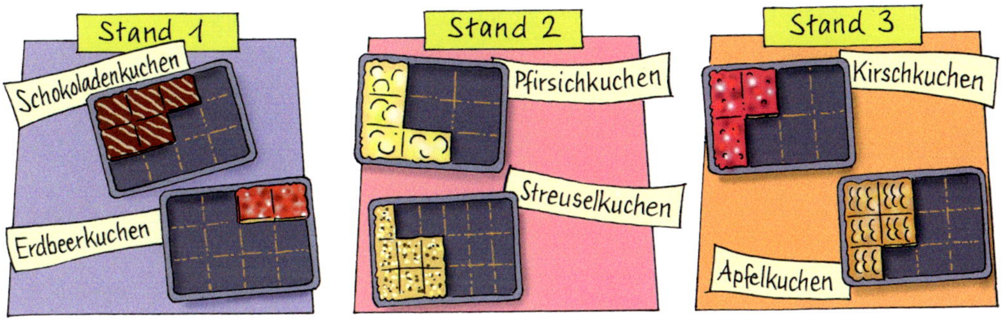

a) Wie viel Kuchen ist an jedem Stand insgesamt nicht verkauft worden?

b) An welchem Stand ist am wenigsten, an welchem am meisten übriggeblieben?

c) Wie viel Kuchen ist an einem Stand mehr verkauft worden als an jedem der beiden anderen?

Aufgabe 1

Addieren von gebrochenen Zahlen

Auf dem Schulfest gibt es einen Pizza-Stand. Hier kann man verschiedene Sorten Pizza aussuchen. Die Pizzas sind in unterschiedlicher Art aufgeschnitten. Claudio, Sören und Mario kaufen verschiedene Stücke Pizza.

(1) Claudio kauft $\frac{2}{6}$ Pizza mit Salami und $\frac{3}{6}$ Pizza mit Spinat.

(2) Sören kauft $\frac{3}{8}$ Pizza mit Champignons und $\frac{1}{4}$ Pizza mit Peperoni.

(3) Mario kauft $\frac{2}{3}$ Pizza mit Thunfisch und $\frac{1}{4}$ Pizza mit Peperoni.

a) Wie viel Pizza nimmt jeder der drei Jungen insgesamt?

b) Welcher der drei Jungen kauft insgesamt am wenigsten Pizza, welcher kauft am meisten?

Lösung

a) (1) Claudio (2) Sören (3) Mario

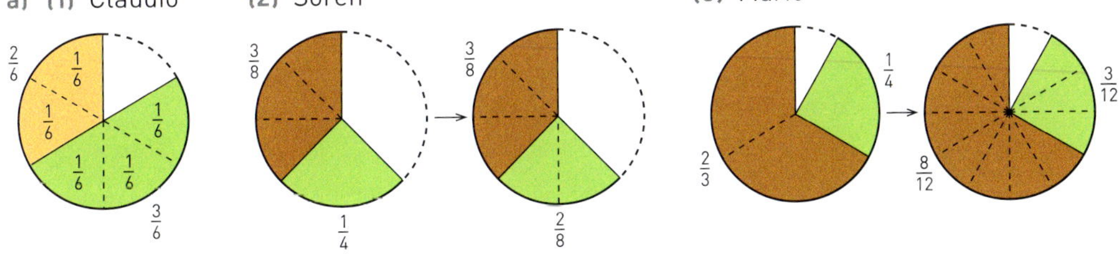

Brüche addieren

Brüche gleichnamig machen, dann addieren

$\frac{2}{6} + \frac{3}{6} = \frac{5}{6}$

Ergebnis:
Claudio nimmt insgesamt $\frac{5}{6}$ Pizza.

$\frac{3}{8} + \frac{1}{4} = \frac{3}{8} + \frac{2}{8} = \frac{5}{8}$

Ergebnis:
Sören nimmt insgesamt $\frac{5}{8}$ Pizza.

$\frac{2}{3} + \frac{1}{4} = \frac{8}{12} + \frac{3}{12} = \frac{11}{12}$

Ergebnis:
Mario nimmt insgesamt $\frac{11}{12}$ Pizza.

b) Die gebrochenen Zahlen $\frac{5}{6}$; $\frac{5}{8}$ und $\frac{11}{12}$ müssen der Größe nach geordnet werden.
Man kann die Brüche gleichnamig machen und dann die Zähler vergleichen:
Claudio: $\frac{5}{6} = \frac{20}{24}$; Sören: $\frac{5}{8} = \frac{15}{24}$; Mario: $\frac{11}{12} = \frac{22}{24}$
Anschaulich ist jedoch sofort klar: $\frac{5}{8} < \frac{5}{6}$ sowie $\frac{5}{6} < \frac{11}{12}$

Achtel sind kleiner als Sechstel.

Hier fehlt nur ein Zwölftel zum Ganzen.

Ergebnis: Sören kauft am wenigsten, Mario am meisten Pizza.

Aufgabe 2 **Subtrahieren von gebrochenen Zahlen**

Lauras Mutter will beim Bäcker Torten für ein Fest kaufen.
In der Auslage im Laden befinden sich $\frac{3}{4}$ einer ganzen Schokoladentorte, $\frac{7}{12}$ einer ganzen Ananastorte und $\frac{2}{3}$ einer ganzen Pfirsichtorte. Lauras Mutter kauft $\frac{1}{4}$ einer ganzen Schokoladentorte, $\frac{1}{2}$ einer ganzen Ananastorte und $\frac{1}{2}$ einer ganzen Pfirsichtorte.
Welcher Anteil an einer ganzen Torte bleibt beim Bäcker jeweils übrig?
Notiere dies jeweils als Term und berechne seinen Wert.

Lösung

Schokoladentorte

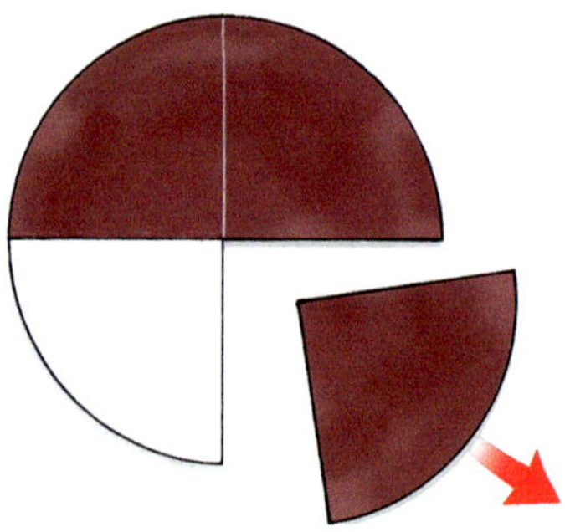

$\frac{3}{4} - \frac{1}{4} = \frac{2}{4} = \frac{1}{2}$

Ergebnis:
Von der Schokoladentorte bleibt $\frac{1}{2}$ Torte übrig.

Ananastorte

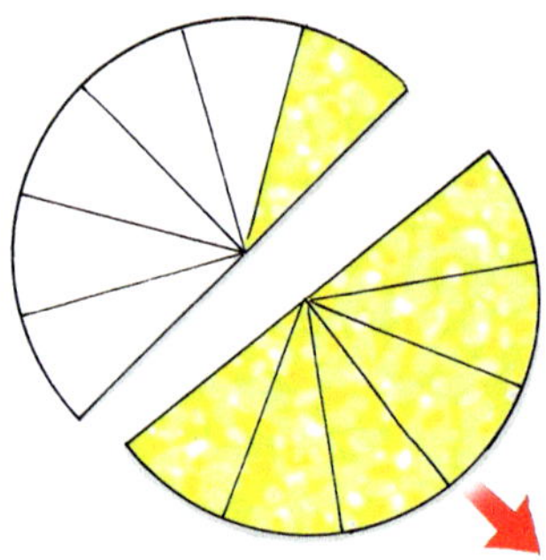

$\frac{7}{12} - \frac{1}{2} = \frac{7}{12} - \frac{6}{12} = \frac{1}{12}$

Ergebnis:
Von der Ananastorte bleibt $\frac{1}{12}$ übrig.

Pfirsichtorte

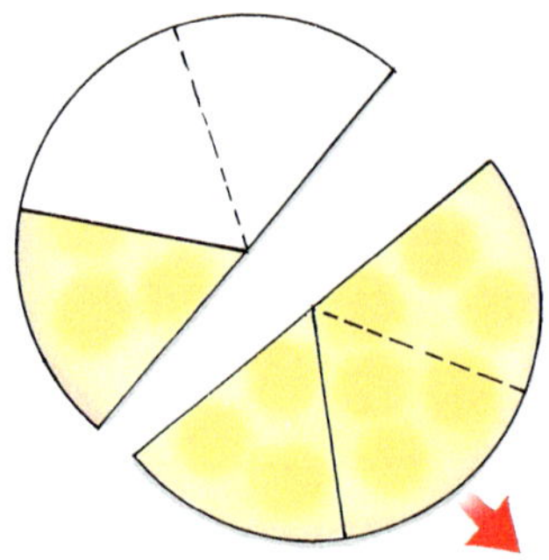

$\frac{2}{3} - \frac{1}{2} = \frac{4}{6} - \frac{3}{6} = \frac{1}{6}$

Ergebnis:
Von der Pfirsichtorte bleibt $\frac{1}{6}$ übrig.

Information **(1) Additions- und Subtraktionsregel für gebrochene Zahlen**

Man addiert (subtrahiert) gebrochene Zahlen so:
Sind die gebrochenen Zahlen als *gleichnamige Brüche* geschrieben, so addiert (subtrahiert) man die Zähler und behält den gemeinsamen Nenner bei.
Beispiele: $\frac{3}{7} + \frac{2}{7} = \frac{5}{7}$ $\qquad \frac{8}{11} - \frac{5}{11} = \frac{3}{11}$
Sind die gebrochenen Zahlen als *ungleichnamige Brüche* geschrieben, so werden diese zuerst gleichnamig gemacht und dann addiert (subtrahiert).
Beispiele: $\frac{3}{4} + \frac{1}{6} = \frac{9}{12} + \frac{2}{12} = \frac{11}{12}$ $\qquad \frac{4}{5} - \frac{3}{20} = \frac{16}{20} - \frac{3}{20} = \frac{13}{20}$
Beachte: Du kannst wie bei natürlichen Zahlen nur subtrahieren, wenn der Minuend größer ist als der Subtrahend oder gleich.

$\frac{4}{5} - \frac{3}{7}$
Minuend
Subtrahend
Merkregel:
M vor S

(2) Darstellung der Addition und Subtraktion am Zahlenstrahl

Addition und Subtraktion von gebrochenen Zahlen kann man wie bei natürlichen Zahlen darstellen.

Beispiel: $\frac{1}{8} + \frac{5}{8} = \frac{6}{8}$

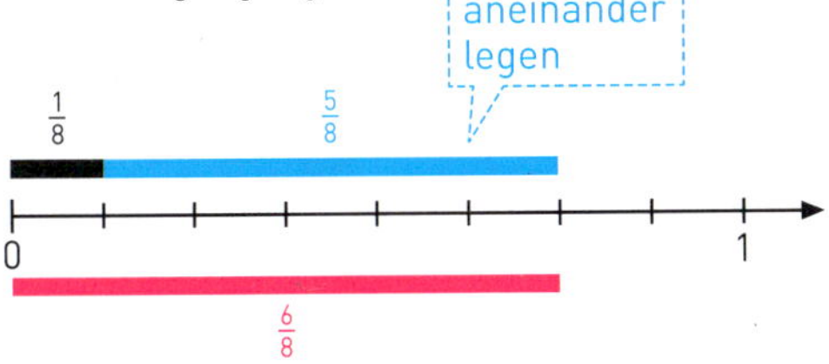

Beispiel: $\frac{19}{20} - \frac{6}{20} = \frac{13}{20}$

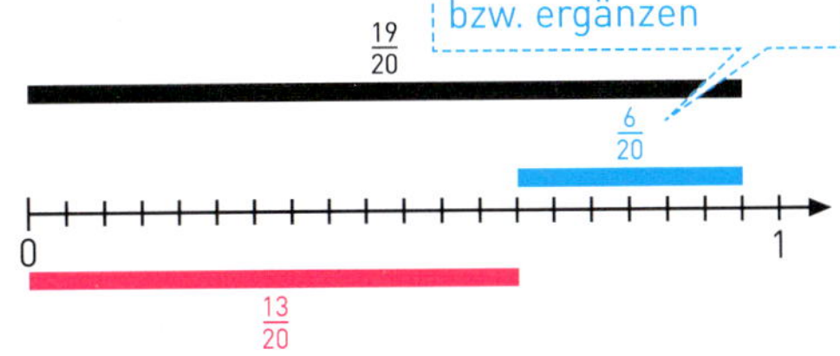

Weiterführende Aufgaben

Addieren und Subtrahieren von gebrochenen Zahlen in der gemischten Schreibweise

3. Erkläre die Rechnungen. Zeichne auch.

(1) $1\frac{7}{8} + 2\frac{1}{2} = 1\frac{7}{8} + 2\frac{4}{8} = 3\frac{11}{8} = 4\frac{3}{8}$

(2) $3\frac{1}{2} - 1\frac{1}{6} = 3\frac{3}{6} - 1\frac{1}{6} = 2\frac{2}{6} = 2\frac{1}{3}$

(3) $3\frac{1}{4} - 1\frac{3}{8} = 3\frac{2}{8} - 1\frac{3}{8} = 2\frac{10}{8} - 1\frac{3}{8} = 1\frac{7}{8}$

Rückgängigmachen von Addition bzw. Subtraktion einer gebrochenen Zahl

4. Anne stellt gerne Zahlenrätsel. An welche Zahl hat sie jeweils gedacht?

a) Rechts siehst du, wie Luc Annes Zahlenrätsel gelöst hat. Erläutere seine Überlegung.

b) Löse folgendes Zahlenrätsel.

(1) Wenn ich von meiner Zahl $\frac{4}{15}$ subtrahiere, erhalte ich $\frac{9}{15}$.

(2) Die Differenz aus meiner Zahl und $\frac{4}{7}$ ist $\frac{3}{14}$.

(3) Die Summe aus $\frac{3}{8}$ und meiner Zahl ist $\frac{7}{12}$.

Das *Addieren* einer gebrochenen Zahl wird durch das *Subtrahieren* dieser gebrochenen Zahl rückgängig gemacht. Das *Subtrahieren* einer gebrochenen Zahl wird durch das *Addieren* dieser gebrochenen Zahl rückgängig gemacht.

Beispiel: $\frac{1}{2} \xrightarrow{+\frac{1}{4}} \frac{3}{4}$, $\frac{3}{4} \xrightarrow{-\frac{1}{4}} \frac{1}{2}$

Übungsaufgaben

5. Im Bild sind zwei Brüche durch verschiedene Farben dargestellt. Addiere sie.

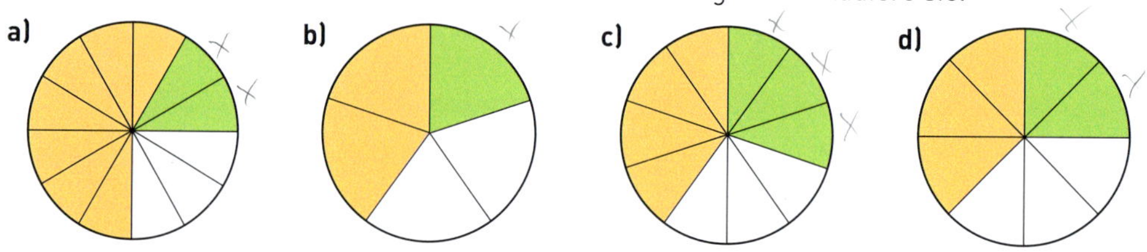

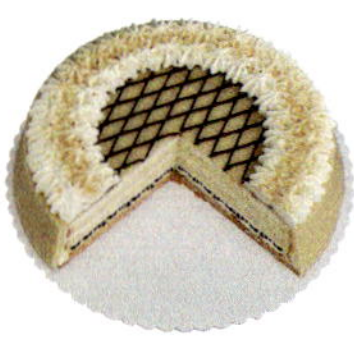

6. Hier siehst du die Reste von zwei Torten. Wie viel ist insgesamt übrig geblieben?

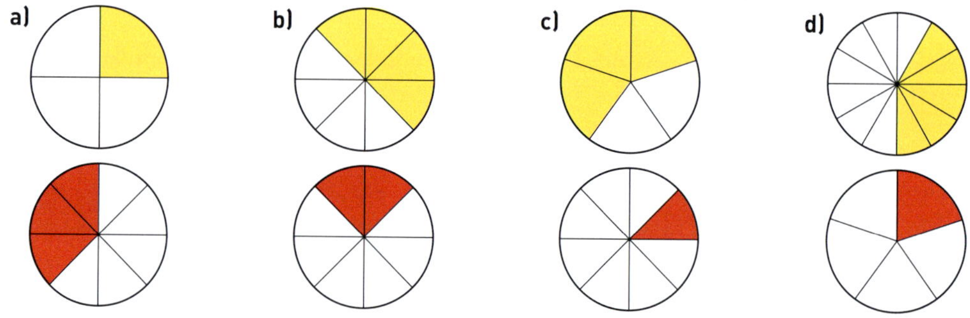

7. Hier siehst du die Reste von zwei Blechkuchen. Wie viel ist insgesamt übrig geblieben?

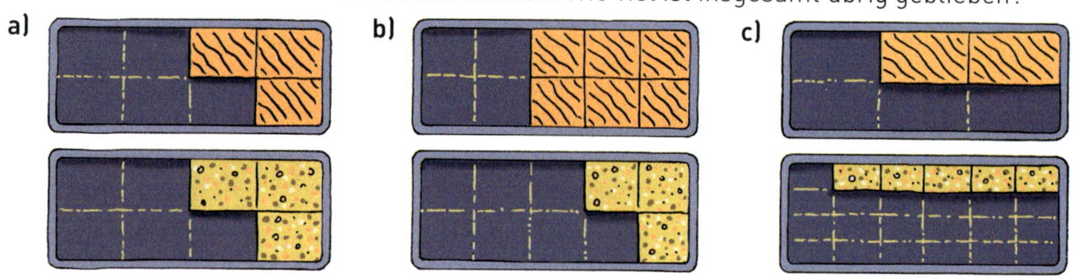

8. Schreibe als Subtraktionsaufgabe und rechne.

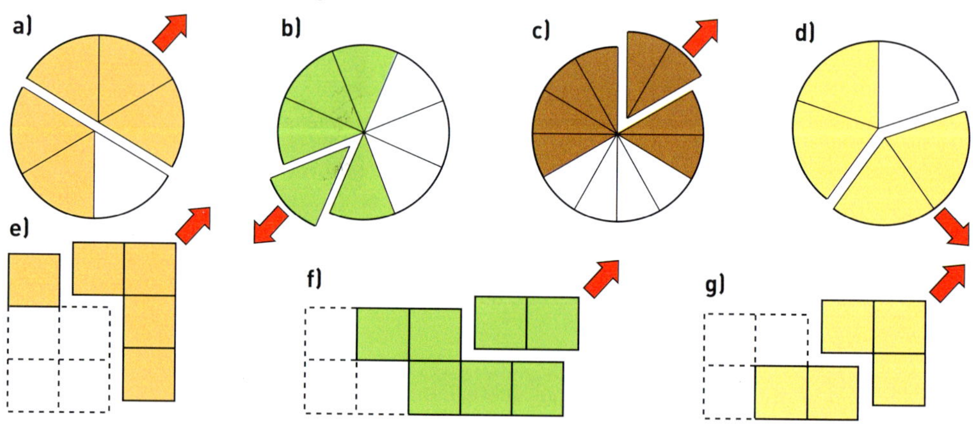

9. Berechne im Kopf. Kürze das Ergebnis, falls möglich.

a) $\frac{4}{10} + \frac{5}{10}$ $\quad$ $\frac{11}{12} - \frac{5}{12}$

b) $\frac{8}{25} + \frac{12}{25}$ $\quad$ $\frac{37}{40} - \frac{14}{40}$

c) $\frac{11}{17} + \frac{9}{17}$ $\quad$ $\frac{51}{60} - \frac{43}{60}$

d) $\frac{3}{20} + \frac{9}{20} + \frac{3}{20}$ $\quad$ $\frac{17}{33} - \frac{13}{33} - \frac{4}{33}$

e) $\frac{41}{100} + \frac{7}{100} + \frac{32}{100}$ $\quad$ $\frac{55}{90} - \frac{17}{90} - \frac{7}{90}$

10. Links stehen die Ergebnisse der folgenden Aufgaben. Zunächst soll nicht gerechnet werden, sondern jeder versucht mithilfe anderer Überlegungen, den Aufgaben die richtigen Ergebnisse zuzuordnen. Dann wird getauscht und der Partner kontrolliert die Ergebnisse durch Rechnung.

a) $\frac{3}{8}+\frac{1}{2}$; $\frac{7}{15}-\frac{2}{5}$
b) $\frac{3}{4}-\frac{3}{40}$; $\frac{5}{21}+\frac{3}{7}$
c) $\frac{10}{11}-\frac{8}{33}$; $\frac{6}{7}+\frac{1}{42}$
d) $\frac{1}{6}+\frac{3}{12}+\frac{5}{12}$; $\frac{5}{18}+\frac{2}{9}+\frac{1}{3}$
e) $\frac{13}{20}+\frac{1}{10}-\frac{1}{2}$; $\frac{14}{15}+\frac{1}{3}-\frac{2}{5}$

11. Tanja und Tim erben das Vermögen ihres Onkels. Was meinst du zu dem Testament?

Testament
Meine Nichte Tanja soll $\frac{5}{7}$ und mein Neffe Tim $\frac{3}{7}$ meines Vermögens erhalten.

12. $\frac{3}{8}\ell$ Saft soll so verdünnt werden, dass man insgesamt $\frac{7}{10}\ell$ erhält. Wie viel Wasser muss zugegossen werden?

13. Berechne.

a) $\frac{4}{5}-\frac{1}{3}$; $\frac{6}{7}+\frac{1}{10}$
b) $\frac{1}{6}+\frac{5}{13}$; $\frac{6}{11}-\frac{1}{3}$
c) $\frac{2}{9}+\frac{4}{7}$; $\frac{15}{21}-\frac{3}{5}$
d) $\frac{1}{2}+\frac{1}{4}+\frac{2}{5}$; $\frac{2}{3}+\frac{1}{6}+\frac{4}{9}$
e) $\frac{5}{8}+\frac{1}{4}-\frac{2}{3}$; $\frac{11}{12}-\frac{1}{8}-\frac{1}{2}$

14. Kontrolliere Leons Hausaufgaben. Wo stecken Fehler? Erkläre.

a) $\frac{2}{5}+\frac{1}{2}=\frac{3}{7}$ b) $\frac{5}{6}-\frac{3}{5}=\frac{2}{30}$ c) $\frac{3}{8}-\frac{1}{3}=\frac{2}{5}$ d) $\frac{3}{8}+\frac{1}{2}=\frac{14}{16}$

15. Veranschauliche die Aufgabe durch eine Zeichnung.

a) $\frac{1}{6}+\frac{2}{6}$ **b)** $\frac{1}{4}+\frac{3}{8}$ **c)** $\frac{4}{10}+\frac{1}{5}$ **d)** $\frac{5}{9}-\frac{2}{9}$ **e)** $\frac{5}{6}-\frac{2}{6}$ **f)** $\frac{7}{10}-\frac{2}{5}$

16. Setze im Heft das passende Zeichen <, > bzw. = ein.

a) $\frac{4}{5}+\frac{30}{20}$ □ 1
b) $2\frac{1}{8}-1\frac{1}{2}$ □ $\frac{10}{16}$
c) $\frac{1}{5}+\frac{1}{9}$ □ $\frac{1}{3}$
d) $\frac{1}{4}-\frac{1}{5}$ □ $\frac{1}{40}+\frac{1}{50}$
e) $\frac{3}{8}+\frac{1}{6}$ □ $\frac{13}{24}$
f) $\frac{3}{8}-\frac{1}{6}$ □ $\frac{1}{6}$
g) $\frac{17}{19}-\frac{16}{21}$ □ 0
h) $\frac{1}{12}-\frac{1}{13}$ □ $\frac{1}{12}+\frac{1}{13}$

17. Ein Naturschutzgebiet besteht aus einem $\frac{7}{8}\,km^2$ großen See und einem angrenzenden Gelände, das $\frac{3}{4}\,km^2$ groß ist.
Wie groß ist das gesamte Naturschutzgebiet?

18. Julia kommt beim Fahrradrennen $\frac{3}{10}$ Sekunden später ins Ziel als die Siegerin.
Sarah kommt $\frac{1}{2}$ Sekunde später ins Ziel als ihre Freundin Julia.
Um wie viel Sekunden ist Sarah langsamer als die Siegerin?

19. Ein Gasbehälter für den Campingkocher wiegt voll $\frac{9}{10}$ kg und leer $\frac{1}{4}$ kg.
Wie viel kg wiegt die Füllung?

20. Eine Werbesendung im Fernsehen besteht aus zwei Teilen.
Der erste Teil dauert $\frac{5}{12}$ Minuten, der zweite Teil $\frac{1}{4}$ Minute.

a) Welcher Teil dauert länger? Um wie viele Minuten dauert dieser Teil länger?
b) Wie lange dauert die gesamte Werbesendung?
Gib das Ergebnis in Minuten [in Sekunden] an.

21. Die Bundesstraße B 1275 von Taldorf nach Obergrün ist $6\frac{1}{2}$ km lang. Eine Kreisstraße K und ein Waldweg W verlaufen durch den Wald.
Fährt man die Kreisstraße, so spart man $1\frac{1}{4}$ km ein, fährt man den Waldweg spart man sogar $1\frac{3}{4}$ km.
Stelle selbst geeignete Aufgaben und löse sie.

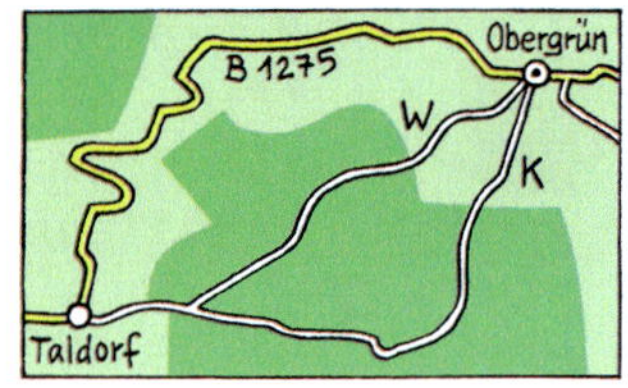

22. Berechne im Kopf.

a) $1\frac{2}{7}+\frac{3}{7}$; $3\frac{4}{5}-\frac{3}{5}$; $2\frac{7}{10}+1\frac{2}{10}$

b) $8\frac{7}{9}-8\frac{4}{9}$; $1\frac{4}{9}+\frac{5}{9}$; $3\frac{9}{10}-1\frac{9}{10}$

c) $2-\frac{1}{8}$; $7-\frac{9}{14}$; $6+\frac{11}{7}$

d) $3+\frac{21}{3}$; $11+\frac{14}{8}$; $10-\frac{19}{6}$

e) $6\frac{7}{12}+\frac{11}{12}$; $3\frac{3}{5}-\frac{4}{5}$; $9\frac{5}{12}+3\frac{7}{12}$

f) $3\frac{4}{7}-1\frac{6}{7}$; $4\frac{5}{8}+3\frac{7}{8}$; $6\frac{2}{5}-3\frac{4}{5}$

FAQ **(engl. frequently asked questions)** Informationen zu besonders häufig gestellten Fragen.

23. Auf einem Schülerforum im Internet findest du die FAQ rechts. Schreibe eine Antwort.

Hilfe!
Ich kann es immer noch nicht.
Wie addiert und subtrahiert man eigentlich Brüche ?

24. Mache die Brüche zunächst gleichnamig; addiere dann. Kürze das Ergebnis, falls möglich.

a) $5\frac{1}{2}+\frac{1}{6}$; $1\frac{3}{4}+\frac{5}{8}$

b) $8\frac{2}{3}-\frac{4}{9}$; $6\frac{1}{2}-\frac{3}{4}$

c) $2\frac{1}{2}+\frac{1}{4}$; $\frac{3}{8}+4\frac{1}{4}$

d) $5\frac{9}{10}-3\frac{1}{2}$; $7\frac{7}{8}-1\frac{3}{4}$

e) $7\frac{5}{8}+2\frac{91}{96}$; $7\frac{28}{45}-3\frac{7}{15}$

f) $9\frac{4}{9}-7\frac{37}{54}$; $1\frac{2}{13}+5\frac{77}{78}$

25. An einem Pizza-Verkaufsstand sind noch $1\frac{5}{8}$ Spinatpizza, $2\frac{1}{2}$ Thunfischpizza, $\frac{2}{3}$ Mozzarellapizza, $2\frac{1}{2}$ Salamipizza und $\frac{3}{8}$ Schinkenpizza vorhanden.
Wie viel Pizza ist noch vorhanden? Schätze, bevor du genau rechnest.

26. Ordne die Summen der Größe nach.

$8\frac{1}{3}+5\frac{2}{3}$ $\quad$ $4\frac{9}{11}+9\frac{13}{15}$ $\quad$ $6\frac{8}{25}+8\frac{3}{20}$ $\quad$ $10\frac{19}{21}+3\frac{11}{14}$ $\quad$ $5\frac{5}{12}+8\frac{1}{18}$

27. Auf dem Wochenmarkt kauft Frau Ude bei einem Händler $2\frac{1}{2}$ kg Kartoffeln, $\frac{3}{4}$ kg Äpfel und $1\frac{1}{4}$ kg Weintrauben. Herr Wagner kauft bei demselben Händler $3\frac{1}{4}$ kg Kartoffeln, $1\frac{1}{2}$ kg Äpfel und $2\frac{1}{8}$ kg Weintrauben. Stellt einander geeignete Aufgaben und löst sie.

28. Berechne und kontrolliere durch die entgegengesetzte Rechenart.

a) $\frac{5}{4}-\frac{1}{2}$ **b)** $\frac{17}{30}-\frac{4}{15}$ **c)** $\frac{15}{16}-\frac{4}{8}$ **d)** $\frac{59}{72}-\frac{4}{9}$

Rechnung:	*Kontrolle:*
$\frac{22}{15}-\frac{2}{3}=\frac{4}{5}$	$\frac{4}{5}+\frac{2}{3}=\frac{22}{15}$

29. Bestimme die Lösungsmenge der Gleichung.

a) $x-3\frac{2}{5}=4$ **d)** $3\frac{1}{2}-x=\frac{3}{5}$ **g)** $x+\frac{3}{8}=\frac{8}{3}$

b) $x+2\frac{1}{3}=5\frac{1}{2}$ **e)** $x+4\frac{1}{5}=7$ **h)** $x-\frac{3}{8}=\frac{8}{3}$

c) $4\frac{5}{6}-x=1\frac{1}{4}$ **f)** $x-4\frac{1}{5}=7$ **i)** $\frac{7}{4}+x=\frac{9}{4}$

Gleichung: $x-\frac{1}{2}=\frac{1}{4}$

Pfeilbild: $x \xrightarrow{-\frac{1}{2}} \frac{1}{4}$, $\frac{1}{4} \xrightarrow{+\frac{1}{2}} x$

Rechnung: $x=\frac{1}{4}+\frac{1}{2}=\frac{3}{4}$

Lösungsmenge: $L=\{\frac{3}{4}\}$

30. a) Schreibe $\frac{5}{6}$ $\left[\frac{2}{9}; \frac{1}{3}\right]$ auf drei verschiedene Weisen als Summe.

b) Schreibe $\frac{4}{9}$ $\left[\frac{9}{17}; \frac{2}{5}\right]$ auf drei verschiedene Weisen als Differenz.

31. Auffallende Ergebnisse.

a) $\frac{5}{6} + \frac{4}{9} + \frac{3}{20} + \frac{7}{30} + \frac{2}{15} + \frac{1}{45} + \frac{11}{60}$

b) $\frac{71}{80} - \frac{13}{60} + \frac{19}{48} - \frac{5}{16} + \frac{14}{15} - \frac{1}{2} - \frac{3}{16}$

32. Julia erzählt ihrer Freundin: „Von meinem Taschengeld gebe ich $\frac{1}{3}$ fürs Kino und $\frac{1}{5}$ für Eis aus. Das ist weniger als 50 %." Stimmt das?

Edelmetalle sind sehr beständig. Dazu gehören u. a. Gold, Silber und Platin.

33. Weißgold besteht zu $\frac{3}{4}$ aus reinem Gold, zu $\frac{3}{20}$ aus reinem Silber und zum restlichen Teil aus Kupfer.

a) Wie groß ist der Edelmetallanteil im Weißgold? Gib den Anteil auch in Prozent an.

b) Wie groß ist der Kupferanteil?

c) Eine Kette aus Weißgold wiegt 180 g, ein Ring 12 g. Lege eine Tabelle an mit den einzelnen Bestandteilen (in g). Wie viel g Edelmetall [Kupfer] enthält die Kette, wie viel der Ring?

34. Bei den folgenden Rechenmauern steht über zwei benachbarten Steinen die Summe der beiden Zahlen darunter. Ergänze die Mauern in deinem Heft.

a)

$4\frac{3}{20}$

$\frac{2}{5}$ $\quad \frac{1}{2}$ $\quad \frac{1}{4}$

b)

$4\frac{1}{2}$

$3\frac{1}{12}$

$\frac{5}{6}$

$1\frac{3}{4}$

35. Berechne die Differenz [Summe] aus $\frac{1}{2}$ und $\frac{1}{3}$, aus $\frac{1}{3}$ und $\frac{1}{4}$, aus $\frac{1}{4}$ und $\frac{1}{5}$, aus $\frac{1}{5}$ und $\frac{1}{6}$. Was stellst du fest? Überprüfe deine Vermutung an weiteren Beispielen. Vielleicht kannst du auch eine Erklärung finden.

36. Die Gewichte von 6 Glaskugeln sind $3\frac{5}{6}$ kg, $3\frac{7}{12}$ kg, $4\frac{1}{8}$ kg, $3\frac{3}{4}$ kg, $4\frac{1}{4}$ kg und $4\frac{3}{8}$ kg. Wie kann man diese Kugeln so auf die beiden Waagschalen einer Waage verteilen, dass sie genau im Gleichgewicht ist?

Das kann ich noch!

A) Ordne der Größe nach.

1) 36 km; 400 cm; 3 m 60 cm; 300 m 700 mm; 2 m 50 cm; 234 m

2) 3 000 g; 75 mg; 750 kg; 25 kg; 3 t 785 kg; 800 mg; 1 115 g

3) 5 min; 480 s; 2 h; 5 d; 3 120 s; 246 h; 1 min 23 s; 4 213 min

B) Berechne.

1) 3 m + 117 cm **3)** 3 min − 40 s **5)** 2 t − 400 g **7)** 1 kg : 4

2) 4 kg − 230 g **4)** 5 m − 7 dm **6)** 20 cm · 15 **8)** 3 min : 5

1.5 Kommutativ- und Assoziativgesetz der Addition

Ziel

Du weißt schon, dass man zum vorteilhaften Berechnen von Summen natürlicher Zahlen das Kommutativ- und Assoziativgesetz anwenden kann.
Hier lernst du, dass diese Gesetze auch für das Addieren von gebrochenen Zahlen gelten und wie man das begründen kann.

Zum Erarbeiten

Kommutativgesetz

Berechne die Summe rechts.
Überlege zunächst, wie du vorteilhaft rechnen kannst.
Welches Rechengesetz wendest du dabei an?

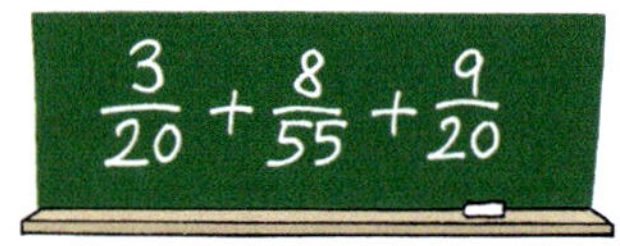

→ Nach den Vorrangregeln für die Berechnung von Termen müsstest du zunächst $\frac{3}{20}$ und $\frac{8}{55}$ addieren; das ist aber wegen der verschiedenen Nenner ungünstig. Du müsstest die beiden Brüche auf den Hauptnenner 220 erweitern. Günstiger ist es, den zweiten und dritten Summanden zu vertauschen: Danach ist zuerst die Summe von $\frac{3}{20}$ und $\frac{9}{20}$ zu berechnen. Diese Summe hat den gekürzten Wert $\frac{3}{5}$, sodass der Hauptnenner für die folgende Addition des dritten Summanden nun nur noch 55 ist.

Es wurde das *Kommutativgesetz* der Addition angewandt.

$$\frac{3}{20} + \frac{8}{55} + \frac{9}{20} = \frac{3}{20} + \frac{9}{20} + \frac{8}{55} = \frac{12}{20} + \frac{8}{55} = \frac{3}{5} + \frac{8}{55} = \frac{33}{55} + \frac{8}{55} = \frac{41}{55}$$

Vertausche den 2. und den 3. Summanden.

Formuliere das Kommutativgesetz der Addition für gebrochene Zahlen.

Kommutativgesetz (Vertauschungsgesetz) für die Addition
In einer Summe darf man die Summanden vertauschen. Dabei ändert sich der Wert der Summe nicht. Denke dir gebrochene Zahlen anstelle von a und b. Stets gilt:

$$\mathbf{a + b = b + a}$$

Beispiel: $\frac{2}{3} + \frac{3}{8} = \frac{3}{8} + \frac{2}{3}$

Begründe das Kommutativgesetz am Beispiel der Summe $\frac{7}{25} + \frac{2}{25}$.
Überlege, warum es ausreicht, die Begründung für gleichnamige Brüche zu geben.

→ Zum Addieren der beiden gleichnamigen Brüche sind die Zähler zu addieren. Die Summe der Zähler $7 + 2$ ist die Summe natürlicher Zahlen. Für diese gilt das Kommutativgesetz: $7 + 2 = 2 + 7$.
Der Bruch $\frac{2+7}{25}$ ist dann aber das Ergebnis der Additionsaufgabe mit den vertauschten Brüchen.
Diese Begründung ist nicht an die konkreten Zahlen 7, 2 und 25 gebunden. Man kann sie genau so für die Addition beliebiger gleichnamiger Brüche geben.
Sind die beiden Summanden nicht gleichnamig, dann kann man sie so erweitern, dass sie gleichnamig werden. Anschließend kann man wieder so begründen wie oben.
Damit gilt das Kommutativgesetz auch für die Addition nicht gleichnamiger Brüche.

$$\frac{7}{25} + \frac{2}{25} = \frac{7+2}{25} = \frac{2+7}{25} = \frac{2}{25} + \frac{7}{25}$$

Kommutativgesetz für das Addieren natürlicher Zahlen

Assoziativgesetz

A Berechne die Summe rechts.
Überlege zunächst, wie du vorteilhaft rechnen kannst.
Welches Rechengesetz wendest du dabei an?

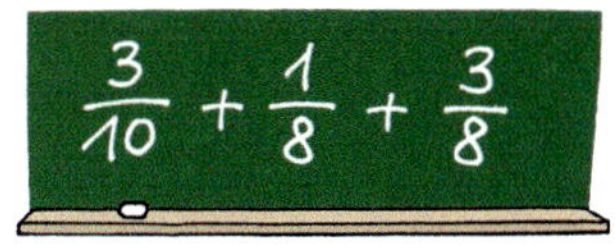

→ Nach den Vorrangregeln für das Berechnen von Termen müsstest du von links nach rechts rechnen und zunächst $\frac{3}{10}$ und $\frac{1}{8}$ addieren. Das ist wegen der verschiedenen Nenner ungünstig: Du müsstest beide Brüche auf den Hauptnenner 40 erweitern.
Addierst du dagegen zunächst die gleichnamigen zweiten und dritten Summanden, so kannst du das Ergebnis sofort bestimmen und kürzen. Zum Addieren des ersten Summanden reicht dann der Hauptnenner 10.
Es wurde das *Assoziativgesetz* der Addition angewandt.

$\frac{3}{10} + \frac{1}{8} + \frac{3}{8}$
$= \frac{3}{10} + \frac{4}{8}$
$= \frac{3}{10} + \frac{1}{2}$
$= \frac{3}{10} + \frac{5}{10}$
$= \frac{8}{10}$
$= \frac{4}{5}$

Rechne nicht von links nach rechts. Verbinde zuerst die beiden letzten Summanden.

A Formuliere das Assoziativgesetz der Addition für gebrochene Zahlen.

Assoziativgesetz (Verbindungsgesetz) für die Addition
In einer Summe aus drei Summanden kann man Klammern beliebig setzen. Der Wert der Summe ist von der Stellung der Klammern unabhängig. Man darf die Klammern deshalb auch weglassen. Denke dir gebrochene Zahlen anstelle von a, b und c. Stets gilt:

$$(a + b) + c = a + (b + c) = a + b + c$$

Beispiel: $\left(\frac{1}{3} + \frac{3}{8}\right) + \frac{4}{7} = \frac{1}{3} + \left(\frac{3}{8} + \frac{4}{7}\right) = \frac{1}{3} + \frac{3}{8} + \frac{4}{7}$

A Begründe das Assoziativgesetz am Beispiel der Summe $\frac{7}{15} + \left(\frac{13}{15} + \frac{8}{15}\right)$.

→ Wegen der gleichen Nenner reicht es, die Zähler zu addieren. Die Zähler sind aber natürliche Zahlen, für die das Assoziativgesetz der Addition gilt: Es ist gleich, ob man zunächst 13 und 8 addiert und dies zu 7 addiert, oder ob man erst 7 und 13 addiert und dann 8.
Es reicht auch hier, die Begründung für gleichnamige Brüche zu geben, da man alle Brüche so erweitern kann, dass sie gleichnamig werden.

$\frac{7}{15} + \left(\frac{13}{15} + \frac{8}{15}\right)$
$= \frac{7}{15} + \frac{13 + 8}{15}$
$= \frac{7 + (13 + 8)}{15}$
$= \frac{(7 + 13) + 8}{15}$
$= \frac{7 + 13}{15} + \frac{8}{15}$
$= \left(\frac{7}{15} + \frac{13}{15}\right) + \frac{8}{15}$

Assoziativgesetz für das Addieren natürlicher Zahlen

Zum Üben

1. Rechne vorteilhaft.

a) $\frac{9}{14} + \frac{7}{20} + \frac{3}{20}$; $\frac{2}{9} + \frac{1}{9} + \frac{5}{12}$; $\frac{1}{20} + \frac{7}{24} + \frac{11}{24}$

b) $\frac{3}{25} + \frac{7}{15} + \frac{2}{25}$; $\frac{1}{10} + \frac{1}{15} + \frac{7}{10}$; $\frac{5}{12} + \frac{3}{14} + \frac{1}{12}$

c) $\frac{11}{60} + \frac{6}{35} + \frac{13}{60}$; $\frac{9}{100} + \frac{13}{75} + \frac{7}{100}$; $\frac{8}{15} + \frac{10}{21} + \frac{2}{15} + \frac{4}{21}$

d) $\frac{19}{88} + \frac{3}{7} + \frac{3}{88} + \frac{1}{14} + \frac{1}{4}$; $\frac{5}{32} + \frac{4}{27} + \frac{1}{5} + \frac{5}{27} + \frac{3}{32} + \frac{1}{10}$; $\frac{11}{18} + \frac{3}{50} + \frac{2}{9} + \frac{11}{25} + \frac{1}{6} + \frac{1}{10}$

2. Setze im Heft für $\square$ eine passende gebrochene Zahl ein.

a) $\frac{14}{19} + \frac{3}{11} = \frac{3}{11} + \square$

b) $\frac{6}{27} + \square = \frac{7}{18} + \frac{2}{9}$

c) $\square + \frac{1}{3} = \left(\frac{1}{3} + \frac{3}{8}\right) + \frac{1}{8}$

d) $\frac{5}{18} + \left(\square + \frac{3}{18}\right) = \left(\frac{1}{6} + \frac{3}{7}\right) + \frac{5}{18}$

e) $\left(\frac{2}{15} + \frac{3}{14}\right) + \frac{7}{8} = \frac{7}{8} + \left(\frac{2}{15} + \square\right)$

f) $\frac{4}{9} + \left(\frac{2}{9} + \frac{5}{7}\right) = \square + \frac{2}{3}$

3. Zeige an $\left(\frac{1}{2} - \frac{1}{4}\right) - \frac{1}{8}$ und $\frac{1}{2} - \left(\frac{1}{4} - \frac{1}{8}\right)$, dass das Assoziativgesetz nicht für die Subtraktion gilt.

Brüche in der Musik

- ganze Note
- halbe Note
- Viertelnote
- Achtelnote
- Sechzehntelnote
- Zweiunddreißigstelnote

Verlängerung um einen halben Wert:
- Dreiviertelnote
- Dreiachtelnote
- Dreisechzehntelnote
- ♪♪ wird auch als ♫ geschrieben

- Ganze Pause
- Halbe Pause
- Viertel Pause
- Achtel Pause
- Sechzehntel Pause

1. Noten geben nicht nur die Höhe, sondern auch die Länge eines Tons an.

a) Betrachte die Tabelle der Notenwerte links und beschreibe das System der Notenwerte.

b) Mit welchen Noten kann man einen $\frac{4}{4}$- oder einen $\frac{6}{8}$-Takt füllen? Finde Beispiele.

2. Schreibe zu jedem Takt eine Additionsaufgabe mit Brüchen.

Ausschnitt aus den Noten zur Zauberflöte von W. A. Mozart

3. Sucht selbst weitere Notenbeispiele. Welche Takte kommen vor?

Intuitives Begründen

Richtig oder falsch? – Wann kannst du sicher sein?

An etlichen Stellen im Mathematikunterricht hast du schon Begründungen vorgenommen. Hier untersuchst du näher, wie man eine Vermutung begründen kann und wann eine Begründung stichhaltig ist.

Primzahl
Zahl mit genau zwei Teilern, z. B. 2, 3, 7, 11, …

1. Merlin hat eine Entdeckung gemacht und unterhält sich mit Lisa darüber. Fertige die von Lisa vorgeschlagene Tabelle an und fülle sie aus. Welche Entdeckung machst du?

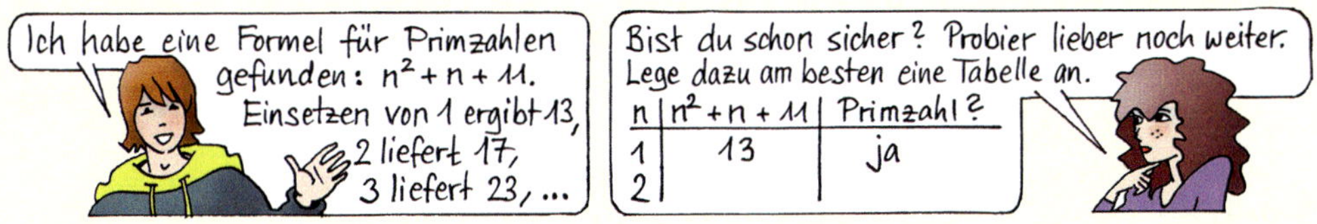

2. a) Julia und Tom haben entdeckt, dass zwischen zwei durch 3 teilbaren Zahlen stets eine gerade Zahl liegt. Sie haben auch versucht, dies zu begründen.
Vergleiche ihre Begründungen.
Was hältst du von ihnen?

JULIA
Zwischen zwei durch 3 teilbaren Zahlen liegt stets eine gerade Zahl.
Begründung:
Zwischen 3 und 6 liegt 4,
zwischen 6 und 9 liegt 8,
zwischen 9 und 12 liegt 10
zwischen 12 und 15 liegt 14
zwischen 15 und 18 liegt 16.

TOM
Zwischen zwei durch 3 teilbaren Zahlen liegt immer eine gerade Zahl.
Begründung:
Es gibt nur zwei Möglichkeiten:
1) Ist die kleinere durch 3 teilbare Zahl ungerade, so ist die unmittelbar darauf folgende Zahl gerade und kleiner als die nächste durch 3 teilbare Zahl.
2) Ist die kleinere durch 3 teilbare Zahl gerade, so ist die um 2 größere Zahl auch gerade, aber kleiner als die nächste durch 3 teilbare Zahl.

b) Linus behauptet: „Zwischen zwei durch 4 teilbaren Zahlen liegt stets eine durch 5 teilbare Zahl." Begründe oder widerlege.

3. Lukas behauptet: „Anstatt einen Bruch nacheinander mit zwei Zahlen zu erweitern, kann man ihn auch gleich mit dem Produkt dieser Zahlen erweitern." Rechts siehst du seine Begründung.

a) Erläutere seine Überlegung.

b) Lukas führt keine allgemeine Begründung, sondern erläutert an Zahlenbeispielen. Überlege, ob diese Argumentation stichhaltig ist.
Hilfe: Betrachte dazu auch die Begründung für das Kommutativgesetz für das Addieren von Bruchzahlen.

$$\frac{1}{2} \overset{3}{=} \frac{1\cdot 3}{2\cdot 3} \overset{5}{=} \frac{(1\cdot 3)\cdot 5}{(2\cdot 3)\cdot 5}$$
$$= \frac{1\cdot(3\cdot 5)}{2\cdot(3\cdot 5)}$$
$$= \frac{1\cdot 15}{2\cdot 15}$$

Dasselbe Ergebnis erhält man auch in einem Schritt:

$$\frac{1}{2} \overset{15}{=} \frac{1\cdot 15}{2\cdot 15}$$

4. Erläutere folgende Zusammenfassung an den Beispielen von Seite 31 und der Begründung für das Kommutativgesetz für das Addieren von Bruchzahlen (Seite 28).

Begründen von Behauptungen
- Um zu zeigen, dass eine Behauptung falsch ist, reicht es aus, ein einziges Gegenbeispiel zu finden.
- Auch noch so viele Beispiele reichen nicht aus, um eine allgemeine Behauptung zu begründen. Man muss mithilfe von Argumenten sicherstellen, dass sie gilt.
- Ausnahme: Wenn eine Begründung mit konkreten Beispielen so erfolgt, dass klar ist, dass sie auch für jedes andere Beispiel möglich ist, so ist die Begründung stichhaltig.

5. Ben behauptet: „Zwischen zwei durch 4 teilbaren Zahlen liegt stets mindestens eine Primzahl". Begründe diese Behauptung oder widerlege sie.

6. Sarah sagt: „Vervielfacht man einen Bruch mit einer natürlichen Zahl und dann das Ergebnis noch mal mit einer anderen natürlichen Zahl, so kann man auch die Reihenfolge vertauschen. Man erhält dann dasselbe Ergebnis."
Untersuche, ob diese Behauptung stimmt. Begründe sie gegebenenfalls.

7. Victor überlegt, ob beim Teilen von Brüchen das Assoziativgesetz gilt.
Was meinst du? Begründe deine Meinung.

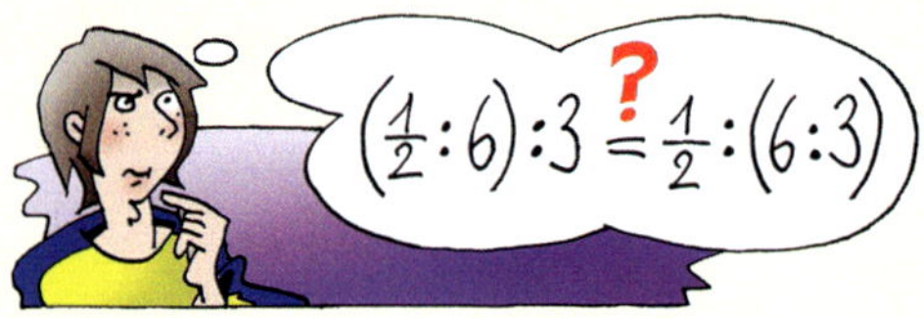

8. a) Überlege, ob beide Rechenwege zum selben Ergebnis führen. Begründe.

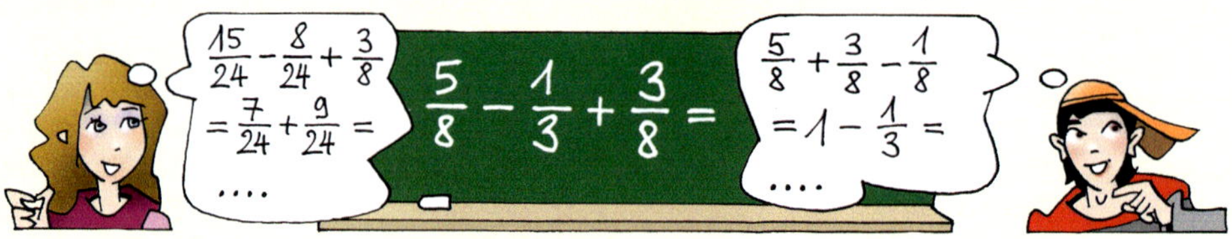

b) Begründe folgende Regel. Überlege dazu, wie du geschickt vorgehen kannst.

Aufeinander folgende Additions- und Subtraktionsschritte in einem Term darf man vertauschen, falls die Subtraktion ausführbar ist. Dabei ändert sich der Wert des Terms nicht.

c) Überlege, warum in der Regel die Einschränkung „falls die Subtraktion ausführbar ist" gemacht wird.

9. Ein Bruch wird geteilt und anschließend vervielfacht. Untersuche, ob man beim Vertauschen der Reihenfolge (erst vervielfachen und dann teilen) dasselbe Ergebnis erhält. Begründe.

10. Julia sagt: „In unserer Klasse betrug das Verhältnis Jungen zu Mädchen 3 : 4.
Nachdem zwei Mädchen die Klasse verlassen und noch zwei Jungen dazugekommen sind, ist das Verhältnis jetzt 1 : 1."
Überprüfe, ob Julias Behauptung zutreffen kann.

1.6 Vervielfachen und Teilen von Brüchen

1.6.1 Vervielfachen von Brüchen

Einstieg

Meistens kauft man nicht nur eine Flasche oder Dose eines Getränkes, sondern gleich mehrere.

a) Wie viel ℓ Mineralwasser sind in drei Flaschen?

b) Wie viel ℓ Saft sind in vier Päckchen?

c) Wie viel ℓ Schorle sind in zwei Flaschen?

d) Wie viel ℓ Cola sind in zwei Dosen?

Aufgabe 1

Vervielfachen von Brüchen

Da Valentin und Melle ihren Eltern im Garten geholfen haben, soll es als Belohnung zum Abendessen Pizza vom Lieblingsbäcker der Kinder geben. Dieser backt große Pizzas und unterteilt sie in 16 Stücke. Jedes der vier Familienmitglieder möchte drei solcher Stücke essen.

Valentin meint: „Dann essen wir zusammen fast eine ganze Riesenpizza!"

Untersuche, ob Valentin Recht hat.

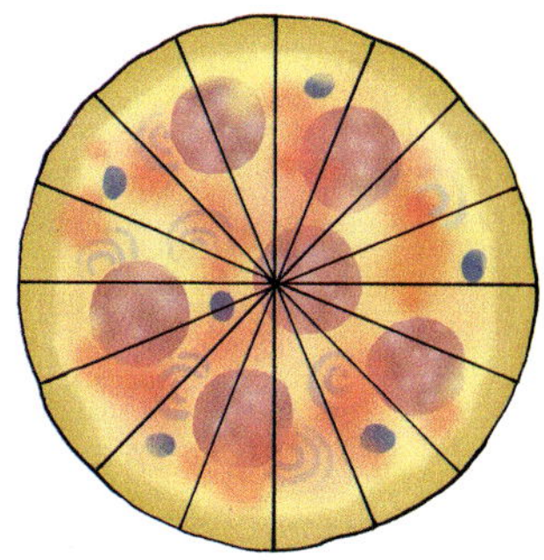

Lösung

Wir stellen den Sachverhalt zunächst in einer Zeichnung dar.

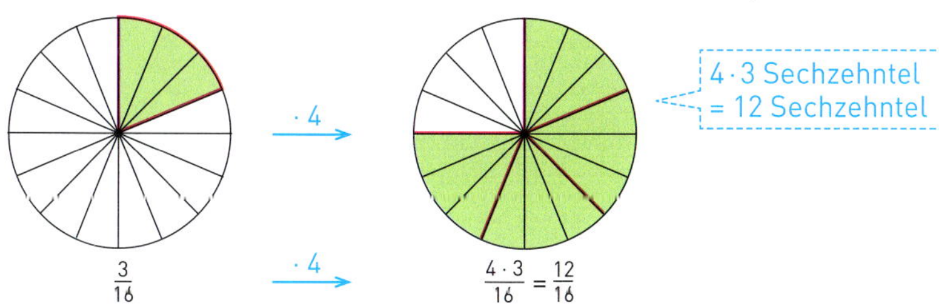

Rechnung: $4 \cdot \frac{3}{16} = \frac{3}{16} + \frac{3}{16} + \frac{3}{16} + \frac{3}{16}$

$= \frac{3+3+3+3}{16} = \frac{4 \cdot 3}{16} = \frac{12}{16} = \frac{3}{4}$ Kürzen

Ergebnis: Die vier Familienmitglieder essen zusammen keine ganze, sondern nur eine dreiviertel Pizza.

Information

(1) Regeln über das Vervielfachen eines Bruches

In Aufgabe 1 hast du gesehen, dass das Addieren mehrerer gleich großer Bruchteile auch als Vervielfachen eines solchen Bruchteils aufgefasst werden kann.

Man multipliziert (vervielfacht) eine Bruchzahl mit einer natürlichen Zahl, indem man den Zähler des Bruches mit der Zahl multipliziert. Der Nenner bleibt unverändert.

Beispiel: $3 \cdot \frac{2}{7} = \frac{3 \cdot 2}{7} = \frac{6}{7}$

(2) Unterschied zwischen Erweitern und Vervielfachen

$\frac{2}{5}$ mit 2 erweitern bedeutet:

Die Zerlegung wird verfeinert. Zähler *und* Nenner werden mit 2 multipliziert.
Dabei ändert sich der Wert des Bruches nicht.

$2 \cdot \frac{2}{5}$ bedeutet:

2 Bruchteile, welche jeweils $\frac{2}{5}$ darstellen, werden zusammengefasst. *Nur* der Zähler wird mit 2 multipliziert.
Dabei ändert sich der Wert des Bruches.

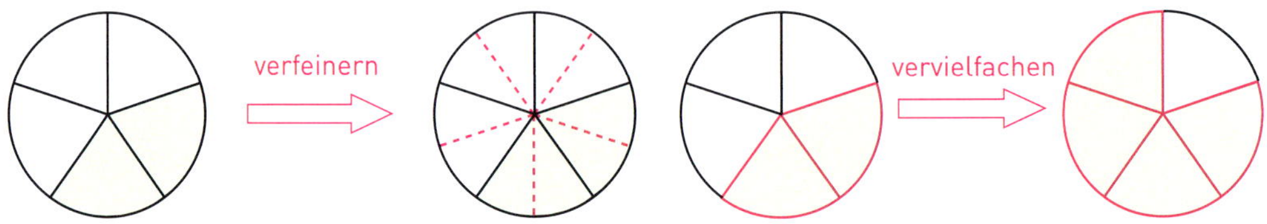

$\frac{2}{5} = \frac{4}{10}$ $\frac{2}{5}$ $2 \cdot \frac{2}{5} = \frac{4}{5}$

Weiterführende Aufgabe

Kürzen vor dem Ausrechnen

2. Man rechnet vorteilhaft, wenn man vor dem Ausrechnen kürzt.
Erkläre das Beispiel. Rechne ebenso.

a) $3 \cdot \frac{4}{9}$ **c)** $12 \cdot \frac{8}{9}$

b) $14 \cdot \frac{4}{7}$ **d)** $25 \cdot \frac{12}{5}$

Nur ein Faktor im Zähler und im Nenner wird beim Kürzen verwendet.

$12 \cdot \frac{5}{18} = \frac{12 \cdot 5}{18} = \frac{\cancel{6}^{1} \cdot 2 \cdot 5}{3 \cdot \cancel{6}_{1}} = \frac{10}{3} = 3\frac{1}{3}$

kurz: $12 \cdot \frac{5}{18} = \frac{\cancel{12}^{2} \cdot 5}{\cancel{18}_{3}} = \frac{10}{3} = 3\frac{1}{3}$

Übungsaufgaben

3. Schreibe sowohl als Additions- als auch als Multiplikationsaufgabe und berechne.
Bestätige damit die Regel auf Seite 33.

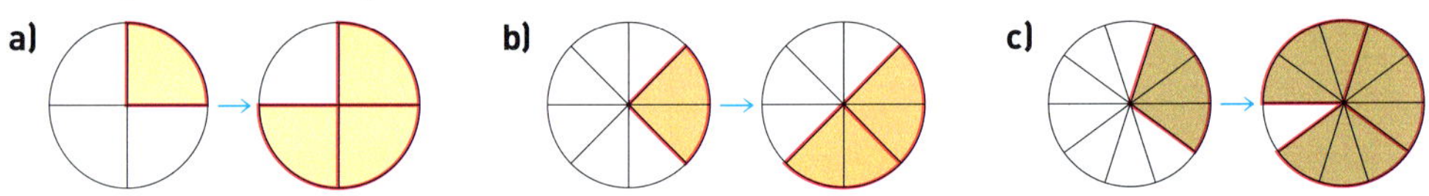

4. Rechne im Kopf.

a) $7 \cdot \frac{3}{4}$	**b)** $2 \cdot \frac{7}{5}$	**c)** $8 \cdot \frac{3}{7}$	**d)** $5 \cdot \frac{4}{9}$	**e)** $19 \cdot \frac{2}{17}$	**f)** $15 \cdot \frac{8}{15}$
$4 \cdot \frac{2}{9}$	$2 \cdot \frac{4}{9}$	$8 \cdot \frac{5}{8}$	$7 \cdot \frac{3}{13}$	$16 \cdot \frac{1}{16}$	$5 \cdot \frac{2}{7}$

5. Zeichne $\frac{3}{8}$ eines rechteckigen Kuchens. Verdeutliche zeichnerisch, was es bedeutet,
(1) $\frac{3}{8}$ mit 2 zu erweitern; **(2)** $\frac{3}{8}$ mit 2 zu vervielfachen.

6. Berechne. Kürze vor dem Ausrechnen.

a) $5 \cdot \frac{7}{20}$	**b)** $24 \cdot \frac{7}{12}$	**c)** $25 \cdot \frac{7}{15}$	**d)** $9 \cdot \frac{7}{6}$	**e)** $8 \cdot \frac{27}{32}$	**f)** $8 \cdot \frac{7}{12}$
$4 \cdot \frac{5}{6}$	$35 \cdot \frac{8}{15}$	$8 \cdot \frac{17}{24}$	$6 \cdot \frac{7}{18}$	$16 \cdot \frac{25}{32}$	$21 \cdot \frac{9}{14}$

7. Multipliziere die Brüche $\frac{3}{4}; \frac{7}{5}; \frac{17}{15}; \frac{17}{20}; \frac{11}{30}; \frac{1}{12}; \frac{9}{2}; \frac{14}{3}; \frac{13}{60}; \frac{19}{10}$ der Reihe nach mit 60.
Bei welchen Zahlen ist das Produkt kleiner, bei welchen größer als 60? Was fällt dir auf?

8. Julian hat seine sechs Freunde zum Waffelessen eingeladen. Julians Mutter rechnet damit, dass jeder eine ganze Waffel und noch $\frac{3}{5}$ einer Waffel isst. Wie viel muss sie backen?

9. Setze für $\square$ im Heft eine passende natürliche Zahl ein.

a) $\square \cdot \frac{1}{5} = \frac{4}{5}$ **b)** $\square \cdot \frac{x}{7} = \frac{6}{7}$ **c)** $\square \cdot \frac{3}{16} = \frac{3}{8}$ **d)** $\square \cdot \frac{3}{4} = 1\frac{1}{2}$ **e)** $\square \cdot \frac{4}{9} = 4$

10. a) Vergleiche die beiden Rechenwege.

Maria: $4 \cdot 3\frac{1}{5} = 4 \cdot \frac{16}{5} = \frac{64}{5} = 12\frac{4}{5}$ Patrick: $4 \cdot 3\frac{1}{5} = 4 \cdot 3 + 4 \cdot \frac{1}{5} = 12 + \frac{4}{5} = 12\frac{4}{5}$

b) Rechne möglichst einfach. Kürze, wenn möglich, das Ergebnis.

(1) $3 \cdot 2\frac{1}{2}$ **(3)** $3 \cdot 4\frac{2}{3}$ **(5)** $3 \cdot 3\frac{1}{4}$ **(7)** $4 \cdot 3\frac{2}{9}$ **(9)** $4 \cdot 4\frac{3}{5}$

(2) $6 \cdot 3\frac{1}{5}$ **(4)** $6 \cdot 5\frac{1}{4}$ **(6)** $2 \cdot 4\frac{2}{5}$ **(8)** $3 \cdot 3\frac{3}{4}$ **(10)** $8 \cdot 5\frac{7}{9}$

11. a) Eine Tasse fasst $\frac{1}{8}\ell$ Milch. Wie viel ℓ Milch fassen fünf Tassen?

b) Eine Flasche Apfelsaft enthält $\frac{2}{5}\ell$ Saft. Wie viel ℓ Saft enthalten sechs Flaschen?

c) Für eine Nougat-Creme-Torte benötigt man $\frac{1}{8}\ell$ Schlagsahne. Reichen zwei Becher mit jeweils $\frac{2}{10}\ell$ Sahne für drei Torten?

12. Für eine Feier will Neele vier Torten backen, für die Schlagsahne benötigt wird:
Waldmeistertorte: $\frac{1}{4}\ell$; Schwimmbadtorte: $\frac{3}{8}\ell$; Wickeltorte: 800 ml; Kratertorte: $\frac{1}{8}\ell$.
Wie viel Becher mit jeweils $\frac{2}{10}\ell$ Sahne muss sie mindestens kaufen?

13. Meike trinkt zwei Fruchtsaftpäckchen zu $\frac{1}{4}\ell$, ihr Bruder trinkt drei dieser Päckchen. Stellt einander geeignete Aufgaben und löst sie.

1.6.2 Teilen von Brüchen

Einstieg

a) Vom Mittagessen sind noch $\frac{3}{4}$ einer Pizza übrig. Birgül und ihre beiden Geschwister teilen sich diesen Rest.

b) Laura und Marc teilen sich einen halben Apfel und $\frac{1}{4}$ Tafel Schokolade.

Aufgabe 1

Dividieren eines Bruchs durch eine natürliche Zahl

Mutter hat zum Kaffee am Sonntagnachmittag Waffeln gebacken. Es sind noch vier Herzen (also $\frac{4}{5}$) einer hellen Waffel und $\frac{3}{5}$ einer Schokowaffel übrig. Die beiden Geschwister Karina und Hendrik wollen sich die Herzen teilen.
Wie viel erhält jeder? Schreibe dazu einen Quotienten mit einem Bruch.

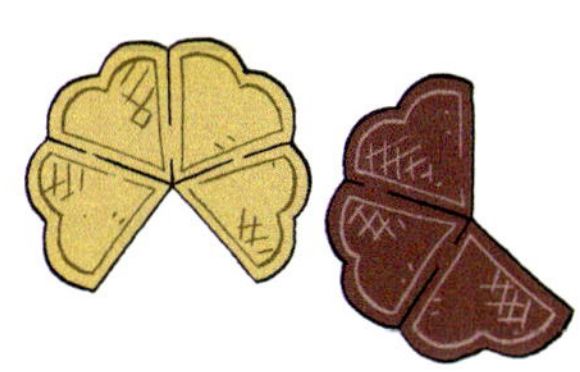

Lösung

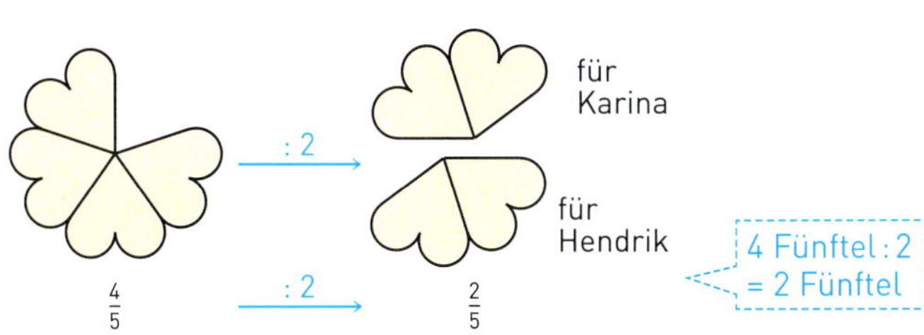

Wir schreiben: $\frac{4}{5} : 2 = \frac{2}{5}$
Ergebnis: Jedes Kind erhält $\frac{2}{5}$ einer ganzen Waffel.

Um gerecht zu verteilen, wird jedes Fünftel in zwei gleich große Teile zerlegt. Das bedeutet:

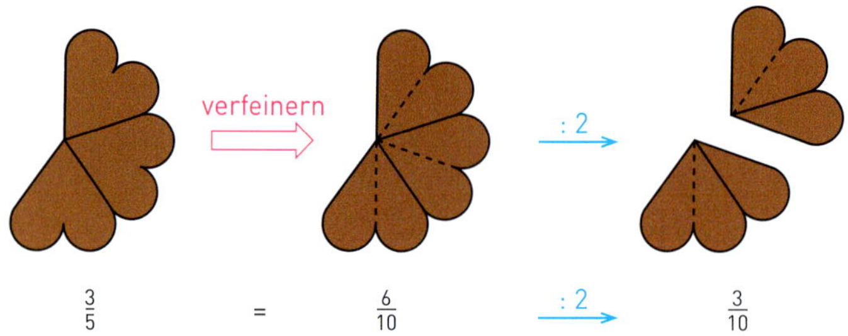

Der Bruch $\frac{3}{5}$ wird mit 2, also auf Zehntel, erweitert. Dann kannst du wie bei den hellen Waffeln verfahren:

$\frac{3}{5} : 2 = \frac{6}{10} : 2 = \frac{3}{10}$

Ergebnis: Jedes Kind erhält $\frac{3}{10}$ einer ganzen Schokowaffel.

Information

Regeln für das Dividieren einer gebrochenen Zahl durch eine natürliche Zahl

Zur Lösung der Aufgabe $\frac{3}{5} : 2 = \frac{3}{10}$ kannst du auch folgende Überlegungen durchführen:
$\frac{3}{5}$ Waffel stehen zur Verfügung. Jedes Fünftel wird an zwei Kinder verteilt. Jedes Kind bekommt dann von jedem Fünftel die Hälfte, also 1 Zehntel, insgesamt $3 \cdot 1$ Zehntel.
Du erhältst also das Ergebnis $\frac{3}{10}$ durch Multiplikation des Nenners mit 2.

Zwei Fälle bei der Division einer gebrochenen Zahl durch eine natürliche Zahl

1. Möglichkeit: Nur anwendbar, wenn der Zähler durch die natürliche Zahl teilbar ist
Der Zähler des Bruches wird durch die natürliche Zahl dividiert. Der Nenner bleibt erhalten.
Beispiel: $\frac{15}{19} : 5 = \frac{15 : 5}{19} = \frac{3}{19}$

2. Möglichkeit: Immer anwendbar
Der Nenner des Bruches wird mit der natürlichen Zahl multipliziert. Der Zähler bleibt erhalten.
Beispiel: $\frac{12}{7} : 5 = \frac{12}{7 \cdot 5} = \frac{12}{35}$

Weiterführende Aufgaben

Unterschied zwischen Dividieren und Kürzen

2. Dividiere $\frac{6}{9}$ durch 3. Kürze dann $\frac{6}{9}$ mit 3. Vergleiche auch mithilfe von Skizzen.
Worin besteht der Unterschied zwischen Dividieren und Kürzen?

Kürzen vor dem Ausrechnen

3. In vielen Fällen ist es vorteilhaft, vor dem Ausrechnen zu kürzen. Siehe das Beispiel rechts. Rechne ebenso:
a) $\frac{6}{13} : 4$ **b)** $\frac{24}{17} : 18$ **c)** $\frac{36}{25} : 15$ **d)** $\frac{42}{27} : 35$

Kürzen vor dem Ausrechnen erspart Rechenarbeit.

$\frac{12}{7} : 15 = \frac{\overset{4}{\cancel{12}}}{7 \cdot \underset{5}{\cancel{15}}} = \frac{4}{35}$

Übungsaufgaben

4. a) Drei Kinder teilen sich $\frac{3}{4}\,\ell$ Apfelschorle.
Wie viel bekommt jedes Kind?
b) Ein halber Liter Milch wird an drei Kinder verteilt.
Wie viel bekommt jedes Kind?
c) In einer Flasche sind $\frac{7}{10}\,\ell$ Orangensaft.
Zwei Geschwister teilen sich den Saft.
Wie viel bekommt jeder?

5. Schreibe als Divisionsaufgabe. Berechne.
Bestätige die Regel aus der Information (Seite 36).

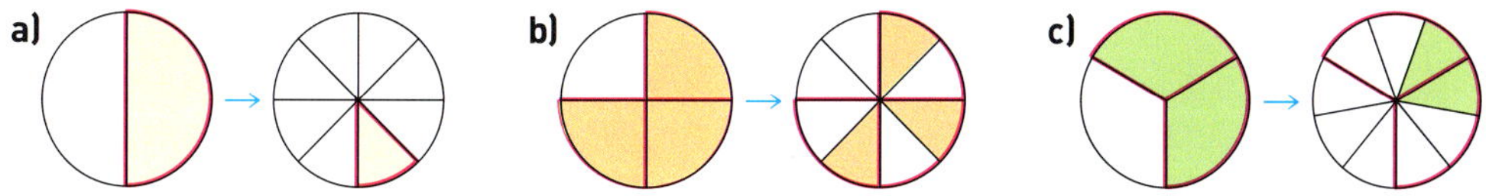

6. Rechne im Kopf.

a) $\frac{1}{2}:3$	**b)** $\frac{1}{4}:5$	**c)** $\frac{2}{3}:3$	**d)** $\frac{21}{25}:7$	**e)** $\frac{5}{8}:3$	**f)** $\frac{3}{7}:9$	**g)** $\frac{12}{13}:3$	**h)** $\frac{3}{5}:12$
$\frac{6}{7}:3$	$\frac{4}{9}:2$	$\frac{3}{4}:2$	$\frac{3}{5}:2$	$\frac{12}{13}:2$	$\frac{15}{16}:5$	$\frac{7}{8}:8$	$\frac{4}{9}:7$

7. Zeichne $\frac{6}{8}$ einer Torte. Beschreibe und verdeutliche zeichnerisch, was es bedeutet,
(1) $\frac{6}{8}$ mit 2 zu kürzen; **(2)** $\frac{6}{8}$ durch 2 zu teilen.

8. a) Erläutere die Rechenwege von Dennis und Diana. Vergleiche sie.

b) Berechne günstig.

Zerlege geschickt!

(1)	**(2)**	**(3)**	**(4)**
$3\frac{4}{5}:3$	$12\frac{3}{4}:6$	$48\frac{1}{4}:12$	$9\frac{1}{5}:4$
$2\frac{4}{7}:3$	$4\frac{2}{5}:5$	$75\frac{1}{2}:15$	$4\frac{2}{3}:3$
$1\frac{6}{7}:3$	$27\frac{7}{8}:9$	$9\frac{4}{5}:10$	$8\frac{5}{7}:7$
$6\frac{7}{8}:3$	$7\frac{2}{3}:10$	$4\frac{3}{5}:5$	$7\frac{5}{6}:8$

Dennis
$6\frac{1}{4}:3$
$=\frac{25}{4}:3$
$=\frac{25}{4\cdot 3}$
$=\frac{25}{12}$
$=2\frac{1}{12}$

Diana
$6\frac{1}{4}:3$
$=6:3+\frac{1}{4}:3$
$=2+\frac{1}{4\cdot 3}$
$=2+\frac{1}{12}$
$=2\frac{1}{12}$

9. Setze im Heft für □ eine passende natürliche Zahl ein.
a) $\frac{1}{4}:\square=\frac{1}{12}$ **b)** $\frac{7}{8}:\square=\frac{7}{32}$ **c)** $\frac{7}{\square}:6=\frac{7}{48}$ **d)** $\frac{8}{\square}:10=\frac{4}{15}$ **e)** $1\frac{2}{7}:\square=\frac{9}{28}$ **f)** $\frac{\square}{5}:3=\frac{2}{5}$

Pfund
alte Gewichtseinheit
1 Pfund = $\frac{1}{2}$ kg

10. Janinas Freundin Karina kommt zu Besuch. Daher möchte Janina das nebenstehende Fruchtsaftgetränk für sich und ihre Freundin zubereiten.
Wie viel benötigt sie von den einzelnen Zutaten?

Peppermint Petty
Zutaten für 4 Personen:
8 Minzblätter
$\frac{1}{8}$ ℓ Zitronensaft
$\frac{1}{4}$ ℓ heißes Wasser
$\frac{1}{2}$ Pfund Johannisbeeren
$\frac{3}{8}$ ℓ Orangensaft
$\frac{3}{10}$ ℓ Mineralwasser

Vermischte Übungen

11.

a) $28\cdot\frac{16}{21}$	**b)** $\frac{12}{15}:20$	**c)** $14\cdot\frac{3}{7}$	**d)** $\frac{34}{85}:17$	**e)** $23\cdot\frac{138}{92}$	**f)** $\frac{57}{38}:19$
$\frac{16}{21}:28$	$20\cdot\frac{12}{15}$	$\frac{3}{7}:14$	$17\cdot\frac{34}{85}$	$\frac{138}{92}:23$	$19\cdot\frac{57}{38}$

12. Berechne
a) den 3. Teil von einer halben Tafel Schokolade;
b) den 5. Teil von $\frac{3}{4}$ ℓ Milch;
c) den 6. Teil von $1\frac{1}{2}$ Stunden;
d) die Hälfte von $1\frac{3}{4}$ ℓ Saft.

13. a) Ein Transporter hat $\frac{3}{4}$ t zulässiges Ladegewicht. Wie viel t kann er
(1) mit 3 Fahrten; **(2)** mit 5 Fahrten; **(3)** mit 9 Fahrten transportieren?

b) Aus 1 kg Trauben erhält man $\frac{5}{6}$ ℓ Saft. Wie viel ℓ Traubensaft erhält man aus
(1) 15 kg Trauben; **(2)** 20 kg Trauben; **(3)** 40 kg Trauben?

c) Der Schall legt $\frac{1}{3}$ km in 1 s zurück. Wie viel km legt er in
(1) 3 s; **(2)** 5 s; **(3)** 8 s zurück?

1.7 Aufgaben zur Vertiefung

1. Tim verkaufte CDs auf einem Flohmarkt. Er verkaufte am Vormittag $\frac{1}{4}$ seiner CDs und am Nachmittag $\frac{1}{3}$ der restlichen CDs. Schließlich hatte er noch 12 CDs übrig. Wie viele CDs hatte Tim anfangs?

2. **a)** Wie groß ist bei einem Quadrat der Anteil einer Seitenlänge am Umfang?
b) Wie groß ist bei einem Würfel der Anteil einer Seitenfläche an der Oberfläche?
c) Wie groß ist bei einem Würfel der Anteil einer Kantenlänge an der gesamten Kantenlänge?

3. Das nebenstehende Bild von Camille Graeser trägt den Titel „Blau – Rot 3 : 1, 1/48 Blau bewegt“. Kontrolliere die Zahlenangaben im Titel.

4. In einer Schule spielen $\frac{19}{20}$ aller Schüler mindestens ein Musikinstrument, $\frac{1}{5}$ aller Schüler sogar mehrere Musikinstrumente.
a) Wie groß ist der Anteil an der Anzahl aller Schüler, die kein Instrument spielen?
b) Wie groß ist der Anteil derjenigen, die nur ein Instrument spielen?

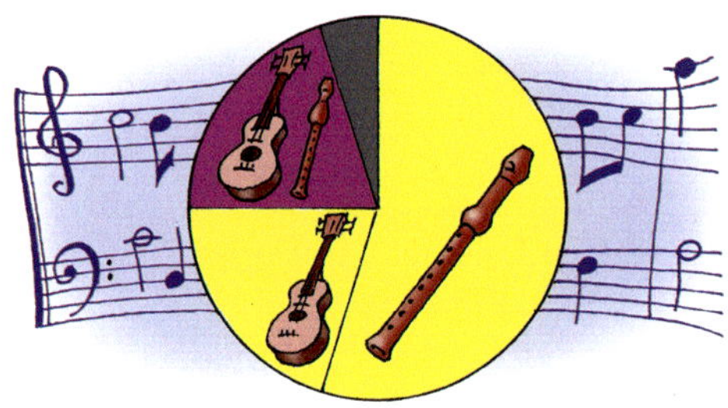

5. Onkel Theodor vererbt sein Vermögen an seine Neffen Kai und Dirk und an seine Nichte Claudia.
Kai erbt $\frac{2}{5}$, Dirk $\frac{1}{3}$ des Vermögens, Claudia erhält den Rest.
a) Welcher Anteil des gesamten Erbes geht an die Neffen?
b) Welchen Anteil erbt die Nichte?
c) Wie groß ist das gesamte Vermögen, wenn Claudias Erbteil 80 000 € beträgt?

6. Ein Scheich vererbte seinen drei Söhnen 17 Kamele. Er hatte bestimmt, dass der älteste die Hälfte, der mittlere ein Drittel und der jüngste ein Neuntel erhalten sollte.
Die Söhne waren ratlos, wie sie auf diese Weise 17 Kamele aufteilen sollten.
Ein guter Freund schenkte ihnen ein Kamel. Danach war das Aufteilen leicht, aber doch überraschend für die Söhne. Erkläre, warum.

Das Wichtigste auf einen Blick

Verhältnis zweier Größen

Das Verhältnis zweier Größen a und b kann man als Quotient a:b (gelesen: a zu b) angeben. Man schreibt a:b auch als Bruch $\frac{a}{b}$.

Beispiel: Verhältnis 2:3

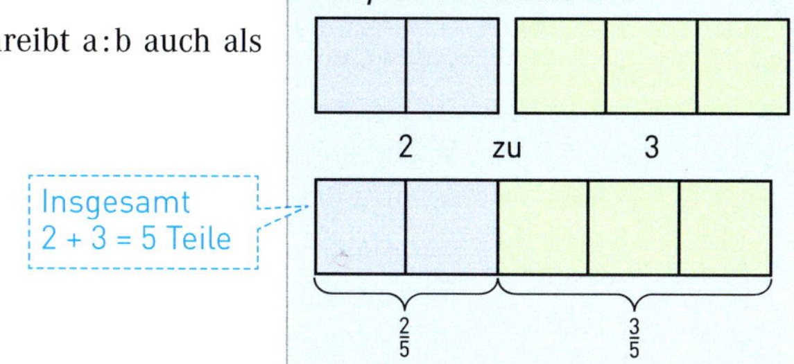

Vergleichen und Ordnen von Brüchen

Brüche lassen sich vergleichen und ordnen. Man kann sie auf den gleichen Nenner erweitern und dann ihre Zähler vergleichen.

Beispiel: $\frac{2}{3} = \frac{16}{24}$; $\frac{3}{4} = \frac{18}{24}$; $\frac{5}{8} = \frac{15}{24}$;
also $\frac{5}{8} < \frac{2}{3} < \frac{3}{4}$

Addition und Subtraktion von Brüchen

Brüche mit gleichem Nenner werden addiert (subtrahiert), indem man ihre Zähler addiert (subtrahiert) und den gemeinsamen Nenner beibehält.
Brüche mit verschiedenen Nennern werden zuerst auf den gleichen Nenner erweitert oder gekürzt und dann addiert (subtrahiert).

Beispiele:

$\frac{2}{9} + \frac{5}{9} = \frac{7}{9}$ $\quad \frac{8}{9} - \frac{3}{9} = \frac{5}{9}$

$\frac{1}{4} + \frac{2}{5} = \frac{5}{20} + \frac{8}{20} = \frac{13}{20}$

$\frac{5}{6} - \frac{3}{4} = \frac{10}{12} - \frac{9}{12} = \frac{1}{12}$

Vervielfachen eines Bruchs

Ein Bruch wird mit einer natürlichen Zahl *vervielfacht*, indem der Zähler mit der Zahl multipliziert wird. Der Nenner des Bruches wird nicht verändert.

Beispiele: $2 \cdot \frac{3}{7} = \frac{6}{7}$

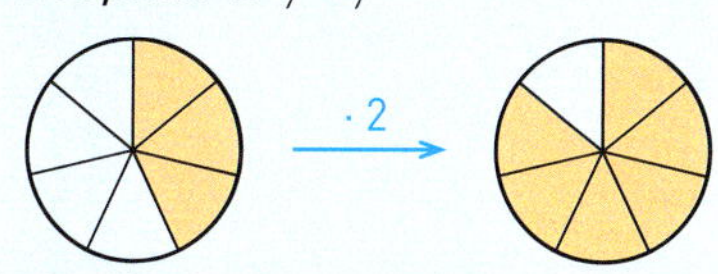

Teilen eines Bruchs

Beim *Teilen* eines Bruches durch eine natürliche Zahl wird der Nenner des Bruches mit dieser Zahl multipliziert. Der Zähler des Bruches wird nicht verändert.

Beispiele: $\frac{3}{4} : 2 = \frac{3}{8}$

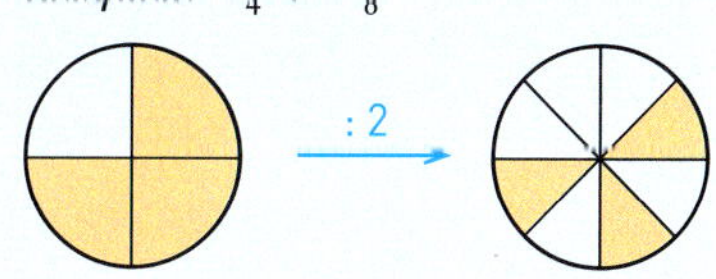

Rechengesetze

Kommutativgesetz für die Addition:
Summanden kann man vertauschen.
a + b = b + a
Assoziativgesetz für die Addition
(a + b) + c = a + (b + c) = a + b + c

Beispiele:

$\frac{3}{4} + \frac{4}{5} = \frac{4}{5} + \frac{3}{4}$

$\frac{3}{5} + \left(\frac{4}{9} + \frac{2}{3}\right) = \left(\frac{3}{5} + \frac{4}{9}\right) + \frac{2}{3} = \frac{3}{5} + \frac{4}{9} + \frac{2}{3}$

Bist du fit?

1. Vergleiche. Setze im Heft das passende Zeichen <, > oder = ein.

a) $\frac{7}{12} \square \frac{5}{8}$ **b)** $\frac{35}{25} \square \frac{21}{15}$ **c)** $\frac{13}{9} \square \frac{17}{12}$ **d)** $\frac{5}{7} \square \frac{8}{11}$ **e)** $\frac{32}{40} \square \frac{48}{60}$ **f)** $\frac{13}{20} \square \frac{17}{25}$

2. Verwandle zunächst in die gemischte Schreibweise.
Ordne dann nach der Größe.

a) $\frac{37}{8}; \frac{52}{9}; \frac{17}{6}; \frac{55}{12}; \frac{19}{6}$ **b)** $\frac{16}{3}; \frac{40}{9}; \frac{26}{7}; \frac{80}{17}; \frac{79}{15}$ **c)** $\frac{53}{12}; \frac{43}{18}; \frac{52}{15}; \frac{153}{25}; \frac{28}{5}; \frac{29}{12}; \frac{82}{25}; \frac{27}{4}; \frac{61}{11}$

3. Wer erbt mehr, Adam oder Eva?

4. Bei einer Sammlung werden in den sechsten Klassen Ansichtskarten verkauft.
Die Klasse 6a hat $\frac{2}{15}$, die 6b $\frac{3}{10}$, die 6c $\frac{5}{12}$ und die 6d $\frac{3}{20}$ der Karten abgenommen.

a) Ordne die Klassen nach dem Anteil der abgenommenen Karten.

b) Die Klasse 6d hat 45 Karten gekauft.
Wie viele wurden in den anderen Klassen gekauft?

5. Zum Streichen einer Fassade werden 28 kg Farbe benötigt. Der gewünschte Farbton soll durch Mischen von weißer und gelber Farbe im Verhältnis 5 : 2 hergestellt werden. Berechne, wie viel man von jeder Farbe benötigt.

6. Für ein Salatdressing mischt Herr Renz 75 mℓ Olivenöl und 50 mℓ Balsamico-Essig. Gib das Mischungsverhältnis mit so kleinen Zahlen wie möglich an.

7. Berechne.

a) $\frac{1}{2}+\frac{1}{4}$	**c)** $\frac{4}{5}+\frac{7}{10}$	**e)** $\frac{7}{10}+\frac{2}{25}$	**g)** $\frac{11}{15}+7$	**i)** $2\frac{2}{3}+\frac{1}{9}$	**k)** $\frac{7}{4}+4$
$\frac{2}{3}-\frac{1}{6}$	$\frac{3}{4}-\frac{9}{20}$	$\frac{19}{20}-\frac{11}{30}$	$6-\frac{5}{8}$	$6\frac{4}{5}-\frac{7}{10}$	$7-\frac{8}{9}$
b) $\frac{5}{12}+\frac{2}{3}$	**d)** $\frac{2}{3}+\frac{3}{4}$	**f)** $\frac{5}{7}+\frac{5}{8}$	**h)** $4\frac{1}{3}+\frac{2}{3}$	**j)** $1\frac{1}{2}+\frac{7}{8}$	**l)** $\frac{3}{5}+5$
$\frac{11}{15}-\frac{3}{5}$	$\frac{5}{6}-\frac{3}{4}$	$\frac{5}{7}-\frac{5}{8}$	$9-1\frac{1}{6}$	$4\frac{3}{10}-\frac{1}{2}$	$\frac{12}{5}-2$

8. Tim hat eingekauft. Wie schwer ist der Inhalt seiner Einkaufstasche?
Mache zunächst einen Überschlag.

9. Rechne vorteilhaft.

a) $\frac{1}{2}+\frac{1}{3}+\frac{3}{2}$ **c)** $\frac{4}{5}+\frac{3}{8}+\frac{4}{3}+\frac{1}{8}+\frac{6}{5}+\frac{1}{3}$

b) $\frac{3}{9}+\frac{4}{7}+\frac{3}{7}$ **d)** $\frac{3}{16}+\frac{4}{9}+\frac{5}{16}+\frac{2}{9}+\frac{1}{3}+\frac{1}{2}$

10. a) $\frac{7}{8}\cdot 4$ **b)** $6\cdot\frac{8}{9}$ **c)** $7\cdot\frac{5}{9}$ **d)** $\frac{12}{4}:5$ **e)** $\frac{3}{4}:5$ **f)** $\frac{4}{5}:3$

11. Formuliere eine Frage. Beantworte sie mit einer Skizze und einer Rechnung.

a) Jan kauft fünf $\frac{1}{2}$-ℓ-Packungen Milch.

b) Jan, Marc und Tom teilen sich $2\frac{1}{4}$ Pizzas.

c) Tom soll $1\frac{3}{4}$ kg Butter einkaufen. Ein Päckchen Butter enthält $\frac{1}{4}$ kg.

2. Kreis – Winkel – Symmetrie

Zum Verschönern von Gegenständen verwendet man oft geometrische Muster, die aus kleineren Figuren zusammengesetzt sind.

Der holländische Künstler Maurits Cornelis Escher (1898 – 1972) hat viele Bilder der folgenden Art gemalt.

➔ Beschreibe, worin das Besondere dieser Bilder liegt.

M. C. Escher's „Symmetrie Drawing E 21"

M. C. Escher's „Symmetrie Drawing E 18"

M. C. Escher's „Symmetrie Drawing E 107"

In diesem Kapitel ...
lernst du Begriffe kennen, mit denen du die Gesetzmäßigkeiten besonderer geometrischer Muster beschreiben kannst.
Weiter wirst du Verfahren zum Erzeugen solcher Muster untersuchen.

Lernfeld: Schöne Muster

Kreise – Kreismuster

Mit Kreisen kann man schöne Muster erzeugen.

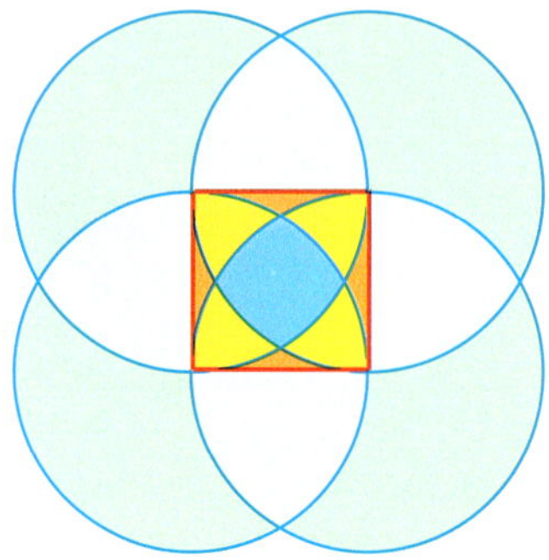

→ Zeichne die Figuren in dein Heft.

→ Kannst du zusammen mit deinem Partner eine Zeichenanleitung für die Figur formulieren, die ein anderer, der die Abbildung nicht kennt, dann zeichnen kann?

→ Entwerft selber weitere Kreismuster und hängt sie im Klassenraum aus.

Gesichtsfelder

Für uns Menschen erscheint es selbstverständlich, dass wir (ohne zusätzliche Augen- und Kopfbewegungen) nicht sehen können, was hinter uns geschieht. Beim Pferd ist das anders. Von Natur aus können Pferde auch sehen, was hinter ihnen geschieht. Auf diese Weise können sie einen nahenden Feind aus nahezu allen Richtungen erkennen.

Um das Gesichtsfeld eines Pferdes anschaulich zu machen, zeichnen wir den Kopf eines Pferdes von oben und markieren, welchen Bereich es ohne Kopf- und Augenbewegung wahrnehmen kann. Durch Scheuklappen kann das Gesichtsfeld von Pferden eingeschränkt werden, sodass sie dann weniger nervös sind.

→ Was meint man, wenn man von einem Menschen sagt, er laufe mit Scheuklappen durch die Welt?

→ Ihr könnt euer eigenes Gesichtsfeld durch ein kleines Experiment überprüfen:
Schau geradeaus auf einen festen Punkt. Dein Partner führt einen Stift auf Augenhöhe langsam von rechts bzw. links hinten in dein Gesichtsfeld.
Ab welcher Stelle kannst du ungefähr den Stift wahrnehmen? Skizziere dein eigenes Gesichtsfeld.

→ Tiere haben Gesichtsfelder anderer Größe. Hier einige Beispiele:

Woran liegt es, dass das Gesichtsfeld der Ente so groß und das Gesichtsfeld der Eule relativ klein ist?

Der Mathegarten

Für die Wand im Klassenzimmer soll ein Garten mit Bäumen und Büschen entworfen werden. Bei den Blättern kann man viel Arbeit sparen und schöne Effekte erzielen, wenn man das Papier vor dem Ausschneiden faltet.

→ Schneidet selber verschiedene Blätter ähnlich der Abbildung aus.

→ Welche Gemeinsamkeiten, welche Unterschiede bestehen zwischen Blüten und den Blättern für die Bäume?

Bilder mit Spiegeln

Mit Spiegeln könnt ihr leicht symmetrische Figuren erzeugen. Wenn ihr mehrere Spiegel verwendet, könnt ihr tolle Effekte erzielen.

→ Beschreibt, was ihr seht, wenn ihr mehrere Spiegel verwendet.

Kaleidoskop (griech.) optisches Spielzeug; lebendig-bunte (Bilder)folge

→ Ihr könnt aus Spiegeln auch ein Kaleidoskop herstellen. Versucht, die Effekte zu erklären.

Weitere Ideen für Spiegelbilder findet ihr unter www.elemente-der-mathematik.de.

2.1 Kreise

Ziel

Kreise kennst du aus dem Alltag.
In diesem Abschnitt lernst du, welche Eigenschaften Kreise aufweisen.

Zum Erarbeiten

Eigenschaft der Punkte auf einem Kreis

Auf dem linken Bild siehst du, wie auf einem Fußballfeld der Mittelkreis markiert wird. Beschreibe, wie das geschieht und worauf geachtet werden muss.
Auf dem rechten Bild siehst du, wie ein Mädchen mit einem Band einen Kreis zeichnet. Beschreibe, worauf sie achten muss.

→ Der Kreidewagen ist mit einem Seil fest verbunden mit einem Pflock in der Mitte. Der Platzwart fährt mit dem Kreidewagen, wobei er darauf achten muss, dass das Seil stets straff gespannt sein muss.
Auch das Mädchen muss darauf achten, dass das Band immer straff gespannt ist, damit das Kreidestück immer denselben Abstand vom Mittelpunkt hat. Es gilt nämlich:

Auf einem **Kreis** liegen alle Punkte P, die von einem festen Punkt M die gleiche Entfernung r haben.
Der Punkt M heißt **Mittelpunkt des Kreises**, r heißt **Radius des Kreises**.

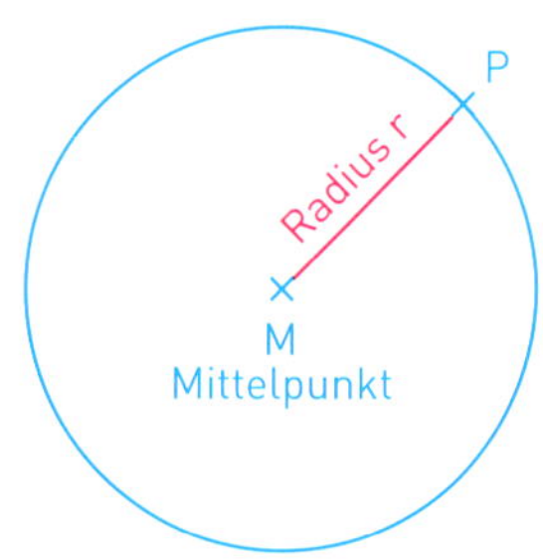

Zeichnen eines Kreises mit dem Zirkel – Sehne und Durchmesser

Markiere einen Punkt M.
Zeichne den Kreis um den Punkt M mit dem Radius r = 4 cm. Zeichne dann eine Strecke, die zwei Punkte auf diesem Kreis verbindet und
(1) 6 cm; **(2)** 8 cm lang ist.
Beschreibe die Lage des Kreismittelpunktes zu diesen beiden Strecken.
Leo behauptet, dass er in diesen Kreis eine 9 cm lange Strecke zeichnen kann. Was meinst du dazu?

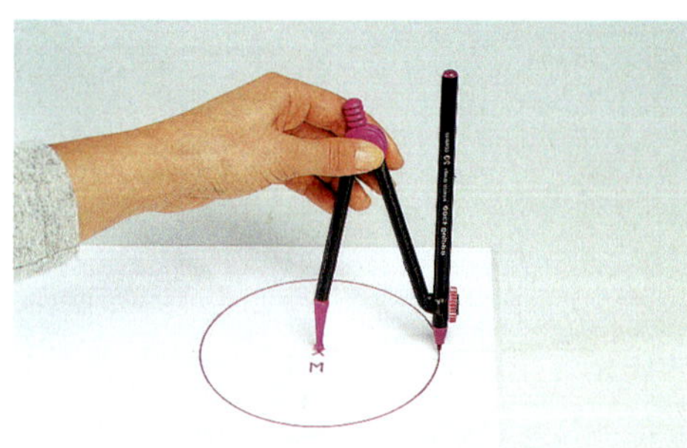

➔ Du kannst die gesuchte Strecke mit dem Geodreieck durch Probieren in den Kreis einpassen oder dir einen Punkt auf dem Kreis wählen und um ihn einen Kreis mit der Streckenlänge als Radius zeichnen. Hier sind die Zeichnungen verkleinert dargestellt.

(1)

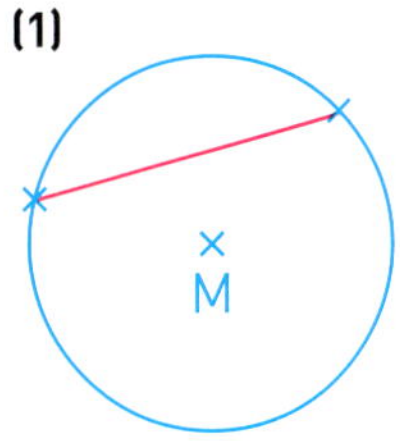

(2)

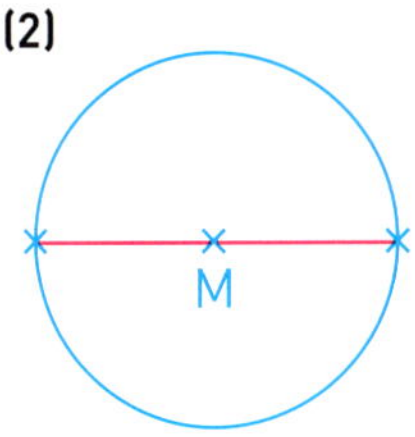

Der Mittelpunkt des Kreises liegt nicht auf der 6 cm lange Strecke, aber auf der 8 cm langen Strecke. Eine längere Strecke kann man nicht in den Kreis zeichnen, da 8 cm doppelt so lang sind wie der Radius von 4 cm. Leos Behauptung ist falsch.

Information

„Radius" und „Durchmesser" sind Teekesselchen. Sie bedeuten sowohl eine Strecke als auch deren Länge.

Allgemein gilt:

Eine **Sehne** eines Kreises ist eine Strecke, die zwei Kreispunkte verbindet.
Ein **Durchmesser** eines Kreises ist eine besondere Sehne, die durch den Mittelpunkt des Kreises geht.
Ein Durchmesser d ist doppelt so lang wie ein Radius:
$\mathbf{d = 2 \cdot r}$

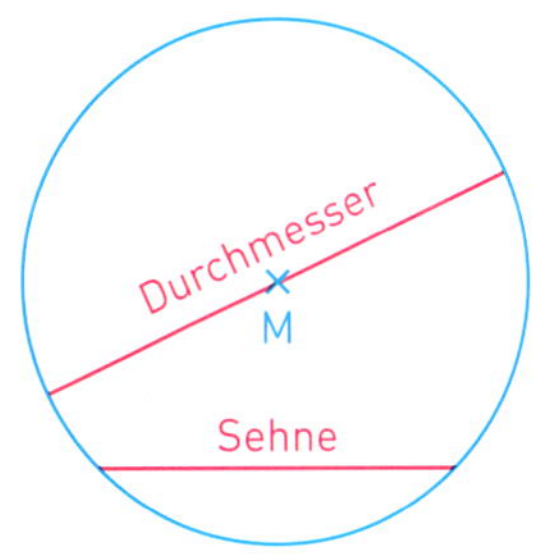

Zum Üben

1. Zeichne mit dem Zirkel einen Kreis. Markiere zuerst den Mittelpunkt M. Gib auch den Durchmesser d bzw. den Radius r an.
a) r = 3 cm **b)** r = 4,5 cm **c)** d = 8 cm **d)** d = 8,2 cm

2. Zeichne drei Kreise mit demselben Mittelpunkt M. Die Durchmesser sollen 4 cm, 7 cm und 10 cm betragen.

3. Zeichne mithilfe einer Dose einen Kreis; schneide ihn aus. Finde nun den Mittelpunkt des Kreises.

4. Zeichne einen Kreis mit r = 5 cm.
a) Passe mit dem Lineal zwei Sehnen mit den Längen 4 cm und 7 cm ein.
b) Passe mit dem Zirkel zwei Sehnen mit den Längen 3 cm und 16 cm ein.

5. a) Übertrage die Figur in dein Heft. Du kannst sie auch färben.

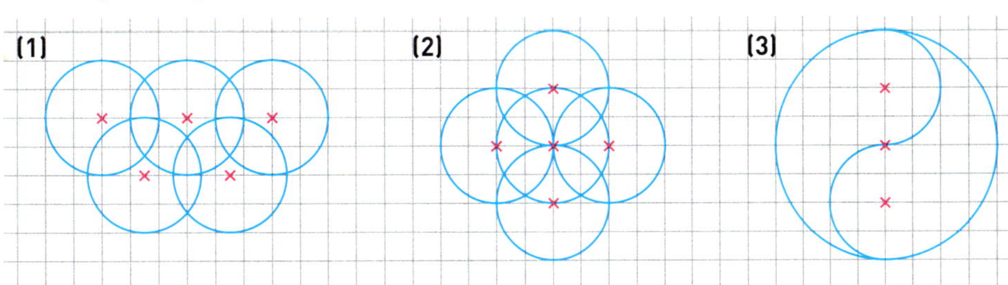

b) Erfinde selbst schöne Kreisfiguren und färbe sie. Du kannst auch ein DGS verwenden.

6. Zeichne in ein Koordinatensystem mit der Einheit 1 Kästchenlänge einen Kreis mit dem Mittelpunkt M(5|6). Der Radius soll 5 Kästchenlängen betragen. Zeichne folgende Punkte ein: A(5|1), B(8|4), C(3|2), D(10|12), E(1|9), F(8|2), G(5|10), H(1|2).
Welche dieser Punkte liegen **(1)** auf dem Kreis; **(2)** im Inneren [außerhalb] des Kreises?

7. In Duisburg, Köln und Siegen sind Rettungshubschrauber stationiert.
Sie können Orte bis zu einer Entfernung von 70 km anfliegen (Einsatzradius).

a) Übertrage die Standorte der fünf Rettungshubschrauber auf Transparentpapier und bestimme mit dem Zirkel die Einsatzgebiete.

b) Lege das Transparentpapier auf die Karte.
Nenne Städte in dem Gebiet, das von keinem [von einem; nur von einem] dieser Rettungshubschrauber erreicht werden kann.

c) Welche Städte können von zwei dieser Rettungshubschrauber erreicht werden?

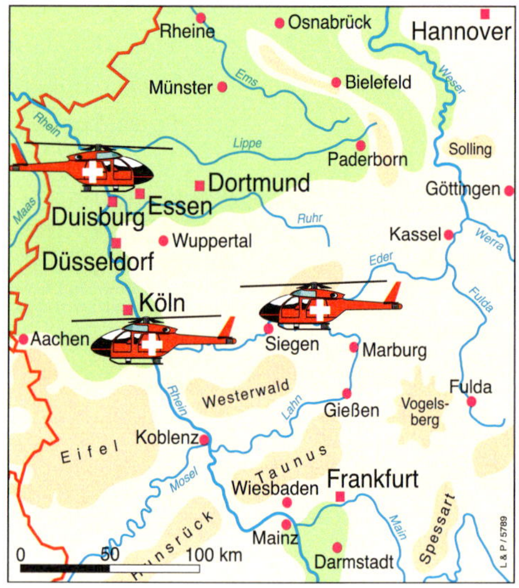

8. Ein Hund wird mit einer 5 m langen Leine an einer Ecke eines quadratischen Brunnentrogs mit der Kantenlänge 3 m gebunden.
Welchen Bereich kann der Hund erreichen? Konstruiere mit dem Zirkel im Maßstab 1:100.

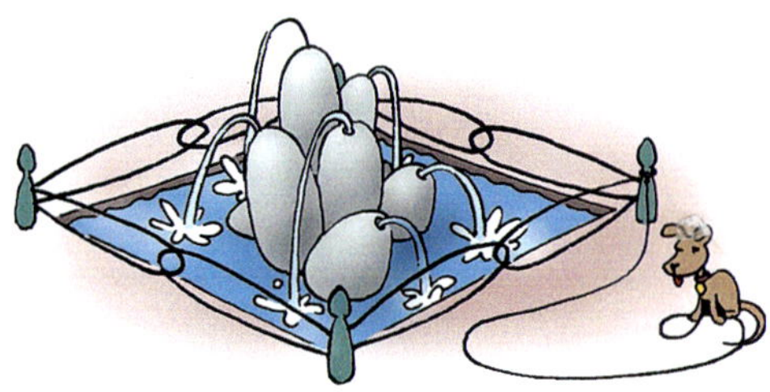

9. Zeichne zwei Kreise mit den Radien 2 cm und 3 cm, die
(1) keinen Punkt gemeinsam haben;
(2) sich in einem Punkt berühren;
(3) sich in zwei Punkten schneiden.

10. Viele Figuren bestehen nicht aus ganzen, sondern aus Teilen von Kreisen. Zeichne die Figuren in dein Heft.

(1) (2) (3) (4) (5)

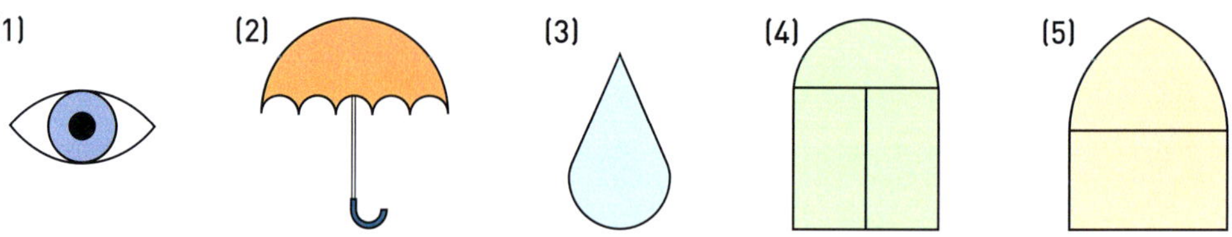

11. Entwerft ein Maßwerk-Fenster wie auf dem Foto links. Hängt die Entwürfe im Klassenraum aus.

2.2 Halbgerade – Winkel

Einstieg

Leuchttürme dienen in der Seefahrt zur Orientierung. Aus Seekarten kann man nicht nur die Position der Türme entnehmen, sondern auch, wohin das Leuchtfeuer strahlt und in welcher Farbe es jeweils zu sehen ist.

a) In der Kuppel des „Amrumer Leuchtturms“ dreht sich ein Scheinwerfer in 7,5 s einmal im Kreis.

Der Leuchtturm „Ölhörn“ auf Föhr hat in einigen Abschnitten rot in anderen grün gefärbte Scheiben.

Häufig sind wie bei dem Leuchtturm „Nebel“ auf Amrum die Fenster nur zu einer Seite ausgerichtet.

Welche Auswirkungen hat die Bauart der Türme auf den Schein des Leuchtfeuers? Ihr könnt es mit einer Taschenlampe ausprobieren.

b) In der Karte unten könnt ihr einige Leuchttürme finden. Beschreibt, wohin jeweils ihr Licht strahlt, und vergleicht die Gebiete, in denen die einzelnen Leuchtfeuer zu sehen sind. Beachtet dabei jeweils auch die Farben des Feuers. (Weißes Licht wird in Seekarten gelb eingezeichnet.)

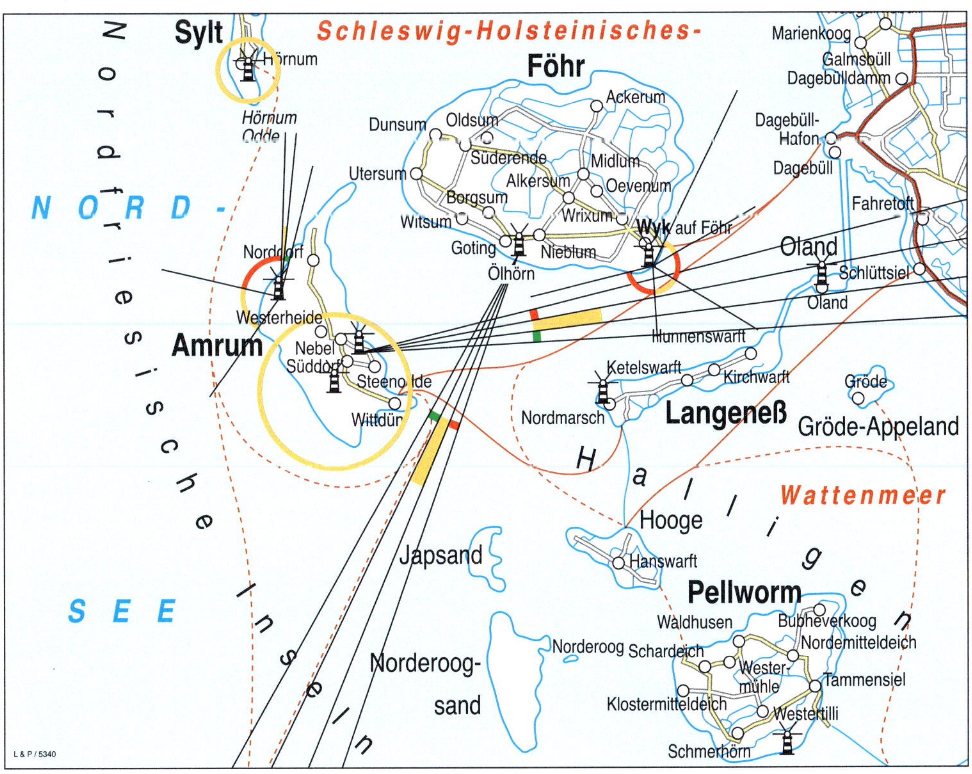

Information

Auf dem Bild links siehst du einen Radarturm mit Sender und Antenne. Die Antenne dreht sich und der Sender sendet dabei ständig einen Radarstrahl aus. Radarstrahlen breiten sich wie Lichtstrahlen geradlinig aus. Trifft ein Strahl auf ein Hindernis, z. B. ein Flugzeug, so wird er zurückgeworfen und von der Antenne empfangen. Die vom Strahl getroffenen Punkte erscheinen auf dem kreisrunden Bildschirm (Bild rechts) als leuchtende Punkte. Daraus lassen sich Lage und Entfernung der Flugzeuge erkennen.

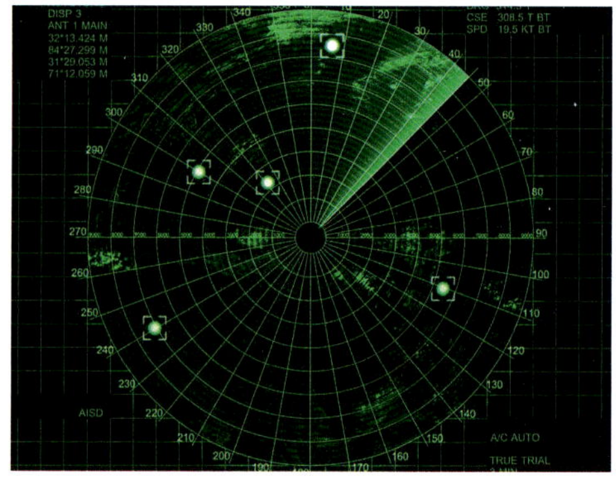

Einen Radarstrahl kann man mathematisch durch eine Halbgerade beschreiben: Sie hat einen Anfangspunkt und ist zur anderen Seite unbegrenzt. Für die Halbgerade mit dem Anfangspunkt A durch den Punkt B schreibt man das Symbol $\overrightarrow{AB}$.

Wir vergleichen noch einmal die Begriffe Strecke, Halbgerade und Gerade:

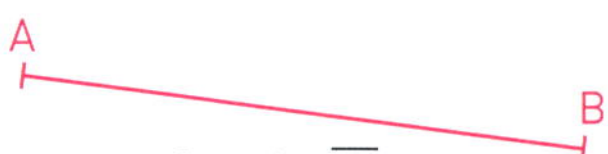

Strecke $\overline{AB}$
nach beiden Seiten begrenzt

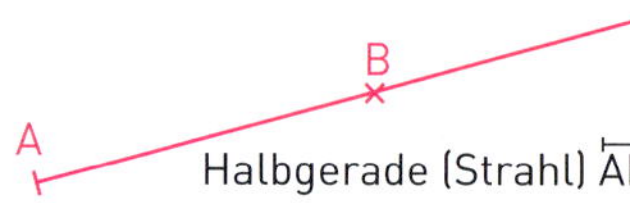

Halbgerade (Strahl) $\overrightarrow{AB}$
nach einer Seite unbegrenzt

Gerade AB
nach beiden Seiten unbegrenzt

Aufgabe 1

Einführung des Winkelbegriffs

Die Figur besteht aus zwei Halbgeraden g und h mit dem gemeinsamen Anfangspunkt S. Zeichne die Figur in dein Heft.

a) Drehe mithilfe von Transparentpapier und einer Nadel die Halbgerade g um ihren Anfangspunkt S.
Welche Möglichkeiten gibt es, die Halbgerade g so zu drehen, dass sie auf die Halbgerade h fällt? Färbe mit verschiedenen Farben die Flächen, die die Halbgerade g dabei überstreicht.

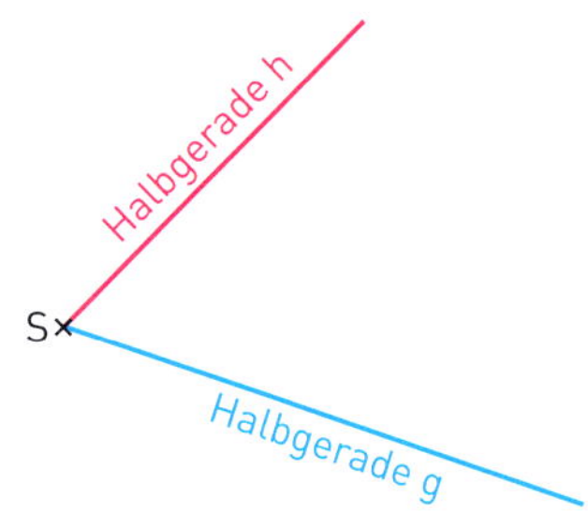

b) Drehe die Halbgerade h um den Punkt S, bis sie auf die Halbgerade g fällt.
Welche Möglichkeiten gibt es?

Lösung

a) Wenn man die Halbgerade g linksherum dreht (gegen den Uhrzeiger), so erhält man die gelbe Fläche.
Dreht man g rechtsherum (mit dem Uhrzeiger), so erhält man die grüne Fläche.

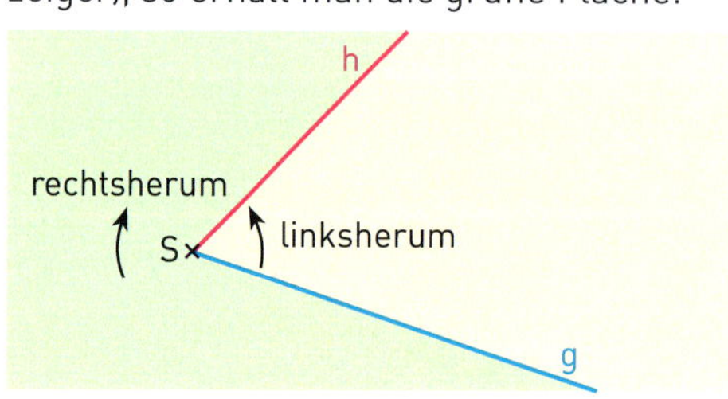

b) Wenn man die Halbgerade h linksherum dreht, so erhält man die gelbe Fläche.
Dreht man h rechtsherum, so erhält man die grüne Fläche.

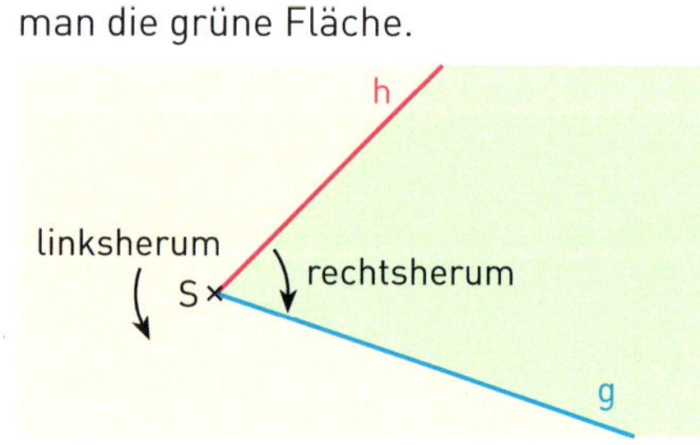

Information

(1) Winkel

Dreht man eine Halbgerade um ihren Anfangspunkt S in eine neue Lage, so wird eine Fläche überstrichen. Dieses Gebiet heißt **Winkel**.
Der gemeinsame Punkt S der beiden Halbgeraden heißt **Scheitel** *(Scheitelpunkt)*, die beiden Halbgeraden heißen **Schenkel** des Winkels.
In der Mathematik ist es üblich, die Drehrichtung linksherum (gegen den Uhrzeigersinn) zu wählen.

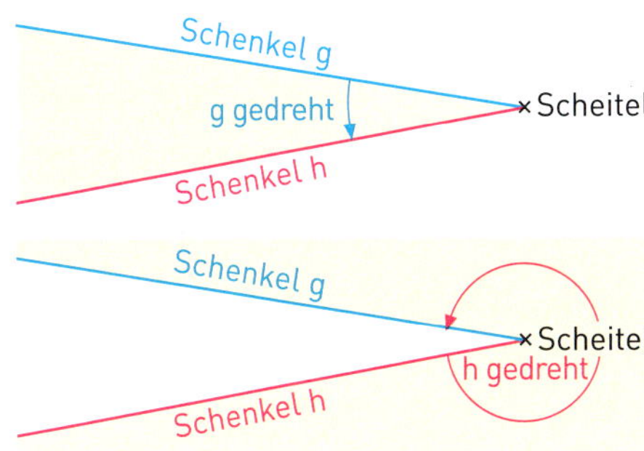

Griechische Buchstaben
α Alpha
β Beta
γ Gamma
δ Delta
ε Epsilon

(2) Bezeichnung eines Winkels durch griechische Buchstaben

Es ist üblich, Winkel kurz mithilfe kleiner griechischer Buchstaben zu bezeichnen.

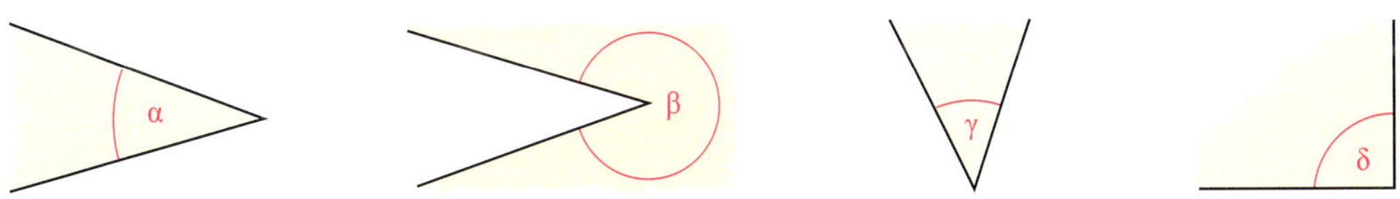

Weiterführende Aufgabe

Winkel in Figuren

2. Auch in Figuren (z. B. im Dreieck ABC) treten Winkel auf, obgleich hier Strecken die Begrenzungslinien bilden. Man muss sich nur die Seiten unbegrenzt zu Halbgeraden fortgesetzt denken.
In einem Dreieck werden die markierten Winkel so bezeichnet:
Zum Eckpunkt A gehört der Winkel α,
zum Eckpunkt B gehört der Winkel β,
zum Eckpunkt C gehört der Winkel γ.
Erklare die Entstehung der Winkel durch Drehung von Halbgeraden.

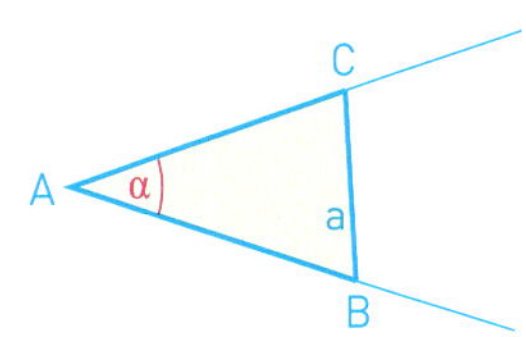

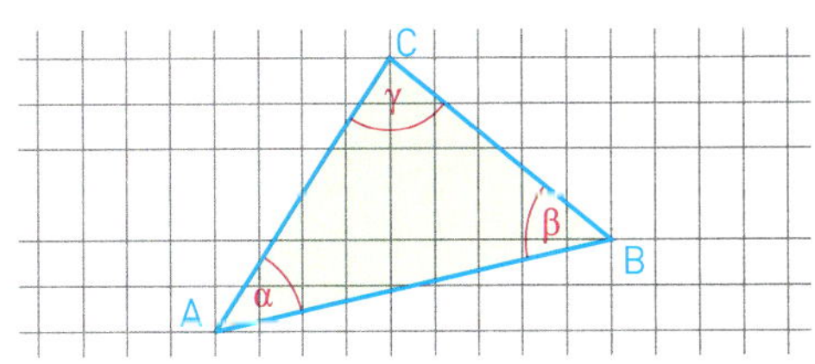

Übungsaufgaben

3. Auf dem rechten Foto siehst du einen Windsack. Dreht sich der Wind, so dreht sich auch der Windsack. Der Wind dreht von S auf SW (von O auf NW). Stelle dies durch eine Zeichnung dar.

4. Durch die beiden Halbgeraden a und b sind zwei Winkel festgelegt. Erkläre ihre Entstehung und bezeichne in deinem Heft jeden Winkel durch einen Bogen und einen griechischen Buchstaben.

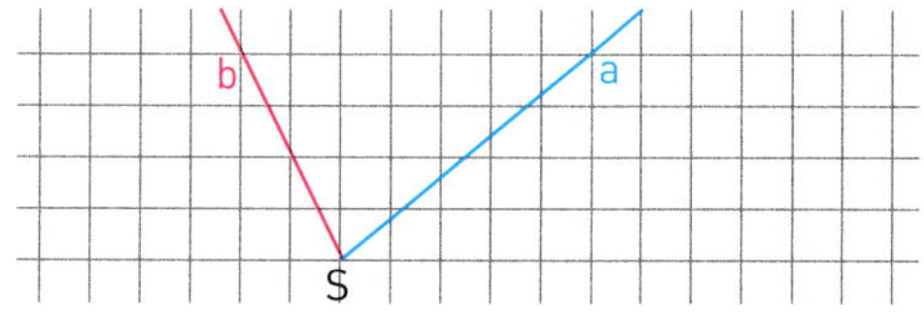

5. Zeichne ab und markiere, welcher Schenkel linksherum, d. h. entgegen dem Uhrzeigersinn, gedreht werden muss, um den eingezeichneten Winkel zu erhalten.

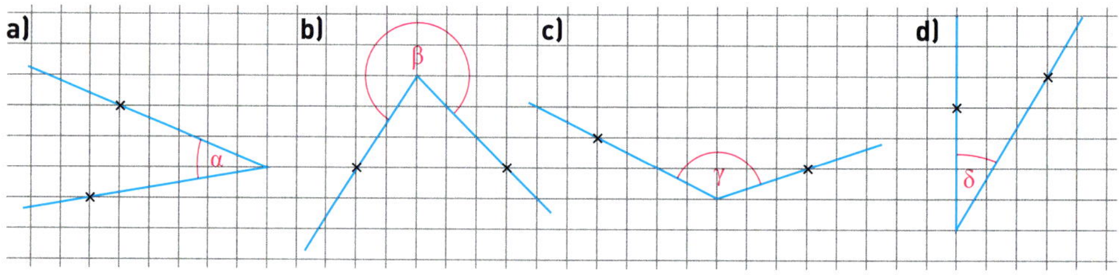

6. Zeichne die Punkte in ein Koordinatensystem und markiere den Winkel, der entsteht, wenn man die Halbgerade $\overleftarrow{SP}$ linksherum auf die Halbgerade $\overleftarrow{SQ}$ dreht.

a) S(1 | 2), P(7 | 0), Q(7 | 4) **b)** S(2 | 4), P(0 | 0), Q(7 | 1) **c)** S(2 | 5), P(7 | 5), Q(1 | 5)

7. Die Eckpunkte und Winkel eines Vielecks werden wie im Bild bezeichnet. Erkläre die Entstehung der Winkel α, β, γ, δ durch Drehung von Halbgeraden.

a)

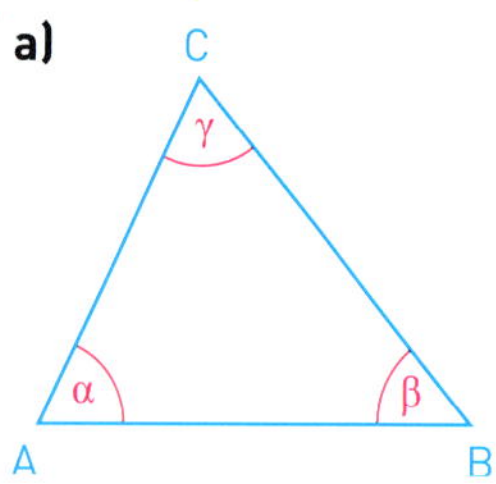

b)

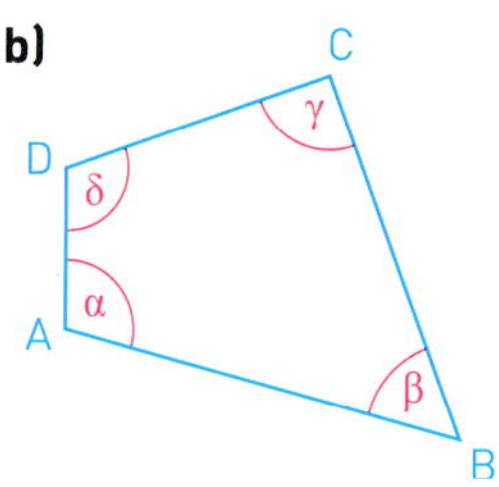

c)

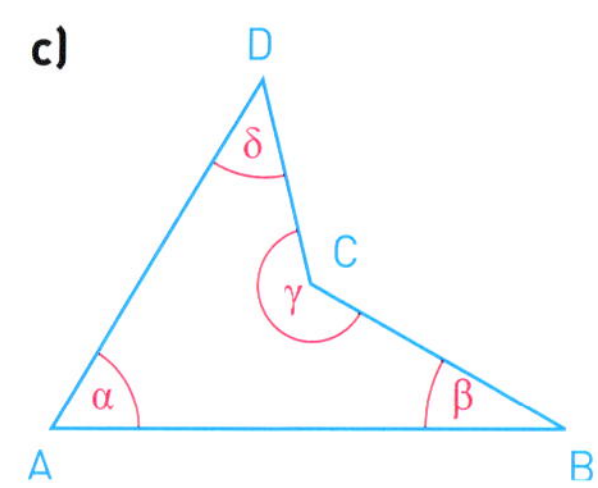

8. Skizziere die Zeichnung in dein Heft. Erläutere die Bedeutung der eingezeichneten Winkel und ergänze den toten Winkel.

Toter Winkel

Trotz der Außenspiegel und des Rückspiegels kann ein Autofahrer nicht den ganzen Bereich hinter dem Fahrzeug und seitlich des Fahrzeugs einsehen, ohne den Kopf zu drehen („Schulterblick"). Den nicht einsehbaren Bereich bezeichnet man als **toten Winkel**.

Das kann ich noch!

A) Berechne Umfang und Flächeninhalt für ein
1) Quadrat mit der Seitenlänge 3 cm.
2) Rechteck mit den Seitenlängen 2 m und 3 m.

B) Berechne Oberflächeninhalt und Volumen für einen
1) Würfel mit der Kantenlänge 5 m.
2) Quader mit den Kantenlängen 3 m, 4 m und 5 m.

2.3 Messen von Winkeln – Winkelarten

Einstieg

Aus der alltäglichen Sprache kennst du Sätze wie: „Die Tür steht weit offen.“ Welche der Türen steht weiter offen?
Beschreibt, wie weit sie geöffnet sind. Denke auch an Winkel.

Aufgabe 1

Winkel vergleichen
Vergleiche die Winkel und ordne sie der Größe nach.

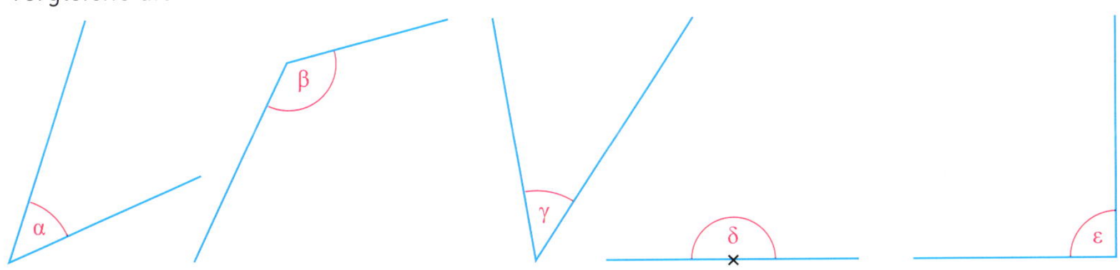

Lösung

Mit bloßem Auge erkennt man: $\delta > \beta > \varepsilon > \gamma$
Die Größe von α und γ kann man durch Übertragen von einem der beiden Winkel auf Transparentpapier vergleichen. Du erhältst $\alpha > \gamma$.
Damit gilt: $\delta > \beta > \varepsilon > \alpha > \gamma$

Information

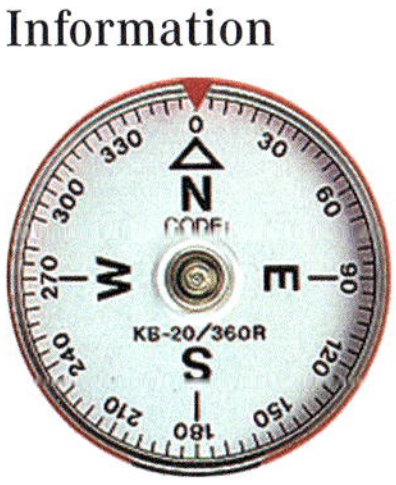

(1) Angabe der Größe eines Winkels durch Maßzahl und Maßeinheit
Die Ägypter und Babylonier haben ein Maß für Winkel benutzt, das noch bis heute üblich ist. Der Kreislauf der Erde in rund 360 Tagen um die Sonne war wohl der Grund für die Einteilung des Vollwinkels in 360 gleich große Teilwinkel.

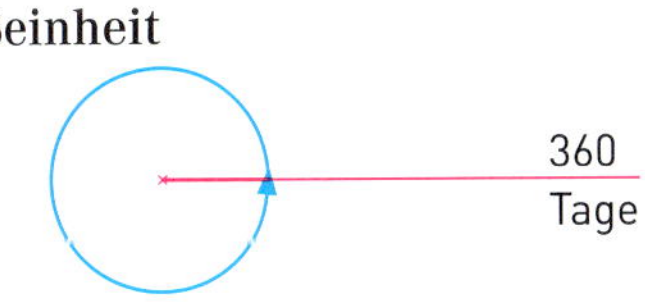

Der 360. Teil eines Vollwinkels hat die Größe **1 Grad** (geschrieben 1°). Seine Öffnungsweite ist nur sehr gering; man kann die beiden Schenkel erst in einiger Entfernung vom Scheitelpunkt voneinander unterscheiden.

Einheitswinkel der Größe 1° (Öffnungsweite 1°)

Der Winkel α hat die Größe 17°. Das bedeutet: Der Winkel α ist so groß, wie 17 Winkel von 1° zusammen ergeben.
17° ist ein Maß für die Öffnungsweite des Winkels.

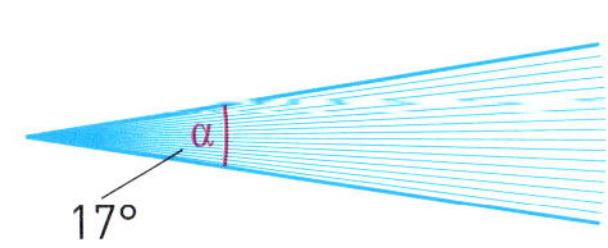

Beachte:
Wir haben α als Bezeichnung für einen Winkel eingeführt. Wir wollen den griechischen Buchstaben aber auch für die Größe dieses Winkels benutzen und schreiben $\alpha = 17°$.

$\alpha = 17°$
Maßzahl — Einheit

Information

(2) Winkelarten

Man unterscheidet folgende Winkel nach ihrer Größe:

Die Schenkel sind orthogonal zueinander.

rechter Winkel

$\alpha = 90°$

Die Schenkel liegen auf einer Geraden.

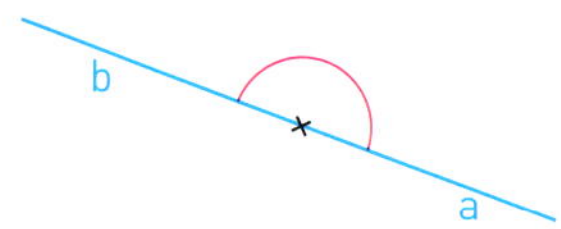

gestreckter Winkel

$\alpha = 180°$

Die Schenkel liegen aufeinander.

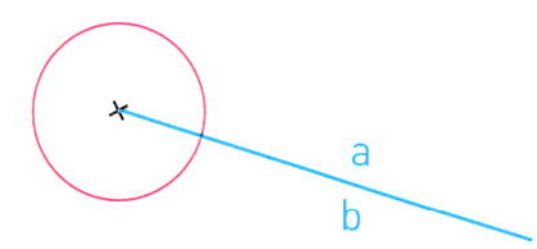

Vollwinkel

$\alpha = 360°$

Der Winkel ist kleiner als ein rechter Winkel.

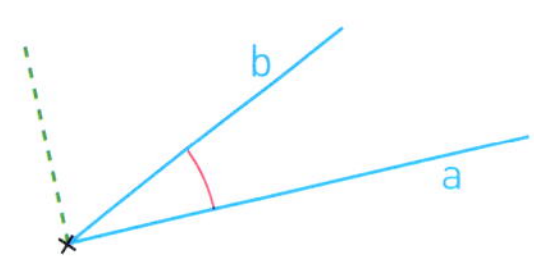

spitzer Winkel

$0° < \alpha < 90°$

Der Winkel ist kleiner als ein gestreckter Winkel, aber größer als ein rechter Winkel.

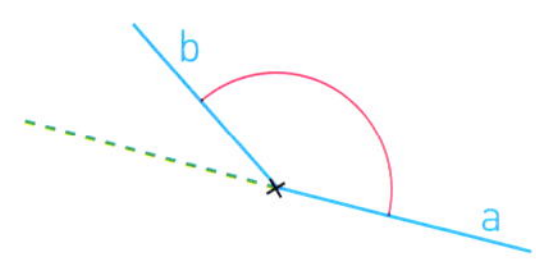

stumpfer Winkel

$90° < \alpha < 180°$

Der Winkel ist größer als ein gestreckter Winkel, aber kleiner als ein Vollwinkel.

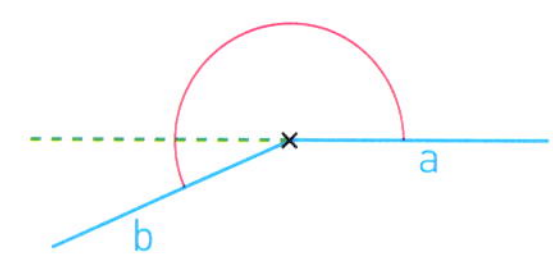

überstumpfer Winkel

$180° < \alpha < 360°$

α zwischen 90° und 180° groß.

(3) Winkelmesser

Mit dem Geodreieck kannst du auch Winkel messen.

Du siehst zwei Winkelskalen von 0° bis 180°, eine innere und eine äußere. Die innere Winkelskala beginnt links mit 0°, die äußere beginnt rechts mit 0°.

Mache dich mit deinem Winkelmesser vertraut.

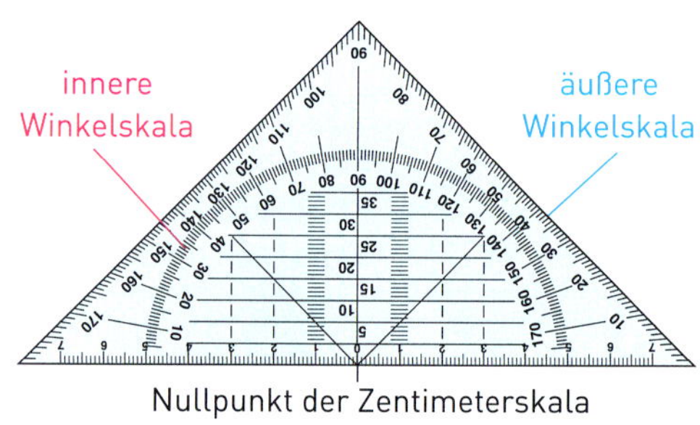

Aufgabe 2

Winkel messen

Zeichne den Winkel in dein Heft.

Miss dann mit dem Geodreieck die Größe des Winkels β.

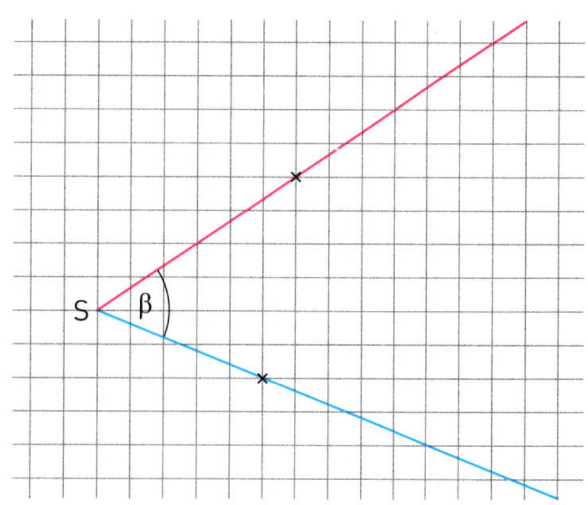

Lösung

1. Möglichkeit

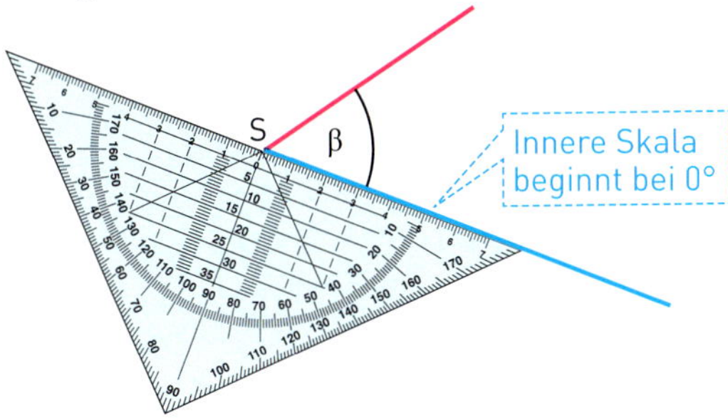

Lege das Geodreieck zunächst so an wie im Bild.
Beachte: Der Nullpunkt der Zentimeterskala des Geodreiecks muss genau auf dem Scheitelpunkt S liegen.

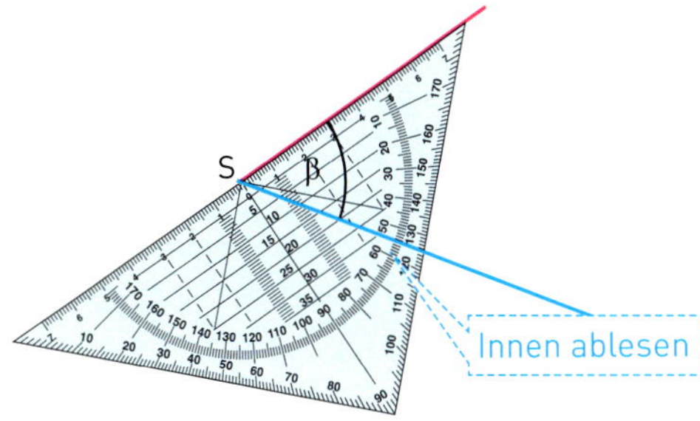

Drehe das Geodreieck dann um S linksherum bis in die Lage wie im Bild.
Lies nun die Größe des Winkels β ab.
Ergebnis: β = 55°.

2. Möglichkeit

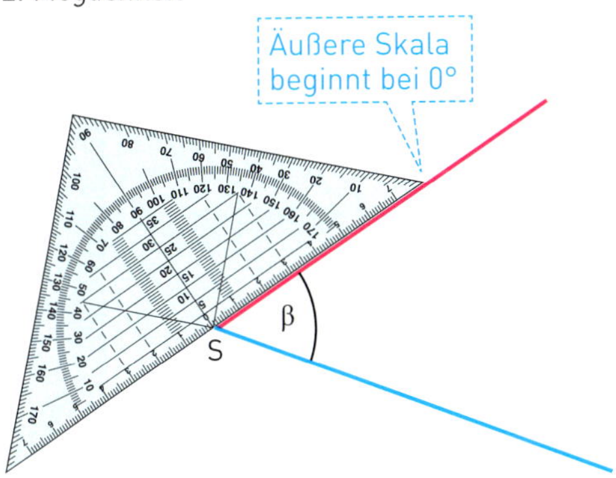

Lege das Geodreieck zunächst so an wie im Bild.
Beachte: Der Nullpunkt der Zentimeterskala des Geodreiecks muss genau auf dem Scheitelpunkt S liegen.

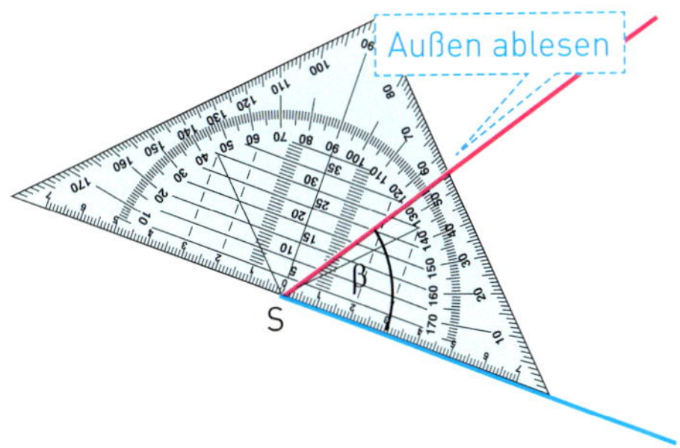

Drehe das Geodreieck dann um S rechtsherum bis in die Lage wie im Bild.
Lies nun die Größe des Winkels β ab.
Ergebnis: β = 55°.

Weiterführende Aufgabe

Messen eines überstumpfen Winkels

3. Die Winkelskala des Geodreiecks reicht nur bis 180°. Dennoch kann man auch noch größere Winkel mit ihm messen. Übertrage den unten gezeichneten überstumpfen Winkel α in dein Heft und erläutere, wie man seine Größe bestimmen kann.
Es gibt mehrere Möglichkeiten.

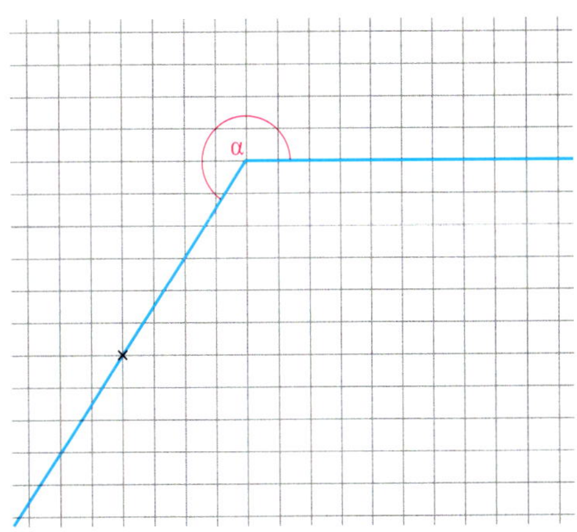

Übungsaufgaben

4. Vergleiche – ohne zu messen – die drei Winkel α, β und γ ihrer Größe nach.

a)

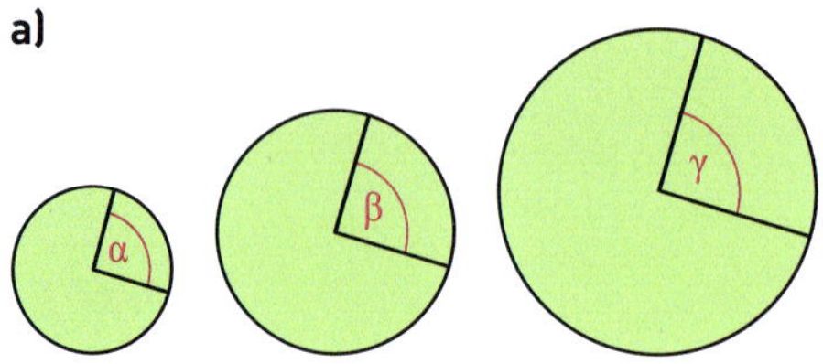

b)

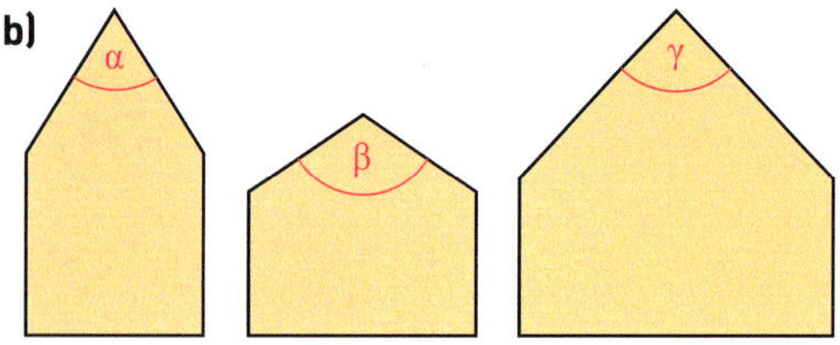

5. Was für Winkel liegen in dem Viereck vor?

a)

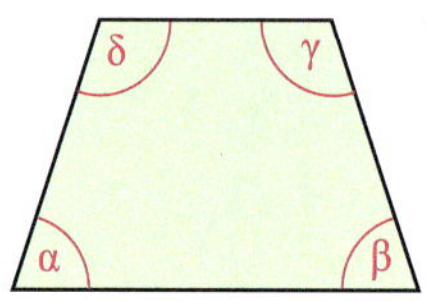

b)

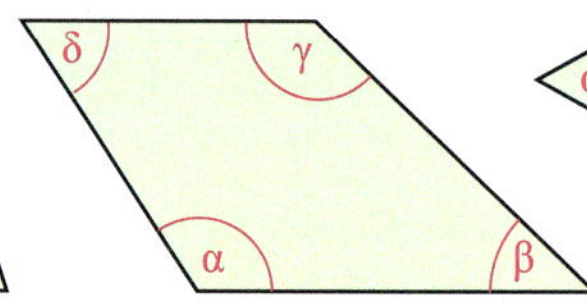

c)

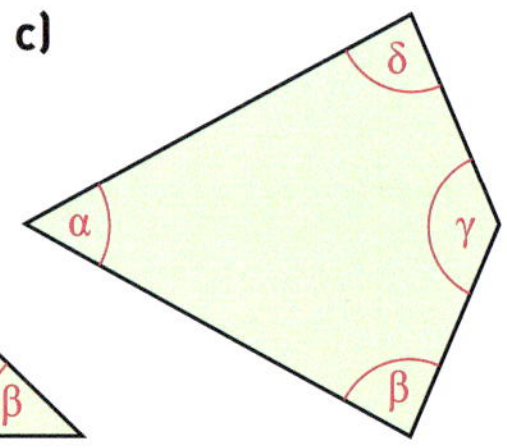

d)

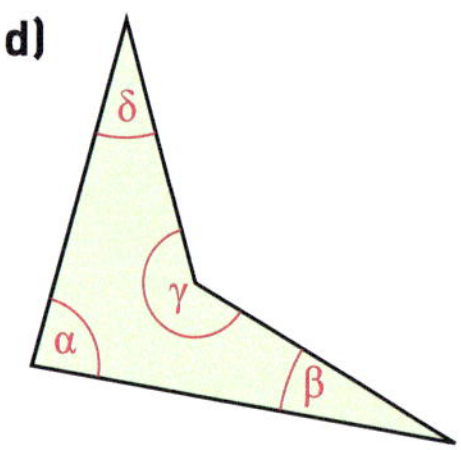

6. Sucht rechte, spitze und stumpfe Winkel in eurer Umwelt.

7. Zeichne ein Dreieck mit
a) drei spitzen Winkeln;
b) einem rechten Winkel;
c) einem stumpfen Winkel.

8. Zeichne ein Viereck mit
a) zwei stumpfen und zwei spitzen Winkeln;
b) drei spitzen und einem stumpfen Winkel;
c) mindestens einem rechten Winkel;
d) genau zwei rechten Winkeln.

9. Übertrage die Winkel in dein Heft. Schätze die Größe und gib ihre Art an. Miss dann genau.

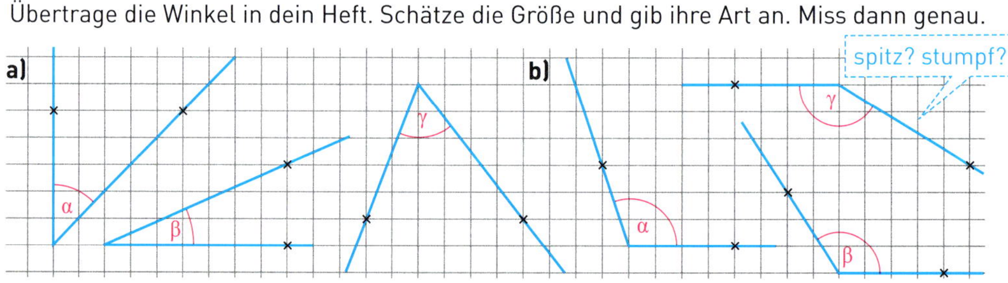

10. Die folgenden Winkel sind 117°, 56°, 37° und 124° groß.
Ermittle die Größe von α, β, γ und δ ohne zu messen.

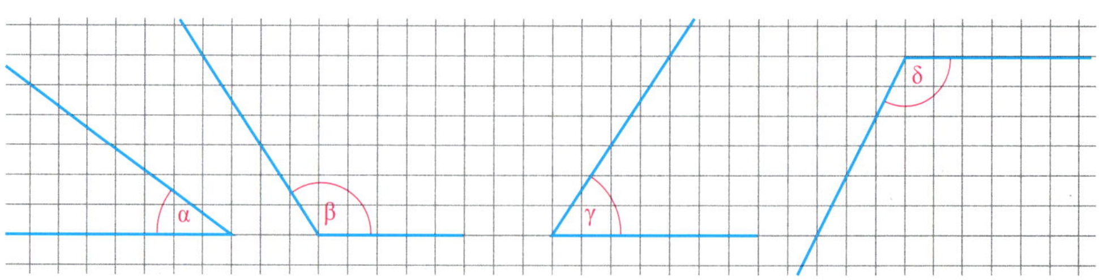

11. Ein Partner zeichnet einen Winkel mit der angegebenen Größe nach Augenmaß. Der andere prüft anschließend mit dem Geodreieck und benennt die Winkel. Wechselt euch nach jedem Winkel ab.

a) 30° **b)** 45° **c)** 60° **d)** 90° **e)** 120° **f)** 150° **g)** 10° **h)** 180°

12. Zeichne in ein Koordinatensystem mit der Einheit 1 cm ein Dreieck mit den angegebenen Eckpunkten. Miss die Winkel α, β und γ.

a) A(1 | 1), B(6 | 1), C(1 | 5)
b) A(0 | 1), B(7 | 4), C(5 | 9)
c) A(1 | 6), B(5 | 1), C(9 | 6)
d) A(2 | 4), B(7 | 0), C(7 | 8)

13. Zeichne die überstumpfen Winkel in dein Heft und bestimme ihre Größe.

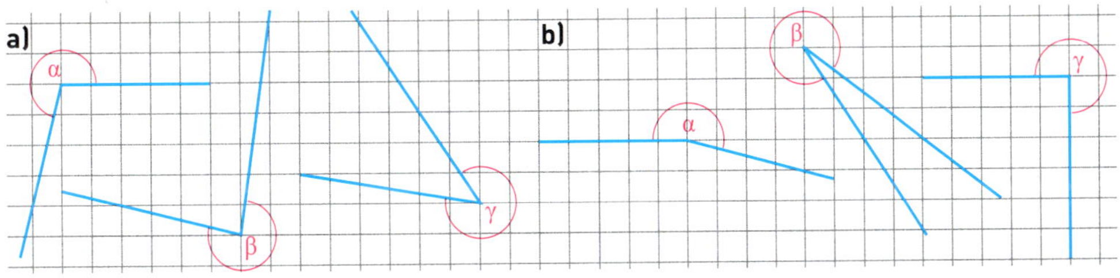

14. Neben einer Treppe ist eine Auffahrt (eine „schiefe Ebene") für Rollstuhlfahrer gebaut.
Zeichne die Auffahrt in dein Heft und miss den Steigungswinkel α.

15. Es gilt in der Zeichnung rechts.
α = 75°, β = 65° und γ = 110°.
Wie groß ist der Winkel δ?

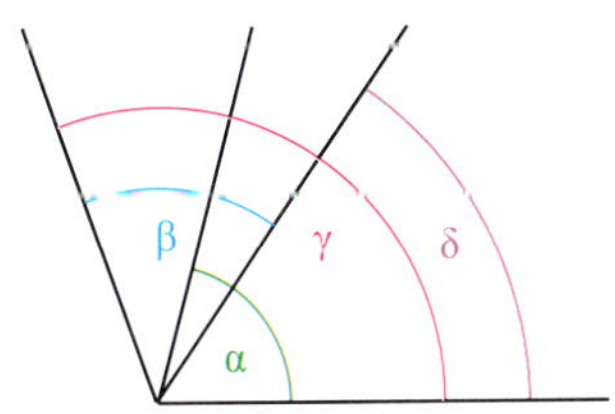

16. Zeichne die Punkte A(1 | 1), B(9 | 1), C(11 | 5) und D(5 | 9) in ein Koordinatensystem mit der Einheit 1 cm und miss die Winkel, die du mithilfe der Punkte bilden kannst.

Spiel (2 Spieler)

17. Stellt euch eine „Winkelscheibe" her. Zeichnet dazu zwei gleich große Kreise mit dem Radius 7 cm auf verschieden farbigem Karton, markiert den Mittelpunkt und schneidet sie aus. Schneidet dann beide Kreise bis zum Mittelpunkt ein und steckt sie ineinander.
Der eine Partner stellt mit der Scheibe einen Winkel ein, der andere schätzt seine Größe. Dann wird gemessen. Notiert die Ergebnisse in einer Tabelle. Wechselt euch ab. Bildet die Summe der Unterschiede. Sieger ist, wer nach 10 Schätzungen das kleinste Ergebnis hat.
Variante: Zeichnet Winkel, statt sie mit der Scheibe einzustellen.

2.4 Zeichnen von Winkeln

Einstieg

a) Kopiert eine Karte von Nordrhein-Westfalen. Tragt mit einer Winkelscheibe vom Kölner Dom aus die Richtung 35° Ost (zur Nordrichtung) ein.
Welche Orte liegen in dieser Richtung?
Stellt euch auch weitere solcher Aufgaben zu eurem Heimatort.

b) Kopiert euch eine genauere Karte eurer Gegend. Ermittelt mit einer Winkelscheibe, welche Orte ausgehend von eurem Wohnort in Richtung 125° liegen.
Stellt euch weitere solcher Aufgaben.

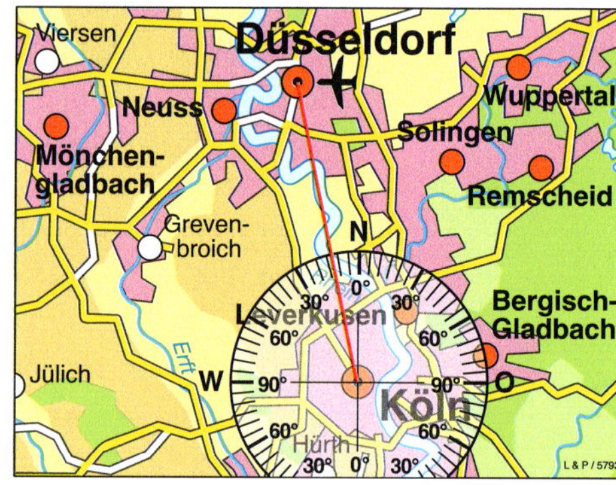

Aufgabe 1

Kleinere Winkel als 180° zeichnen
Zeichne mit dem Geodreieck an die Halbgerade g nach oben einen Winkel mit dem Scheitel S und der Größe 65°.

Lösung

1. Möglichkeit:

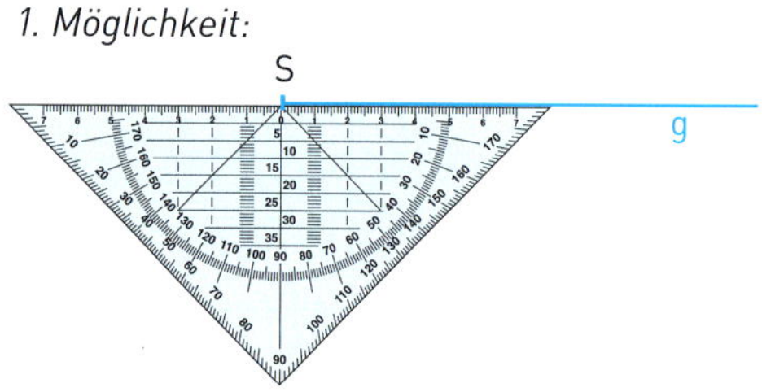

Lege das Geodreieck so auf den Strahl g.
Beachte: Der Nullpunkt des Geodreiecks muss auf dem Scheitel S liegen.

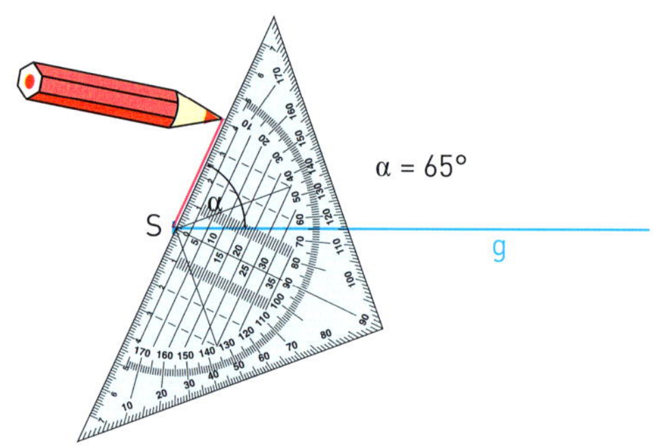

Drehe das Geodreieck um S linksherum um 65°, bis es die Lage wie im Bild erreicht hat. Zeichne den zweiten Schenkel des Winkels α von S aus.

2. Möglichkeit:

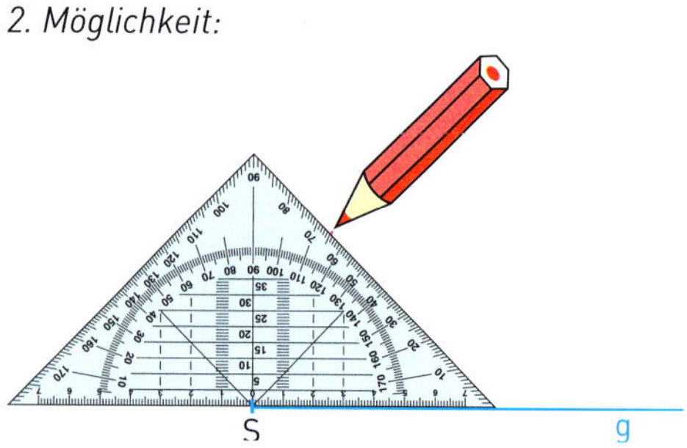

Lege das Geodreieck so auf den Strahl g.
Beachte: Der Nullpunkt des Geodreiecks muss auf dem Scheitel S liegen.

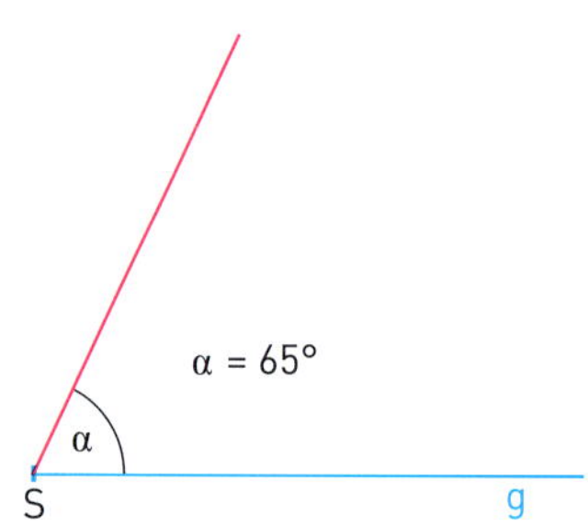

Markiere bei 65° einen Punkt. Verbinde den Markierungspunkt mit dem Punkt S.

Weiterführende Aufgaben

Zeichnen von überstumpfen Winkeln

2. a) Erkläre, wie man den überstumpfen Winkel mit der Größe 235° zeichnen kann.

b) Zeichne einen Winkel mit der Größe
(1) 185°; **(2)** 308°.

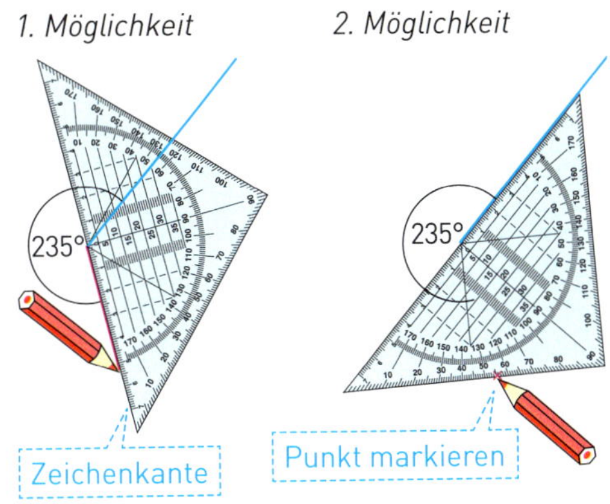

Zeichnen von Dreiecken mithilfe von Winkeln

3. Zeichne ein Dreieck ABC mit $|AB| = 6\,cm$, $\alpha = 23°$ und $\beta = 72°$.

Übungsaufgaben

4. Zeichne einen Winkel mit der angegebenen Größe. Überlege dir vorher, um was für einen Winkel es sich handelt.

a) 40°	**d)** 180°	**g)** 147°	**j)** 300°	**m)** 311°
b) 77°	**e)** 110°	**h)** 139°	**k)** 270°	**n)** 293°
c) 0°	**f)** 90°	**i)** 225°	**l)** 267°	**o)** 360°

5. Zeichne in ein Koordinatensystem mit der Einheit 1 cm die Halbgerade $\overleftarrow{SP}$.
Trage an die Halbgerade $\overleftarrow{SP}$ den Winkel α an.
a) S(2|1); P(7|3); $\alpha = 42°$ **b)** S(4|3); P(8|0); $\alpha = 112°$ **c)** S(7|4); P(11|1); $\alpha = 238°$

6. Beim Diskuswerfen ist der Radius des Wurfkreises 1,25 m. Der Winkel des Wurfsektors ist 45° groß. Zeichne die Anlage in dein Heft. Wähle 2 cm für 1 m.

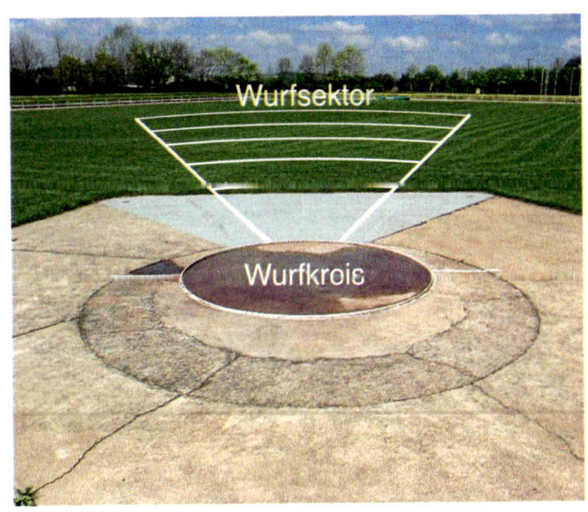

7. Zeichne das Dreieck mit den angegebenen Maßen in dein Heft. Beginne mit der Strecke $\overline{AB}$. Bestimme die Größe des dritten Winkels und die Länge der Strecken $\overline{AC}$ und $\overline{BC}$.

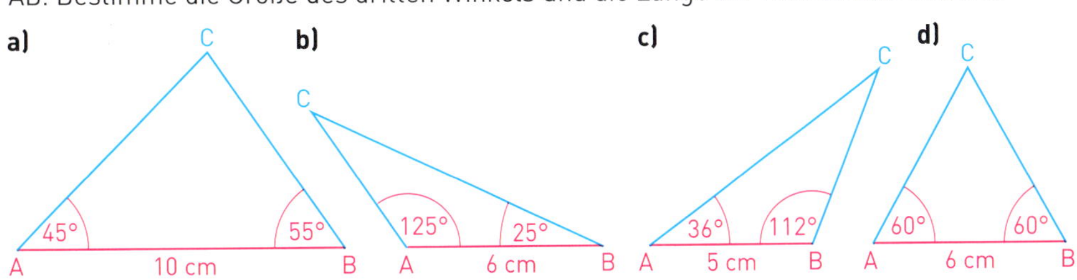

2.5 Kreisausschnitt – Mittelpunktswinkel

Einstieg

Eine Pizza soll in 6 gleich große Stücke geschnitten werden. Worauf muss geachtet werden, damit alle Teile genau gleich groß werden?

Aufgabe 1

Patrick will einen Farbenkreis wie im Bild herstellen. Wie findet er die Größe der verschiedenen Farbbereiche heraus?

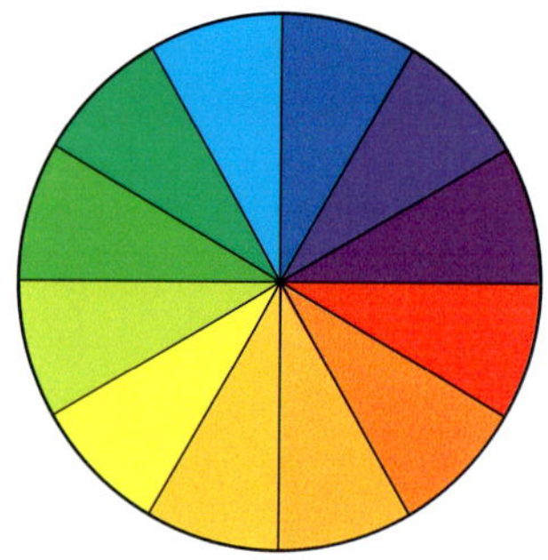

Lösung

Der Farbenkreis besteht aus 12 Farben.
Insgesamt muss Patrick den Kreis bzw. den Vollwinkel mit dem Scheitel im Kreismittelpunkt gleichmäßig auf die 12 Farben verteilen. Jeder Bereich besitzt also am Mittelpunkt einen Winkel der Größe $360° : 12 = 30°$.
Patrick muss 12 aneinander liegende Winkel in den Kreis zeichnen, die jeweils 30° groß sind und den Mittelpunkt als Scheitel besitzen.

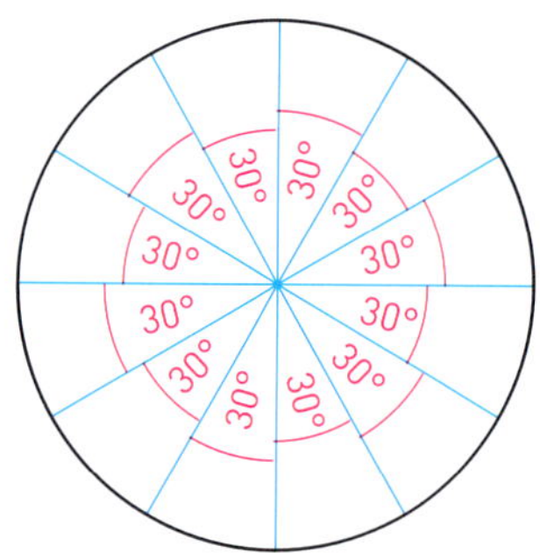

Information

(1) Zeichnet man in einen Kreis zwei Radien ein, so wird der Kreis in zwei Teile zerlegt. Jeder Teil heißt **Kreisausschnitt (Sektor)**.

(2) Winkel, deren Scheitel im Mittelpunkt des Kreises liegen, heißen **Mittelpunktswinkel**.

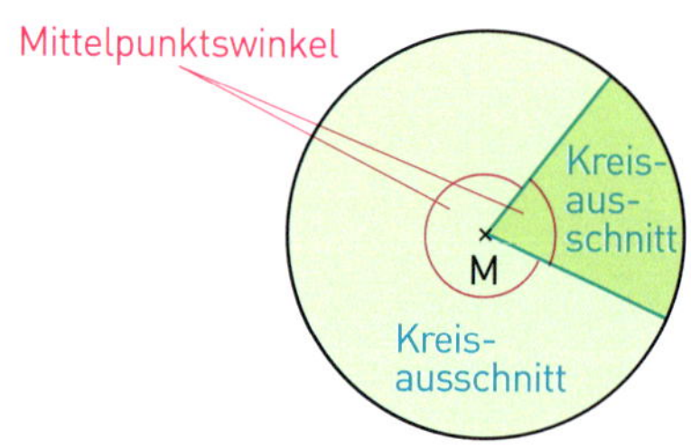

Übungsaufgaben

2. Zeichne einen Kreis und die Mittelpunktswinkel $\alpha = 60°$, $\beta = 130°$ und $\gamma = 100°$ aneinander liegend.
Wie groß ist der noch fehlende Mittelpunktswinkel δ?

3. Zeichne einen Farbenkreis. Er soll 3 [5; 6; 9] gleich große Kreisausschnitte besitzen.

4. **a)** Zeichne einen Kreis mit dem Radius 3 cm. Teile ihn mithilfe des Mittelpunktswinkels $\alpha = 72°$ in fünf gleich große Teile. Zeichne den abgebildeten Stern. Trage alle Symmetrieachsen ein.
Beschreibe, wie du vorgegangen bist.
b) Zeichne mit dem entsprechenden Verfahren einen Stern, bei dem 9 Eckpunkte auf dem Kreis liegen.

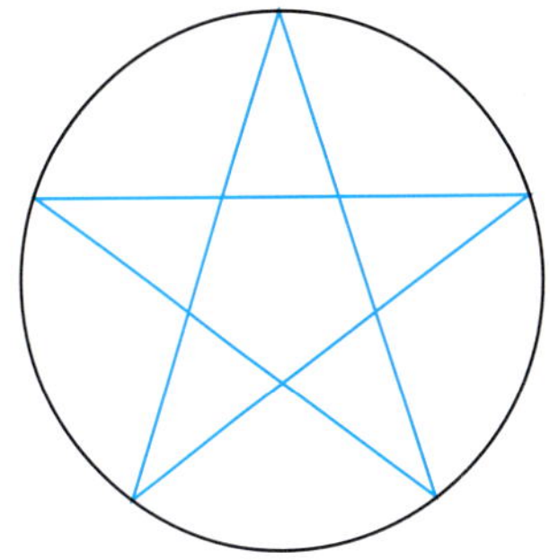

5. **a)** Wie groß ist der Winkel, den die beiden Zeiger einer Uhr um 8 Uhr einschließen?
b) Um wie viel Grad dreht sich der große Zeiger in 55 Minuten [75 Minuten]?
c) In welcher Zeit dreht sich der kleine Zeiger um 60°?
d) Um wie viel Grad dreht sich der kleine Zeiger in der Schulzeit von 7.45 Uhr bis 13.15 Uhr?

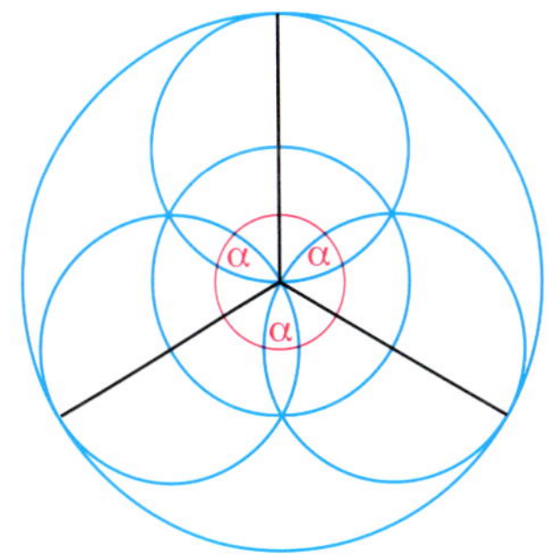

6. Rechts siehst du eine Figur aus vielen Kreisen.
a) Wie erhält man die Figur?
Wie groß sind die Mittelpunktswinkel?
b) Wie groß sind die Mittelpunktswinkel für andere so aufgebaute Figuren? Entwirf weitere Muster.

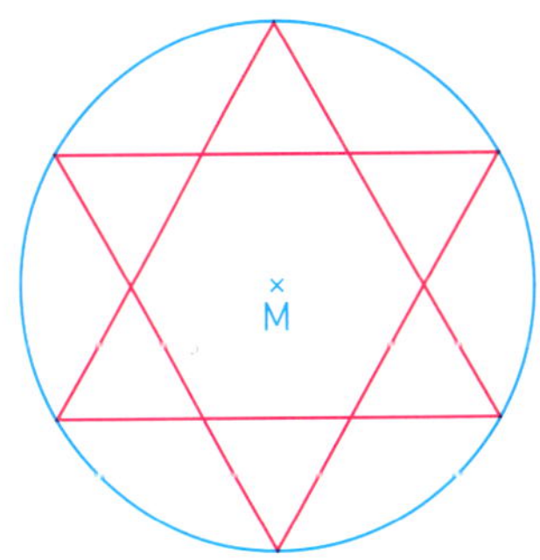

7. Zeichne den rechts abgebildeten Stern und bemale ihn.
Beschreibe, wie du vorgegangen bist.

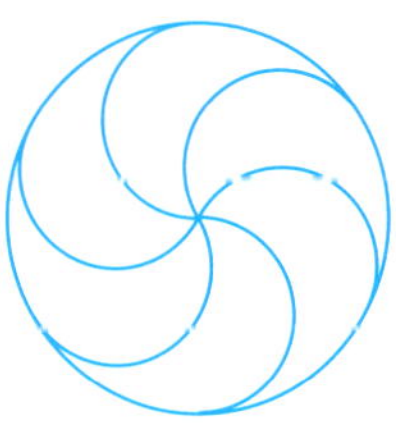

8. Links siehst du ein Muster in einem Kreis.
a) Wie erhält man eine solches Muster?
Welche Unterteilung liefert gleich große Flächen?
b) Stelle dir einen Kreis her, der durch ein ähnliches Muster in 5 gleich große Teile unterteilt wird.

9. Die Zeichnung zeigt dir eine Anlage für das Speerwerfen.
a) Zeichne die Anlage in dein Heft.
b) Der Winkel des Wurfsektors muss 28° groß sein. Ist die Anlage korrekt geplant?

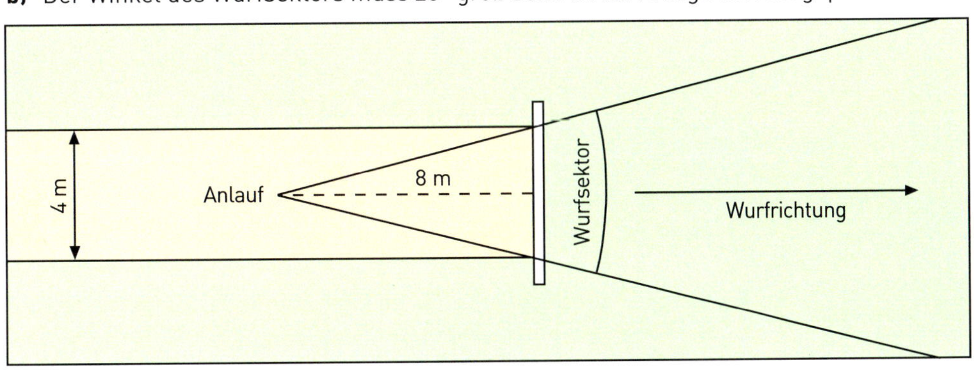

Orientierung mithilfe von Winkeln

1. Bei einer Schatzsuche im Gelände erhält Anne die Anweisung: Gehe von deinem Zelt aus genau nach Osten. Nach 150 Schritten kommst du an eine dicke Eiche. Ändere an der Eiche deinen „Kurs" um 50°. Nach etwa 200 Schritten wirst du einen Schatz finden. Nach einiger Zeit kommt Anne verärgert zurück und sagt: „Ihr habt mich reingelegt. Schon nach 100 Schritten hinter der Eiche war ich an einem See."
Überlege, wer einen Fehler gemacht hat.

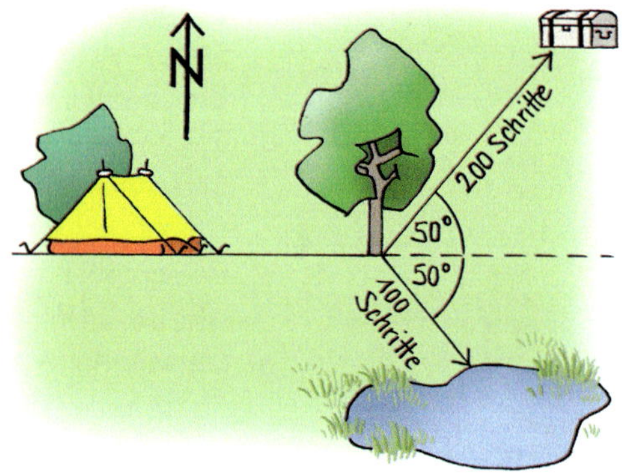

Festlegen von Richtungen durch Winkel

Winkel kann man auch zum Festlegen von Richtungen verwenden. Dabei muss man von einer festen Richtung, z. B. einer der Himmelsrichtungen Nord, Ost, Süd oder West ausgehen und dann angeben, um wie viel Grad man sich von dieser Richtung nach links oder rechts drehen muss.
Zwischen zwei Richtungen liegt ein Winkel. Der Unterschied zwischen zwei Richtungen kann daher durch eine Winkelgröße in Grad angegeben werden.

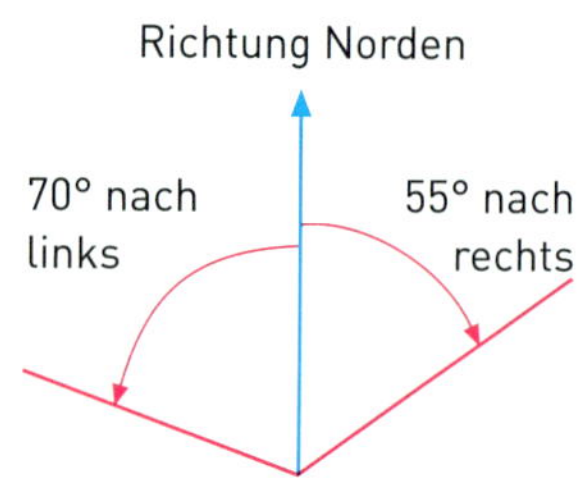

2. Zeichne die Nord-Richtung [die Ost-Richtung] und dann folgende Richtung ein:
a) 17° nach links **b)** 23° nach rechts **c)** 109° nach links **d)** 147° nach rechts

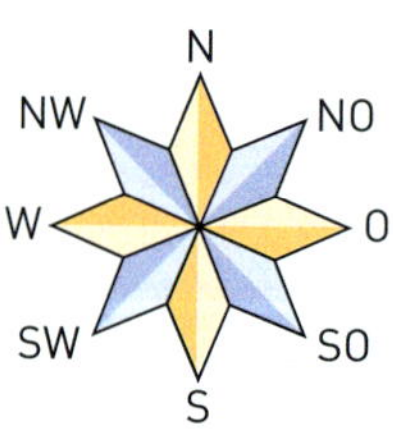

3. a) Welcher Richtungsunterschied besteht zwischen den folgenden Richtungen?
(1) W und N **(2)** O und S **(3)** SO und S **(4)** NW und NO

b) Ein Fernrohr wird rechtsherum gedreht. Wie groß ist der Winkel bei einer Drehung
(1) von N nach O; **(3)** von NW nach SO; **(5)** von N nach SW;
(2) von S nach NW; **(4)** von N nach SO; **(6)** von NO nach NW?

4. Ein Schiff fährt von einem Punkt A aus 5 km direkt in östlicher Richtung zu einem Punkt E. Dort ändert es seinen Kurs um 50° zur Nordrichtung hin und fährt von dort aus 7 km weiter zu einem Punkt F.
Stelle fest, in welchem Winkel zur Nordrichtung und wie weit das Schiff fahren müsste, um von A direkt nach F zu gelangen.

5. Marc hat den Weg zum Eingang einer Höhle entdeckt. Er beschreibt Bea den Weg dorthin so: Gehe 50 m nach Norden. Drehe dich dann um 120° nach rechts und gehe 40 m geradeaus. Drehe dich anschließend um 90° nach links und gehe noch 80 m geradeaus.
Zeichne den Weg zur Höhle und gib einen einfacheren Weg an.

6. Während einer Klassenfahrt organisieren einige Schülerinnen und Schüler der 6b eine Schatzsuche am Strand.

a) Nachdem der Schatz vergraben ist, schreibt Lukas folgende Anweisung:

> Startet eure Suche beim Fähnchen am Ende des Weges.
> Von dort aus müsst ihr 120 m genau Richtung Süden gehen.
> Geht anschließend 250 m in Richtung Westen. Dreht euch jetzt nach Südosten und geht so lange, bis ihr die beiden Spitzen der Leuchtfeuer genau hintereinander seht.
> Dort ist der Schatz vergraben.

Mia entgegnet: „Wir haben nicht für alle Gruppen einen Kompass. Wir müssen den Weg zum Schatz anders beschreiben." Gib den Weg mithilfe von Winkeln an.

b) Paul findet das alles zu umständlich: „Wozu haben wir ein GPS-Gerät dabei, das uns unsere Position immer genau anzeigt? Wir können doch einfach die Koordinaten der Stelle angeben, an der wir den Schatz vergraben haben."
Entsprechend knapp ist seine Anweisung.
Beschreibe, wie man mit Pauls Anweisung den Schatz findet.

> Die Koordinaten des Schatzes sind:
> 32 U 0.458.019
> 6.053.011

c) Nina überlegt, ob die Gruppe, die den Schatz sucht, mit dieser Anweisung auch ohne ein solches Gerät etwas anfangen kann. Sie schaut sich daraufhin die Karte, die sie alle bekommen haben, noch einmal genau an.

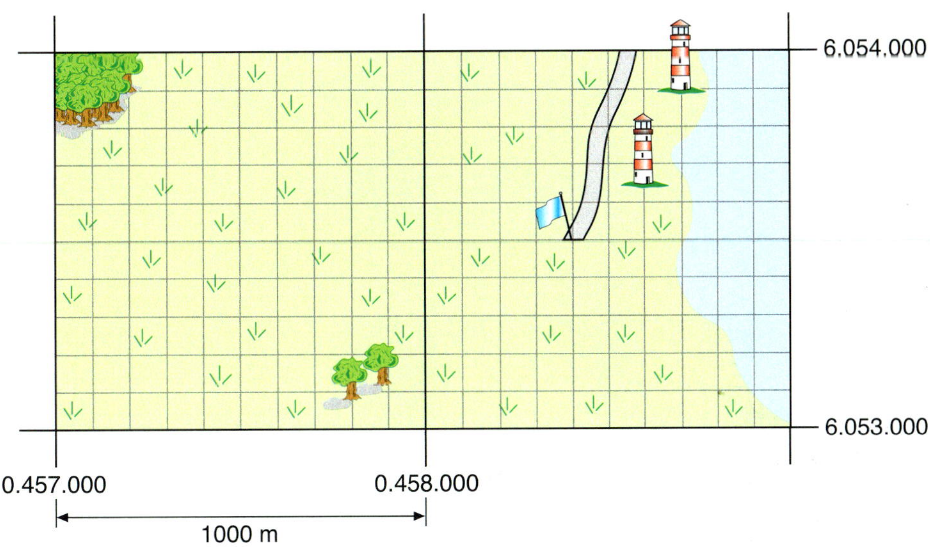

Beschreibe wie Nina ohne GPS-Gerät mit dieser Karte den Schatz finden kann.

7. Versteckt selbst einen Schatz und versucht möglichst verschiedene Suchanweisungen zu erstellen.

2.6 Achsensymmetrie

Ziel

Achsensymmetrische Figuren hast du schon oft im Alltag gesehen. Hier lernst du, solche Figuren herzustellen und mithilfe geometrischer Begriffe zu beschreiben.

Zum Erarbeiten

Herstellen einer achsensymmetrischen Figur durch Falten

Nico entwirft Lenkdrachen. Dabei zeichnet er nur gerade Begrenzungslinien und beginnt mit einer Drachenhälfte.
Zeichne auch einen solchen halben Lenkdrachen und vervollständige ihn dann.
Falte dazu das Papier und verwende eine Nadel.

Du kannst dein Vorgehen mit dem folgenden vergleichen:

(1) Zeichne einen halben Lenkdrachen.

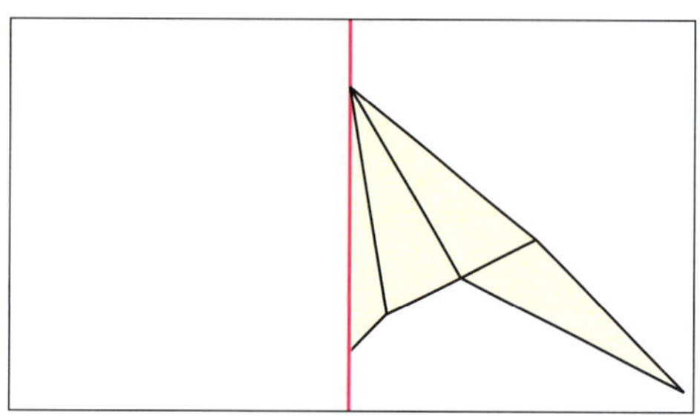

(2) Falte das Blatt an der roten Linie.
Durchstich das gefaltete Blatt mit einer Nadel in den Punkten, an denen Linien zusammenstoßen.

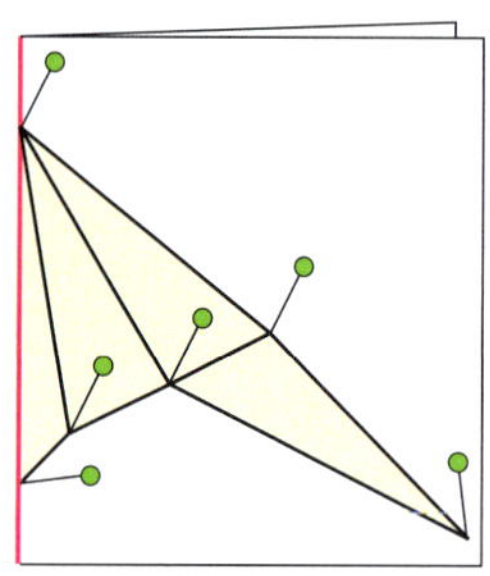

(3) Falte das Blatt auseinander.

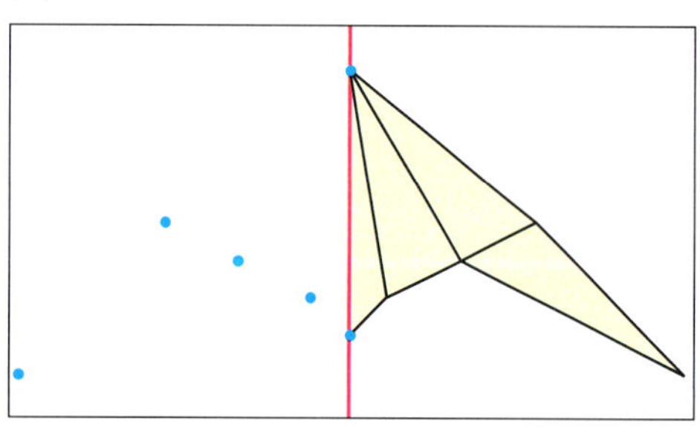

(4) Zeichne die fehlenden Verbindungslinien.

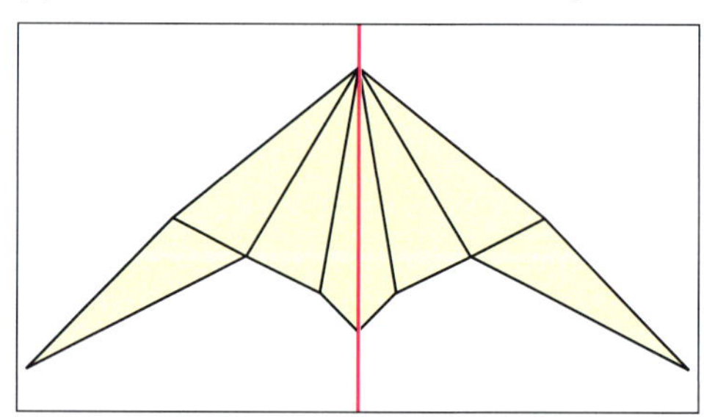

Eine Figur, die man so falten kann, dass die beiden Teile genau aufeinander passen, nennen wir **achsensymmetrisch**.
Die Faltlinie heißt **Symmetrieachse** der Figur.

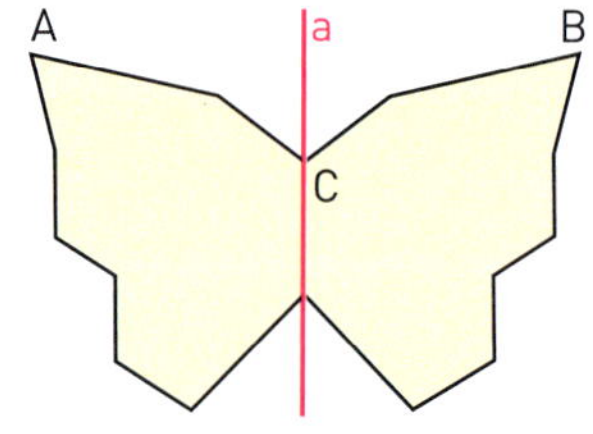

Zeichnen einer achsensymmetrischen Figur mithilfe des Geodreiecks

Zeichne auf ein Blatt weißes Papier eine Hälfte einer Burgansicht wie rechts abgebildet. Ergänze sie dann ohne Falten mithilfe des Geodreiecks zu einer achsensymmetrischen Figur.
Beschreibe auch, wie ein Punkt und sein Symmetriepartner zueinander liegen.

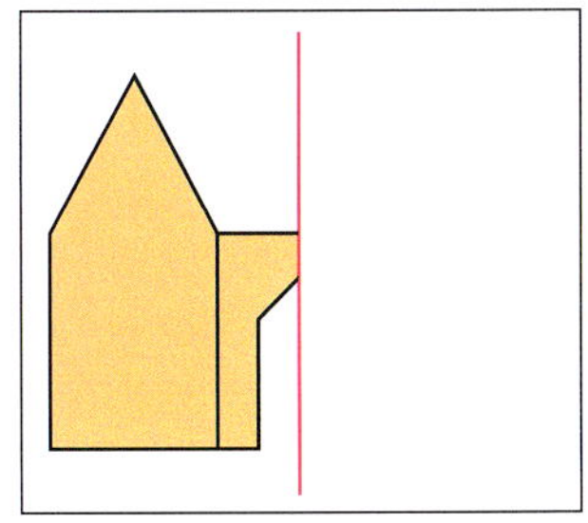

Du kannst dein Vorgehen mit dem folgenden vergleichen:

Mittellinie des Geodreiecks auf die Symmetrieachse legen.

Symmetriepartner in gleicher Entfernung markieren.

Entsprechend erhältst du die Symmetriepartner der übrigen Punkte.

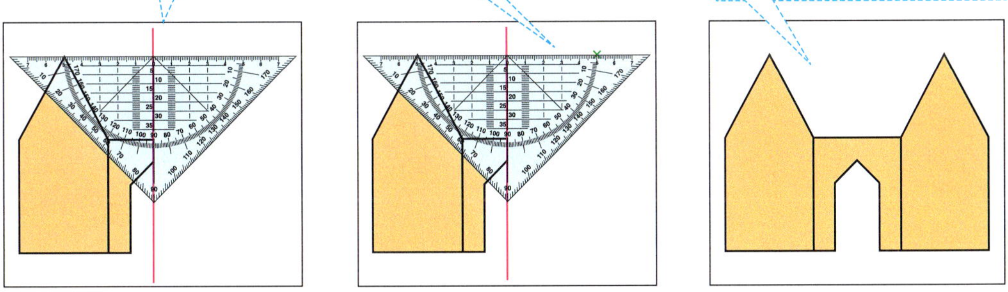

Für jede achsensymmetrische Figur gilt:

(1) Jeder Punkt ist genauso weit von der Symmetrieachse entfernt wie sein Symmetriepartner.

(2) Liegt ein Punkt nicht auf der Symmetrieachse, so ist die Verbindungslinie zu seinem Symmetriepartner orthogonal zur Symmetrieachse.

(3) Jeder Punkt auf der Symmetrieachse ist sein eigener Symmetriepartner.

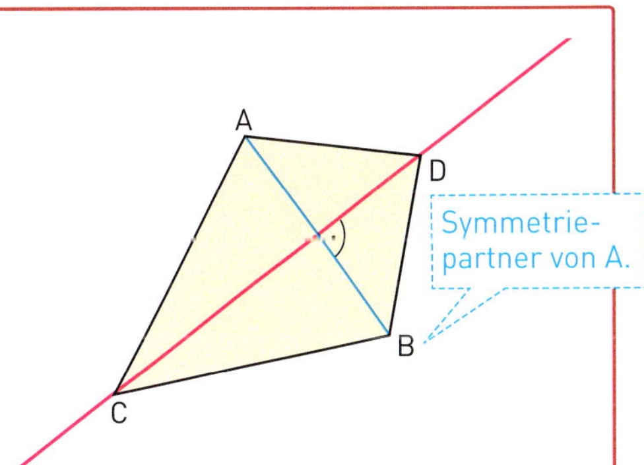

Zum Üben

1. Viele Gegenstände der Natur sind nicht genau achsensymmetrisch.
Bei einem der beiden Fotos wurde die linke Gesichtshälfte achsensymmetrisch ergänzt.
Um welches Foto handelt es sich?

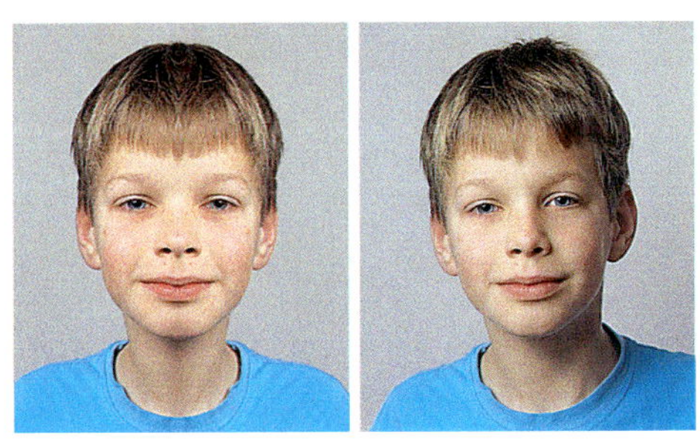

2. Erkunde, wo du im Alltag achsensymmetrische Figuren findest. Sammle Material und bringe es in die Schule mit.

3. Benutze die Bilder als Anregung und zeichne eine genau achsensymmetrische

a) Blüte; **b)** Blume; **c)** Tanne; **d)** Blattform.

4. a) Welche der abgebildeten Verkehrszeichen sind achsensymmetrisch?
Untersuche weitere Verkehrszeichen darauf, ob sie achsensymmetrisch sind.

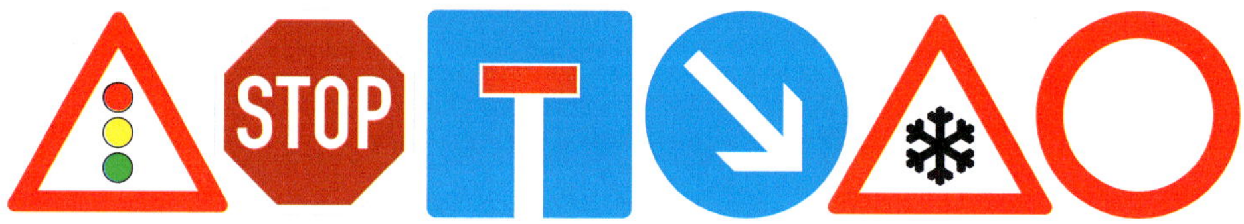

b) Welche Flaggen sind achsensymmetrisch? Wie viele Symmetrieachsen gibt es?

5. a) Untersuche, welche Großbuchstaben der Druckschrift achsensymmetrisch sind.
b) Finde Wörter, die achsensymmetrisch geschrieben sind.
c) Finde auch Wörter, die mehrere Symmetrieachsen aufweisen.

6. Ergänze das durch seine Eckpunkte angegebene Vieleck zu einer achsensymmetrischen Figur mit der angegebenen Symmetrieachse.

a) A (2 | 8); B (2 | 4); C (4 | 5); D (4 | 2); E (6 | 4); F (8 | 2); G (12 | 2) Symmetrieachse AG
b) A (2 | 4); B (2 | 2); C (10 | 2); D (14 | 4); E (18 | 4); F (18 | 8) Symmetrieachse AF
c) A (6 | 16); B (6 | 12); C (4 | 12); D (2 | 6); E (6 | 6); F (8 | 2); G (12 | 2) Symmetrieachse AG
d) A (7 | 2); B (12 | 2); C (14 | 4); D (10 | 8); E (12 | 12); F (8 | 16) Symmetrieachse AF
e) A (1 | 6); B (0 | 4); C (2 | 4); D (2 | 2); E (1 | 1); F (4 | 1); G (9 | 0) Symmetrieachse AG
f) A (0 | 0); B (4 | 4); C (4 | 8); D (6 | 10); E (5 | 12); F (12 | 12); G (14 | 10) Symmetrieachse AG

7. Untersuche, ob die Figur achsensymmetrisch ist. Gib die Symmetrieachse durch Punkte an, die auf ihr liegen. Gib dann zu jedem Eckpunkt seinen Symmetriepartner an.

a)

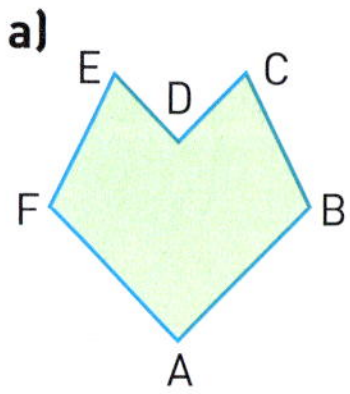

b)

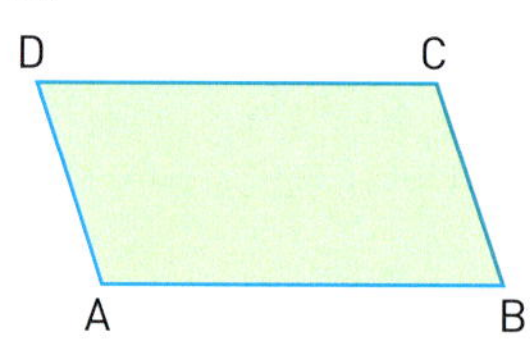

c)

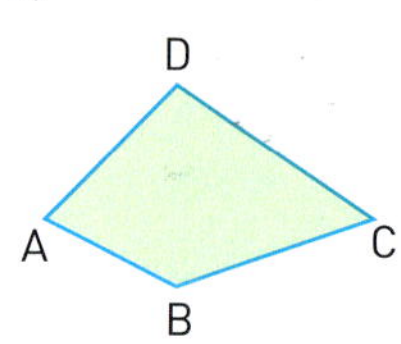

d)

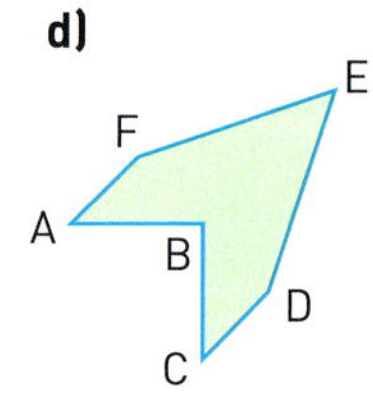

Dynamisches Geometriesystem

Wenn du dich bei einer Zeichnung im Heft vertan hast, musst du radieren, und das bleibt nicht spurenlos. Auch Änderungen einer Zeichnung sind nicht einfach möglich. Dies beides ist anders beim Arbeiten mit dynamischen Geometrie-Systemen, die es für Computer und Taschencomputer gibt. Du kannst hier problemlos Konstruktionsschritte zurücknehmen und auch die Form einer konstruierten Figur nachträglich ändern.

1. Mit den meisten Programmen kannst du Punkte, Strecken, Geraden, Kreise und Vielecke zeichnen. Oben am Bildschirmrand findest du ein Menü zur Auswahl und unten am Bildschirmrand Hilfen zur Eingabe. Probiere das aus und versuche, ein schönes Bild zu zeichnen. Mit der rechten Maustaste findest du Möglichkeiten, Farben zu ändern. Du kannst angezeigte Punktnamen auch verstecken lassen.

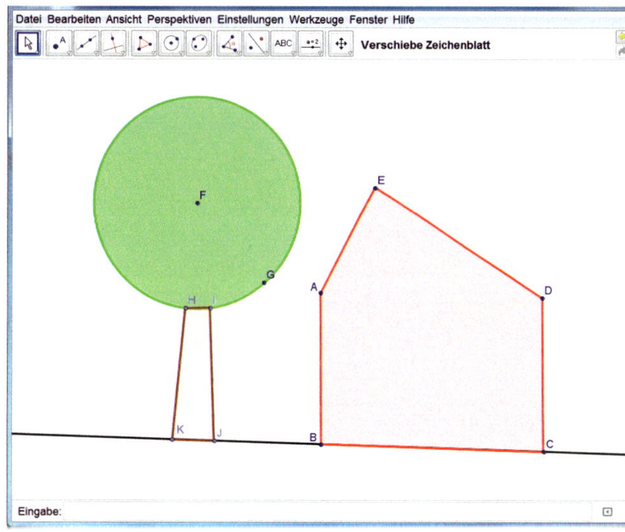

2. Zeichne ein Vieleck und eine Gerade durch eine Seite. Ergänze dann das Vieleck symmetrisch zu der gezeichneten Geraden als Symmetrieachse. Zum Zeichnen des Symmetriepartners eines Punktes kannst du den Befehl „Senkrechte Gerade“ verwenden, um eine Orthogonale durch den Punkt zur Symmetrieachse einzuzeichnen. Den Schnittpunkt der Orthogonalen (Senkrechten) mit der Symmetrieachse kannst du mit dem Befehl „Schneide zwei Objekte“ erzeugen. Dass der Symmetriepartner denselben Abstand von der Symmetrieachse hat, erreichst du mithilfe eines Kreises um den Schnittpunkt.

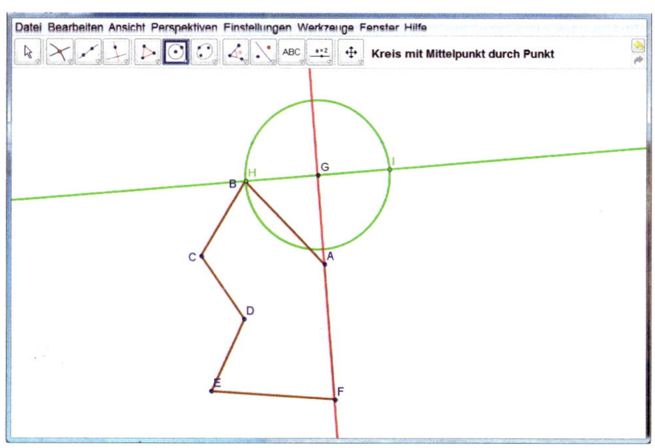

3. Mit einem DGS kannst du auch überprüfen, ob eine Figur achsensymmetrisch ist. Zeichne ein Viereck mit einspringender Ecke, das nach Augenschein achsensymmetrisch ist. Prüfe dann, ob die beiden Punkte, die nicht auf der Symmetrieachse liegen, Symmetriepartner sind. Du kannst z.B. die beiden Punkte verbinden und zunächst kontrollieren, ob die Verbindungslinie orthogonal zur Symmetrieachse ist, indem du die Größe des Winkels misst. Verwende dazu den Befehl "Winkel zwischen zwei Geraden". Wenn der Winkel ein rechter ist, musst du noch den Abstand der beiden Punkte von der Symmetrieachse messen. Mit dem Befehl „Bewege" kannst du nachträglich noch die Form des Vierecks verändern, indem du die Lage einzelner Punkte änderst.

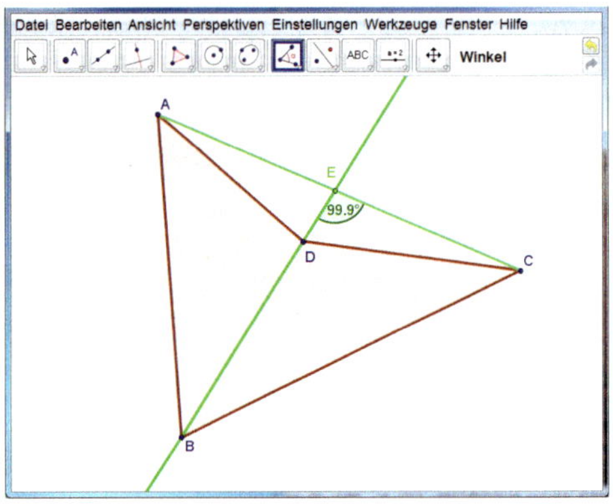

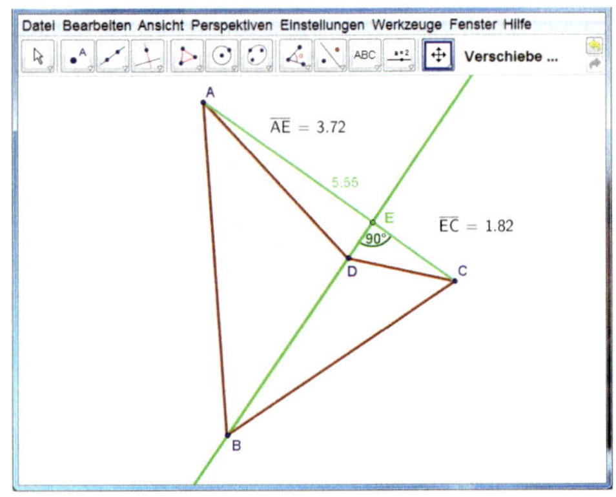

4. Unter dem Menüpunkt Ansicht kannst du dir ein Konstruktionsprotokoll auflisten, das alle Schritte zum Erstellen der Zeichnung angibt. So kannst du stets genau nachschlagen, was du gemacht hast und in welcher Reihenfolge du vorgegangen bist. Probiere das aus.

Nr.	Name	Definition	Wert	Beschriftung
1	Punkt A		A = (0.86, 4.4)	
2	Punkt B		B = (1.28, -1.5)	
3	Punkt C		C = (5.41, 1.22)	
4	Punkt D		D = (3.47, 1.63)	
5	Viereck Vieleck1	Vieleck A, B, C, D	Vieleck1 = 10.59	
5	Strecke a	Strecke [A, B] von Viereck Vieleck1	a = 5.91	
5	Strecke b	Strecke [B, C] von Viereck Vieleck1	b = 4.94	
5	Strecke c	Strecke [C, D] von Viereck Vieleck1	c = 1.98	
5	Strecke d	Strecke [D, A] von Viereck Vieleck1	d = 3.8	
6	Gerade e	Gerade durch D, B	e: 3.13x - 2.19y = 7.29	
7	Strecke f	Strecke [A, C]	f = 5.55	
8	Punkt E	Schnittpunkt von e, f	E = (3.91, 2.27)	

13 / 13

5. Nach dem Anklicken eines Objekts mit der rechten Maustaste erhältst du wie bei vielen anderen Computerprogrammen auch ein Menü mit möglichen Optionen. Z. B. kannst du Punkte umbenennen. Probiere das aus.

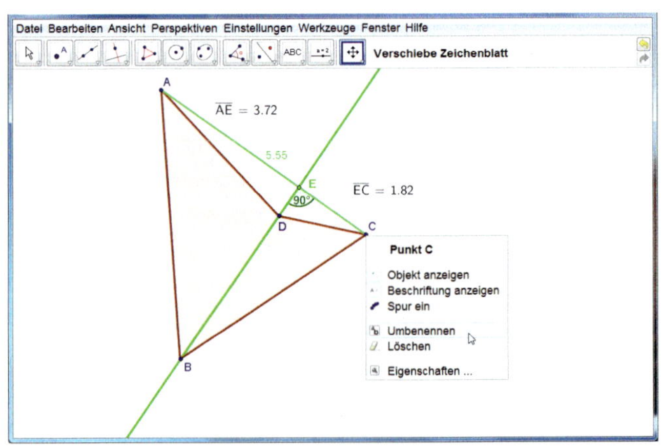

2.7 Spiegeln an einer Geraden

Einstieg

Zaubertrick aus einem alten Buch:
Vor eine Glasscheibe wird eine brennende Kerze gestellt, dahinter eine gleich große, nicht brennende Kerze. Bei geeigneter Stellung der Kerzen zur Glasscheibe scheint auch die zweite Kerze zu brennen. Ihr könnt dann eure Zuschauer verblüffen: Ein an die zweite Kerze gehaltenes Stück Papier fängt kein Feuer.

Probiert das aus und beschreibt die geeignete Lage der Kerzen zur Glasscheibe. Betrachtet dazu die Anordnung von oben und zeichnet einen Stellplan.

Aufgabe 1

Achsenspiegelung

Die alte Steinbrücke auf der spanischen Halbinsel La Manga ist ein besonders schönes Fotomotiv, wenn man das Spiegelbild im Wasser mit fotografiert.

a) Skizziere die Brücke in vereinfachter Form mit geraden Strecken und Halbkreisen. Ergänze dann ihr Spiegelbild im Wasser.

b) Kontrolliere mit einer kleinen durchsichtigen Scheibe, ob du richtig gezeichnet hast. Stelle diese dazu an der Grenzlinie zum Wasser auf.

Lösung

a) Zeichne zunächst die Brücke in vereinfachter Form und die Grenzlinie zum Wasser.

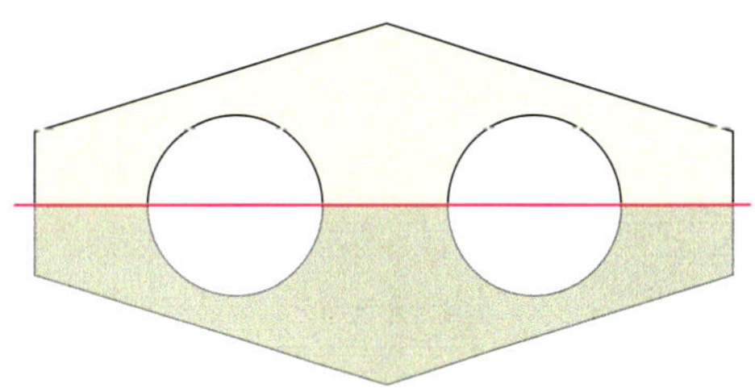

Das Spiegelbild der Brücke erhältst du so: Jeder Punkt der Brücke liegt bezüglich der Grenzlinie zu seinem Spiegelbild im Wasser so wie einander entsprechende Punkte in einer achsensymmetrischen Figur.
Du weißt: Jeder Punkt ist genauso weit von der Symmetrieachse entfernt wie sein Symmetriepartner.
Liegt ein Punkt nicht auf der Symmetrieachse, so ist die Verbindungslinie zu seinem Symmetriepartner orthogonal zur Symmetrieachse.

b) Stellt man die Scheibe senkrecht zum Zeichenblatt an der Grenzlinie auf, muss das Spiegelbild in der Scheibe mit dem gezeichneten Spiegelbild übereinstimmen.

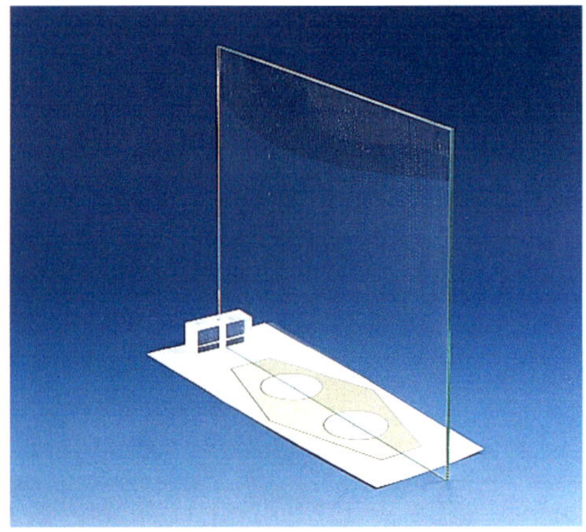

Information

Achsenspiegelung an einer Geraden (Spiegelachse a)

Zu einem Punkt P erhältst du den Bildpunkt P′ wie folgt:

- P′ liegt auf der Orthogonalen zur Spiegelachse a durch P.
- P und P′ haben denselben Abstand von der Spiegelachse.
- P und P′ liegen auf verschiedenen Seiten der Spiegelachse.
- Ein Punkt auf der Spiegelachse bleibt an seiner Stelle.

Am einfachsten spiegelst du an einer Geraden mithilfe eines Geodreiecks:

(1) Lege es mit seiner Mittellinie so auf die Gerade a, dass P an der Zentimeterskala liegt.

(2) Markiere dann im gleichen Abstand auf der anderen Seite den Bildpunkt P′.

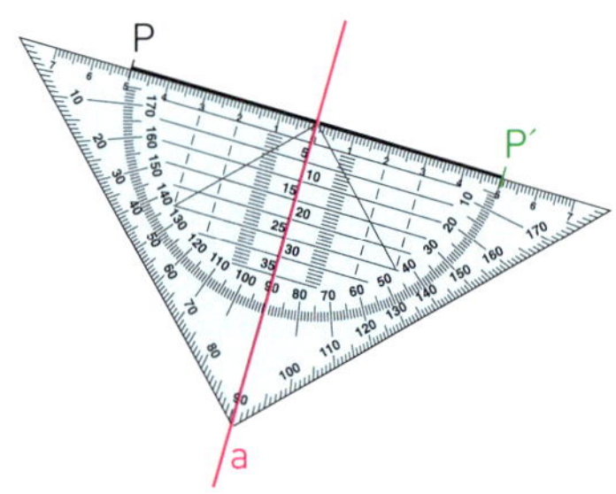

Weiterführende Aufgabe

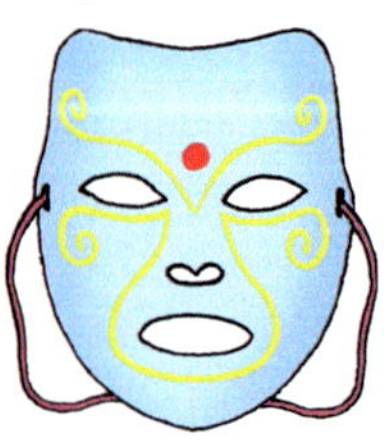

Zusammenhang zwischen Achsensymmetrie und Spiegeln an einer Geraden

2. a) Links siehst du eine Maske. Zeichne eine Hälfte vereinfacht mit Strecken ab und ergänze dann zu einer achsensymmetrischen Figur.

b) Spiegele die unter Teilaufgabe a) erhaltene achsensymmetrische Figur an der Achse a. Was stellst du fest?

Eine Figur heißt **achsensymmetrisch** zur Achse a, wenn sie bei der Achsenspiegelung an der Achse a auf sich abgebildet wird. Die Spiegelachse heißt dann **Symmetrieachse**.

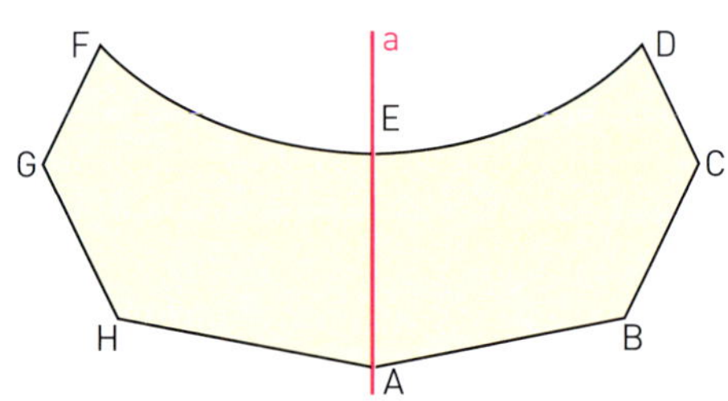

Übungsaufgaben

3. Erzeuge im Heft Spiegelbilder des angegebenen Wortes.
a) LAGER **b)** OTTO **c)** ANNA
Kontrolliere mit einer kleinen Glasscheibe oder einem blanken Geodreieck.

4. Jan fährt mit seinen Eltern auf der Autobahn. Als er durch die Heckscheibe schaut, entdeckt er einen Transporter mit einer merkwürdigen Aufschrift.
Sein Vater dagegen schaut in den Rückspiegel und wundert sich gar nicht.
Erläutere diesen Sachverhalt.

5. Übertrage in dein Heft und spiegele an der Geraden a.

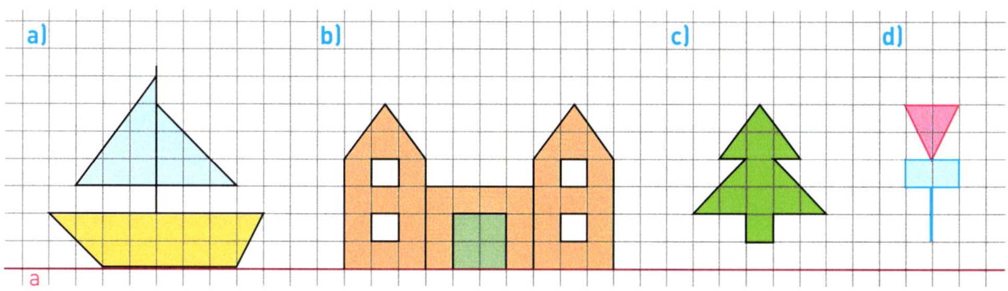

6. Hier wurde nicht korrekt gespiegelt. Finde die Fehler.

7. Untersuche, ob korrekt gespiegelt wurde. Nenne gegebenenfalls die Fehler.

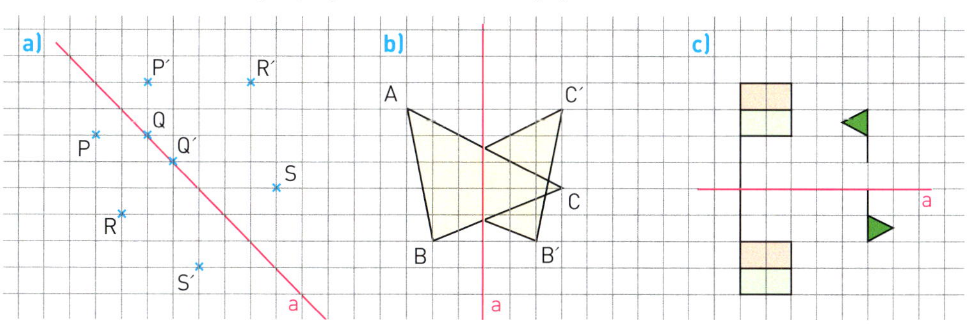

DGS **8.** Ein DGS hat auch einen Befehl zum Spiegeln an einer Achse. Zeichne mit einem dynamischen Geometrie-System ein Viereck und eine Gerade. Spiegele dann das Viereck an dieser Geraden. Verändere die Lage des Vierecks und auch die Lage der Geraden. Was stellst du fest?

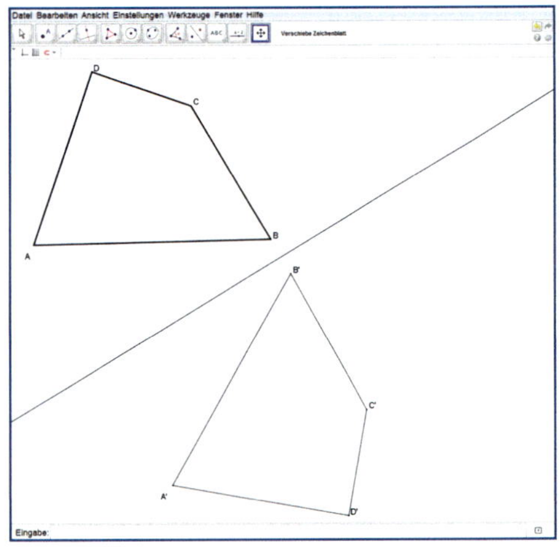

9. Stelle ein achsensymmetrisches Vieleck mit der Symmetrieachse a her.

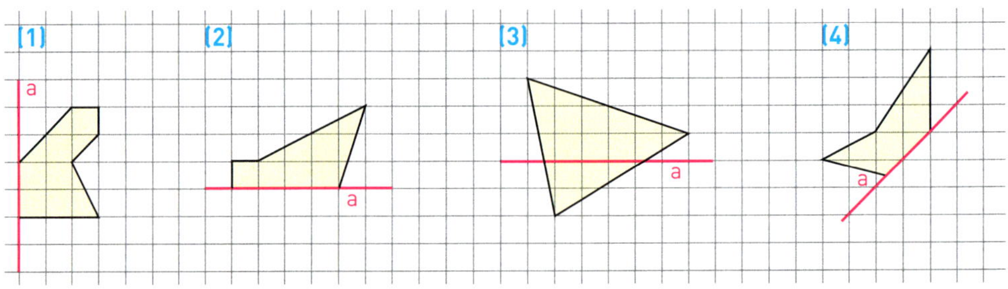

10. Ergänze zu einer achsensymmetrischen Figur.

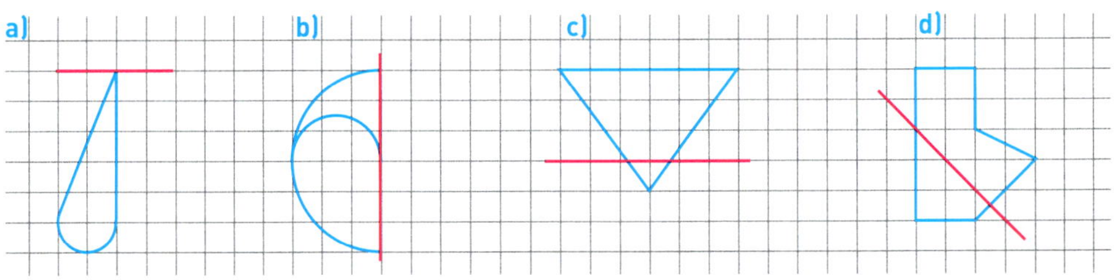

11. Im täglichen Leben findet ihr viele achsensymmetrische Formen.

a) Gebt achsensymmetrische Figuren aus eurer Umwelt an.
Denkt auch an Spielfelder beim Sport, bei Brettspielen, an Firmenzeichen (z. B. von Autos), Verkehrsschilder und an Wappen.

b) Welche Ziffern sind achsensymmetrisch?

c) Gebt Zahlen wie 808 oder 30 an, die achsensymmetrisch geschrieben sind.

12. Untersuche die besonderen Vierecke Quadrat, Rechteck, Raute und Parallelogramm auf Achsensymmetrie.

13. Stelle wie im Bild rechts durch Falten und Schneiden Figuren der folgenden Art her.

14. a) Aus welcher Teilfigur kannst du das achsensymmetrische Vieleck rechts durch Achsenspiegelung herstellen?
Färbe die Teilfigur. Wie viele Ecken hat sie?

b) Gib ein
(1) Siebeneck,
(2) Achteck
an, aus dem man durch Achsenspiegelung dieses Siebeneck erzeugen kann.

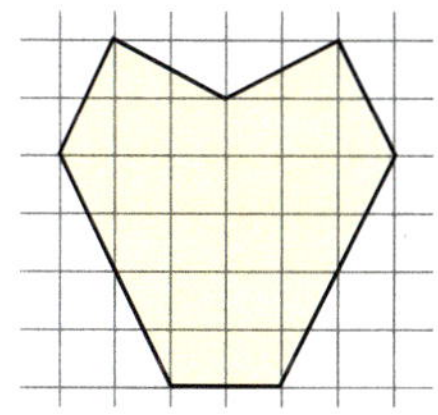

Spiel (für 2 Personen)

15. *Das Spiegelspiel*
Das Spiegelspiel wird auf kariertem Papier mit einer frei beweglichen Spiegelachse (z. B. einer Stricknadel oder einem Mikadostab, ...) gespielt.
Das Spielfeld sollte rechteckig sein, z. B. 9 Kästchen lang und 11 Kästchen breit.

Spielregeln:

(1) Jeder Spieler bekommt ein Zeichen: einer ×, der andere ○.

(2) Der Spieler, der anfängt, trägt sein Zeichen in ein beliebiges Kästchen ein.
Der andere Spieler legt dann die Spiegelachse auf eine der unten gezeichneten Arten auf das Spielfeld.
Anschließend spiegelt er alle bisher eingetragenen Zeichen (also auch die gegnerischen) an der Spiegelachse und trägt die Bilder ein. Schon belegte Kästchen dürfen nicht überschrieben werden.

(3) Nun darf der andere Spieler auch noch ein Zeichen in ein beliebiges Kästchen eintragen, und der erste Spieler legt die Spiegelachse fest usw.
Sieger ist, wer so auf dem gesamten Spielfeld die meisten Zeichen erzielt.

Spielt dieses Spiel mehrfach und versucht, gewinnbringende Tricks herauszufinden.

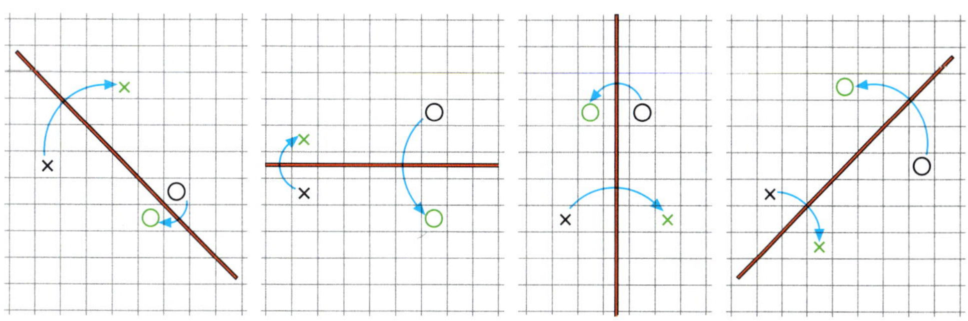

2.8 Punktsymmetrie

Einstieg

„Centgrab“ ist ein Spiel, bei dem zwei Spieler abwechselnd einen Cent auf eine quadratische Spielfläche der Seitenlänge 5 cm legen. Wer als letzter einen Cent legen kann, erhält alle liegenden Cents. Frank behauptet, dass er stets gewinnt, wenn er anfangen darf. Janina hat beobachtet, dass er den ersten Cent immer genau in die Mitte legt.
Wie spielt er weiter?

Einführung

Punktsymmetrie

Die meisten Karten eines Kartenspiels sind nicht achsensymmetrisch. Dennoch weisen die Karten eine gewisse Regelmäßigkeit auf. Nimmt man sie auf die Hand, so ergibt sich dasselbe Aussehen, egal ob man die obere oder die untere Seite der Karte nach oben steckt. Nicht nur bei einer Volldrehung um den Mittelpunkt der Karte, sondern sogar schon bei einer halben Drehung kommt die Karte mit sich zur Deckung.
Man sagt: Die Karte ist *punktsymmetrisch*.

Information

Wenn eine Figur nach einer Halbdrehung um einen Punkt Z mit sich selbst zur Deckung kommt, nennt man die Figur **punktsymmetrisch**.
Der Punkt Z heißt **Symmetriezentrum** der Figur.

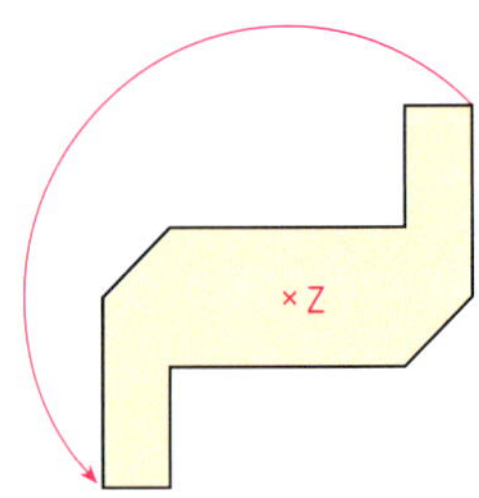

Aufgabe 1

Ergänzen zu einer punktsymmetrischen Figur

a) Ergänze die Figur durch Halbdrehung um Z zu einer punktsymmetrischen Figur.

b) Verbinde jeden Eckpunkt mit seinem Symmetriepartner. Was fällt auf?

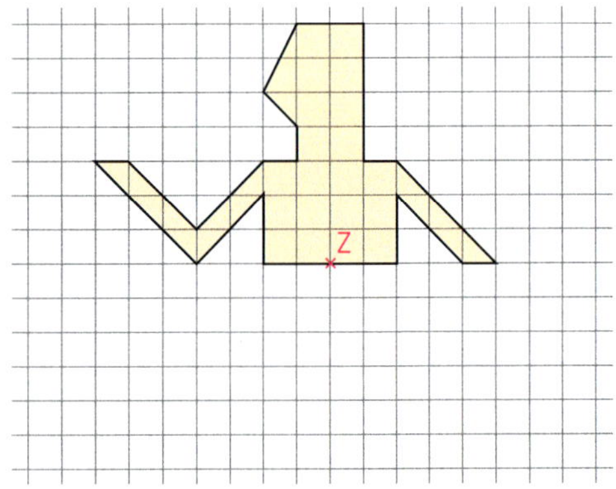

Lösung

a) Durch Abzählen im Quadratgitter kann man die Figur ergänzen.

b) Für die Verbindungslinien eines Punktes mit seinem Symmetriepartner gilt:
   (1) Alle Verbindungslinien schneiden sich im Punkt Z.
   (2) Der Punkt Z halbiert jede Verbindungslinie.

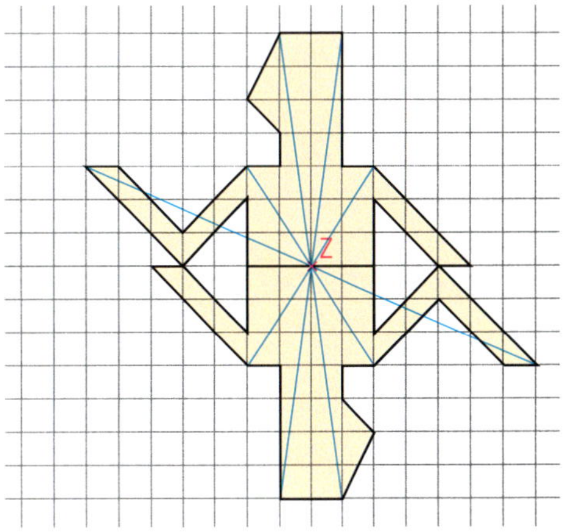

Information

Für jede punktsymmetrische Figur gilt:
(1) Jeder Punkt ist genauso weit vom Symmetriezentrum entfernt wie sein Symmetriepartner.
(2) Die Verbindungslinie eines Punktes mit seinem Symmetriepartner geht durch das Symmetriezentrum.
(3) Das Symmetriezentrum ist sein eigener Symmetriepartner.

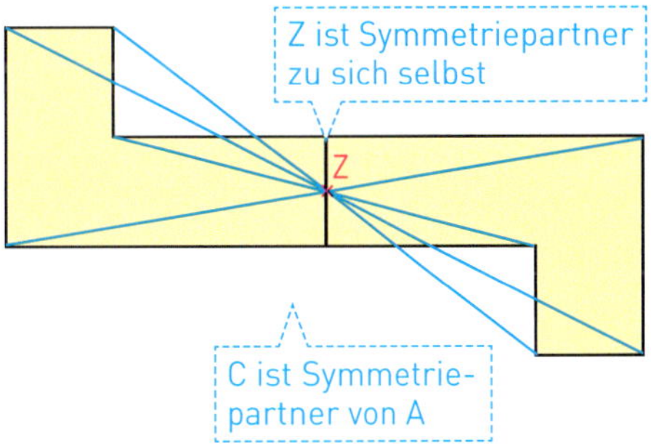

Weiterführende Aufgabe

Achsensymmetrie an zueinander orthogonalen Achsen – Punktsymmetrie

2. Was kannst du über die Symmetrien einer Figur aussagen, die zwei zueinander orthogonale Symmetrieachsen besitzt?

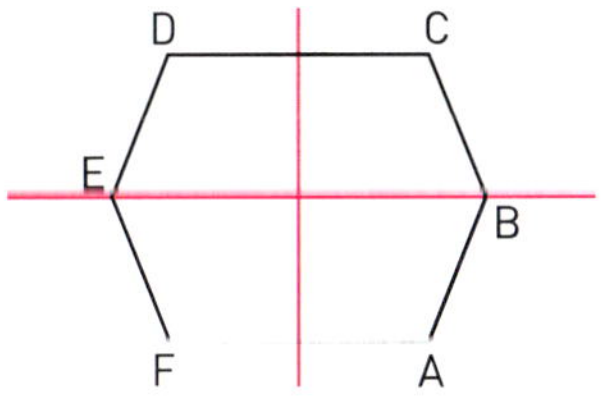

Jede Figur mit zwei zueinander orthogonalen Symmetrieachsen ist punktsymmetrisch. Das Symmetriezentrum ist der Schnittpunkt der beiden Symmetrieachsen.

Übungsaufgaben

3. Untersuche auf Punktsymmetrie.

4. Gib punktsymmetrische Figuren aus deiner Umwelt an. Denke auch an Spielfelder beim Sport, an Brettspiele, an Markenzeichen von Autos, an Flaggen.

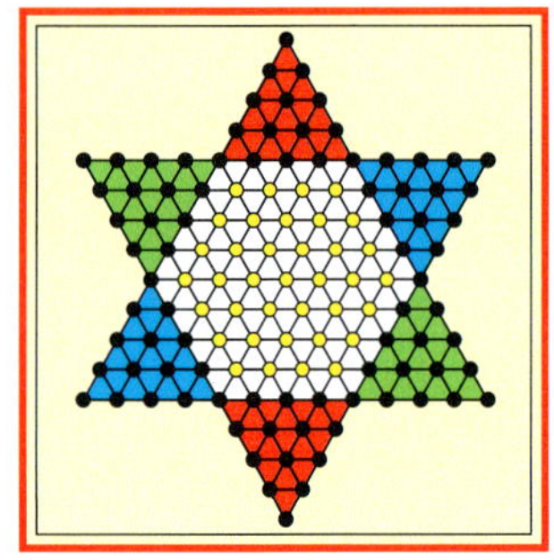

5. Welche Figuren sind punktsymmetrisch?

6. a) Welche Figur ist punktsymmetrisch? Gib – falls möglich – das Symmetriezentrum an.

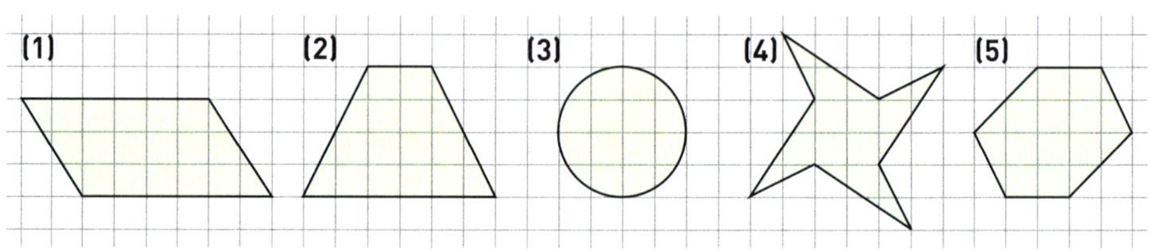

b) Welche Figur ist achsensymmetrisch?
Welche Figur ist punkt- und achsensymmetrisch?

7.

a) Welche Karten sind achsensymmetrisch? Welche Karten sind punktsymmetrisch?
b) Welche Karten sind achsen-, aber nicht punktsymmetrisch?
c) Welche Karten sind punkt-, aber nicht achsensymmetrisch?
d) Welche Karten sind weder punkt- noch achsensymmetrisch?

8. a) Untersucht die Druckbuchstaben auf Symmetrie.
b) Findet ihr ein ganzes Wort, das
(1) achsensymmetrisch, aber nicht punktsymmetrisch ist;
(2) punktsymmetrisch, aber nicht achsensymmetrisch ist;
(3) achsen- und punktsymmetrisch ist?

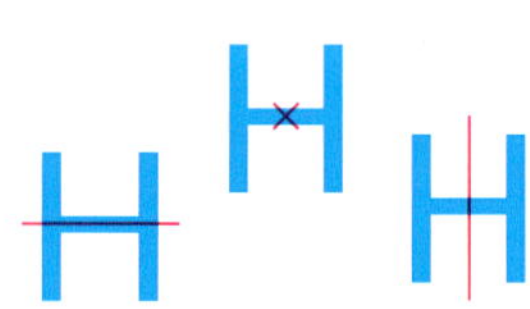

9. Ergänze zu einer punktsymmetrischen Figur.

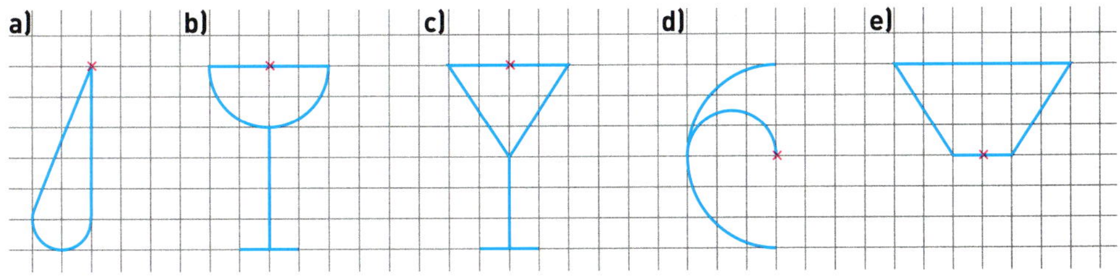

10. Die Bilder sind nicht genau punktsymmetrisch. Jedes enthält Fehler. Finde sie.

a)

b)

c)

11. Du kennst besondere Vierecke: Quadrat, Rechteck, Raute und Parallelogramm. Welche dieser Vierecke sind punktsymmetrisch, welche sind achsensymmetrisch? Wie viele Symmetrieachsen haben die Figuren?

12. Stellt durch Falten und Schneiden schöne Muster wie im Bild her. Stellt sie im Klassenraum aus.

a) Welche Symmetrien haben die Muster?

b) Zeigt an einem einfachen Beispiel, wie ihr spiegeln müsst, um solche Muster zeichnerisch (also ohne Falten und Schneiden) zu erhalten.

Das kann ich noch!

A) Wandle um in die nächstgrößere Einheit.

1) 200 cm	5) 390 m	9) 5 mm	13) 70 mm
2) 4 000 dm	6) 750 g	10) 180 s	14) 47 mm
3) 1200 min	7) 40 m	11) 350 mg	15) 270 kg
4) 5 000 g	8) 75 kg	12) 48 h	16) 450 g

B) Wandle um in die nächstkleinere Einheit.

1) 5 cm	5) 3,97 m	9) 12 km	13) 3,28 m
2) 7 dm	6) 4,129 g	10) 7,5 t	14) 5,3 km
3) 50 kg	7) 4,7 kg	11) 5 min	15) 3,27 g
4) 700 g	8) 7,9 cm	12) 12 h	16) 7 min

Führen von Merkheften und Lerntagebüchern

Lernen, Ordnen und Behalten

Du hast im letzten Schuljahr und in den letzten Monaten sehr viel Neues gelernt. Kannst du dich noch an alles erinnern:

Was ist eine Primzahl? Wie rechnet man mit Brüchen? Was ist eine Raute?
Sicherlich hast du vieles in deinen Mathematik-Heften aufgeschrieben. Wenn du etwas suchst, wird es aber schwierig, das richtige Heft und den passenden Eintrag auf Anhieb – zwischen den Hausaufgaben und Mitschriften aus dem Unterricht – zu finden.

Wie kann man besser mit wichtigen Informationen umgehen? Hierüber haben sich schon viele Menschen Gedanken gemacht. Auf den Bildern siehst du einige „Wissensspeicher“, die sie sich hierzu ausgedacht haben.

1. Schlage mehrere Begriffe (wie z. B. Primzahl, gebrochene Zahl, Raute) in den verschiedenen Wissensspeichern nach. Nenne dann deren Vor- und Nachteile.

2. Unten siehst du Merkheft-Seiten von zwei verschiedenen Schülern. Vergleiche sie miteinander: Was ist besonders gut gelungen? Wo könnte man noch Verbesserungen vornehmen?

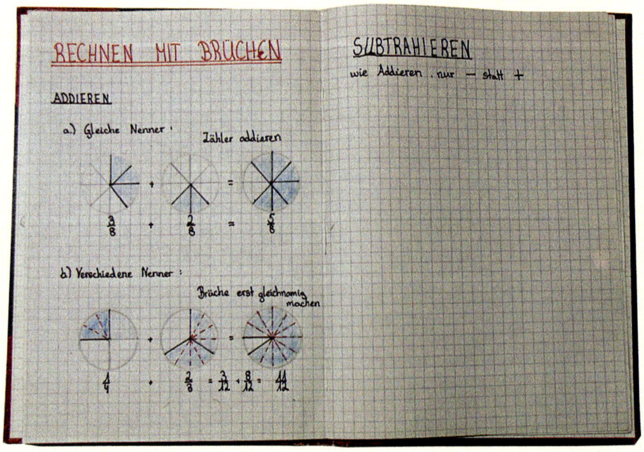

Gründe dafür, sich ein eigenes Merkheft (oder eine Merkkartei) anzulegen:

- Die Schreibweisen der verschiedenen Wissensspeicher stimmen oft nicht mit den Schreibweisen in deinem Schulbuch oder aus deinem Unterricht überein – da musst du erst nachdenken, was gemeint sein könnte. Darüber hinaus wenden sich manche Wissensspeicher eher an Erwachsene mit entsprechend schwierigen Formulierungen.
- An etwas, was man selber aufgeschrieben hat, kann man sich oft besser erinnern.
- Wenn du dir selber etwas in ein Merkheft schreibst, so kannst du Anmerkungen dazu schreiben, z. B.
  - Warnhinweise zu Fehlern, die dir bei dem Thema oft unterlaufen
  - Merkhilfen (Eselsbrücken) und einprägsame Beispiele
  - Hervorhebungen (Unterstreichen, farbige Markierungen, Einrahmen), um deutlich zu machen, was dir persönlich besonders wichtig ist.

Lerntagebuch

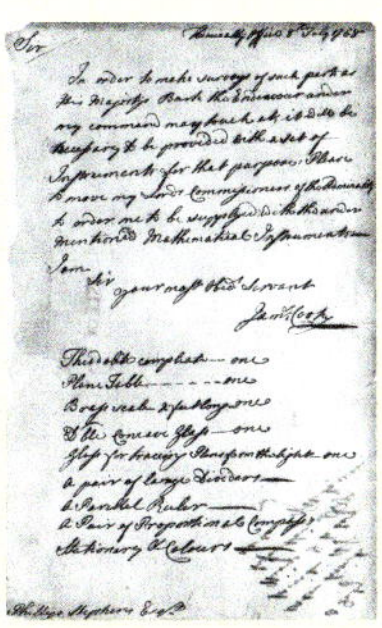

1772 brach James Cook zu seiner zweiten großen Expedition auf. Er beabsichtigte, Terra Australis zu finden, einen nach damaliger Vorstellung riesigen Südkontinent, der angeblich die Erdteile auf der Nordhalbkugel ausbalancieren sollte. Auf dieser Fahrt durchquerte er dreimal den südlichen Polarkreis, ohne auf jenen sagenumwobenen Kontinent zu stoßen. Links siehst du einen Eintrag in seinem **Logbuch** aus dem Jahr 1773. Auch heute noch gibt es auf Schiffen Logbücher. In einem Logbuch werden nicht nur Startpunkt und Ziel einer Reise eingetragen, sondern auch alle besonderen, unvorgesehenen und widrigen Vorkommnisse notiert.
Ganz entsprechend notiert man in einem Lerntagebuch nicht nur das neu Gelernte, sondern den eigenen Lernweg mit allen seinen Verzweigungen, Irrtümern, Stimmungen und auch Erfolgen. Dazu muss man bei der Arbeit immer wieder eine kleine Pause machen und das Augenmerk darauf richten.

Folgende Fragen liefern Beispiele für mögliche Einträge in das Lerntagebuch:

- Was war unsere Ausgangsfrage?
- Welche Beispielaufgaben haben wir besprochen?
- Was war besonders wichtig?
- Welche Schwierigkeiten sind beim Verstehen des Stoffes aufgetreten?
- Welche Aufgaben muss ich noch besonders trainieren?
- Welche Fragestellungen kann ich jetzt selbstständig bearbeiten?
- Welche Fragestellungen sind noch offen?

Ein Lerntagebuch zu führen, ist manchmal anstrengend und lästig. Trotzdem kann es hilfreich für dich sein. Der wohl wichtigste Vorteil besteht darin, dass du lernst, dich selbst beim Lernen zu beobachten. Dies kann dir helfen, dein Lernverhalten zu verbessern. Um solche Vorteile zu erzielen, musst du aber mit deiner Lehrerin oder deinem Lehrer zusammenarbeiten, damit diese(r) dir dann auf Grundlage deines Lerntagebuches sinnvolle Hinweise gibt.

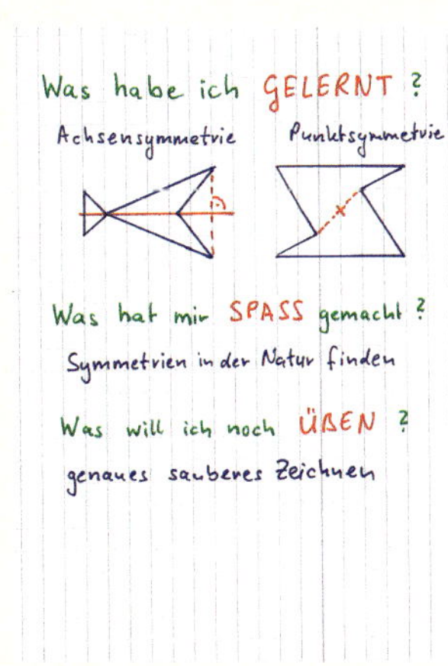

3. Rechts siehst du eine Seite aus dem Lerntagebuch einer Schülerin. Betrachte ihre Gestaltung und vergleiche sie mit der eines Merkhefts.

2.9 Spiegeln an einem Punkt

Einstieg

a) Zeichnet das Dreieck ABZ mit A (1 | 1), B (6 | 2) und Z (4 | 4). Ergänzt es zu einer punktsymmetrischen Figur mit Z als Symmetriezentrum.

b) Zeichnet das Dreieck ABC mit A (1 | 1), B (5 | 2) und C (3 | 4) sowie den Punkt Z (6 | 3). Ergänzt so, dass eine zu Z punktsymmetrische Gesamtfigur entsteht.

Aufgabe 1

Erzeugen punktsymmetrischer Figuren

a) Ergänze das Dreieck rechts zu einer punktsymmetrischen Figur mit dem Symmetriezentrum Z.

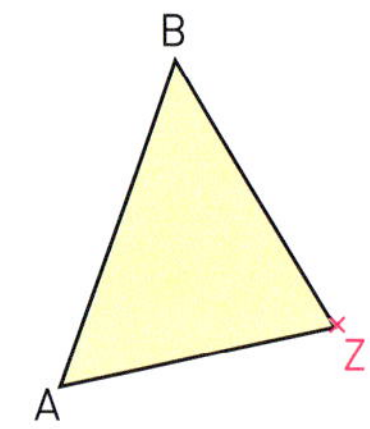

b) Der Punkt Z liegt nun außerhalb des Dreiecks. Ergänze ein zweites Dreieck so, dass insgesamt ein punktsymmetrisches Gesamtbild entsteht.

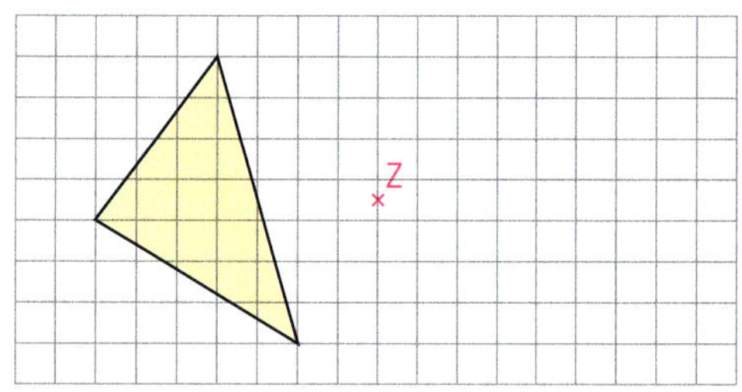

Lösung

a) Der Symmetriepartner A′ des Punktes A liegt auf der Geraden AZ und hat von Z denselben Abstand wie A. Der Punkt Z wird auf sich abgebildet.

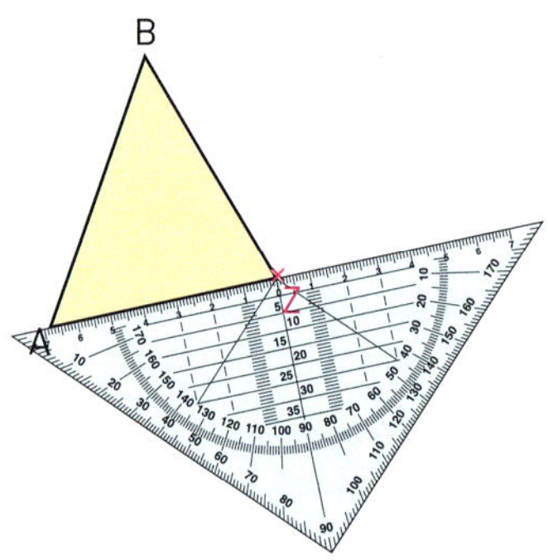

Lege den Nullpunkt des Geodreiecks so auf den Punkt Z, dass A an der Zentimeterskala liegt.

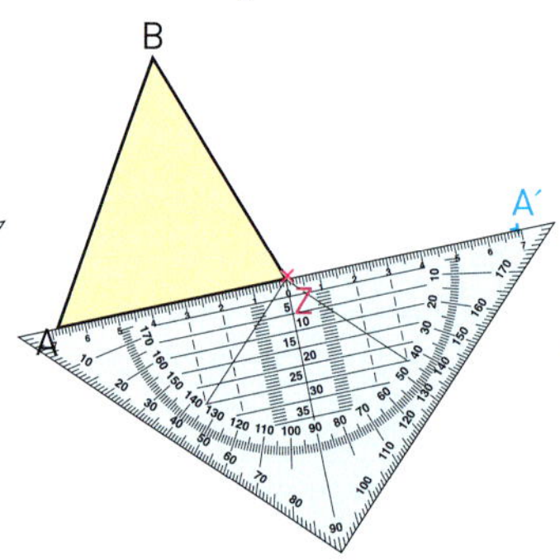

Markiere dann im gleichen Abstand auf der anderen Seite den Bildpunkt A′.

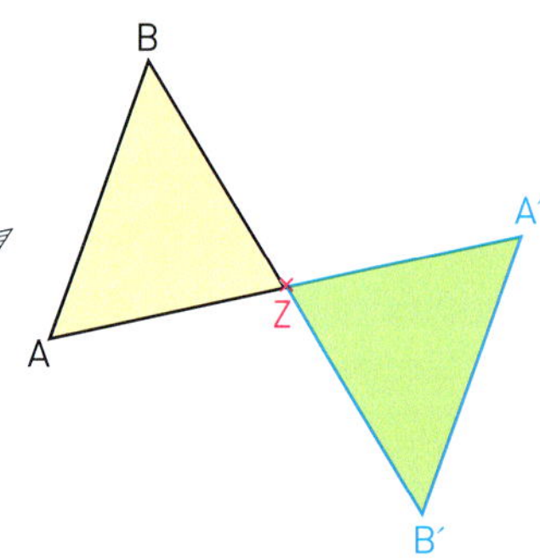

Zeichne den Bildpunkt B′ des Punktes B entsprechend. Verbinde die Punkte A′, B′ und Z zum Dreieck A′B′Z.

b) Die beiden Dreiecke ABC und A′B′C′ liegen bezüglich Z punktsymmetrisch zueinander. Sie ergeben aber keine zusammenhängende Figur.

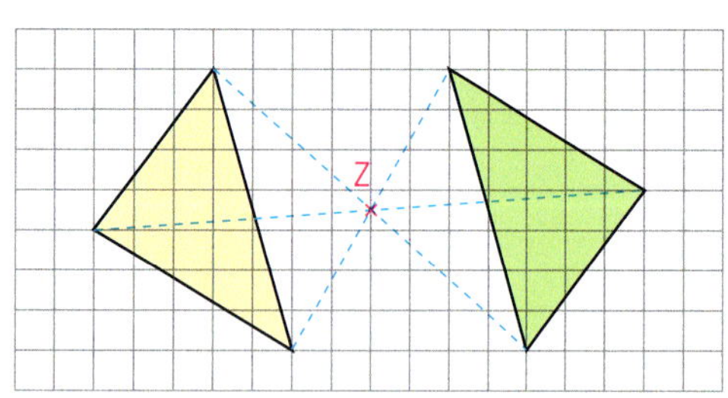

Information

Punktspiegelung am Spiegelzentrum Z

Zu einem Punkt P erhältst du den Bildpunkt P′ wie folgt:

- P′ liegt auf der Geraden ZP.
- P und P′ haben denselben Abstand vom Spiegelzentrum Z.
- P und P′ liegen auf verschiedenen Seiten vom Spiegelzentrum Z.
- Das Spiegelzentrum Z ist sein eigener Bildpunkt.

Am einfachsten spiegelst du an einem Punkt mithilfe eines Geodreiecks:

(1) Lege den Nullpunkt so auf den Punkt Z, dass P an der Zentimeterskala liegt.

(2) Markiere dann im gleichen Abstand auf der anderen Seite den Bildpunkt P′.

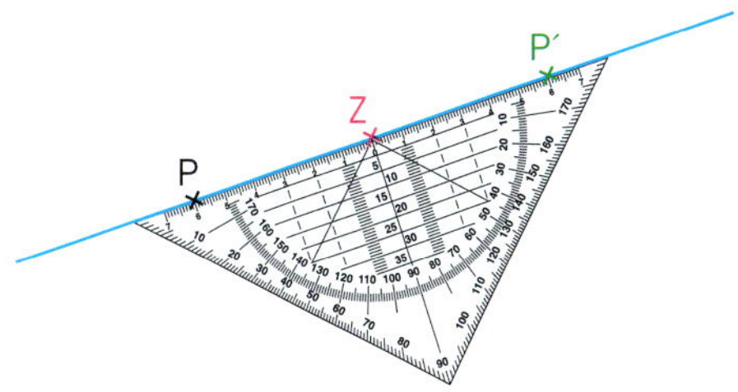

Weiterführende Aufgabe

Zusammenhang zwischen Punktsymmetrie und Spiegeln an einem Punkt

2. a) Ergänze das Fünfeck zu einer punktsymmetrischen Figur mit dem Symmetriezentrum Z.

b) Spiegele die in Teilaufgabe a) erhaltene punktsymmetrische Figur am Symmetriezentrum. Was stellst du fest?

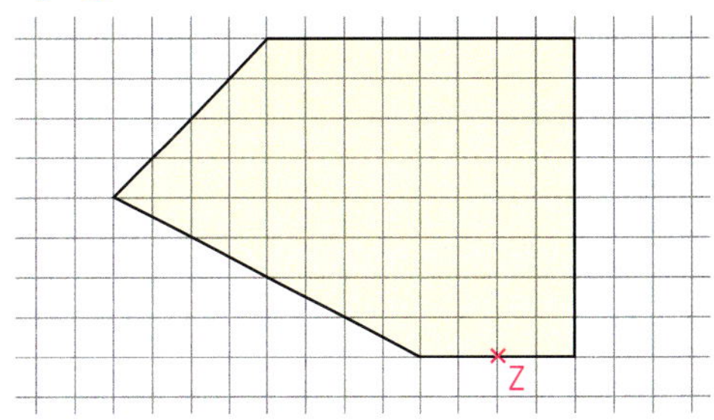

Bei einer zum Punkt P punktsymmetrischen Figur gilt:
Der Punkt Z halbiert die Verbindungsstrecke von Punkt und Bildpunkt.
Daher kann man auch sagen:
Eine Figur ist **punktsymmetrisch** zum Punkt Z, wenn sie bei der Punktspiegelung an Z auf sich abgebildet wird.

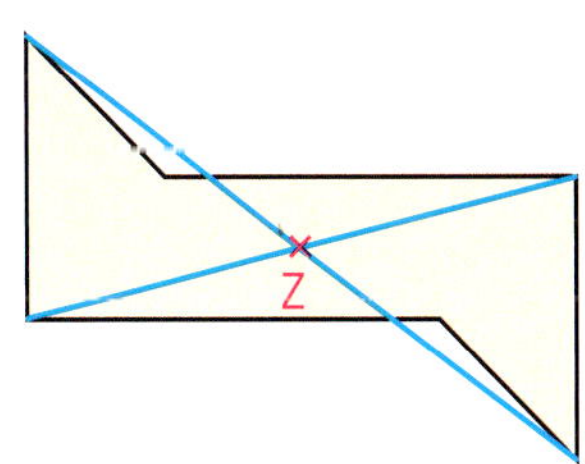

Übungsaufgaben

3. Zeichne die Figur ins Heft und spiegele sie am Punkt Z.

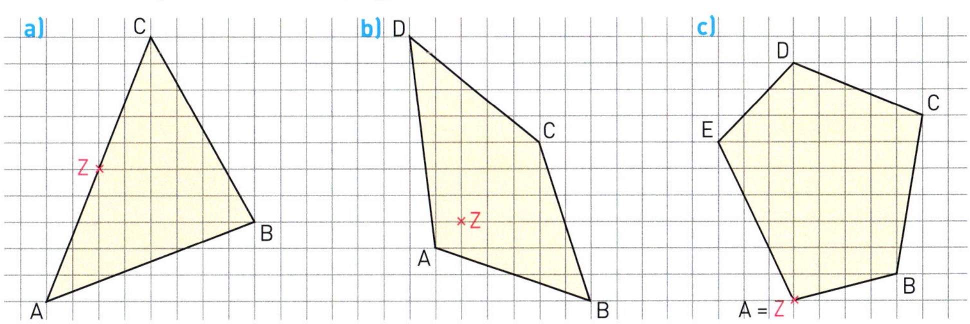

4. Zeichne in ein Koordinatensystem (Einheit 1 cm) das Dreieck ABC mit A(3 | 8), B(9 | 7) und C(5 | 11). Spiegele das Dreieck am Punkt Z. Gib die Koordinaten der Bildpunkte an.
a) Z(5 | 8) **b)** Z(5 | 11) **c)** Z(5 | 6) **d)** Z(8 | 9)

5. Zeichne in ein Koordinatensystem mit der Einheit 1 cm das Viereck ABCD mit A(2 | 0), B(6 | 2), C(3 | 6) und D(0 | 3). Spiegele am Punkt Z. Gib die Koordinaten der Bildpunkte an.
a) Z(4 | 3) **b)** Z(5 | 4) **c)** Z(3 | 6) **d)** Z(6 | 5)

6. Zeichne in ein Koordinatensystem (Einheit 1 cm) den Kreis um M(5 | 4) mit r = 3 cm. Spiegele den Kreis am Punkt Z. Gib die Koordinaten des Mittelpunktes des Bildkreises an.
a) Z(5 | 5) **c)** Z(7 | 4)
b) Z(4 | 2) **d)** Z(5 | 4)

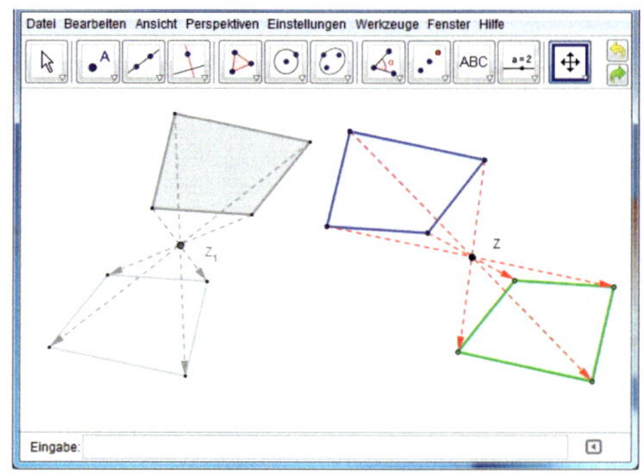

DGS **7.** Zeichne mit einem dynamischen Geometrie-System ein Viereck und einen Punkt Z. Spiegele dann das Viereck an diesem Punkt Z.
Verändere die Lage des Vierecks und auch die Lage des Punktes Z. Was stellst du fest?

8. Gib
(1) ein Dreieck, **(2)** ein Viereck, **(3)** ein Fünfeck
an, aus dem man durch Punktspiegelung das Sechseck erzeugen kann.

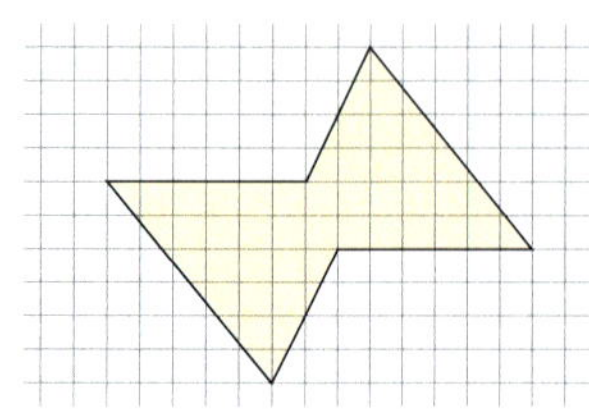

DGS **9.** Gegeben sind eine Gerade g und ein Punkt Z. Zeichne die Bildgerade g′ bei Spiegelung am Spiegelzentrum Z. Vergleiche g und g′. Unterscheide dabei zwei Fälle:
Die Gerade g geht **(1)** nicht durch den Punkt Z; **(2)** durch den Punkt Z.

DGS **10.** Zeichne mit einem dynamischen Geometrie-System ein Viereck sowie zwei zueinander orthogonale Geraden g und h.
Spiegele dann das Viereck an der Geraden g und anschließend sein Bildviereck an der Gerade h.
Wie kannst du das zweite Bildviereck in einem Schritt aus dem Viereck erhalten?

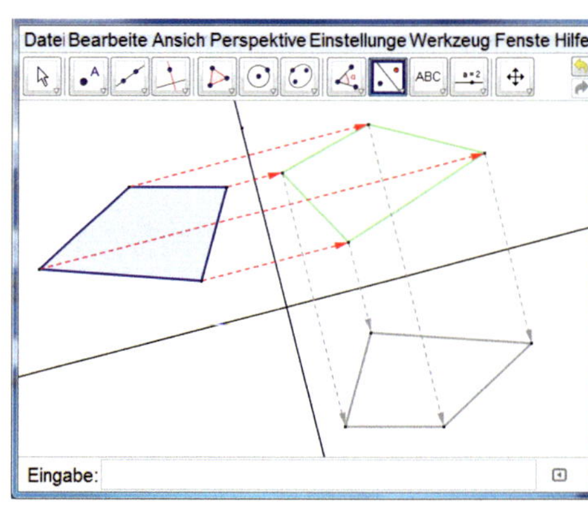

DGS **11.** Spiegele mit einem dynamischen Geometrie-System das Dreieck ABC mit den Punkten A(6 | 8), B(10 | 8) und C(0 | 8) am Punkt P(9 | 11). Zeichne dann zwei Spiegelachsen g und h, sodass eine Spiegelung des Dreiecks an g und seines Bilddreiecks an h gerade die obige Punktspiegelung ergibt. Es gibt mehrere Möglichkeiten für die Lage der Spiegelachsen g und h. Welche Gemeinsamkeiten haben alle diese Möglichkeiten?

Symmetrie bei Körpern

1. Auch Körper können symmetrisch sein. Die Körper im Bild sind symmetrisch zur Ebene $\mathbb{E}$. Wir sagen auch: Die Körper sind **ebenensymmetrisch**. Die Ebene $\mathbb{E}$ heißt **Symmetrieebene**, sie schneidet den Körper in einer Fläche. Die *Schnittfläche* ist beim Haus in Bild (1) ein Rechteck, bei der Dose in Bild (2) eine Kreisfläche.

(1)

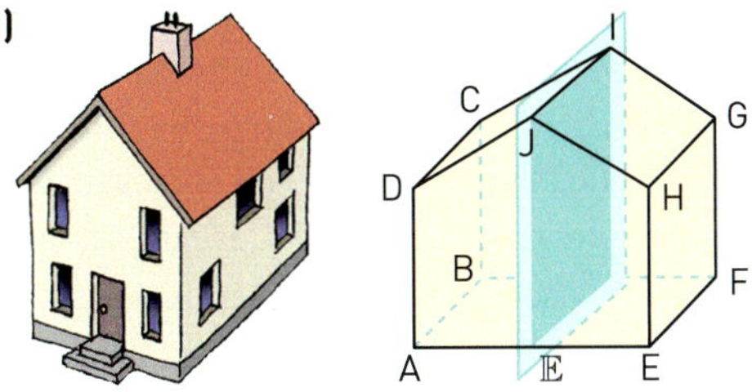

(2)

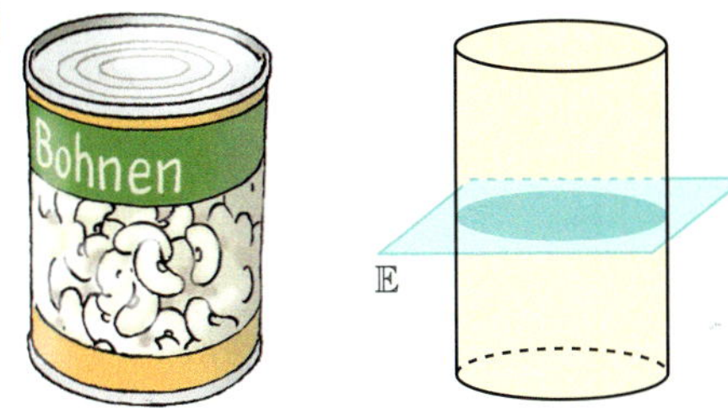

a) Welche der Körper sind ebenensymmetrisch? Wie viele Symmetrieebenen haben sie?

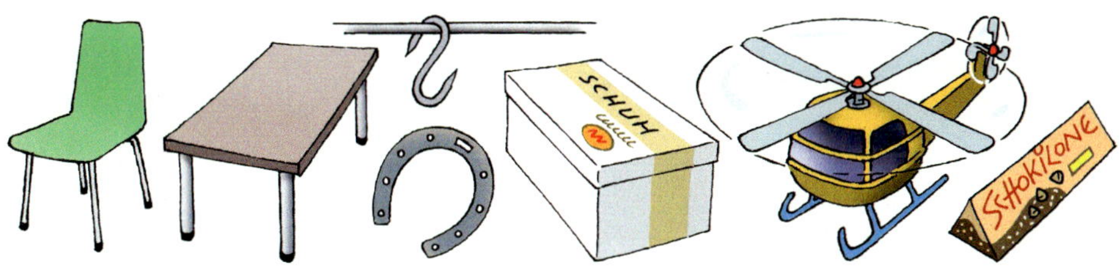

b) Nenne weitere Körper aus dem täglichen Leben, die Symmetrieebenen besitzen.

2. Häuser haben verschiedene Dachformen, deren Namen du im Bild findest. Untersuche die Häuser auf Symmetrie; gib dabei auch an, wie viele Symmetrieebenen jedes Haus hat.

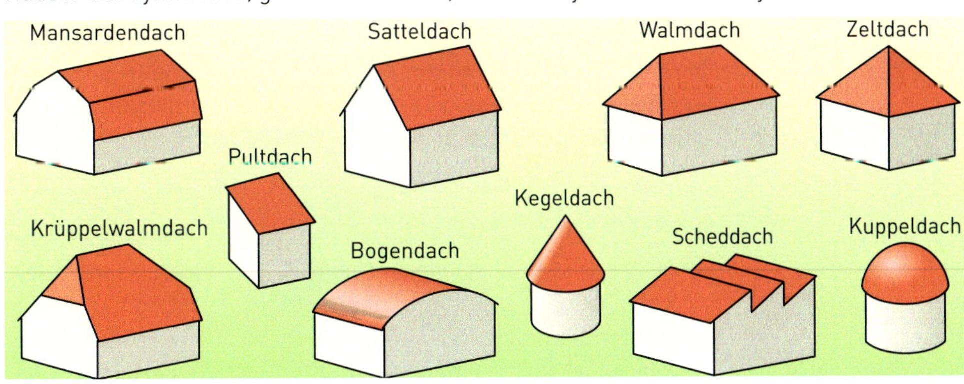

3. a) Zeichne ein Schrägbild eines Quaders mit den Seitenlängen 6 cm, 3 cm und 4 cm.

b) Wie viele Symmetrieebenen hat ein Quader? Zeichne für jede Symmetrieebene ein Schrägbild. Färbe in ihm die Schnittfläche, die beim Zerschneiden des Quaders längs der Symmetrieebene entsteht. Um was für eine Fläche handelt es sich?

c) Wie viele Symmetrieebenen hat ein Würfel? Zeichne die Schnittfläche jeder Symmetrieebene in ein Schrägbild des Würfels ein. Um was für eine Fläche handelt es sich?

2.10 Verschiebungen

Einstieg

Rechts seht ihr eine Verzierung an einem ägyptischen Mumienschrein (ca. 1500 v. Chr.). Schon zu allen Zeiten hat der Mensch versucht, Gegenstände seiner Umgebung zu verzieren – zu „schmücken“. Da „schmücken“ im Lateinischen „ornare“ heißt, wurde eine bestimmte Form der Verzierung von Gegenständen später Ornament genannt. Von Bandornament spricht man, wenn eine Figur nach einer bestimmten Regelmäßigkeit in einem Streifen (Band) aneinander gereiht wird. Dies kann eine einfache geometrische Figur sein, sie kann aber auch kompliziertere Formen haben, z. B. verschlungene Ranken. Das Bandornament war von Anfang an die häufigste Verzierungsart.

Entwerft selbst Bandornamente und stellt sie im Klassenraum aus.

Aufgabe 1

Herstellen eines Bandornaments

Die Wand eines Blumenladens soll mit folgendem Blütenornament verschönert werden.

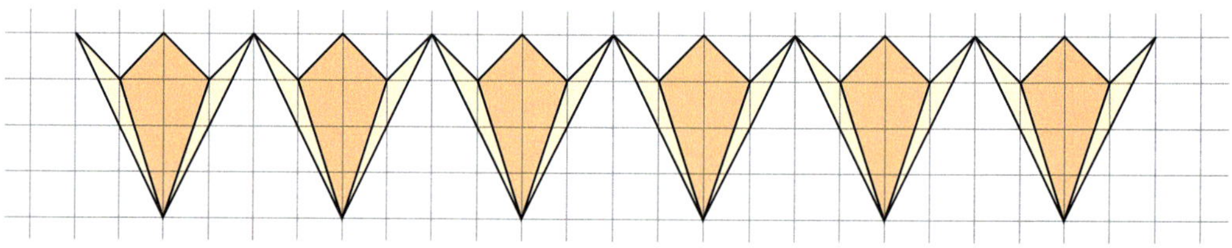

a) Fertige eine Schablone aus Pappe an und zeichne damit das Ornament auf nicht kariertes Papier.

b) Zeichne nun eine solche Blüte auf kariertes Papier. Stelle dann ein schräg verlaufendes Bandornament her: Die untere Ecke einer Blüte soll immer an der rechten oberen Ecke der vorherigen Blüte ansetzen.

c) Zeichne einen Ausschnitt von 2 Blüten aus dem Ornament von Teilaufgabe b). Verbinde in diesen beiden Blüten einander entsprechende Eckpunkte durch Pfeile. Welche Aussage kannst du über diese Pfeile machen?

Lösung

a) Jede Blüte muss genau richtig an der vorherigen angesetzt werden. Um das zu erreichen, gibt es zwei Möglichkeiten:

(1) Du kannst die Schablone an einem festgehaltenen Lineal entlangschieben. Meistens nimmt man eine Wasserwaage und spannt einen Faden.

(2) Du kannst zuerst die beiden parallelen Begrenzungsstreifen des Ornaments zeichnen. Dann wird immer eine Blüte gezeichnet und die Schablone so weit verschoben, dass die nächste Blüte genau an der vorherigen ansetzt.

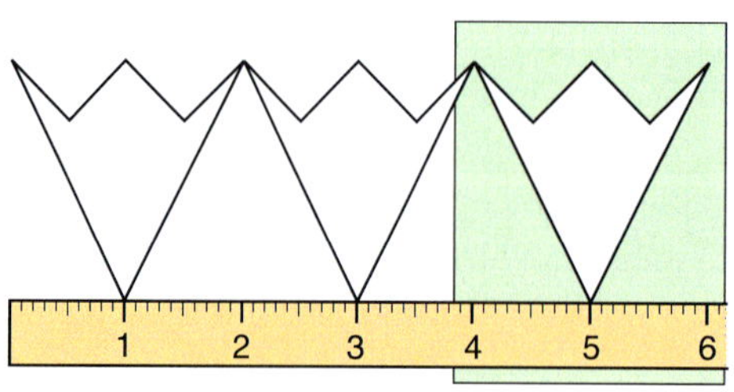

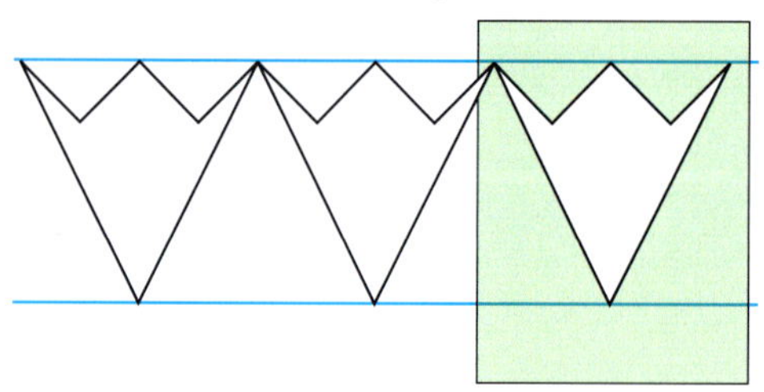

b) Man kann sofort jeden Eckpunkt der Blüte durch Abzählen um 2 Kästchen nach rechts und 4 Kästchen nach oben verschieben. Der Pfeil, der 2 Kästchen nach rechts und 4 Kästchen nach oben verläuft, gibt Richtung und Länge der Verschiebung an.

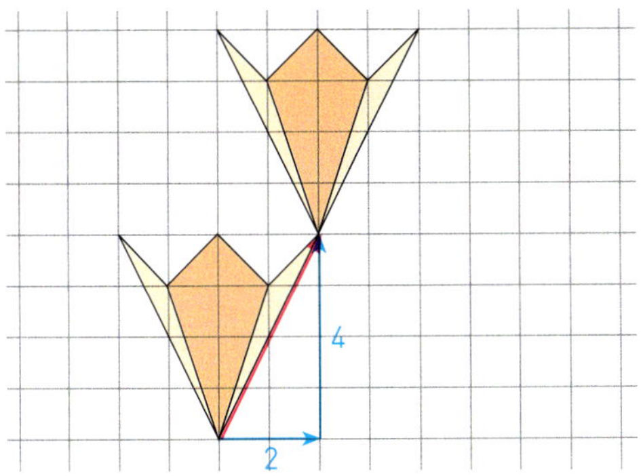

c) Alle diese Pfeile sind parallel zueinander. Alle haben die gleiche Länge. Ferner zeigen sie alle in die gleiche Richtung.

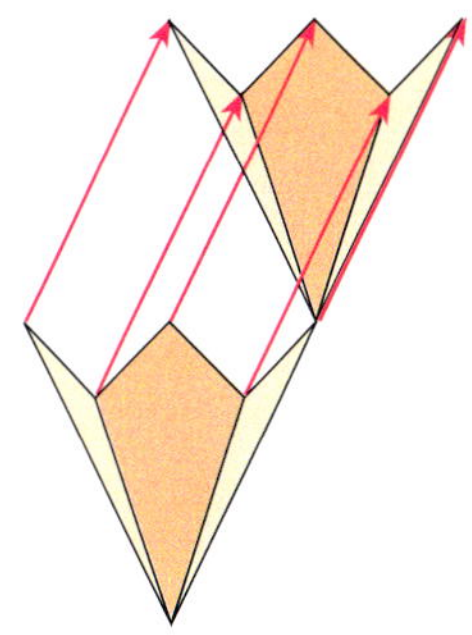

Information

Die grüne Figur entsteht aus der gelben Figur durch **Verschiebung**. Die Pfeile von Eckpunkten der gelben Figur zu den entsprechenden Eckpunkten der verschobenen Figur sind parallel zueinander; sie zeigen in dieselbe Richtung und sind gleich lang. Eine Verschiebung geben wir durch einen **Verschiebungspfeil** an.

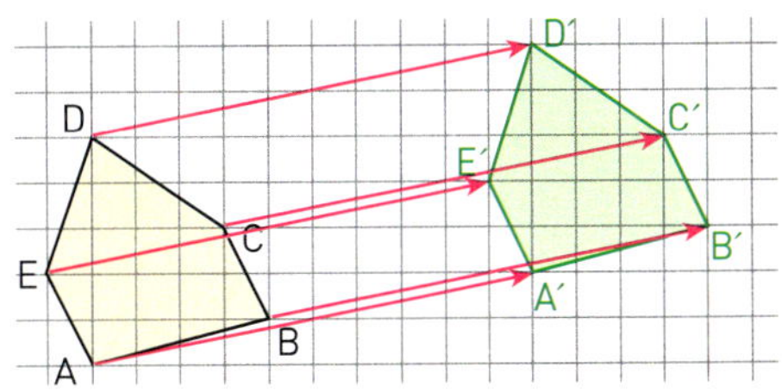

Aufgabe 2

Zeichnen der Bildfigur bei einer Verschiebung

Gegeben sind ein Dreieck ABC sowie eine Verschiebung von R nach S. Sie hat den Verschiebungspfeil $\overrightarrow{RS}$.
Zeichne mithilfe des Geodreiecks das Bilddreieck A′B′C′ bei der Verschiebung $\overrightarrow{RS}$.
Beschreibe dein Vorgehen.

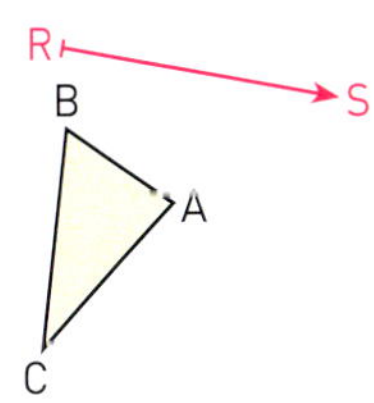

Lösung

(1)

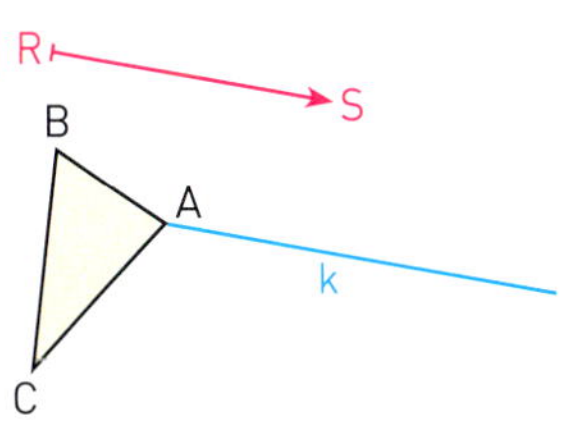

Zeichne die Halbgerade, die A als Anfangspunkt hat und in dieselbe Richtung zeigt wie der Verschiebungspfeil $\overrightarrow{RS}$.

(2)

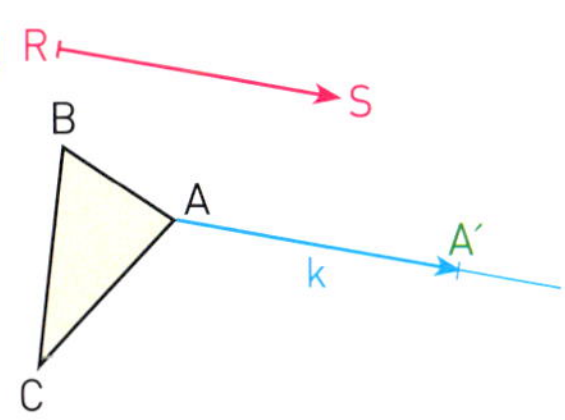

Zeichne auf der Halbgeraden den Punkt A′ so, dass die Strecke $\overline{AA'}$ ebenso lang ist wie der Verschiebungspfeil $\overrightarrow{RS}$.

(3)

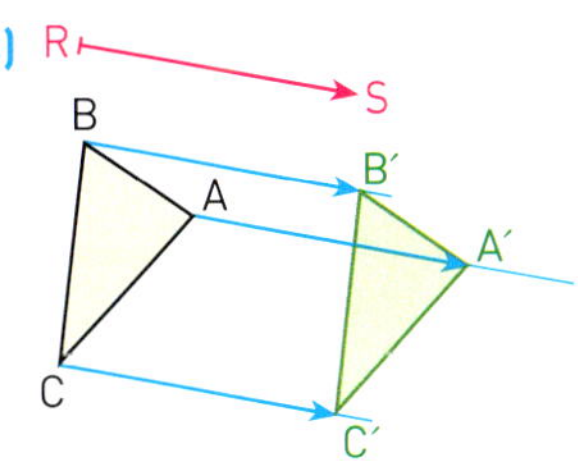

Zeichne die Bildpunkte B′ und C′ entsprechend. Verbinde die Bildpunkte zum Dreieck A′B′C′.

Information

Verschiebung mit dem Verschiebungspfeil $\overrightarrow{RS}$

Zu einem Punkt P erhältst du den Bildpunkt P′ wie folgt:

(1)

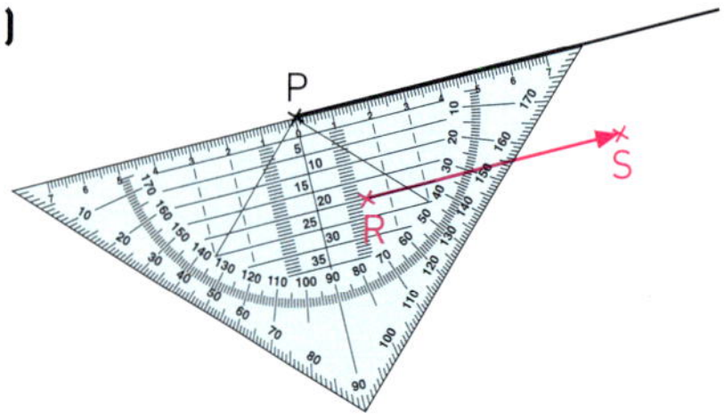

Zeichne die Halbgerade mit dem Anfangspunkt P, die zum Verschiebungspfeil $\overrightarrow{RS}$ parallel ist und in dieselbe Richtung weist.

(2)

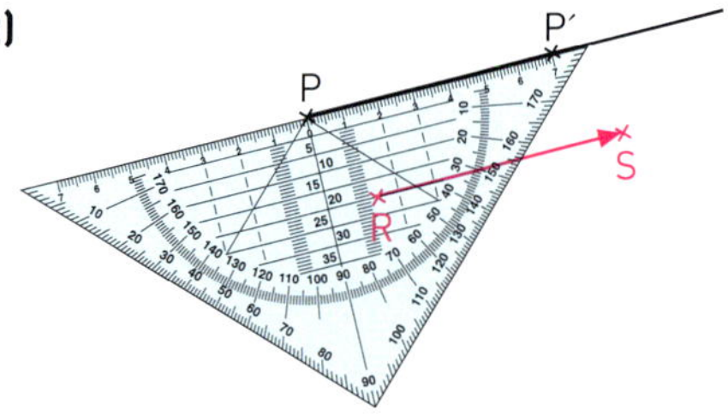

Trage auf der Halbgeraden von P aus eine Strecke ab, die genauso lang ist wie $\overrightarrow{RS}$. Der Endpunkt ist der Bildpunkt P′.

Übungsaufgaben

3. Zeichne das Bandornament in dein Heft und setze es fort. Wie gehst du vor?

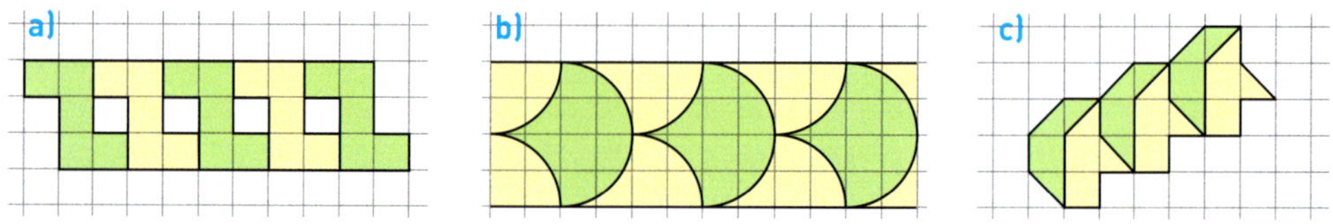

4. Sucht in eurer Umwelt Gegenstände, die mit Bandornamenten verziert sind.
Ihr könnt sie auch fotografieren und ein Plakat damit gestalten.

5. Erzeuge Ornamente, die durch Verschiebung der Figur um 4 Rechenkästchen entstehen.

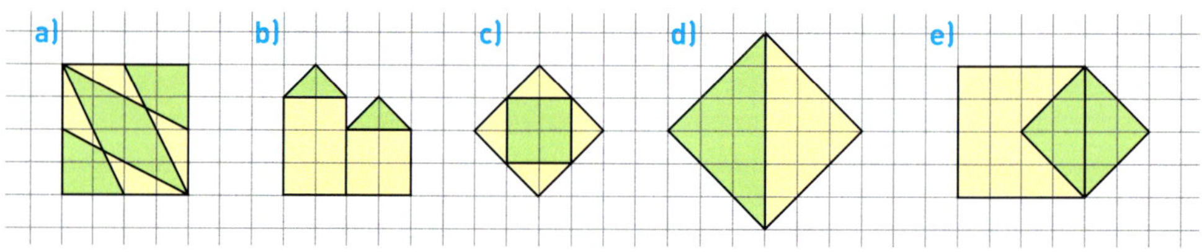

6. Zeichne die Figur ab. Verschiebe das Viereck mit dem Pfeil $\overrightarrow{RS}$. Beschreibe dein Vorgehen.

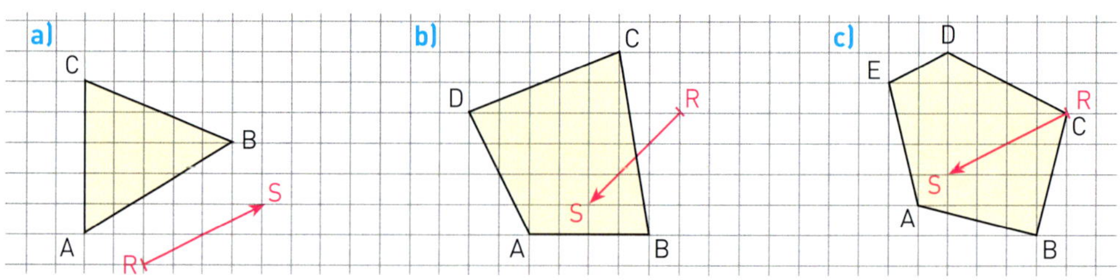

7. Zeichne in ein Koordinatensystem mit der Einheit 1 cm das Dreieck ABC mit A(3|2), B(7|3) und C(6|6). Zeichne dann sein Bild bei der Verschiebung von R nach S. Gib anschließend die Koordinaten der Eckpunkte des Bilddreiecks an.

a) R(4|3); S(1|6) **b)** R(3|0); S(7|3) **c)** R(5|4); S(4|2)

Symmetrie als Gestaltungsprinzip

In diesem Kapitel haben wir Achsensymmetrie und Punktsymmetrie unterschieden. Bandornamente entstehen durch Verschiebung; man spricht daher von Verschiebungssymmetrie.

Symmetrie (gr. lat.) regelmäßige Anordnung der Teile einer Gesamtheit, sodass eine harmonische Gestalt entsteht.

1. Du weißt, dass man in der Natur, z. B. bei Blättern und Blüten, Symmetrien wie in der Geometrie findet. In der Architektur findet man Symmetrien z. B. an Gebäuden. Gegenstände des Alltags wie z. B. Flaggen, Verkehrsschilder, Spielfelder weisen diese Symmetrien auf. Vergleiche die Erklärung der Symmetrie in der Geometrie mit der links stehenden Erklärung aus einem Lexikon.

2. Hier findest du Briefmarken. Welche Symmetrien weisen diese Motive auf?

Aber auch in anderen Bereichen der Mathematik und des Lebens findet man Symmetrien im Sinne von regelmäßigen Anordnungen.

Regelmäßige Anordnungen bei Zahlen

3. **a)** Die Zahl 808 ist achsensymmetrisch, die Zahl 25752 nicht. Was ist das Besondere an Zahlen wie 25752 oder 673376? Solche Zahlen nennt man *Palindrome*.

b) Ergänze im Heft zu Palindromen: 2 ☐ 41 ☐ 3 ☐ ; ☐ 35 ☐ ☐ ☐ ☐ 7

c) Berechne: 836^2; 2201^3. Was stellst du fest?

d) Auch so kannst du Palindrome erzeugen:
$23 + 32 = 55$; $85 + 58 = 143$; $143 + 341 = 484$
Beschreibe das Verfahren.
Wie viele Rechenschritte brauchst du von der Startzahl 158 bis zum Palindrom 11011?
Finde weitere Beispiele mit dreistelligen Startzahlen.

Quadrieren (lat.) Multiplizieren einer Zahl mit sich selbst.

4. Auch beim Quadrieren zweier Zahlen kann man manchmal regelmäßige Anordnungen erhalten.

a) Berechne und vergleiche: 12^2 mit 21^2; 122^2 mit 221^2; 112^2 mit 211^2; 301^2 mit 103^2.

b) Finde weitere Beispiele; gib auch Gegenbeispiele an.

5. Berechne die Produkte: $1001 \cdot 123$; $100001 \cdot 12345$.

a) Beschreibe die Regelmäßigkeiten im Ergebnis.

b) Finde weitere Beispiele.

Regelmäßige Anordnungen bei Wörtern und Texten

6. Es gibt Wörter, die nur aus symmetrischen Buchstaben bestehen wie z. B. EVA; OTTO; UHU; MATHEMATIK; USA. Finde weitere Wörter.

7. a) Betrachte die Wörter: **(1)** TOR; MARK; NEBEL; BEIL; EIN. **(2)** big; has; der. Welche Besonderheit fällt dir auf? Finde weitere Beispiele.

b) Man kann sogar „symmetrische“ Sätze bilden. Lies sie und beschreibe ihre Symmetrie.
(1) sag big otto : otto gib gas **(2)** regalmitsirup : puristimlager

8. Eine geheimnisvolle Verschiebung: „Wfstdijfcvoh“.
Was heißt dieses verschlüsselte Wort wohl? Verschlüssele eigene Texte.

Limerick (engl.) volkstümliches, fünfzeiliges Gedicht mit groteskem Inhalt

9. Lies den Limerick rechts.
Worin besteht die Symmetrie?

Es gab einen Mann in Holzminden,
der war ein Genie im Erfinden.
Eines Tages erfand
er das Loch ohne *Rand*.
Ich glaub, das erklärt sein *Verschwinden*.

10. Ergänze und beschreibe die Symmetrie der Schüttelreime.

Was macht ein kleines Mückentier,
doch für verfluchte *Tücken mir!*
Ich spüre Mück- und Mückenstich,
sie stechen noch zu ...

Den Narren packt die...,
indes im Bett der *Weise ruht*.

Ich freue mich auf morgen ...,
da hab ich keine *Sorgen* ...

Symmetrie in der Musik

11. Hier siehst du Noten. Versuche eine Symmetrie zu erkennen und beschreibe sie.

12. Hier sind die Noten des April-Kanon. Finde Symmetrien und beschreibe sie.

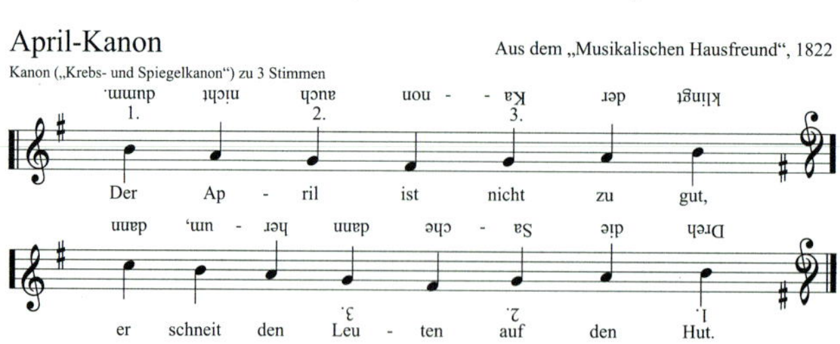

13. Findet im Alltag verschiedene Beispiele, die eine Art von Symmetrie aufweisen. Gestaltet jeder eine schöne Mappe, in der ihr Bilder solcher Beispiele sammelt und beschreibt.

2.11 Besondere Dreiecke

Einstieg

In unserer Umwelt gibt es viele dreieckige Formen.

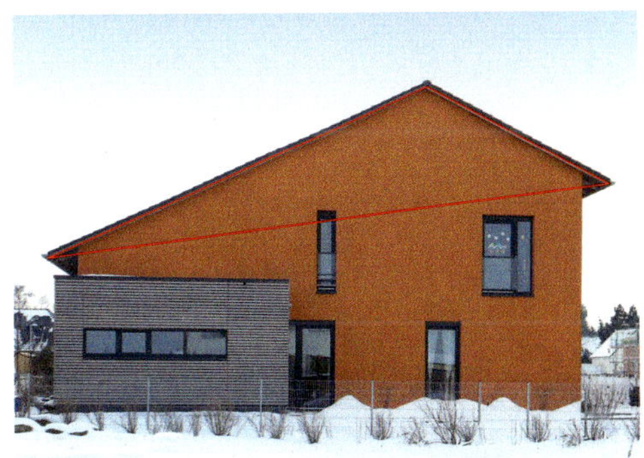

Findet weitere Beispiele für Dreiecke in unserer Umwelt. Welche davon weisen Besonderheiten auf? Beschreibt diese. Präsentiert eure Ergebnisse in der Klasse.

Aufgabe 1

Symmetrische Dreiecke

Auch Dreiecke können symmetrisch sein.

a) Zeichne ein Dreieck mit einer Symmetrieachse. Beschreibe, wie du vorgehst. Welche Eigenschaften hat ein solches Dreieck?

b) Skizziere ein Dreieck mit zwei Symmetrieachsen. Was fällt auf? Entwickle daraus ein Vorgehen zum Zeichnen eines solchen Dreiecks.

Lösung

a) Am einfachsten ist es, wenn du ein Dreieck an einer Seite spiegelst. Damit dabei aber als Gesamtfigur wieder ein Dreieck entsteht und kein Viereck, muss eine Seite des Dreiecks, von dem du ausgehst, orthogonal zu der Spiegelachse sein. Das entstandene Dreieck mit einer Symmetrieachse hat dann zwei gleich lange Seiten. Ebenso sind zwei Winkel gleich groß.

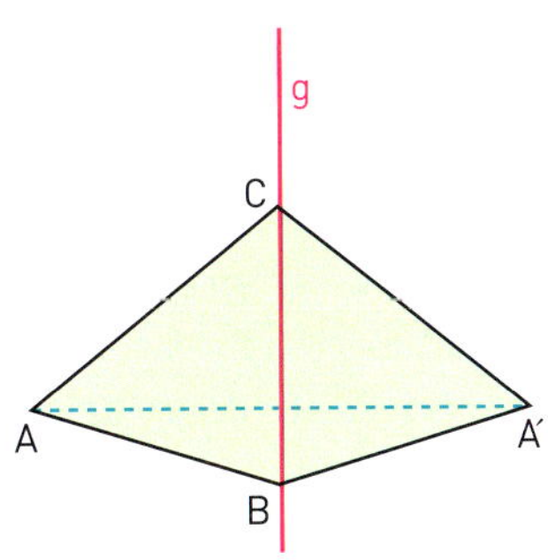

ABA′C ist ein Viereck.

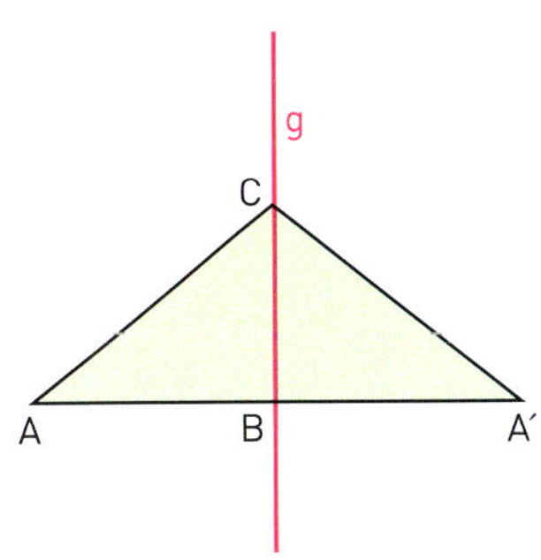

AA′C ist ein Dreieck, bei dem die Seiten $\overline{AC}$ und $\overline{A'C}$ gleich lang sind.

b) Jede Symmetrieachse muss durch den Mittelpunkt einer Dreieckseite gehen und orthogonal zu ihr sein. Rechts siehst du ein Dreieck mit zwei Symmetrieachsen g und h durch die Mittelpunkte der Seiten $\overline{AB}$ und $\overline{BC}$. Da g eine Symmetrieachse ist, ist die Dreieckseite $\overline{AC}$ genau so lang wie die Seite $\overline{BC}$. Da h eine Symmetrieachse ist, ist die Dreieckseite $\overline{AB}$ genau so lang wie die Seite $\overline{BC}$.
Daraus folgt aber, dass alle drei Seiten des Dreiecks gleich lang sind. Ebenso sind auch alle drei Winkel gleich groß. Das bedeutet weiterhin, dass ein Dreieck, das zwei Symmetrieachsen hat, automatisch noch eine dritte Symmetrieachse haben muss: Im Beispiel rechts ist es die Gerade i, die durch den Mittelpunkt der Seite $\overline{AC}$ geht und orthogonal zu ihr ist.

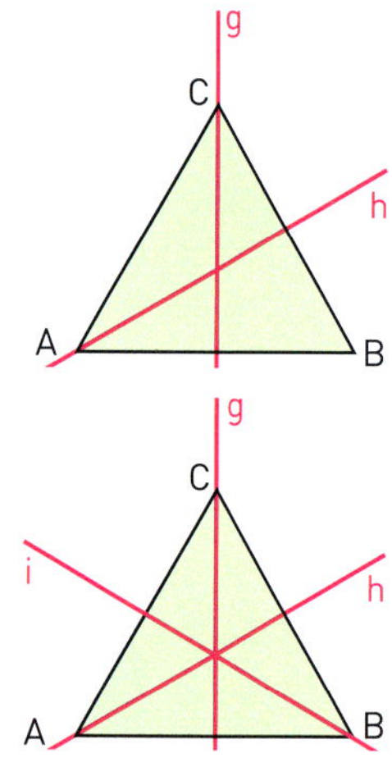

Ein Dreieck mit drei gleich langen Seiten z. B. der Länge 2,5 cm kannst du am einfachsten mithilfe eines Zirkels zeichnen:

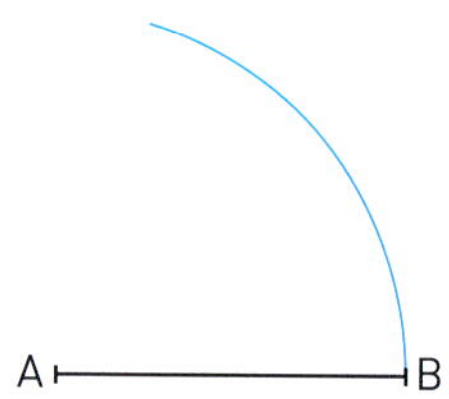

Zeichne die Seite $\overline{AB}$ mit $|AB| = 2{,}5\,cm$ und um A einen Kreisbogen mit $r = 2{,}5\,cm$.

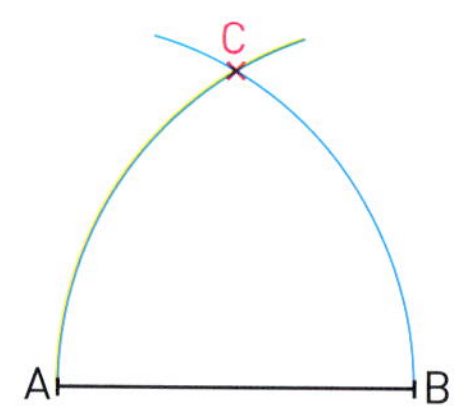

Zeichne um B einen Kreisbogen mit $r = 2{,}5\,cm$. Nenne den Schnittpunkt C.

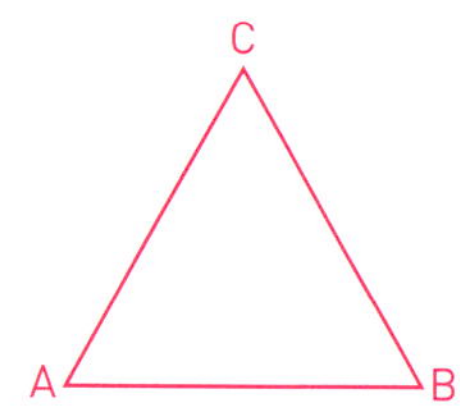

Verbinde A mit C und B mit C. ABC ist das gesuchte Dreieck.

Weiterführende Aufgabe

Rechtwinklige Dreiecke

2. Zerschneide ein symmetrisches Dreieck längs einer Symmetrieachse. Welche Besonderheiten weisen die Dreiecke auf?

Information

Dreiecke mit einem rechten Winkel und auch symmetrische Dreiecke sind besondere Dreiecke, die im Alltag häufig vorkommen.

Ein Dreieck, bei dem ein Winkel 90° beträgt, heißt **rechtwinkliges Dreieck**.
Ein Dreieck, bei dem zwei Seiten gleich lang sind, heißt **gleichschenkliges Dreieck**.
Ein Dreieck, bei dem alle drei Seiten gleich lang sind, heißt **gleichseitiges Dreieck**.

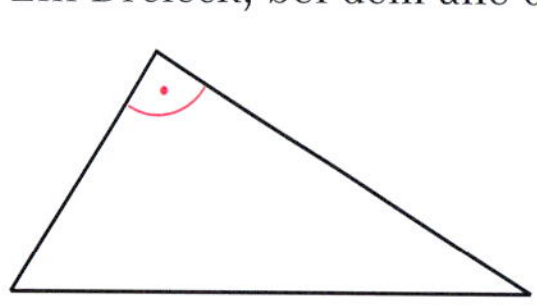

rechtwinklig

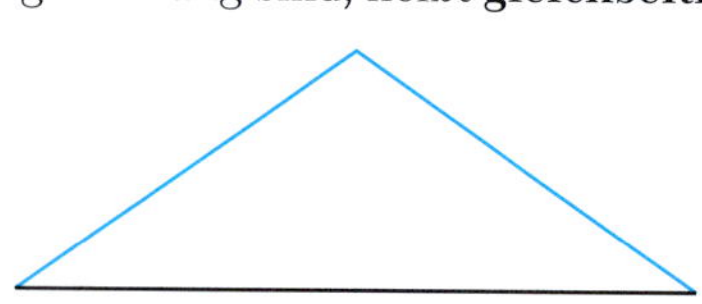

gleichschenklig

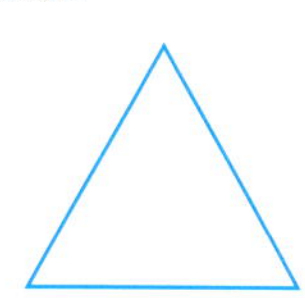

gleichseitig

3. Welche der Dreiecke sind rechtwinklig? Welche sind gleichschenklig? Welche sind rechtwinklig und gleichschenklig? Welche sind gleichseitig?

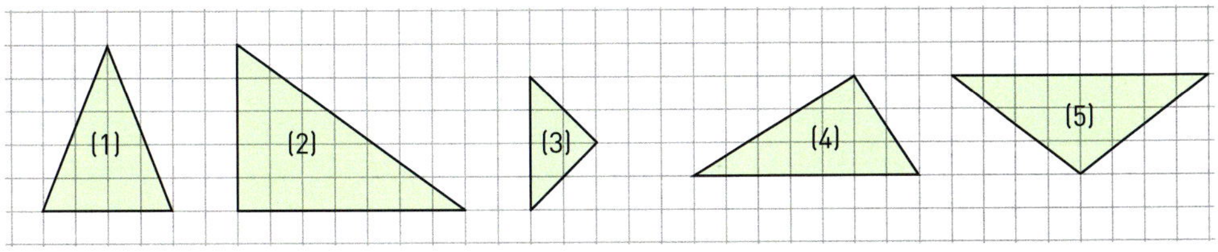

4. Zeichne das Dreieck ABC in ein Koordinatensystem.
Um was für ein Dreieck handelt es sich?

a) **(1)** A(1 | 0), B(7 | 0), C(1 | 6)
(2) A(5 | 2), B(8 | 3), C(11 | 8)
(3) A(2 | 4), B(4 | 0), C(4 | 2)
(4) A(10 | 6), B(12 | 1), C(14 | 6)

b) Welche Zahl muss man für x bzw. y einsetzen, damit das Dreieck ABC rechtwinklig ist?
A(0 | 6), B(7 | 1), C(x | 6); A(1 | 1), B(8 | 1), C(x | 1); A(x | y), B(y | y), C(4 | 8)

c) Zeichne das Dreieck ABC mit A(2 | 7), B(7 | 2), C(10 | 10) in dein Heft. Um was für ein Dreieck handelt es sich? Was für ein Dreieck erhält man, wenn man den Punkt C im Dreieck durch D(6 | 6) ersetzt? Findet weitere Punkte mit dieser Eigenschaft. Erkennt ihr eine Regel?

5. Welche besonderen Dreiecke kannst du auf deinem Geodreieck erkennen? Beschreibe sie.

6. Zeichne ein Dreieck ABC mit den angegebenen Maßen.
Welches besondere Dreieck liegt vor?

a) c = 5 cm; $\alpha = 40°$; $\beta = 90°$
b) b = 6 cm; $\alpha = 60°$; $\gamma = 60°$
c) a = 6 cm; $\beta = 45°$; $\gamma = 45°$
d) c = 7 cm; $\alpha = 50°$; $\beta = 40°$

DGS **7.** Mit einem dynamischen Geometriesystem kannst du auf verschiedene Weisen besondere Dreiecke zeichnen. Probiere das aus.

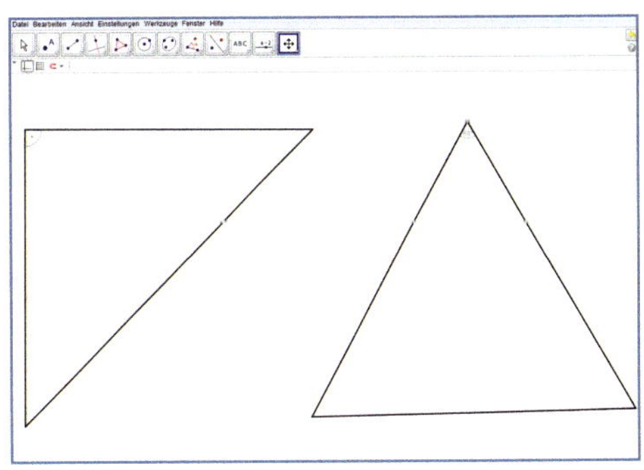

Das kann ich noch!

A) Kürze so weit wie möglich: $\frac{6}{8}$; $\frac{5}{10}$; $\frac{9}{24}$; $\frac{12}{30}$; $\frac{70}{80}$; $\frac{35}{14}$; $\frac{20}{28}$

B) Erweitere auf den Nenner 24: $\frac{1}{2}$; $\frac{3}{4}$; $\frac{7}{8}$; $\frac{8}{3}$; $\frac{7}{12}$; $\frac{5}{6}$; $\frac{3}{9}$; $\frac{4}{16}$; $\frac{14}{7}$

C) Berechne

(1) $\frac{1}{2} + \frac{3}{4}$ **(2)** $\frac{2}{3} + \frac{4}{9}$ **(3)** $\frac{2}{5} + \frac{2}{3}$ **(4)** $\frac{4}{5} - \frac{3}{10}$ **(5)** $\frac{3}{2} - \frac{3}{4}$ **(6)** $\frac{3}{4} - \frac{2}{3}$

2.12 Aufgaben zur Vertiefung

1. Manchmal ist die Einheit Grad zur Winkelangabe nicht genau genug.
Für genauere Angaben wird ein Grad in 60 Winkelminuten (′) eingeteilt ($1° = 60'$).

a) Rechne die Winkelgrößen in ° und ′ um: $\frac{1}{2}°$; 12,5°; 30,2°; 19,25°

b) Rechne die Winkelgröße in Grad um: 1′; 1,5′; 5° 15′; 81° 24′

2. Das Netz der Längen- und Breitenkreise dient dazu, jeden Ort der Erde genau zu bestimmen. Die Erde ist näherungsweise eine Kugel. Der Äquator ist 40 000 km lang.

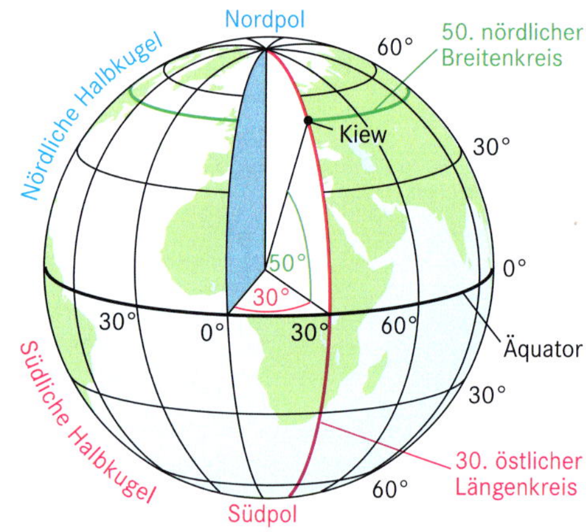

a) Wie weit ist es auf dem Äquator vom 30. östlichen Längengrad zum 60. östlichen Längengrad?

b) Welcher Länge entspricht ein Breitengrad auf dem Äquator, welcher Länge 1 Winkelminute?

c) In der Seefahrt werden Streckenlängen nicht in Kilometern, sondern in Seemeilen angeben. Eine Seemeile entspricht 1,852 km.
Kannst du diesen Wert erklären?

d) Der 50. Breitengrad ist nur etwa 25 727 km lang. „Geht" man auf dem 50. Breitengrad vom 30. zum 31. Längengrad, so ist diese Strecke kürzer als die entsprechende Strecke auf dem Äquator. Wie lang ist sie hier?

e) Wie weit ist es auf dem 0. Längengrad vom 30. zum 31. Grad nördlicher Breite? Welcher Entfernung entspricht 1 Winkelminute? Ändert sich diese Entfernungen, wenn man entlang des 30. östlichen Längengrades geht?

3. a) Lies den Zeitungsartikel unten und wandle jeweils in das andere Winkelmaß um:
360°; 45°; 18°; 99°; 120^g; 1^g; 60^g; 230^g

Gescheiterte 400^g Reform

Nach dem Ende der französischen Revolution und der Verherrlichung der „Vernunft" unter Napoleon gab es zahlreiche energische Versuche, das Dezimalsystem in jeder Beziehung durchzusetzen:
Ein rechter Winkel wurde unterteilt in 100 Neugrad (Gon):
$90° = 100\,\text{gon}$
Das Gon wird auch durch ein hochgestelltes g abgekürzt:
$90° = 100^g$

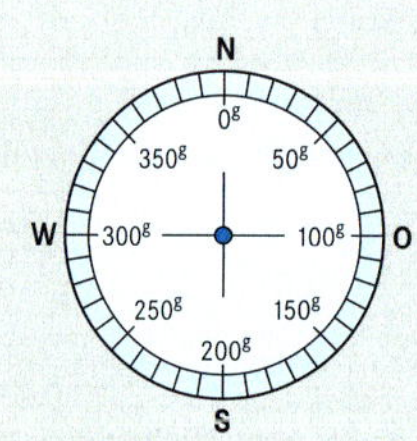

Doch die Reform der geänderten Winkeleinteilung in 400 Neugrad scheiterte (bis auf Nischenanwendungen), weil die Menschen lieber an ihren Jahrtausende alten Gewohnheiten festhalten wollen.

b) Im Vermessungswesen (Geodäsie) wird das Neugrad noch angewandt.
Ein Grund ist der, dass die vom Ursprung aus in die 4 Quadranten zeigenden Richtungen bei der Angabe in Neugrad sofort zu unterscheiden sind. Beschreibe, wie.

Das Wichtigste auf einen Blick

Kreis

Alle Punkte auf einem **Kreis** haben von einem festen Punkt M denselben Abstand r. M ist der **Mittelpunkt** des Kreises; r nennt man den **Radius** des Kreises.
Die Verbindungslinie zweier Punkte des Kreises bezeichnet man als **Sehne**. Eine Sehne, die durch den Mittelpunkt des Kreises geht, heißt **Durchmesser** d des Kreises.
Es gilt: $d = 2 \cdot r$.

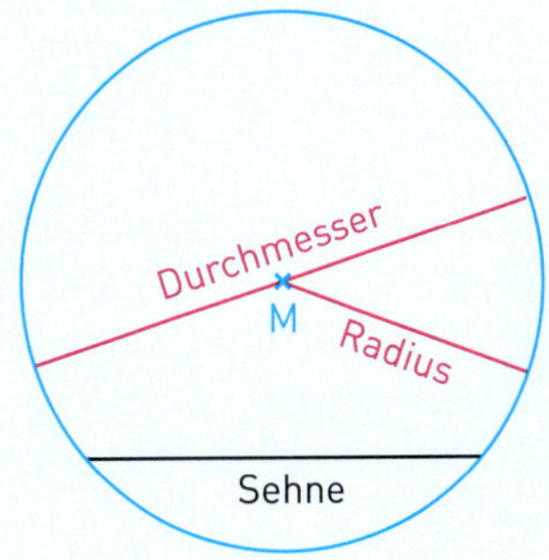

Winkel

Dreht man eine Halbgerade um seinen Anfangspunkt S, so wird eine Fläche überstrichen, die man **Winkel** nennt.
Der Punkt S ist der **Scheitel**, die Halbgeraden heißen **Schenkel** des Winkels. Winkel werden durch griechische Kleinbuchstaben wie α, β oder γ bezeichnet.
Man unterscheidet die rechts stehenden Winkelarten.

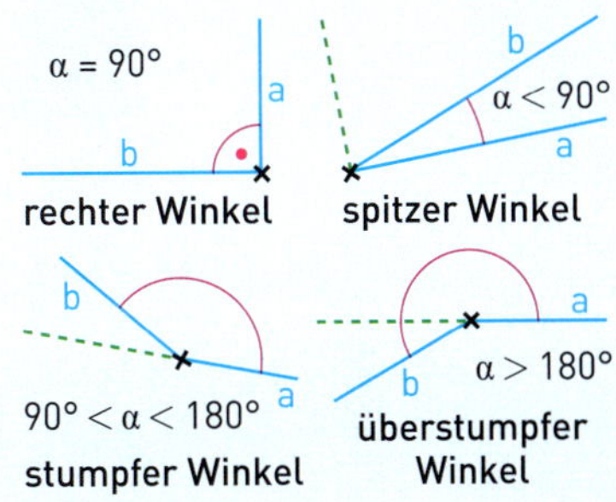

Achsen-symmetrie

Eine Figur heißt **achsensymmetrisch**, wenn man sie so falten kann, dass beide Teile genau aufeinander liegen. Die Faltlinie heißt **Symmetrieachse** der Figur.
Verbindet man einen Punkt mit seinem Symmetriepartner, so ist die Verbindungslinie orthogonal zur Symmetrieachse und wird von ihr halbiert.

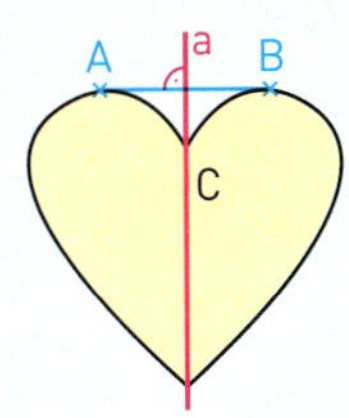

Punktsymmetrie

Eine Figur heißt **punktsymmetrisch**, wenn man sie nach einer Halbdrehung um Z mit sich selbst zur Deckung kommt.
Der Punkt Z heißt **Symmetriezentrum** der Figur.
Verbindet man einen Punkt mit seinem Symmetriepartner, so geht die Verbindungslinie durch das Symmetriezentrum und wird von diesem halbiert.

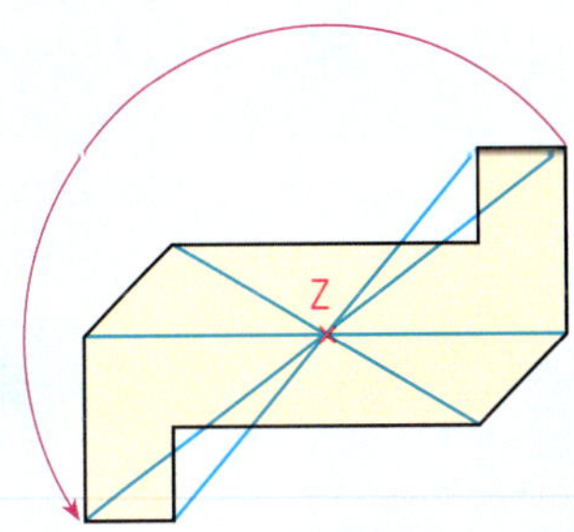

Besondere Dreiecke

Ein **rechtwinkliges Dreieck** besitzt einen rechten Winkel.
Ein **gleichschenkliges Dreieck** besitzt zwei gleich lange Seiten.
Ein **gleichseitiges Dreieck** besitzt drei gleich lange Seiten.

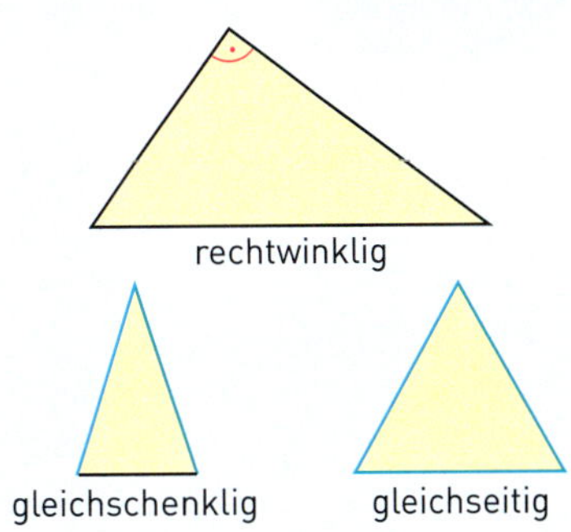

Bist du fit?

1. Zeichne einen Winkel der Größe **a)** 58°, **b)** 290°, **c)** 126°.

2. Markiere in einem Koordinatensystem mit dem Ursprung O die Punkte A(5|1), B(5|7), P(0|2), Q(4|3) und R(8|0).
Zeichne die Winkel mit den Schenkeln $\overline{OA}$ und $\overline{OB}$ bzw. $\overline{QP}$ und $\overline{QR}$. Miss ihre Größe.

3. a) Welche der Fahnen sind als Ganzes achsensymmetrisch, welche punktsymmetrisch?

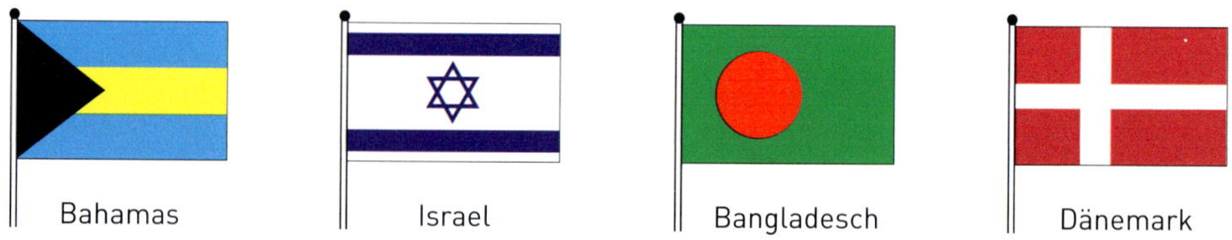

b) Betrachte in den Fahnen die Teilfiguren. Was für Symmetrien weisen sie auf?

4. Auf dem flachen Land hat ein Mobiltelefon Empfang, wenn es nicht weiter als 35 km von einem Mobilfunksendemast entfernt ist.
An welchen der Orte A, B, ..., H hat man Empfang vom Sendemast S? Fertige dazu eine Zeichnung im Heft an.

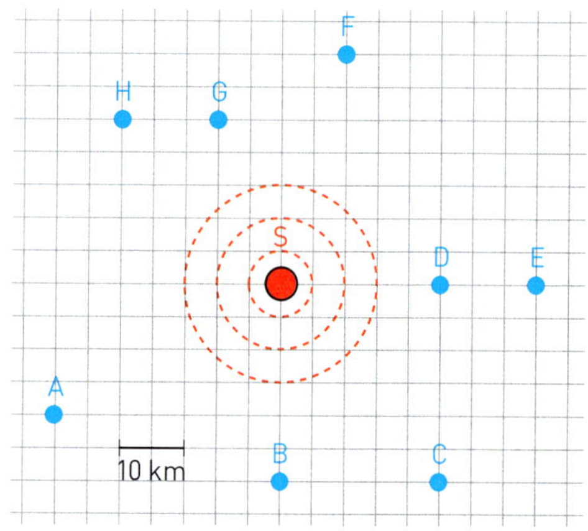

5. Zeichne das Dreieck ABC.
Welche Besonderheiten weist es auf?
a) A(2|1), B(8|1), C(5|8)
b) A(2|3), B(9|1), C(7|8)
c) A(1|1), B(4|4), C(1|7)
d) A(1|1), B(5|4), C(9|1)

6. Rechts siehst du einen Stern mit 8 Ecken, die auf einem Kreis liegen.
Zeichne einen Stern mit 8 Ecken. Wähle 3 cm als Kreisradius.

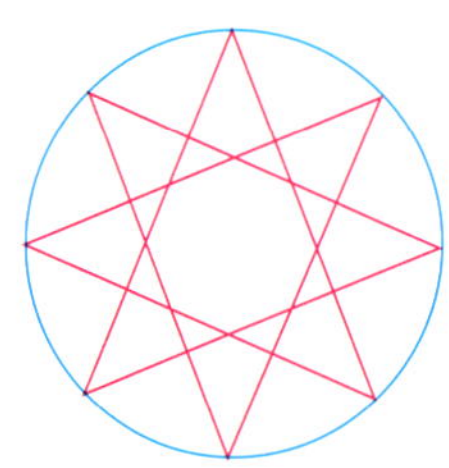

7. Die Erde dreht sich in 24 Stunden einmal um ihre Achse.
Um wie viel Grad dreht sie sich in 20 Stunden?

8. Gegeben sind das Dreieck ABC mit A(0|1), B(4|3) und C(1|6) sowie der Bildpunkt B′(8|4) von B bei einer Achsenspiegelung [Punktspiegelung].
Zeichne das Bild des Dreiecks ABC.

9. Zeichne aus der Grundfigur und dem Verschiebungspfeil ein Bandornament.

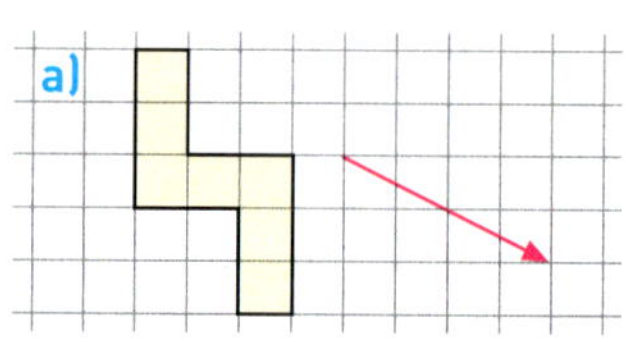

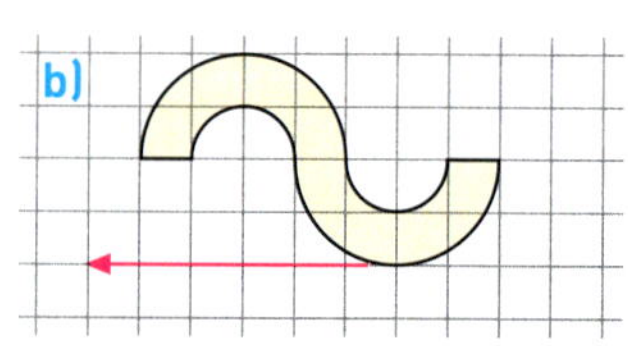

Bleib fit im ... Umgang mit Flächen- und Rauminhalten

Zum Aufwärmen

1. Bestimme den Flächeninhalt der Figuren rechts.

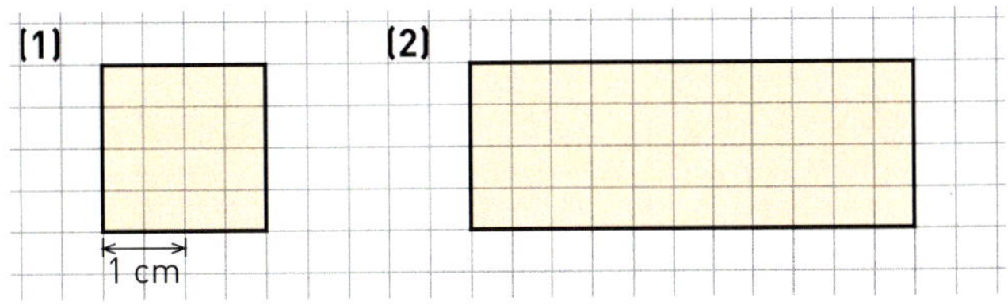

2. Aus Pappe sollen die abgebildeten Quader hergestellt werden.
Für welchen braucht man mehr Pappe?
In welchen Quader passt mehr hinein?

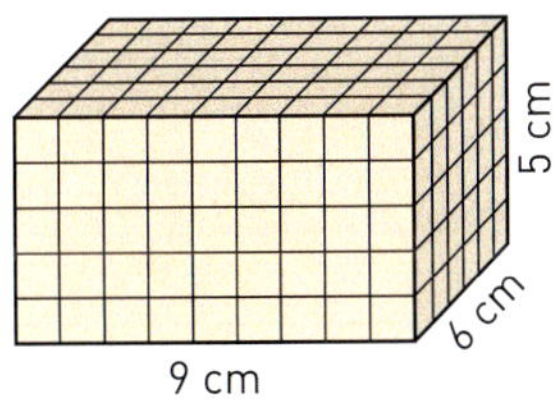

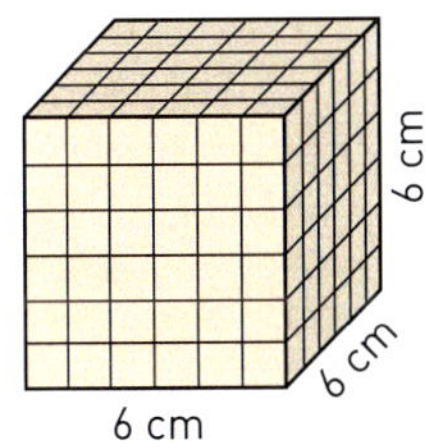

3. a) Erläutere am Quadrat rechts den Zusammenhang zwischen den Flächeninhaltseinheiten mm^2 und cm^2.
b) Erläutere ebenso am Würfel rechts den Zusammenhang zwischen den Volumeneinheiten mm^3 und cm^3.

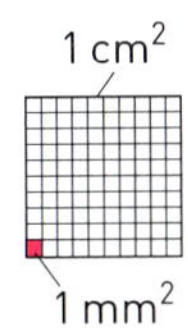

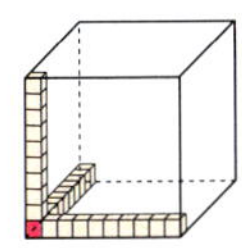

Zum Erinnern

(1) Flächeninhalt von Figuren

Der Flächeninhalt einer Figur gibt an, wie viele Einheitsquadrate in der Figur enthalten sind.

Flächeninhalt eines Rechtecks = Länge mal Breite

Für den **Flächeninhalt A eines Rechtecks** mit den Seitenlängen a und b gilt:
A = a · b
Beispiel: a = 6 cm; b = 4 cm
A = 6 cm · 4 cm = (6 · 4) cm^2 = 24 cm^2

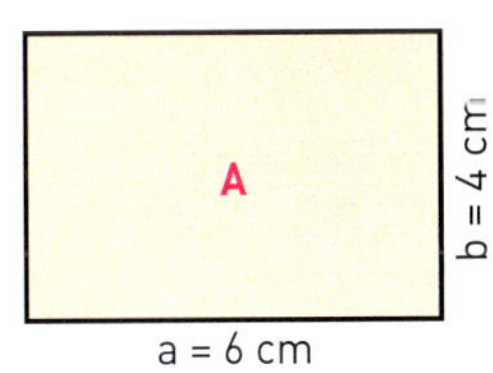

(2) Oberflächeninhalt und Volumen von Quadern

Die Seitenflächen eines Quaders bilden seine *Oberfläche*. Deren Flächeninhalt ist z. B. ein Maß dafür, wie viel Pappe man zur Herstellung benötigt.
Die Anzahl der Einheitswürfel, die in einen Quader lückenlos passen, gibt sein Volumen an. Wählt man Würfel mit der Kantenlänge 1 cm, dann erhält man das Volumen in der Einheit cm^3.

Sind a, b und c die Kantenlängen eines Quaders, dann gilt für **Volumen** und **Oberflächeninhalt des Quaders**:
V = a · b · c
O = 2 · a · b + 2 · a · c + 2 · b · c

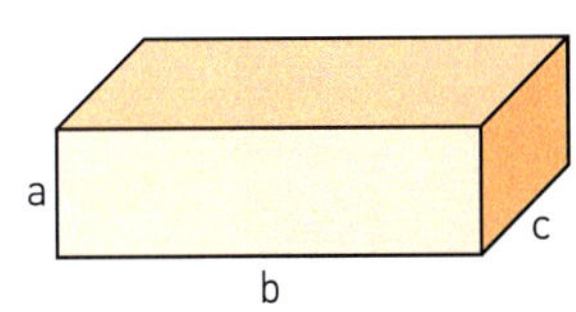

(3) Umwandeln von Flächeninhalts- und Volumeneinheiten

Die Umwandlungszahl der Längeneinheiten ist 10 (z.B. 10 mm = 1 cm; 10 dm = 1 m).
Um ein 1 m² großes Quadrat auszulegen, benötigt man $10 \cdot 10$ Quadrate der Seitenlänge 1 dm, also 100 Quadrate der Größe 1 dm².

Bei Flächeninhaltseinheiten: Umwandlungszahl 100

$$1\,\text{mm}^2 \xrightarrow{\cdot 100} 1\,\text{cm}^2 \xrightarrow{\cdot 100} 1\,\text{dm}^2 \xrightarrow{\cdot 100} 1\,\text{m}^2 \xrightarrow{\cdot 100} 1\,\text{a} \xrightarrow{\cdot 100} 1\,\text{ha} \xrightarrow{\cdot 100} 1\,\text{km}^2$$

$100\,\text{mm}^2 = 1\,\text{cm}^2$
$100\,\text{cm}^2 = 1\,\text{dm}^2$
$100\,\text{dm}^2 = 1\,\text{m}^2$
$100\,\text{m}^2 = 1\,\text{a}$
$100\,\text{a} = 1\,\text{ha}$
$100\,\text{ha} = 1\,\text{km}^2$

Um einen 1 m³ großen Würfel auszufüllen, benötigt man $10 \cdot 10 \cdot 10$ Würfel der Kantenlänge 1 dm, also 1 000 Würfel mit dem Volumen 1 dm³.

Bei Volumeneinheiten: Umwandlungszahl 1 000

$$1\,\text{mm}^3 \xrightarrow{\cdot 1\,000} 1\,\text{cm}^3 \xrightarrow{\cdot 1\,000} 1\,\text{dm}^3 \xrightarrow{\cdot 1\,000} 1\,\text{m}^3$$

$1\,000\,\text{mm}^3 = 1\,\text{cm}^3$
$1\,000\,\text{cm}^3 = 1\,\text{dm}^3$
$1\,000\,\text{dm}^3 = 1\,\text{m}^3$

$1\,\ell = 1\,\text{dm}^3$
$1\,\text{m}\ell = 1\,\text{cm}^3$
$1\,\ell = 1\,000\,\text{m}\ell$

Zum Trainieren

4. **a)** Die Insel Borkum ist etwa 30 600 000 m² groß.
Gib die Seitenlängen eines Rechtecks an, das so groß wie Borkum ist.
b) Nordrhein-Westfalen ist 34 088 km² groß [Köln 40 517 ha].
Gib die Seitenlängen eines Rechtecks an, das etwa so groß ist wie Nordrhein-Westfalen [wie Köln].

5. Gib in der in Klammern angegebenen Einheit an.

a) 90 a (m²)	**b)** 8 cm² (mm²)	**c)** 7 km² (m²)	**d)** 560 ha (m²)
120 ha (a)	900 cm² (dm²)	29 km² (a)	56 ha (km²)
2 400 m² (a)	4 500 m² (dm²)	2 400 m² (cm²)	5 600 a (m²)
3 600 ha (km²)	3 000 dm² (mm²)	30 000 m² (ha)	5 600 a (ha)

6. Wie groß ist der Flächeninhalt eines 9 cm langen Rechtecks mit dem Umfang 26 cm?
Welche Seitenlänge hätte ein flächeninhaltsgleiches Quadrat?

7. Schreibe in der in Klammern angegebenen Einheit.

a) 715 cm³ (mm³)	**b)** 17 600 dm³ (m³)	**c)** 147 ℓ (mℓ)	**d)** 1 234 ℓ (dm³)
3 400 cm³ (dm³)	93 000 mm³ (cm³)	9 000 cm³ (ℓ)	399 mℓ (ℓ)

8. Berechne jeweils den Oberflächeninhalt eines Quaders mit den angegebenen Kantenlängen.
a) 3 m; 7 m; 10 m
b) 2,4 cm; 1,8 cm; 5,7 cm
c) 1,30 m; 70 cm; 90 cm
d) 34 cm; 2,75 m; 3,60 m

9. Der Pappbehälter von 1 ℓ H-Milch ist 10 cm lang und 5 cm breit.
Wie viel Pappe wird zu seiner Herstellung mindestens benötigt?

10. Ein Quader mit einem Oberflächeninhalt von 260 cm² ist 8 cm lang und 5 cm breit.
Welches Volumen hat er? Schätze zunächst.

3. Dezimalbrüche

Im Alltag reicht es nicht immer, Größen mit natürlichen Zahlen anzugeben. Oft findest du mit Komma geschriebene Zahlenangaben der folgenden Art:

→ Erkläre, was die Zahlenangaben bedeuten.

→ Findest du weitere solcher Angaben im Alltag?

In diesem Kapitel ...
lernst du, dass man Teile eines Ganzen nicht nur mit Brüchen,
sondern auch in der Kommaschreibweise angeben kann.
Weiter erarbeitest du, wie man mit so geschriebenen Zahlen rechnet.

Lernfeld: Rechnen beim Wintersport

Nicht einmal ein Wimpernschlag liegt zwischen Gold und Bronze.

Alpine Ski-Weltmeisterschaften
Super G der Damen (8.2.2011)

1.	Görgl, Elisabeth (AUT)	1:23.82
2.	Mancuso, Julia (USA)	1:23.87
3.	Riesch, Maria (GER)	1:24.03
4.	Gut, Lara (SUI)	1:24.26
5.	Fenninger, Anna (AUT)	1:24.64
6.	Curtoni, Elena (ITA)	1:24.65

Das war die Überschrift zu einem Artikel über den Ausgang des Super G der Damen bei den 41. Alpinen Ski-Weltmeisterschaften in Planegg bei Garmisch-Partenkirchen am 8. 2. 2011.
Kannst du dir denken, was der Schreiber damit ausdrücken wollte?
Der Wimpernschlag wird oft als Vergleich genommen, wenn wir eine kurze Zeitspanne beschreiben wollen. Das Zwinkern, das ist ja mit dem Wimpernschlag gemeint, ist eine der schnellsten Bewegungen, zu der wir fähig sind.

→ Wie viel schneller war Görgl als Mancuso, Görgl als Riesch und Mancuso als Riesch?

→ Versuche einmal, mit der Stoppuhr das Zwinkern deines Nachbarn zu messen.
Du kannst dein Ergebnis mit genauen Messungen vergleichen, bei denen man das Zwinkern gemessen hat. Der ganze Vorgang dauert 0,4 Sekunden.
In der Abbildung kannst du ablesen, wie lange die einzelnen Phasen des Zwinkerns dauern.

→ Welches ist die kürzeste Zeitspanne, die du persönlich mit der Stoppuhr messen kannst?
Du musst zum Messen Start- und Stopptaste so schnell wie möglich hintereinander drücken.
Bist du schneller als ein Wimpernschlag?

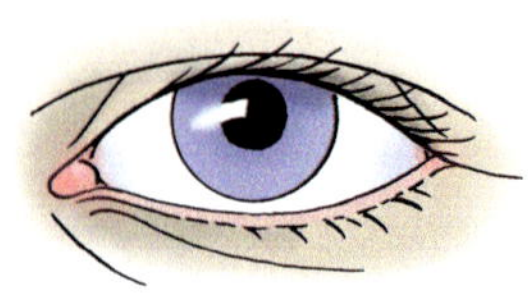
senken 0,08 s

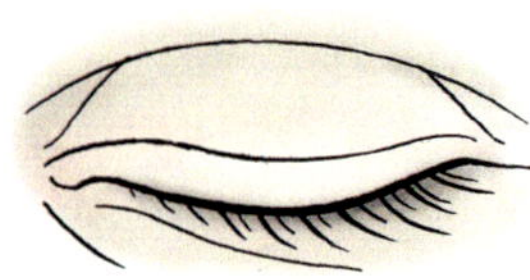
geschlossen 0,15 s

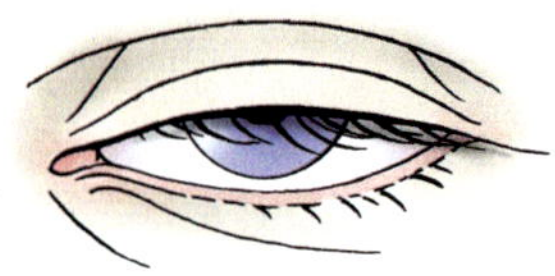
öffnen 0,17 s

3.1 Dezimale Schreibweise für gebrochene Zahlen

3.1.1 Schreibweise und Aufbau von Dezimalbrüchen

Einstieg

Sucht Beispiele, wo im Alltag Zahlenangaben mit Komma vorkommen. Was bedeuten sie?
Gestaltet ein Plakat, das ihr im Klassenraum aushängt.

Aufgabe 1

Dezimalbrüche bei Größenangaben

a) Längenangaben werden häufig mit einem Komma geschrieben:
- Ein großes Grundstück ist 127,2 m lang.
- Eine Garage ist 7,13 m lang.
- Ein Auto ist 4,352 m lang.

Was bedeuten diese Längenangaben?
Trage die Angaben dazu auch in eine Einheitentabelle ein.

b) Bei sportlichen Wettkämpfen werden die Leistungen der Teilnehmer möglichst genau gemessen, damit man Unterschiede feststellen kann.
Bei manchen Disziplinen liegen die Leistungen der Sportler so nahe beieinander, dass man auch Bruchteile von Sekunden messen muss.
Was bedeuten die Zeitangaben in den Textausschnitten?

Olympische Spiele
Athen 1896
400 m - Männer
1. Thomas Burke (USA)
54,2 s

Olympische Sommerspiele
Sydney 2000
100 m - Schmetterling Frauen
1. Inge de Bruyn (NED)
56,61 s

OLYMPISCHE WINTERSPIELE
Vancouver 2010
Shorttrack Damen
500 m
Gold
Wang Mong (China)
43,048 s

Lösung

a)

m: H	m: Z	m: E	dm	cm	mm	Schreibweisen
1	2	7	2			127,2 m = 127 m 2 dm = 1272 dm
		7	1	3		7,13 m = 7 m 1 dm 3 cm = 7 m 13 cm = 713 cm
		4	3	5	2	4,352 m = 4 m 3 dm 5 cm 2 mm = 4 m 352 mm = 4352 mm

Bei den Längenangaben in m werden an der ersten Stelle nach dem Komma Dezimeter angegeben, an der zweiten Zentimeter und an der dritten Millimeter.
Ein Meter ist in zehn Dezimeter unterteilt: 1 m = 10 dm.
Also gilt: Ein Dezimeter ist ein zehntel Meter.
Ein Meter ist in hundert Zentimeter unterteilt: 1 m = 100 cm.
Also gilt: Ein Zentimeter ist ein hundertstel Meter.
Ein Meter ist in tausend Millimeter unterteilt: 1 m = 1000 mm.
Also gilt: Ein Millimeter ist ein tausendstel Meter.

$0{,}1\text{ m} = 1\text{ dm} = \frac{1}{10}\text{ m}$

$0{,}01\text{ m} = 1\text{ cm} = \frac{1}{100}\text{ m}$

$0{,}001\text{ m} = 1\text{ mm} = \frac{1}{1000}\text{ m}$

b) *400 m – Männer*
1 Sekunde wird in 10 gleich große Teile zerlegt; jeder Teil ist 1 zehntel Sekunde.
Schreibweise: $\frac{1}{10}$ s = 0,1 s

$54{,}2\,s = 54\,s + \frac{2}{10}\,s$
$= 54\frac{2}{10}\,s$

100 m Schmetterling – Frauen
1 zehntel Sekunde wird in 10 gleich große Teile zerlegt; jeder Teil ist also 1 hundertstel Sekunde.
Schreibweise: $\frac{1}{100}$ s = 0,01 s

$56{,}61\,s = 56\,s + \frac{6}{10}\,s + \frac{1}{100}\,s$
$= 56\,s + \frac{60}{100}\,s + \frac{1}{100}\,s$
$= 56\frac{61}{100}\,s$

Erweitern: $\frac{6}{10} = \frac{60}{100}$
Addieren: 60 Hundertstel
+ 1 Hundertstel
= 61 Hunderstel

Shorttrack – Damen, 500 m
1 hundertstel Sekunde wird in 10 gleich große Teile zerlegt; jeder Teil ist also 1 tausendstel Sekunde.
Schreibweise: $\frac{1}{1000}$ s = 0,001 s

$43{,}048\,s = 43\,s + \frac{0}{10}\,s + \frac{4}{100}\,s + \frac{8}{1000}\,s$ Erweitern
$= 43\,s + \frac{0}{1000}\,s + \frac{40}{1000}\,s + \frac{8}{1000}\,s$ Addieren
$= 43\frac{48}{1000}\,s$

Information

Dezimalbrüche und Stellenwerttafel

54,2; 56,61; 43,356 sind **Dezimalbrüche**.
Das Komma bei Dezimalbrüchen trennt die Ganzen von den Teilen eines Ganzen.
Die Ziffern rechts vom Komma bedeuten:
die erste Ziffer – *Zehntel* (z)
die zweite Ziffer – *Hundertstel* (h)
die dritte Ziffer – *Tausendstel* (t)
49,715 wird gelesen: *neunundvierzig Komma sieben eins fünf.*
Zum Darstellen von Dezimalbrüchen in einer Stellenwerttafel wird diese nach rechts erweitert, sodass sie nach rechts wie auch nach links unbegrenzt ist.

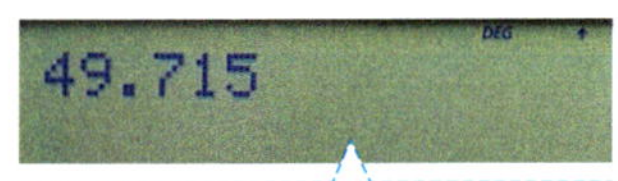

In englischsprachigen Ländern und in der Taschenrechneranzeige steht statt des Kommas ein Punkt.

Hunderter, Zehner, Einer, Zehntel, Hundertstel, Tausendstel, Zehntausendstel
:10 :10 :10 :10 :10 :10

H	Z	E	z	h	t	zt
	4	8	7			
		2	0	9		
		6	0	0	7	
		0	3	7	1	3

$48{,}7 = 48 + \frac{7}{10}$
$2{,}09 = 2 + \frac{0}{10} + \frac{9}{100}$
$6{,}007 = 6 + \frac{0}{10} + \frac{0}{100} + \frac{7}{1000}$
$0{,}3713 = 0 + \frac{3}{10} + \frac{7}{100} + \frac{1}{1000} + \frac{3}{10\,000}$

Gebrochene Zahlen haben wir bisher als Brüche mit Zähler und Nenner geschrieben; sie werden oft auch als **Dezimalbrüche** geschrieben. Der Bruch $\frac{6}{10}$ und der Dezimalbruch 0,6 sind nur *verschiedene* Schreibweisen für *dieselbe* gebrochene Zahl: $0{,}6 = \frac{6}{10}$.

Beachte: Für diese gebrochene Zahl gibt es aber noch viele andere Schreibweisen; auch $\frac{3}{5}$, $\frac{12}{20}$, $\frac{9}{15}$, $\frac{18}{30}$, ... sind Schreibweisen für diese gebrochene Zahl.

Weiterführende Aufgaben

Umwandeln eines Dezimalbruches in einen Bruch mit den Nennern 10; 100; 1 000; ...

2. a) Erläutere die Umwandlung von 1,137 in einen Bruch mit dem Nenner 1000 am Gliedermaßstab (dem sogenannten „Zollstock").

$$1{,}137 = 1 + \frac{1}{10} + \frac{3}{100} + \frac{7}{1\,000} = \frac{1\,000}{1\,000} + \frac{100}{1\,000} + \frac{30}{1\,000} + \frac{7}{1\,000} = \frac{1\,137}{1\,000}$$

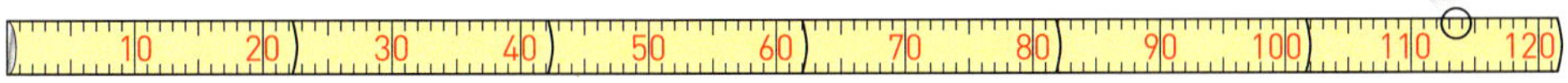

b) Schreibe als Bruch.

(1) 0,6; 0,07; 0,004; 0,0005 **(2)** 0,16; 0,027; 0,307; 0,4087 **(3)** 5,7; 7,26; 4,038; 12,4704

c) Schreibe als Dezimalbruch. Wie erkennst du am Nenner, wie viele Stellen der Dezimalbruch rechts vom Komma hat?

(1) $\frac{3}{10}$; $\frac{5}{100}$; $\frac{1}{100\,000}$; $\frac{6}{1\,000\,000}$ **(3)** $1\frac{5}{10}$; $1\frac{11}{100}$; $2\frac{504}{1\,000}$; $3\frac{1}{100\,000}$

(2) $\frac{15}{100}$; $\frac{123}{1\,000}$; $\frac{765}{10\,000}$; $\frac{201}{1\,000}$ **(4)** $\frac{25}{10}$; $\frac{625}{10}$; $\frac{102}{100}$; $\frac{398}{100}$; $\frac{9\,375}{1\,000}$

$$3\frac{24}{1\,000} = 3 + \frac{24}{1\,000} = 3 + \frac{20}{1\,000} + \frac{4}{1\,000} = 3 + \frac{2}{100} + \frac{4}{1\,000} = 3{,}024$$

Denke dir $\frac{0}{10}$!

Endnullen bei Dezimalbrüchen

3. a) Schreibe jeweils die beiden Dezimalbrüche als Brüche und vergleiche.

(1) 0,5 und 0,50 **(2)** 0,3 und 0,300 **(3)** 2,1 und 2,1000

b) Hänge an den Dezimalbruch 0,8 [1,020] jeweils eine, zwei, drei ... Nullen an. Vergleiche die Zahlen. Begründe.

c) Schreibe mit möglichst wenig Nullen. Begründe.

(1) 4,320 **(2)** 08,30 **(3)** 3,805 **(4)** 760,32000 **(5)** 300,001000

d) Erläutere: Das Anhängen oder Weglassen von Endnullen bei Dezimalbrüchen entspricht dem Erweitern oder Kürzen bei Brüchen.

> Wenn man bei einem Dezimalbruch Endnullen anhängt oder weglässt, dann bleibt der Wert unverändert.
> *Beispiel:* 0,4 = 0,40 = 0,400 = 0,4000 = ...

Dezimalbrüche bei Flächen- und Volumeneinheiten

$1\,cm^2 = \frac{1}{100}\,dm^2$

$1\,cm^3 = \frac{1}{1000}\,dm^3$

4. Trage die Angaben in eine Einheitentabelle ein. Schreibe sie dann als Bruch und anschließend mit einem Komma.

$46\,cm^2 = \frac{46}{100}\,dm^2 = 0{,}46\,dm^2$

$73\,cm^3 = \frac{73}{1\,000}\,dm^3 = 0{,}073\,dm^3$

a) $35\,cm^2$; $359\,cm^2$; $3\,m^2\,17\,dm^2$; $559\,cm^2$; $9\,m^2\,4\,dm^2$; $85\,dm^2$; $850\,dm^2$; $7\,mm^2$

b) $751\,cm^3$; $6842\,cm^3$; $3\,dm^3\,725\,cm^3$; $7\,m^3\,54\,dm^3$; $3\,cm^3\,2\,mm^3$; $97\,dm^3$; $295\,mm^3$

Das kann ich noch!

A) Berechne schriftlich.

(1) 2710 + 1922	**(4)** 872 − 493	**(7)** 219 · 23	**(10)** 391 : 23
(2) 6752 + 82 + 8203	**(5)** 3217 − 573	**(8)** 1270 · 400	**(11)** 4692 : 12
(3) 58072 + 947 + 41675	**(6)** 53412 − 5876	**(9)** 2347 · 48	**(12)** 16065 : 45

Übungsaufgaben

5. Zerlege die Zeitspannen in ganze, zehntel, hundertstel, tausendstel Sekunden. Gib sie dann mit einem Bruch (in gemischter Schreibweise) an.

a) Olympische Spiele Amsterdam 1928 – Leichtathletik
(Hier durften zum ersten Mal Frauen teilnehmen.)
100 m-Frauen: E. Robinson (USA) 12,2 s
4 × 100 m-Frauen: Kanada 48,4 s

b) Olympische Spiele Sydney 2000 – Leichtathletik
100 m-Frauen: M. Jones (USA) 10,75 s
4 × 100 m-Frauen: Bahamas 41,95 s

c) Olympische Winterspiele Vancouver 2010
Rennrodeln/Einzel – Männer: Felix Loch (GER)
1. Lauf: 48,168 s 2. Lauf: 48,402 s

6. Notiere die Dezimalbrüche. Schreibe die Zahlen dann als Bruch.

a)

Z	E	z	h	t
1	2	3	4	5
	7	6	4	
	3	0	8	
	7	2		
1	3	3	0	3

b)

Z	E	z	h	t	zt	ht
	8	7	6	5	4	3
	0	6	1	3	5	
	0	7	8			
	0	0	3	8	7	1
1	1	3	0	0	5	2

c)

Z	E	z	h	t	zt	ht
	3	0	2	0	1	
6	0	4	2	1	8	
3	8	0	0	0	0	2
	0	2	3	0	1	
2	3	0	4	0	0	5

7. Welchen Stellenwert hat jeweils die Ziffer 7?
(1) 7,4 **(2)** 4,07 **(3)** 43,718 **(4)** 16,1671 **(5)** 51,00070

8. Die Ziffer 1 soll den angegebenen Stellenwert haben.
Setze das Komma an die richtige Stelle.
a) 3215 (z) **b)** 782415 (h) **c)** 43517 (t) **d)** 135 (z) **e)** 21435 (H)

9. Nimm Stellung zu folgenden Behauptungen.
Sophie: Die Stellenwerttafel ist regelmäßig aufgebaut: Links von den Hundertern stehen die Tausender, also stehen die Tausendstel links von den Hundertsteln.
Patrick: Rechts vom Komma stehen die Eintel, Zehntel, Hundertstel, usw.
Lea: Die Stellenwerttafel ist symmetrisch zu den Einern aufgebaut.

10. Mit Dezimalbrüchen kann man sehr kleine Zahlen schreiben. Trage die Dezimalbrüche in eine Stellenwerttafel ein. Schreibe auch als Brüche.

Spinnwebfaden
0,005 mm dick

Ölfleck
0,000001 mm dick

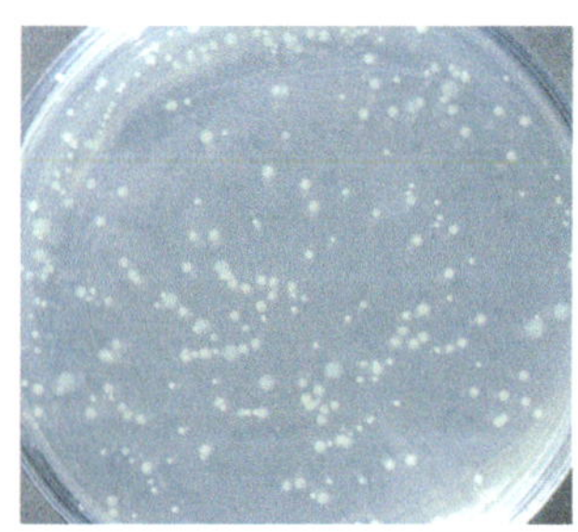

Bakterien
ca. 0,0005 mm groß

11. Zerlege in Ganze, Zehntel, Hundertstel, Tausendstel, ...

a) 17,856 **c)** 0,069 **e)** 13,005 **g)** 0,0704
b) 6,078 **d)** 0,8472 **f)** 7,51203 **h)** 3,0015

$13{,}14 = 13 + \frac{1}{10} + \frac{4}{100}$

12. Schreibe als gewöhnlichen Bruch. Kürze, falls möglich.

a) 0,75; 0,25 **b)** 0,6; 4,88 **c)** 0,625; 1,0481 **d)** 0,125; 1,701 **e)** 0,505; 0,5005 **f)** 0,0003; 3,8200

13. Gib die zugehörigen Dezimalbrüche an. Du kannst sie in eine Stellenwerttafel eintragen.

a) $\frac{2}{10}$; $\frac{19}{100}$; $\frac{4}{100}$; $\frac{49}{1000}$; $\frac{26}{10000}$; $\frac{3}{10000}$ **b)** $2\frac{7}{1000}$; $5\frac{250}{1000}$; $\frac{7850}{1000}$; $\frac{1004}{100}$

14. Wo steckt der Fehler?

a) $\frac{27}{10} = 0{,}27$ b) $5{,}41 = \frac{5}{41}$ c) $0{,}58 = \frac{58}{10}$ d) $7{,}20 = \frac{720}{10}$

15. Lass überflüssige Nullen weg.

a) 0,600; 0,2500; 0,0302; 0,0002; 1,5000
b) 2,00500; 5,002001; 0,0060; 04,04040
c) 0,300200; 30,000; 10,04; 02,20
d) 180,400; 70,00; 1,02103; 0; 0,004

16. Was bedeuten die Angaben mit Komma? Hänge so viele Endnullen an, dass man die kleinere Einheit ablesen kann. Schreibe dann in der kleineren Einheit.

a)
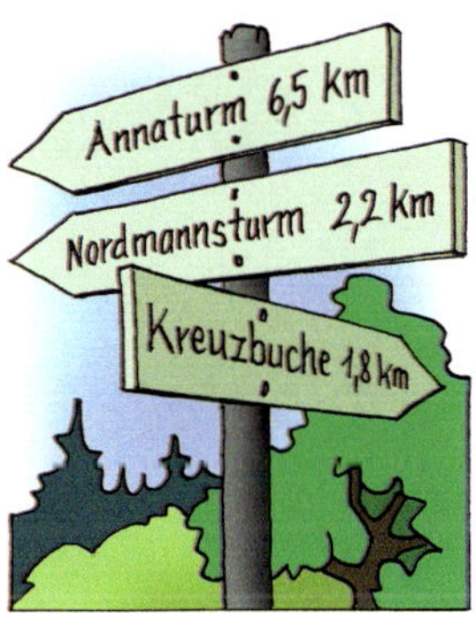

b)

c)
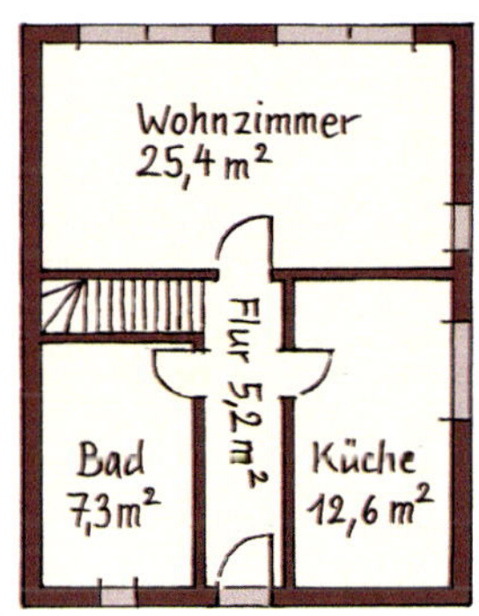

1 ℓ = 1000 mℓ
1 ha = 100 a
1 a = 100 m²
1 h = 60 min

17. Gib in zwei Einheiten an. Verwandle dann in die kleinere Einheit.

a) 2,3 km; 4,75 km; 0,4 m
b) 6,08 t; 4,85 kg; 0,001 g
c) 19,3 m²; 0,80 dm²; 0,5 ha
d) 3,4 m³; 0,8 cm³; 0,4 dm³
e) 0,8 ℓ; 0,33 ℓ; 1,05 ℓ
f) 0,5 h; 0,1 h; 2,5 h

$1\,\% = \frac{1}{100}$

18. a) Gib als Dezimalbruch an:
6 %; 25 %; 80 %; 61 %; 150 %; 2 %; 79 %; 131 %; 1000 %

b) Gib in Prozent an:
0,5; 0,05; 0,25; 1; 0,6; 0,31; 0,1; 1,6; 0,03; 0,95; 2,75; 10,6

$7\,\% = \frac{7}{100} = 0{,}07$

19. Schreibe wie im Beispiel rechts.

a) 2,5 Tsd. **b)** 3,04 Mio. **c)** 10,5 Mrd. **g)** 3,52 Mio.
d) 0,6 Mrd. **e)** $3\frac{1}{2}$ Mio. **f)** $\frac{1}{2}$ Billion **h)** 7,23 Mrd.

4,3 Mio. = 4,300000 Mio.
= 4300000

20. Schreibe die Zahlenangaben in den Zeitungsartikeln ohne Komma.

14,73 Mio. Zuschauer für „Wetten dass“ am 3.12.2011

In diesem Jahr sank der Umsatz der Firma Innowap von 10,7 Mrd. € auf 9,25 Mrd. €.

Im August 2011 wurden in Deutschland 47,8 Mio. Gästeübernachtungen gezählt.

Im Januar 2011 hatte Deutschland 2,069 Billionen € Schulden.

21. Suche drei Zeitungsartikel wie in Aufgabe 20, klebe sie in dein Heft und schreibe die Zahlenangaben ohne Komma.

3.1.2 Umformen durch Erweitern oder Kürzen

Einstieg

Lukas benötigt für ein Erfrischungsgetränk neben anderen Zutaten $\frac{1}{4}\ell$ Orangensaft und $\frac{1}{4}\ell$ Ananassaft. In einem Getränkehandel gibt es Flaschen mit $0{,}33\,\ell$ Orangensaft und Packungen mit $0{,}2\,\ell$ Ananassaft.

Aufgabe 1

a) In welche der beiden Flaschen passt mehr Flüssigkeit? Wandle dazu $\frac{3}{4}$ in einen Dezimalbruch um.

b) Forme in einen Dezimalbruch um:

(1) $\frac{2}{5}$ **(2)** $1\frac{1}{4}$ **(3)** $\frac{1}{8}$ **(4)** $\frac{36}{40}$

c) Versuche, den Bruch $\frac{1}{3}$ durch passendes Erweitern in einen Dezimalbruch umzuformen.

Lösung

a) Erweitere $\frac{3}{4}$ auf Hundertstel; schreibe dann als Dezimalbruch: $\frac{3}{4} = \frac{3 \cdot 25}{4 \cdot 25} = \frac{75}{100} = 0{,}75$

Vergleiche nun die Maßzahlen: $\frac{3}{4} > 0{,}7$; denn $\frac{75}{100} > \frac{70}{100}$.

Ergebnis: In die $\frac{3}{4}$-ℓ-Flasche passt mehr als in die 0,7-ℓ-Flasche.

b) Erweitere oder kürze zunächst passend

(1) auf Zehntel: $\frac{2}{5} = \frac{4}{10} = 0{,}4$

(2) auf Hundertstel: $1\frac{1}{4} = 1\frac{25}{100} = 1{,}25$

(3) auf Tausendstel: $\frac{1}{8} = \frac{125}{1000} = 0{,}125$

(4) auf Zehntel: $\frac{36}{40} = \frac{9}{10} = 0{,}9$

c) $\frac{1}{3}$ kann man nicht auf Zehntel, Hundertstel, Tausendstel, ... erweitern, denn: 10, 100, 1000, ... sind keine Vielfachen von 3.

Den Bruch $\frac{1}{3}$ kann man nicht durch Erweitern in einen Dezimalbruch umformen.

Information

Merke:
$\frac{1}{2} = 0,5$ $\frac{1}{4} = 0,25$
$\frac{1}{5} = 0,2$ $\frac{3}{4} = 0,75$
$\frac{2}{5} = 0,4$ $\frac{1}{8} = 0,125$

Umformen von Brüchen in Dezimalbrüche
Manche Brüche kann man folgendermaßen leicht in Dezimalbrüche umformen:
Man erweitert oder kürzt den Bruch auf Zehntel, Hundertstel, Tausendstel, ... und schreibt dann den Dezimalbruch.
Aber nicht jeden Bruch kann man auf diese Weise in einen Dezimalbruch umformen.

Übungsaufgaben

2. Verwandle jeweils in einen Dezimalbruch. Erweitere oder kürze passend.
a) $\frac{2}{5}$; $\frac{3}{4}$; $\frac{3}{8}$; $2\frac{1}{2}$; $3\frac{1}{8}$; $2\frac{3}{4}$; $1\frac{1}{5}$; $\frac{7}{2}$ **b)** $\frac{12}{40}$; $\frac{12}{30}$; $\frac{36}{60}$; $\frac{49}{70}$; $\frac{36}{400}$; $\frac{60}{300}$; $\frac{8}{200}$

3. Schreibe die Größenangaben mit einem Komma.

4. Welche Zahlen sind gleich?
a) $\frac{6}{10}$ 0,3 $\frac{8}{10}$ 0,6 $\frac{3}{10}$ $\frac{4}{5}$ $\frac{3}{5}$ 0,8
b) $\frac{1}{5}$ 0,5 $\frac{3}{15}$ 0,1 0,2 $\frac{10}{100}$ $\frac{7}{35}$ $\frac{3}{6}$ 20%

5. Arbeite mit einem Partner zusammen. Jeder notiert am linken Rand seines Heftes 15 Dezimalbrüche oder Brüche untereinander und am rechten Rand in anderer Reihenfolge die zugehörigen umgewandelten Brüche – ebenfalls untereinander. Tauscht die Hefte aus und ordnet durch Pfeile die Dezimalbrüche den Brüchen mit demselben Wert zu.
Wer schafft es fehlerfrei?

6. Kontrolliere Toms Hausaufgaben.

a) $\frac{3}{4} = 0,75$ b) $4\frac{1}{5} = 4,15$ c) $\frac{2}{5} = \frac{40}{100}$ d) $\frac{8}{5} = 8,5$

7. Forme in einen Dezimalbruch um. Bei welchen Brüchen gelingt das nicht? Begründe.
a) $\frac{5}{8}$; $\frac{13}{125}$; $\frac{2}{3}$; $\frac{1}{6}$ **b)** $\frac{3}{25}$; $\frac{1}{40}$; $\frac{5}{6}$; $\frac{1}{9}$ **c)** $\frac{3}{5}$; $\frac{3}{15}$; $\frac{5}{15}$; $\frac{8}{12}$ **d)** $3\frac{2}{5}$; $5\frac{5}{6}$; $1\frac{11}{20}$ $7\frac{7}{8}$

Spiel

8. *Bruch-Memory*:
Schreibt auf 12 Karten je einen Dezimalbruch und auf 12 weitere Karten die gewöhnlichen Brüche, die denselben Wert haben. Legt die 24 Karten verdeckt auf den Tisch. Jeder Spieler darf 2 Karten aufdecken. Hat er zwei wertgleiche, darf er das Paar behalten. Sind die Brüche nicht wertgleich, werden sie an derselben Stelle wieder verdeckt abgelegt. Wer die meisten Paare besitzt, gewinnt.

3.2 Vergleichen und Ordnen von Dezimalbrüchen

Einstieg

Beim Trampolinspringen erzielten die Frauen bei den Olympischen Spielen 2012 in London die angegebene Punktzahlen. Wer gewann die Goldmedaille, die Silbermedaille, die Bronzemedaille?

Karen Cockburn		CAN	55,860 P.
Luba Golowina		GEO	52,925 P.
Rosannagh Mac Lennan		CAN	57,305 P.
Tatjana Piatrenia		BLR	55,670 P.
Huang Shanshan		CHN	56,730 P.
Savannah Vinsant		USA	54,965 P.
He Wenna		CHN	55,950 P.
Wiktorija Woronina		RUS	21,915 P.

Aufgabe 1

Vergleichen und Ordnen

a) Bei den Olympischen Spielen 2012 in London erzielten die Männer im 400-m-Lauf die rechts angegebenen Zeiten. Wer erreichte den ersten, zweiten, dritten Platz usw.?

b) Ordne die mit Dezimalbrüchen geschriebenen Zahlen nach ihrer Größe. Beginne mit der kleinsten Zahl.
3,17; 2,71; 3,364; 3,304; 3,369

Jonathan Borlée		BEL	44,83 s
Kevin Borlée		BEL	44,81 s
Chris Brown		BAH	44,79 s
Lalonde Gordon		TRI	44,52 s
Kirani James		GRN	43,94 s
Demetrius Pinder		BAH	44,98 s
Luguelín Santos		DOM	44,46 s
Steven Solomon		AUS	45,14 s

Lösung

a) Wir vergleichen zuerst die Ganzen links vom Komma. So erhalten wir die kleinste Zahl: 43,94. Die nächsten Zahlen 44,46; 44,52; 44,79; 44,81; 44,83 und 44,98 stimmen in den Ganzen überein.
Wir vergleichen daher die Stellen nach dem Komma und beginnen mit den Zehnteln: 4 Zehntel ist kleiner als 5 Zehntel. So erhalten wir die nächstgrößere Zahl 44,46. Entsprechend folgen dann 44,52; 44,79.
Die nächsten beiden Zahlen 44,81 und 44,83 stimmen nicht nur in den Ganzen, sondern auch den Zehnteln überein. Daher vergleichen wird die Hundertstel.
1 Hundertstel ist kleiner als 3 Hundertstel, also 44,81 < 44,83.
Wir finden insgesamt: 43,94 < 44,46 < 44,52 < 44,79 < 44,81 < 44,83 < 44,98 < 45,14
Ergebnis: Reihenfolge der Läufer

1. Gold	K. James	43,94 s	4. C. Brown	44,79 s		7. D. Pinder	44,98 s
2. Silber	L. Santos	44,46 s	5. K. Borlée	44,81 s		8. S. Solomon	45,14 s
3. Bronze	L. Gordon	44,52 s	6. J. Borlée	44,83s			

b) Wie bei den Zeitspannen vergleichen wir zuerst die Ganzen. Sind die Ganzen gleich, vergleichen wir die Zehntel. Sind diese auch gleich, vergleichen wir die Hundertstel usw.:

2,71 < 3,17 < 3,304 < 3,364 < 3,369

2 E < 3 E; 1 z < 3 z; 0 h < 6 h; 4 t < 9 t

Vergleichen von Dezimalbrüchen

Man vergleicht zuerst die Ganzen.	3,25 < 7,5	denn 3 < 7
Sind die Ganzen gleich, vergleicht man die Zehntel.	8,36 < 8,59	denn 3 z < 5 z
Sind auch die Zehntel gleich, vergleicht man die Hundertstel; usw.	0,6758 < 0,691	denn 7 h < 9 h

Weiterführende Aufgabe

Darstellen und Vergleichen von Dezimalbrüchen am Zahlenstrahl

2. a) Welche Zahlen werden durch die roten Striche markiert?

b) Wie kann man am Zahlenstrahl erkennen, welcher von zwei Dezimalbrüchen der kleinere ist?

Übungsaufgaben

3. Setze im Heft das passende Zeichen (< oder >) ein.

a)	**b)**	**c)**	**d)**
1,63 1,36	3,756 3,765	0,7 0,75	1,007 1,07
0,645 0,654	0,457 0,547	0,66 0,6	7,55 7,545
0,989 0,998	0,787 0,778	0,14 0,104	1,335 1,3305

4. Setze im Heft das passende Zeichen (=, < oder >) ein.

a)	**b)**	**c)**	**d)**
0,3 0,03	1,1 1,10	1,04 1,040	0,25 0,205
0,3 0,300	1,1 1,01	1,04 1,004	0,25 0,025
0,3 0,33	1,1 1,11	1,04 1,4	0,25 0,2500

5. Wo steckt der Fehler?

a) 0,35 < 0,278   b) 3,43 < 3,234   c) 0,4 < 0,04   d) 0,9 < 0,90

6. Sarahs Mutter will sich ein Auto kaufen. Sie vergleicht drei Modelle nach dem Benzinverbrauch pro 100 km. Ordne die Autos nach dem Benzinverbrauch.

Verbrauchswerte

	MARS	VENUS	PLUTO
Stadt	8,9 *l*	9,3 *l*	9,7 *l*
90 km/h	5,5 *l*	5,4 *l*	5,6 *l*
120 km/h	7,1 *l*	6,9 *l*	7,0 *l*

L&P/4783

7. Gebt für jede Sportart an, welcher Schüler den 1. Platz, welcher den 2. Platz, welcher den 3. Platz usw. erreicht hat.
Könnt ihr aus den Ergebnissen einen Gesamtsieger ermitteln?

Name	Andreas	Christian	Felix	Michael	Tim	Philipp	Florian
Weitsprung	3,24 m	3,95 m	4,05 m	2,98 m	3,45 m	3,68 m	3,60 m
100-m-Lauf	15,1 s	15,9 s	15,7 s	17,1 s	16,4 s	15,6 s	15,0 s
Hochsprung	1,15 m	1,20 m	1,45 m	0,97 m	1,43 m	1,09 m	1,51 m

8. Setze im Heft das passende Zeichen (=, < oder >) ein.

a) $\frac{7}{4}$ □ 1,75 **c)** $\frac{1}{10}$ □ 0,09 **e)** 0,95 □ $\frac{9}{10}$ **g)** $\frac{1}{3}$ □ 0,3

b) 0,59 □ $\frac{3}{5}$ **d)** $3\frac{1}{2}$ □ 3,45 **f)** 2,6 □ $2\frac{2}{3}$ **h)** $\frac{1}{6}$ □ 0,16

9. Gib die rot markierten Zahlen als Dezimalbruch und als Bruch an.

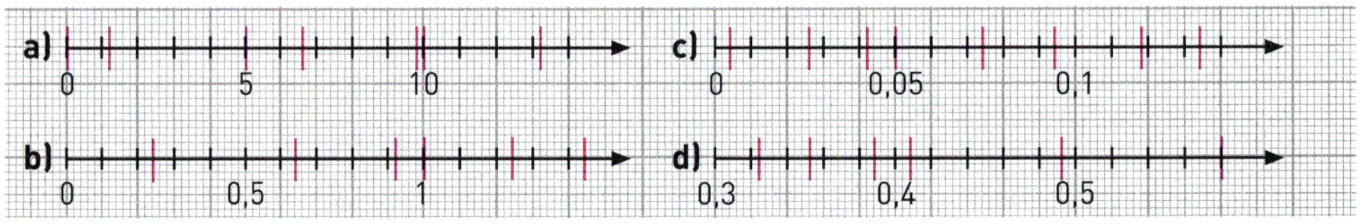

10. Zeichne auf Millimeterpapier einen Zahlenstrahl von 0 bis 1,5. Wähle 1 dm von 0 bis 1. Trage die Striche für die Zehntel ein. Markiere die folgenden Zahlen mit Strichen.

a) 0,8; 0,55; 0,93; 1,05; 1,25 **c)** $\frac{3}{10}$; $\frac{5}{10}$; $\frac{35}{100}$; $\frac{1}{10}$; $\frac{53}{100}$; $\frac{31}{100}$

b) 0,73; 1,1; 0,61; 1,46; 0,23; 0,04 **d)** $\frac{1}{10}$; $\frac{1}{5}$; $\frac{3}{5}$; $\frac{2}{5}$; $\frac{4}{4}$; $1\frac{1}{10}$; $1\frac{1}{4}$

11. a) Rechts siehst du einen Ausschnitt des Zahlenstrahls. Welche Zahlen werden durch die roten Striche markiert?

b) Zeichne den Ausschnitt des Zahlenstrahls ab. Markiere darauf die Zahlen 0,93; 1,05; 0,83; 1,17; 1,1; 1,01; 0,98. Ordne zunächst die Zahlen nach der Größe.

12. Gib jeweils 5 Dezimalbrüche an, die zwischen den beiden genannten liegen. Welche Zahl liegt genau in der Mitte?

a) 5 und 6 **b)** 1,6 und 1,7 **c)** 3,81 und 3,82 **d)** 0,09 und 0,1

13. Mit einem Messzylinder kann man das Volumen von Flüssigkeiten bestimmen.

a) Wie viel Liter sind im Messzylinder? Schreibe mit einem Dezimalbruch.

b) Zeichne die Skalen von Messzylindern und trage ein: $\frac{1}{4}\ell$; $\frac{3}{4}\ell$; $\frac{3}{8}\ell$; 0,8 ℓ; 0,2 ℓ.

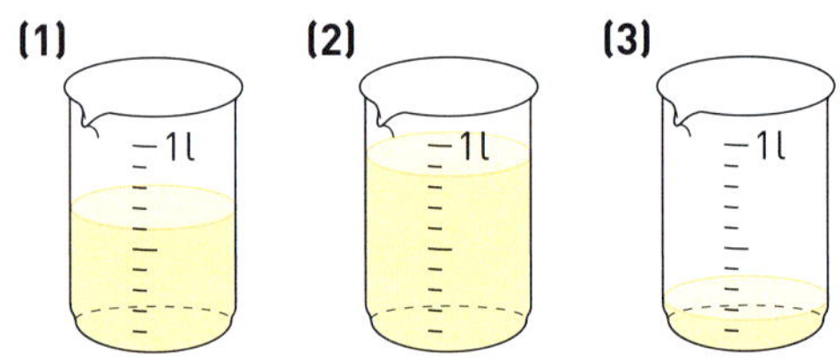

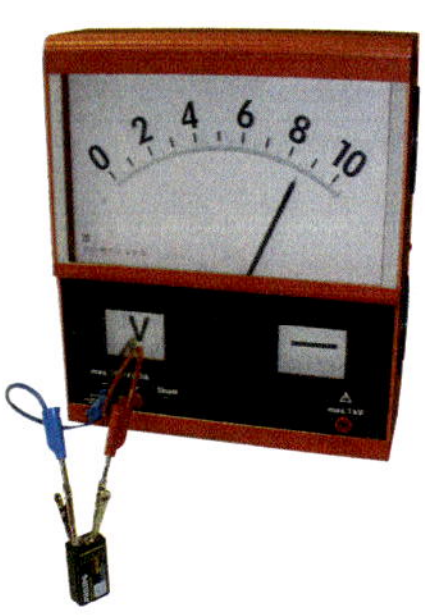

14. Lies die angezeigte Spannung im Bild links ab. Schreibe als Dezimalbruch und als Bruch.

15. a) Lies die Koordinaten der eingezeichneten Punkte ab.

b) Zeichne ein Koordinatensystem auf Millimeterpapier und trage die Punkte ein.
A (1,5 | 3), B (3,5 | 1,5), C (2,4 | 3,8), D (0 | 5,7), E (7,3 | 8,4), F (8,7 | 0)

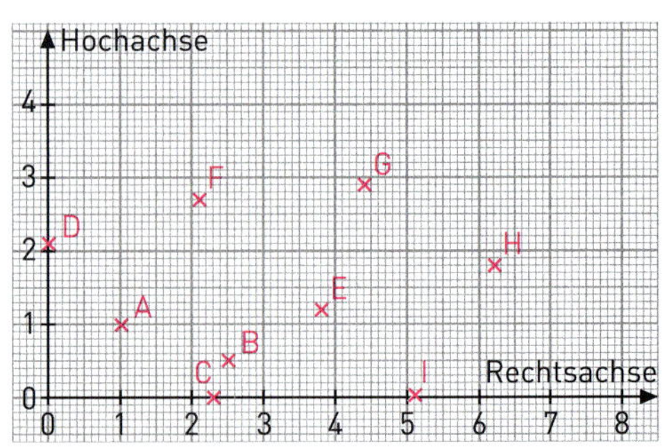

3.3 Runden von Dezimalbrüchen

Einstieg

In einer Umfrage wurde ermittelt, wie viel jede Woche in einem Vier-Personen-Haushalt durchschnittlich ausgegeben wird: Fleischwaren 30,81 €; Brot, Backwaren 29,47 €; Obst, Gemüse 24,14 €; Milch, Molkereiprodukte, Eier 20,11 €; Zucker, Süßwaren 13,39 €; Getränke 37,85 €; Gaststätten, Cafés, Kantinen 65,31 €; Sonstiges 38,73 €. Veranschauliche die Ergebnisse in einem Säulendiagramm.

Aufgabe 1

Runden von Dezimalbrüchen

a) Runde die Längenangaben aus dem Auto-Prospekt rechts auf zwei Nachkommastellen – so wie Längen im Alltag meistens angegeben werden.

b) Runde 2,141 und 4,867 auf Zehntel.

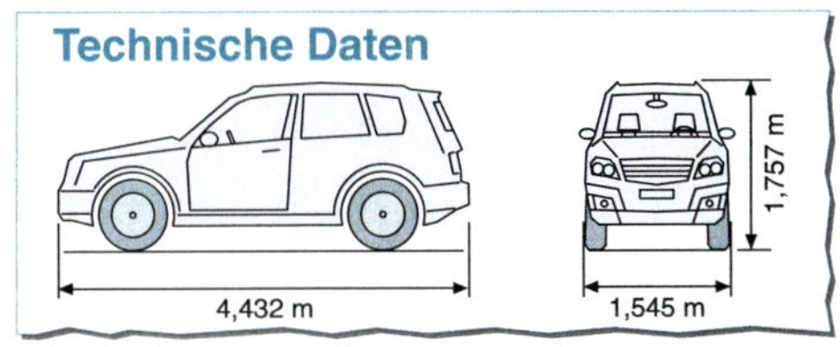

Lösung

a) Die Länge 4,432 m liegt zwischen 4,43 m und 4,44 m, jedoch näher an 4,43 m.
Also runden wir ab: 4,432 m ≈ 4,43 m

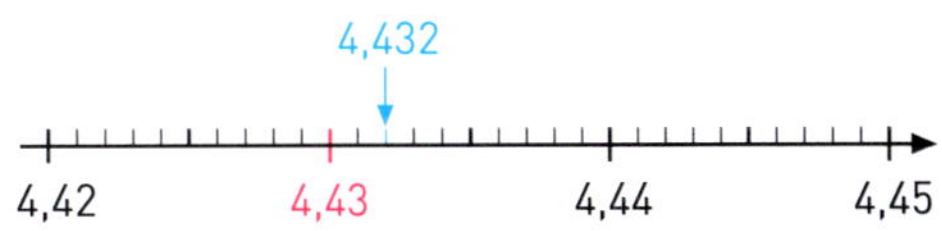

Die Höhe 1,757 m liegt zwischen 1,75 m und 1,76, jedoch näher an 1,76 m. Also runden wir auf: 1,757 m ≈ 1,76 m

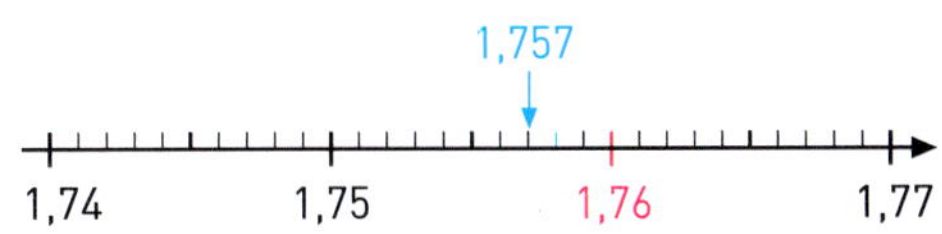

Die Breite 1,545 m liegt zwischen 1,54 m und 1,55 m, und zwar genau in der Mitte. Wie bei den natürlichen Zahlen runden wir auch hier auf: 1,545 m ≈ 1,55 m

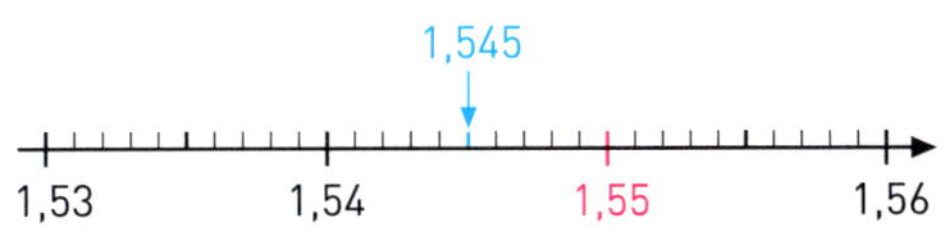

b) 2,141 liegt zwischen 2,1 und 2,2, aber näher an 2,1. Also runden wir ab: 2,141 ≈ 2,1.
4,867 liegt zwischen 4,8 und 4,9, aber näher an 4,9. Also runden wir auf: 4,867 ≈ 4,9.

Information

Oft ist es nicht erforderlich, eine Zahl genau anzugeben. Dann kann man runden.
Beim **Runden** richtet man sich stets nach der Ziffer rechts von der Rundungsstelle.

Wenn die Ziffer rechts von der Rundungsstelle 0, 1, 2, 3, 4 ist, wird abgerundet.
Wenn die Ziffer rechts von der Rundungsstelle 5, 6, 7, 8, 9 ist, wird aufgerundet.

Runden auf Einer:	6,8512 ≈ 7
Zehntel:	6,8512 ≈ 6,9
Hundertstel:	6,8512 ≈ 6,85
Tausendstel:	6,8512 ≈ 6,851

Weiterführende Aufgabe

Weglassen von Endnullen

2. Die Dezimalbrüche 2,5 und 2,50 stellen dieselbe Zahl dar. Begründe das.
Bei Messergebnissen ist jedoch vereinbart, dass die Angaben 2,5 m und 2,50 m etwas Verschiedenes bedeuten: 2,5 m ist eine Länge, die so genau gemessen wurde, dass sie auf zehntel Meter gerundet angegeben wurde. 2,50 m ist dagegen eine Länge, die so genau gemessen wurde, dass sie auf hundertstel Meter gerundet angegeben wurde.

a) Wie lang kann eine Länge sein, die mit
(1) 7,6 m, **(2)** 7,60 m angegeben wurde?

b) Gib jeweils den kleinsten bzw. größten zur Angabe passenden Messwert an:
(1) 3,9 km; 3,90 km; 3,900 km
(2) 5,1 kg; 5,10 kg; 5,100 kg
(3) 2,7 m^2; 2,70 m^2; 2,700 m^2
(4) 1,3 ℓ; 1,30 ℓ; 1,300 ℓ

Übungsaufgaben

3. Eine Waage zeigt das Gewicht auf 0,1 kg genau.
Runde 48,2 kg [59,7 kg; 71,5 kg] auf volle kg.

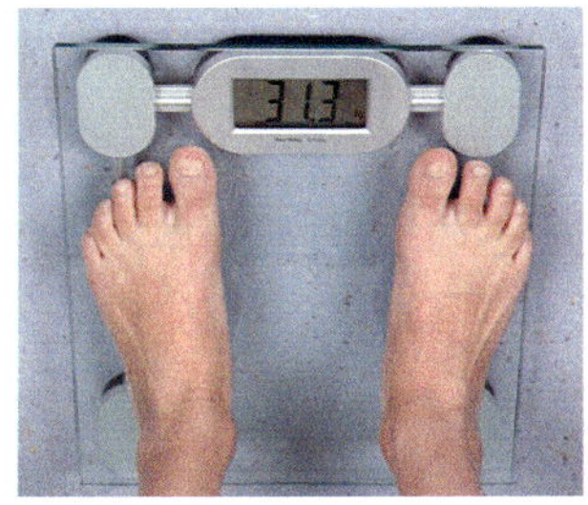

4. Runde **a)** auf Hundertstel; **b)** auf Zehntel; **c)** auf Einer; **d)** auf Tausendstel.
(1) 10,1473 **(2)** 12,8476 **(3)** 9,96784 **(4)** 2,43504 **(5)** 4,2999 **(6)** 0,77777

5. Runde so, dass nur eine von 0 verschiedene Ziffer bleibt.

$12{,}3 \approx 10$; $0{,}075 \approx 0{,}08$

a) 215,6 **c)** 0,94 **e)** 0,00975
b) 7,51 **d)** 0,098 **f)** 0,094

6. Runde
a) auf €: 3,75 €; 2,13 €; 19,45 €;
b) auf m: 5,6 m; 3,48 m; 9,5 m;
c) auf kg: 4,8 kg; 0,65 kg; 14,49 kg;
d) auf m²: 34,605 m^2; 99,099 m^2; 6,58 m^2.

7. Runde so, dass du die Angabe in zwei benachbarten Einheiten ohne Komma schreiben kannst.

4,7535 km ≈ 4,754 km = 4 km 754 m

a) 6,4506 km **c)** 13,0609 t **e)** 17,09 cm **g)** 1,234 m
b) 2,4085 kg **d)** 14,533 € **f)** 4,2531 g **h)** 73,21 dm

8. Nenne sechs Zahlen, die auf
a) Einer gerundet 14; **b)** Zehntel gerundet 0,6; **c)** Hundertstel gerundet 7,13
ergeben.

9. Gib die Einwohnerzahlen in Millionen mit einer Stelle nach dem Komma an.

Chicago	7 104 000	Moskau	8 642 000	Rom	2 831 000
Hamburg	1 580 000	New York	9 120 000	Sydney	3 333 000
Kairo	5 921 000	Paris	2 166 000	Tokio	8 323 000
London	6 755 000	Peking	9 450 000	Wien	1 516 000

10. Gib jeweils den kleinsten bzw. den größten zur Angabe passenden Messwert an.
a) 2,7 kg; 2,70 kg; 2,700 kg **b)** 0,4 m; 0,40 m; 0,400 m **c)** 6,9 ℓ; 6,90 ℓ; 6,900 ℓ

11. Die Klasse 5a bereitet sich auf eine Klassenfahrt nach Ostfriesland vor. Lauras Gruppe befasst sich mit den Ostfriesischen Inseln. Die Größe der Inseln sollen in einem Säulendiagramm veranschaulicht werden.
Zeichne ein solches Säulendiagramm.

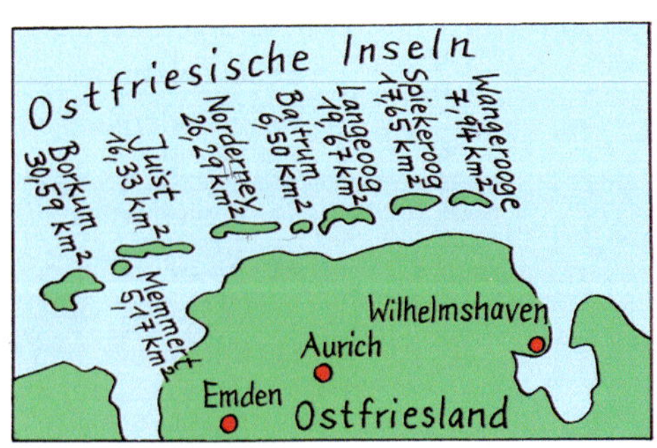

12. Fasse die Informationen in einer Tabelle zusammen und zeichne ein Säulendiagramm.

Bedeutende Weltrekord-Halter im Stabhochsprung

Den ersten Weltrekord, seit mit Kunststoffstäben gesprungen wird, errang im Jahr 1961 der US-Amerikaner George Davies mit 4,83 m. Sein Landsmann John Pennel hielt insgesamt 8-mal den Weltrekord, zuletzt 1969 mit 5,44 m. Der Schwede Kjell Isaksson schaffte dies nur 3-mal, verbesserte aber den Weltrekord auf 5,59 m im Mai 1972. Thierry Vignerson aus Frankreich konnte 5-mal den Weltrekord halten, zuletzt im Jahr 1984 mit 5,94 m.
Die prägendste Gestalt des Stabhochsprungs der Männer ist aber der Ukrainer Sergej Bubka. Bubka überquerte als Erster am 3. Juli 1985 in Paris die magische Sechs-Meter-Marke.
Mit seinem bis heute unübertroffenen Weltrekord von 6,14 m am 31. Juli 1994 setzte der „Himmelsstürmer" neue Maßstäbe und gewann alles, was es zu gewinnen gab. 35 Mal verbesserte Bubka meist zentimeterweise den Weltrekord. Sechsmal in Folge wurde der Stabartist Weltmeister (1983 bis 1997), jedoch nur einmal Olympiasieger.

13. In 1 kg Früchten sind jeweils folgende Mengen an Vitamin E enthalten.
Ordne sie nach dem Gehalt an Vitamin E und zeichne ein Säulendiagramm.

Das kann ich noch!

A) In welchen Fällen liegt ein Quadernetz vor?

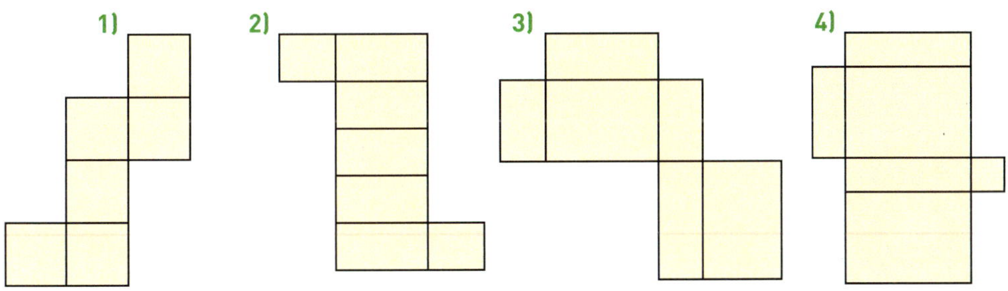

B) Das Schrägbild zeigt einen teilweise gefärbten Quader. Zeichne ein dazu passendes Netz.

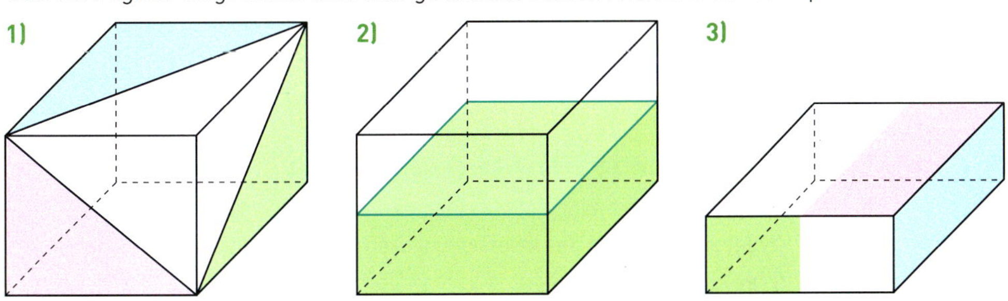

Gangschaltung beim Fahrrad

Niklas' Freund Markus hat ein neues Fahrrad mit 21 Gängen bekommen. Niklas wünscht sich zum Geburtstag auch ein solches Fahrrad. Seine Mutter hat Bedenken:
„Bei einer 21-Gang-Kettenschaltung gibt es keine Rücktrittbremse wie bei einer Nabenschaltung. Brauchst du denn wirklich so viele Gänge? Reichen die 7 Gänge einer Nabenschaltung nicht aus?"
Zur Klärung solcher Fragen wollen wir die Leistung verschiedener Gangschaltungen untersuchen.

1. Bei einer 21-Gang-Schaltung sind vorne bei den Pedalen 3 Zahnräder (Kettenblätter) und am Hinterrad 7 Zahnräder (Ritzel).
In jedem Gang läuft die Kette über ein Kettenblatt und ein Ritzel. Wir bezeichnen die Kettenblätter mit A, B und C sowie die Ritzel mit a, b, c, d, e, f und g.
Schreibe die verschiedenen Kombinationsmöglichkeiten für den Lauf der Kette auf, z. B. A – a.
Wie viele Kombinationen gibt es?

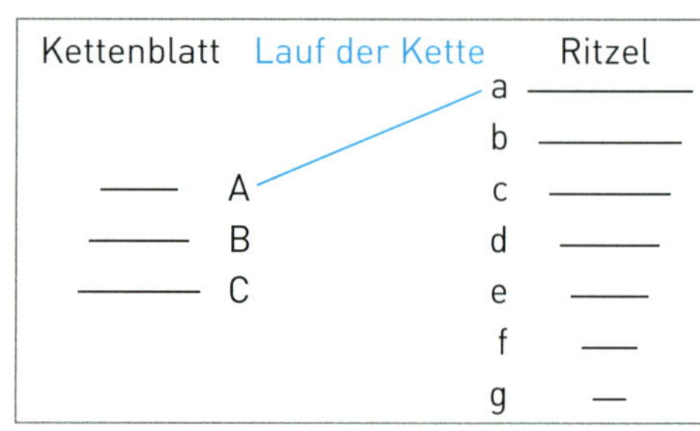

2. Je nach Größe dieser Zahnräder ergibt sich eine andere Übersetzung. Markus' Fahrrad hat Kettenblätter mit 24, 36 und 48 Zähnen und Ritzel mit 12, 14, 16, 18, 21, 24 und 28 Zähnen. Läuft die Kette z.B. über das Kettenblatt mit 24 Zähnen und das Ritzel mit 24 Zähnen, so bewirkt eine Pedaldrehung eine volle Umdrehung des Hinterrades. Läuft die Kette dagegen über das Kettenblatt mit 24 Zähnen und das Ritzel mit 12 Zähnen, so bewirkt eine Pedaldrehung sogar 2 volle Umdrehungen des Hinterrades. Man muss dann entsprechend schwerer treten. Läuft die Kette aber über das Kettenblatt mit 24 Zähnen und das Ritzel mit 28 Zähnen, so bewirkt eine volle Pedaldrehung weniger als eine volle Drehung des Hinterrades. Das Treten fällt nun sehr leicht.

Übersetzungsverhältnis

Allgemein beschreibt man den Zusammenhang zwischen den Pedaldrehungen und den Drehungen des Hinterrades durch das Übersetzungsverhältnis. Es gilt:

$$\text{Übersetzungsverhältnis} = \frac{\text{Zahl der Zähne des Kettenblattes}}{\text{Zahl der Zähne des Ritzels}}$$

a) Lege im Heft eine Tabelle an, in der du für jeden Gang, d. h. jede Kombinationsmöglichkeit der Zahnräder, das Übersetzungsverhältnis als gekürzten Bruch einträgst.

	a	b	c	d	e	f	g
A							
B							
C							

b) Wie viele verschiedene Gänge bleiben noch, wenn du mehrfach vorkommende Übersetzungsverhältnisse nicht mehrfach zählst?

3. **a)** Erweitere alle Übersetzungsverhältnisse auf den Hauptnenner und ordne sie nach zunehmender Größe.
b) Welche Übersetzungsverhältnisse unterscheiden sich nur wenig?
Wie viele Gänge bleiben dann noch übrig, wenn du nicht mehr zwischen wenig voneinander abweichenden Übersetzungsverhältnissen unterscheidest?

4. Beim Schalten kann man entweder die Kette von einem Kettenblatt auf ein benachbartes wechseln oder von einem Ritzel auf ein benachbartes wechseln.
Betrachte den Gang B – d.
In welche Gänge kann man umschalten?
Wie ändert sich jeweils das Übersetzungsverhältnis?

5. Nabenschaltungen haben ein schwierig aufgebautes Getriebe.
Bei ihnen lässt sich das Übersetzungsverhältnis nicht so einfach berechnen.
Für eine 7-Gang-Nabenschaltung (mit 46er-Kettenblatt und 24er-Ritzel) hat der Hersteller für die einzelnen Gänge die Gangabwicklung angegeben. Das ist die Strecke, die das Fahrrad bei einer Pedaldrehung zurücklegt. Die in der Tabelle angegebenen Gangabwicklungen gelten für ein 28"-Rad mit dem Umfang 2250 mm.

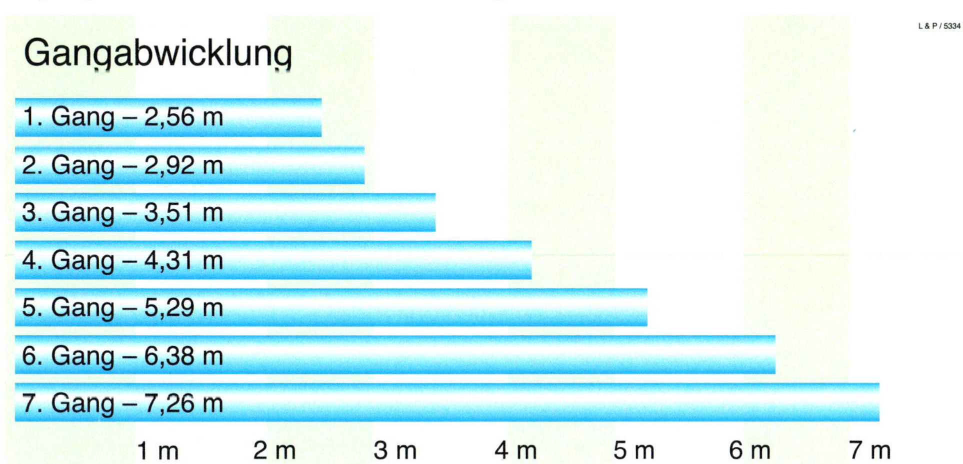

Berechne für die Gänge von Markus' Rad aus dem Übersetzungsverhältnis die Gangabwicklung auf mm gerundet. Zeichne zum Vergleich ein entsprechendes Balkendiagramm. Vergleiche damit das 21-Gang-Rad mit dem 7-Gang-Rad. Berücksichtige auch, dass man nicht von jedem Gang direkt in jeden anderen schalten kann.
Welchen Rat würdest du Niklas und seiner Mutter geben?

3.4 Addieren und Subtrahieren von Dezimalbrüchen

Ziel

Hier lernst du, wie man Dezimalbrüche addiert und subtrahiert.

Zum Erarbeiten

Addieren von Dezimalbrüchen

Bei den Olympischen Winterspielen 2010 in Vancouver gewann Tatjana Hüfner aus Oberwiesenthal die Goldmedaille beim Rodeln im Einsitzer. Die Gesamtzeit von vier Läufen entscheidet über die Platzierung.
Berechne die Gesamtzeit von Tatjana Hüfner.

Tatjana Hüfner

1. Lauf	41,760 s	3. Lauf	41,666 s
2. Lauf	41,481 s	4. Lauf	41,617 s

➔ Die Zeiten der vier Läufe müssen addiert werden. Man kann ähnlich vorgehen wie beim Addieren natürlicher Zahlen.

1. Schritt: Man schreibt die Zahlen (ohne die Einheit s) stellengerecht untereinander.

2. Schritt: Man addiert zunächst die *Tausendstel* und achtet auf die Überträge:

$\frac{7}{1000} + \frac{6}{1000} + \frac{1}{1000} + \frac{0}{1000} = \frac{14}{1000} = \frac{1}{100} + \frac{4}{1000}$

Dann addiert man die *Hundertstel*:

$\frac{1}{100} + \frac{1}{100} + \frac{6}{100} + \frac{8}{100} + \frac{6}{100} = \frac{22}{100} = \frac{2}{10} + \frac{2}{100}$

die *Zehntel*:

$\frac{2}{10} + \frac{6}{10} + \frac{6}{10} + \frac{4}{10} + \frac{7}{10} = \frac{25}{10} = 2 + \frac{5}{10}$

die *Einer*:

$2 + 1 + 1 + 1 + 1 = 6$

die *Zehner*:

$4 \cdot 10 + 4 \cdot 10 + 4 \cdot 10 + 4 \cdot 10 = 16 \cdot 10 = 1 \cdot 100 + 6 \cdot 10$

Ergebnis: Tatjana Hüfner erzielte die Gesamtzeit 166,524 s, das sind 2 min 46,524 s.

H	Z	E	z	h	t
	4	1	7	6	0
	4	1	4	8	1
	4	1	6	6	6
	4	1	6	1	7
		2	2	1	
1	6	6	5	2	4

```
    41,760
  + 41,481
  + 41,666
  + 41,617
      221
  ---------
   166,524
```

Komma unter Komma

Subtrahieren von Dezimalbrüchen

Wie groß ist der Zeitunterschied zwischen dem schnellsten und dem langsamsten Lauf von Tatjana Hüfner?

➔ Der 2. Lauf war der schnellste, der 1. Lauf der langsamste. Subtrahiere die Zeiten.

1. Schritt: Man schreibt die Zahlen (ohne die Einheit s) stellengerecht untereinander.

2. Schritt: Man subtrahiert nacheinander die Tausendstel, Hundertstel, Zehntel, Einer, Zehner und achtet auf die Überträge.

Ergebnis: Der Zeitunterschied beträgt 0,279 s.

Z	E	z	h	t
4	1	7	6	0
4	1	4	8	1
		1	1	
0	0	2	7	9

```
    41,760
  - 41,481
       11
  --------
     0,279
```

Komma unter Komma

Kontrolliere durch Addieren

Addieren und Subtrahieren von Dezimalbrüchen

Wie bei natürlichen Zahlen werden Dezimalbrüche stellenweise addiert und subtrahiert. Dabei muss Komma unter Komma stehen.

Beispiele:

78,432	136,35
+ 10,0897	− 84,275
1 1	1 11
88,5217	52,075

Zum Üben

1. Erläutere die Aufgabe 0,2 + 0,9 + 0,3 am Bild rechts.

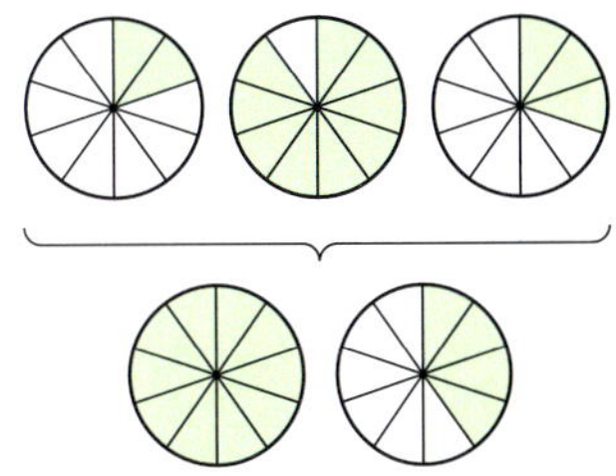

2. Rechne im Kopf.

a) 1,2 + 0,6; 2,5 + 0,8
b) 3,8 + 1,3; 2 + 3,49
c) 4,8 + 3,91; 0,54 + 0,27
d) 0,7 + 0,19; 9,99 + 0,1
e) 2,8 − 0,9; 3,8 − 0,4
f) 9,6 − 1,3; 7,4 − 0,8
g) 3,4 − 0,6; 6,49 − 2
h) 1,43 − 0,7; 5,96 − 1,2

3. Julia hat zum Geburtstag Inlineskater und einen Helm bekommen. Damit bei einem Sturz die Verletzungsgefahr nicht so groß ist, braucht sie wenigstens noch Handschuhe, Ellenbogenschützer und Knieschützer. Ein Sportgeschäft hat ein Sonderangebot.

a) Wie viel Euro muss sie für die Ausrüstung noch ausgeben?
b) Julia hat in ihrer Spardose 62,45 €. Wie viel bleibt noch übrig?

4. Welche Fehler wurden gemacht? Berichtige.

a) 5,43 + 3,8 = 8,51
b) 0,4 + 3 = 0,7
c) 12,59 + 2,8 = 12,87
d) 3,64 − 1,3 = 2,61
e) 7,8 − 5 = 7,3
f) 9,58 − 1,4 = 9,44

5. Gib die nächsten sechs Zahlen an.

a) Zähle in Zehntelschritten bei 0,6 [1,75] beginnend weiter.
b) Zähle in Hundertstelschritten bei 0,95 [2,957] beginnend weiter.
c) Zähle in Zehntelschritten bei 2,4 [5,24] beginnend rückwärts.
d) Zähle in Hundertstelschritten bei 1,05 [3,022] beginnend rückwärts.

6. Rechne schriftlich. Führe zuerst einen Überschlag durch.

a) 11,634 + 3,8931 + 2,14
b) 16,38 − 9,87
c) 36,51 + 59,7284 + 7,653
d) 17,683 − 1,085
e) 156,6301 + 46,123 + 29,18
f) 438,347 − 251,0896

7.
a) 27,246 + 10,031
b) 4,603 + 11,046
c) 49,002 + 50,719
d) 1,6843 + 5,0090
e) 26,66 + 14,7
f) 3,6571 + 0,9
g) 27,035 + 125,96
h) 0,7607 + 0,40681
i) 26,39 + 18,376
j) 38,79 + 0,804 + 4,378
k) 4,865 + 0,95 + 10,6
l) 16,15 + 7,387 + 31,9

8. Berechne.

a) 38,246 – 10,031 **b)** 11,608 – 5,304 **c)** 59,002 – 50,997 **d)** 3,8642 – 1,0090 **e)** 29,09 – 12,7 **f)** 143,96 – 27,053 **g)** 0,7806 – 0,40681 **h)** 6,7859 – 0,9

9. Du erhältst auffallende Ergebnisse.

a) 1,2745 + 2,0588 **b)** 0,5326 + 0,7019 **c)** 6,20873 + 3,66781 **d)** 63,403 + 2,2332 **e)** 3,6842 – 1,462 **f)** 1,7671 – 0,5326 **g)** 14,3765 – 4,5 **h)** 62,403 – 0,7767

10. Rechne wie im Beispiel rechts.

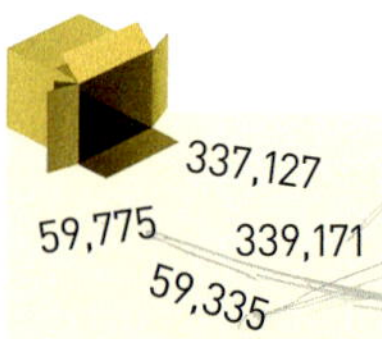

a) 463,747 – 106,052 – 18,524

b) 92,549 – 7,851 – 24,923

c) 80,675 – 7,24 – 14,1

d) 479,9 – 38,423 – 104,35

Beispiel:

43,75
– 7,28
– 12,54
11 1
23,93

Zuerst die Hundertstel: 4 + 8 = 12; 12 + 3 = 15
3 hinschreiben, 1 Übertrag

Dann die Zehntel: 1 + 5 + 2 = 8 8 + 9 = 17
9 hinschreiben, 1 Übertrag

11. **a)** 214,6 – 37,98 – 2,40 **b)** 176,5 – 8,91 – 3 **c)** 93,55 – 14,003 – 22,1 **d)** 200 – 18,75 – 44,557 **e)** 34,075 – 0,081 – 7,4 **f)** 3,4032 – 0,48 – 1,00245

12. Janas Vater hat auf seiner Geldkarte noch ein Guthaben von 178,32 €. An der Tankstelle lässt er für Benzin 35,86 € abbuchen. Welches neue Guthaben hat die Geldkarte noch?

13. Ein Anhänger mit dem Leergewicht 0,75 t wurde mit Rüben beladen. Er wiegt jetzt 3,46 t. Wie viel wiegt die Ladung?

14. Frau Weise liest jeden Monat den Stand ihrer Wasseruhr ab.

a) Wie viel m^3 Wasser hat sie im Januar, im Februar, im März verbraucht?

b) Wie hoch war der Verbrauch im 1. Vierteljahr?

Datum	Stand der Wasseruhr
1. Januar	1923,225 m^3
1. Februar	1939,164 m^3
1. März	1958,966 m^3
1. April	1976,346 m^3

15. Ein Versandhändler hat für alle Waren deren Gewicht tabelliert.
Ein Kunde bestellt ein 1,023 kg schweres Buch, ein 0,523 kg schweres Buch, ein 0,196 kg schweres Taschenbuch und eine 0,087 kg schwere CD. Die Verpackung wiegt 0,127 kg. Sendungen bis zu einem Gewicht von 2 kg sind Päckchen, schwerere sind Pakete.
Stelle geeignete Fragen und beantworte sie.

16. Vervollständige in deinem Heft. Die Summe zweier Zahlen steht im Feld darüber.

a)

		100		
		24,6		
	14		17,86	
3,54	4,8		1,4	16,46

b)

		50		
		14,979		
2,454		8,205		
	0,274		1,705	0,904

17. Addiere die Zahlen in jeder Zeile und jeder Spalte. Addiere zuletzt die drei Ergebnisse in den Zeilen sowie die drei Ergebnisse in den Spalten. Was fällt dir auf?

a)

14,8	44,3	0,798	
9,25	0,84	12,9	
10,62	0,413	4,28	

b)

24,15	0,196	0,461	
9,8	42		
1,965		0,97	3,235
		16,501	

18. Berechne den Umfang folgender Grundstücke (Angaben in Meter).

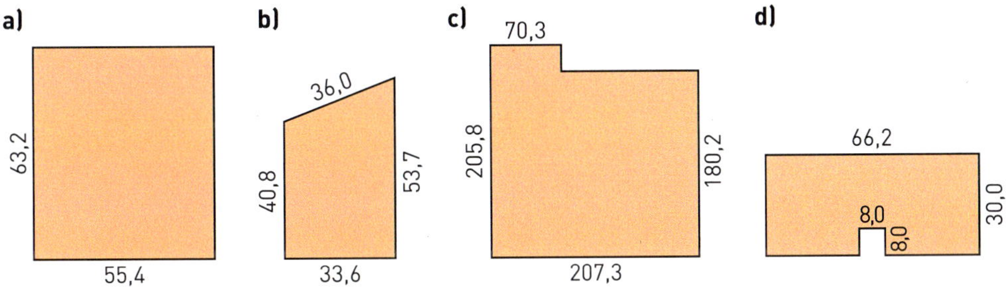

Brachland
Ackerland auf dem nichts geerntet wird.

19. Ein Bauernhof ist 32,95 ha groß. Davon sind 22,4 ha Ackerland, 3,2 ha Wald, 4,85 ha Wiesen und Weiden. Auf Hofraum und Wege entfallen 1100 m². Der Rest ist Brachland. Wie viel ha Brachland sind es? Schätze zunächst.

20. Aus je zwei Zahlen kannst du eine Additionsaufgabe bilden.

a) Suche die Aufgabe mit dem größten Ergebnis; löse sie.

b) Suche die Aufgabe mit dem kleinsten Ergebnis; löse sie.

c) Suche die Aufgaben, bei denen das Ergebnis zwischen 20 und 30 liegt.

21. Zu jedem Ergebnis gehört ein Buchstabe. Die Buchstaben ergeben in der Reihenfolge der Ergebnisse einen Text.

51,6 – 27,44	100 – 5,806	7,39 + 3,805
6,045 + 0,58	33,05 + 13,96	70,02 – 58,9
12,806 + 11,95	50,9 – 31,25	5,008 + 0,996
0,968 + 0,083	1,68 + 34,09	4,17 + 0,856
46,14 – 2,49	78 – 59,66	10 – 8,677
4,06 + 22,38	5,38 – 4,611	12,5 + 6,088
10,5 – 1,048	180 – 31,05	6,013 – 0,847
993,1 – 822,85	12,4 + 41,68	

6,625	A	1,051	H	9,452	O
148,95	A	47,01	H	26,44	S
6,004	A	5,026	L	11,195	S
43,65	E	1,323	L	24,756	T
19,65	E	170,25	L	18,34	T
0,769	E	94,194	L	35,77	U
18,588	E	24,16	M	54,08	U
11,12	F	5,166	N		

22. Übertrage in dein Heft und ergänze fehlende Ziffern.

a)	b)	c)	d)	e)
1□,□8	1□6,□0□	98,□4	156,7□6	0,□4□6
+ 4,3□	+ 4□,095	+ 24,9□	+ 2□6,□05	+ 0,804□
20,14	204,8□0	12□,97	□7□,19□	□,5□31

3.5 Multiplizieren und Dividieren von Dezimalbrüchen mit Stufenzahlen

Einstieg

Eine 1-Euro-Münze ist 2,125 mm dick und 7,5 g schwer.
Wie hoch ist ein Stapel aus 10, 100, 1 000 Münzen?
Wie viel wiegt jeweils der Stapel?

Aufgabe 1

a) Toni weiß, dass ein einzelnes Blatt Kopierpapier ungefähr 0,045 mm dick ist.
Wie dick ist ein Stapel aus 10 Blatt, 100 Blatt, 1000 Blatt?

b) Florians Schreibblock hat 100 Blatt und ist 7,5 mm dick.
Wie dick sind 10 Blatt? Wie dick ist ein Blatt?

c) Formuliere Regeln über das Multiplizieren und Dividieren eines Dezimalbruches mit einer Stufenzahl.

Lösung

a) Ein Blatt ist 0,045 mm, also 45 tausendstel mm dick.
Dann sind 10 Blatt 10-mal so dick, also 450 tausendstel mm. Das sind 45 hundertstel mm, also:
$10 \cdot 0{,}045 = 10 \cdot \frac{45}{1000} = \frac{45}{100} = 0{,}45$
Entsprechend sind 100 Blatt 100-mal so dick wie ein Blatt, also 4 500 tausendstel mm.
Das sind 450 hundertstel mm, also 45 zehntel mm:
$100 \cdot 0{,}045 = 100 \cdot \frac{45}{1000} = \frac{45}{10} = 4{,}5$
Entsprechend ergibt sich: $1\,000 \cdot 0{,}045 = 1\,000 \cdot \frac{45}{1000} = 45$
Ergebnis: 10 Blatt Papier sind 0,45 mm, 100 Blatt 4,5 mm und 1000 Blatt 45 mm dick.

H	Z	E	z	h	t
		0	0	4	5
		0	4	5	
		4	5		
	4	5			

(·10, ·10, ·10; ·100; ·1000)

Strategie: Zurückführen auf das Vervielfachen und Teilen eines Bruches.

b) 100 Blatt sind 75 zehntel mm dick.
10 Blätter sind dann nur ein Zehntel so dick, also 75 hundertstel mm:
$7{,}5 : 10 = \frac{75}{10} : 10 = \frac{75}{100} = 0{,}75$
Entsprechend findest du
$7{,}5 : 100 = \frac{75}{10} : 100 = \frac{75}{1000} = 0{,}075$
Ergebnis: 10 Blatt Papier sind 0,75 mm, 1 Blatt 0,075 mm dick.

H	Z	E	z	h	t
		7	5		
		0	7	5	
		0	0	7	5

(:10, :10; :100)

c) Du findest folgende Regeln:

Multiplizieren und Dividieren eines Dezimalbruches mit einer Stufenzahl

Man multipliziert einen Dezimalbruch mit 10, 100, 1000, ..., indem man das Komma um 1, 2, 3, ... Stellen nach rechts verschiebt.
Wenn rechts nicht mehr genügend Ziffern stehen, so ergänzt man Nullen.
Beispiel: $100 \cdot 2{,}5 = 100 \cdot 2{,}50 = 250$

Man dividiert einen Dezimalbruch durch 10, 100, 1 000, ..., indem man das Komma um 1, 2, 3, ... Stellen nach links verschiebt.
Wenn links nicht mehr genügend Ziffern stehen, so ergänzt man Nullen.
Beispiel: $8{,}5 : 100 = 008{,}5 : 100 = 0{,}085$

Übungsaufgaben

2. Berechne im Kopf.

a) 100 · 3,7
10 · 46,46
10 · 2,09
100 · 0,63

b) 10 · 0,003
1000 · 4,2
100 · 0,0005
1000 · 0,0002

c) 3,7 : 10
63,63 : 100
2,081 : 10
60 : 100

d) 700 : 1000
789,3 : 1000
92 : 10
0,1 : 100

3. Betrachte den Dezimalbruch 8,673. Wie ändert sich der Stellenwert der Ziffer 7 [der Ziffer 6], wenn man den Dezimalbruch

a) mit 10, 100, 1000, 10 000 multipliziert?

b) durch 10, 100, 1000, 10 000 dividiert?

4. **a)** Berechne das Zehnfache von 0,0024.
b) Berechne das Hundertfache von 0,036.
c) Berechne das Tausendfache von 0,071.
d) Berechne ein Zehntel von 0,86.
e) Berechne ein Tausendstel von 3,71.
f) Berechne ein Hunderttausendstel von 65.

5. **a)** Ein menschliches Haar erscheint unter einem Mikroskop bei 1000-facher Vergrößerung 60 mm dick. Wie dick ist das menschliche Haar in Wirklichkeit?
b) Wie dick erscheint ein 0,005 mm dicker Spinnwebfaden bei 1000-facher Vergrößerung?

6. **a)** Legt 10 CDs übereinander und messt die Höhe des Stapels. Wie dick ist eine CD?
b) Die Blätter eines Telefonbuches sind sehr dünn. Überlegt ein Verfahren, um die Dicke eines Blattes zu bestimmen.

7. Der Maßstab 1 : 10 000 000 bedeutet, dass 1 cm auf der Karte einer Strecke von 10 000 000 cm in Wirklichkeit entspricht.

a) Wie lang wird ein 180 km langes Schienenstück auf einer Karte mit dem oben angegebenen Maßstab?

b) Wie weit sind die Städte voneinander entfernt (Luftlinie)?
Hannover – Dortmund
Emden – München
Berlin – Bielefeld
Frankfurt – Kiel
Bremen – Rostock
Münster – Passau
Mainz – Magdeburg
Köln – Hamburg

c) Stellt euch abwechselnd weitere Aufgaben und löst sie.

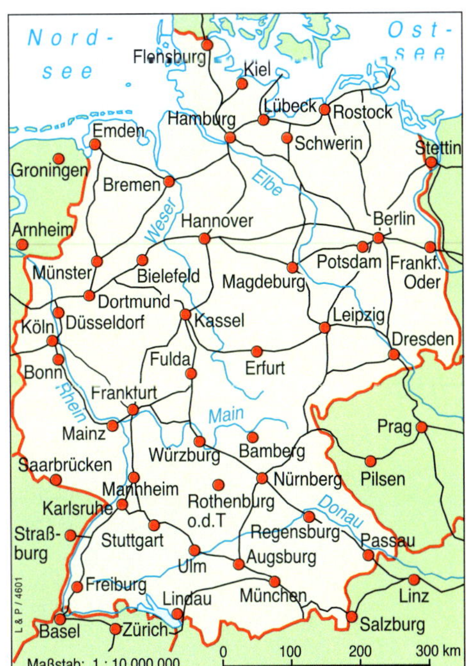

3.6 Multiplizieren von Dezimalbrüchen

Einstieg

a) Berechnet die Preise für 3 kg Bananen, 1,2 kg Weintrauben und 1,125 kg Kirschen.

b) Stellt einander Fragen nach anderen Preisen und beantwortet sie.

c) Findet und begründet eine einfache Regel zum Multiplizieren von Dezimalbrüchen.

Aufgabe 1

Regel für das Multiplizieren von Dezimalbrüchen

Der Zoll (gelegentlich auch: das Zoll) stammt vom mittelhochdeutschen Wort zol, d. h. „abgeschnittenes Stück Holz". Diese Bedeutung passt auch heute noch zum Begriff Zollstock. Der Zoll ist eine alte Längeneinheit, die aber in bestimmten Bereichen heute noch gebräuchlich ist, z. B. in den USA – dort wird er inch genannt. In Deutschland wird der Zoll noch in bestimmten technischen Bereichen verwendet; z. B. zur Angabe von Bildschirmdiagonalen oder von Fahrradreifendurchmessern. Die Abkürzung für Zoll ist ". Es gilt 1" = 2,54 cm.

Berechne für Digitalkameras die Bildschirmdiagonale in cm.

a) 3"   **b)** 1,8"   **c)** 2,75"

Lösung

a) Die Bildschirmdiagonale ist 3-mal so lang wie 2,54 cm; wir berechnen $3 \cdot 2{,}54$.
Dazu schreiben wir den Dezimalbruch 2,54 zunächst als Bruch.

$3 \cdot 2{,}54 = 7{,}62$

$3 \cdot \frac{254}{100} = \frac{762}{100}$ ← Regel für das Vervielfachen von Brüchen

Nebenrechnung: $3 \cdot 254$

```
3·254
    6
   15
    12
  762
```

Die Bildschirmdiagonale ist $7{,}62\,\text{cm} \approx 7{,}6\,\text{cm}$ lang.

b) Um die Regel über das Vervielfachen von Brüchen anwenden zu können, multiplizieren wir mit 18 statt 1,8. So erhalten wir ein 10-mal zu großes Ergebnis, das anschließend wieder durch 10 dividiert werden muss.

$1{,}8 \cdot 2{,}54 = 4{,}572$

$\cdot 10 \downarrow \quad \downarrow \quad \uparrow :10$

$18 \cdot \frac{254}{100} = \frac{4572}{100} = 45{,}72$

Nebenrechnung:

```
18·254
    36
     90
      72
    4572
```

Die Bildschirmdiagonale beträgt $4{,}572\,\text{cm} \approx 4{,}6\,\text{cm}$.

c) Wir multiplizieren zunächst nicht mit 2,75 sondern mit dem 100-mal so großen Faktor 275 und dividieren dann durch 100.

$2{,}75 \cdot 2{,}54 = 6{,}9850$

$\cdot 100 \downarrow \quad \downarrow \quad \uparrow :100$

$275 \cdot \frac{254}{100} = \frac{69\,850}{100} = 698{,}50$

Nebenrechnung:

```
275·254
    550
     1375
      1100
    69850
```

Die Bildschirmdiagonale beträgt $6{,}9850\,\text{cm} \approx 7\,\text{cm}$.

Information

Multiplizieren von Dezimalbrüchen

Da ein Dezimalbruch als Bruch geschrieben werden kann, ergibt sich die Regel für das Multiplizieren von Dezimalbrüchen aus der entsprechenden Regel für das Vervielfachen von Brüchen.

Beispiel: $1{,}5 \cdot 1{,}09 = 1{,}635$

$\cdot 10 \downarrow \quad \downarrow \quad \nwarrow : 10$

$15 \cdot \frac{109}{100} = \frac{1\,635}{100} = 16{,}35$

Nebenrechnung:

$15 \cdot 109$
15
00
135
1635

Beim Vergleichen mit der Nebenrechnung erkennst du, dass man $1{,}5 \cdot 1{,}09$ in zwei Schritten berechnen kann.

1. Schritt: Multipliziere die Dezimalbrüche wie natürliche Zahlen: $15 \cdot 109$
2. Schritt: Trenne im Ergebnis 1 635 mit dem Komma drei Ziffern von rechts ab. Das entspricht einer Division durch 1 000.

Allgemein ergibt sich:

Regel für die Multiplikation von Dezimalbrüchen

(1) Multipliziere zuerst so, als wäre kein Komma vorhanden.

(2) Setze dann das Komma. Rechts vom Komma müssen im Ergebnis so viele Ziffern stehen, wie die beiden Faktoren zusammen nach dem Komma haben.

Beispiel: $2{,}7 \cdot 1{,}25$ (Zehntel, Hundertstel)
27
54
135
3,375 (Tausendstel)

Weiterführende Aufgaben

Kommaverschiebungsregel für Produkte

2. a) Berechne folgende Produkte und vergleiche. Was fällt auf?

(1) $1{,}5 \cdot 0{,}06$ **(2)** $0{,}15 \cdot 0{,}6$ **(3)** $15 \cdot 0{,}006$ **(4)** $0{,}015 \cdot 6$

b) Begründe die folgende Kommaverschiebungsregel.

Kommaverschiebungsregel für Produkte

Der Wert des Produktes ändert sich nicht, wenn man das Komma in beiden Faktoren um gleich viele Stellen *entgegengesetzt* verschiebt.

Beispiel: $0{,}12 \cdot 0{,}07 = 1{,}2 \cdot 0{,}007$ (1 Stelle nach rechts · 10; 1 Stelle nach links : 10)

c) Die obige Kommaverschiebungsregel kannst du auch beim Überschlagsrechnen anwenden. Überlege dir, um wie viele Stellen man günstigerweise das Komma verschiebt.
Führe eine Überschlagsrechnung durch für:

(1) $243{,}2 \cdot 0{,}058$ **(2)** $9\,759{,}52 \cdot 0{,}0012$

$314 \cdot 0{,}047$
$= 3{,}14 \cdot 4{,}7$
$\approx 3 \cdot 5 = 15$

Multiplikation mit einem Faktor kleiner 1

3. Du weißt: Wenn man eine Zahl mit einer natürlichen Zahl außer 0 und 1 multipliziert, dann ist das Ergebnis größer als die Zahl.
Untersuche das bei der Multiplikation mit einem Dezimalbruch, indem du den Preis für 5 ℓ, 1,5 ℓ und 0,4 ℓ Wasser berechnest.

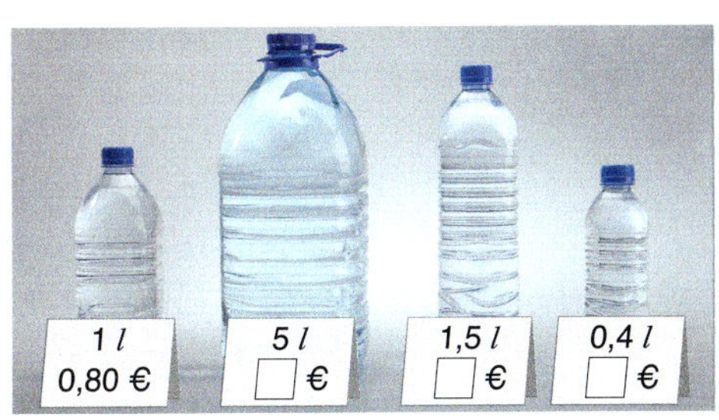

Wenn man eine Zahl mit einem Dezimalbruch größer als 1 multipliziert, dann ist das Ergebnis größer als die Zahl. Multipliziert man jedoch eine Zahl mit einem Dezimalbruch kleiner als 1, dann ist das Ergebnis kleiner als die Zahl.
Beispiele: $7 \cdot 1{,}3 = 9{,}1 > 7$ $7 \cdot 0{,}6 = 4{,}2 < 7$

Übungsaufgaben

4. a) Herr Hey füllt einen Kanister mit 5 ℓ Benzin für den Rasenmäher. Berechne den Preis.
b) Frau May tankt 73,34 ℓ Diesel. Wie viel muss sie bezahlen?

5. Rechne im Kopf. Beachte das Beispiel.

$40 \cdot 0{,}7 = 4 \cdot 10 \cdot 0{,}7$
$= 4 \cdot 7$
$= 28$

a) $30 \cdot 0{,}5$; $300 \cdot 0{,}6$
b) $0{,}02 \cdot 70$; $0{,}4 \cdot 500$
c) $30 \cdot 1{,}3$; $4\,000 \cdot 1{,}2$
d) $1{,}5 \cdot 600$; $2{,}5 \cdot 3\,000$
e) $200 \cdot 0{,}15$; $40 \cdot 0{,}05$
f) $800 \cdot 1{,}25$; $2\,000 \cdot 2{,}05$

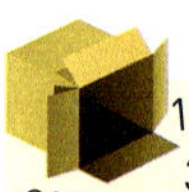
1855,602
35,216
31527,36
2762,05
Lösungen zu e) und f)

6. Mache zuerst einen Überschlag. Rechne schriftlich.
a) $3{,}15 \cdot 7$; $0{,}859 \cdot 8$
b) $10{,}53 \cdot 5$; $6{,}9 \cdot 23$
c) $4{,}36 \cdot 13$; $12{,}7 \cdot 15$
d) $0{,}533 \cdot 28$; $17{,}5 \cdot 25$
e) $74{,}65 \cdot 37$; $0{,}568 \cdot 62$
f) $4{,}909 \cdot 378$; $64{,}08 \cdot 492$

7. Berechne nur eines der Produkte. Bestimme die anderen durch Kommaverschiebung.

a)	b)	c)	d)	e)	f)
$49 \cdot 17$	$52 \cdot 13$	$29 \cdot 22$	$12 \cdot 24$	$25 \cdot 18$	$36 \cdot 29$
$4{,}9 \cdot 17$	$13 \cdot 0{,}52$	$0{,}22 \cdot 29$	$1{,}2 \cdot 24$	$25 \cdot 0{,}18$	$0{,}36 \cdot 29$
$17 \cdot 0{,}049$	$5{,}2 \cdot 13$	$29 \cdot 0{,}022$	$0{,}012 \cdot 24$	$2{,}5 \cdot 18$	$2{,}9 \cdot 36$

8. Ein Teebeutel enthält 2,25 g Tee. Eine Packung enthält 25 Beutel.

9. Wie weit solltest du bei der Bildschirmgröße 101 cm [114 cm; 127 cm; 140 cm; 150 cm] vom Gerät entfernt sitzen?

Augen schonen – Abstand vom Fernseher halten

Den richtigen Abstand vom Fernsehgerät hat man, wenn das Bild gerade noch nicht pixelig wirkt, also das menschliche Auge das Bildraster am Fernseher gerade noch nicht erkennt. In den letzten Jahren ist die Bildqualität der Fernsehgeräte und auch ihre Größe stark angestiegen. In der Praxis hat sich folgende Regel bewährt: Der Abstand zum Fernseher sollte bei einem HDTV-Gerät das 1,3-fache der Bildschirmdiagonale betragen.

10. Ein Blatt Papier ist ungefähr 0,055 mm dick, ein Buchdeckel 2 mm.
Wie dick ist ein Buch mit **a)** 224 Seiten, **b)** 448 Seiten?

11. Leons Schule ist 1,45 km von seiner Wohnung entfernt.
a) Wie viel km legt Leon auf seinem Schulweg in einer Woche mit 5 Unterrichtstagen zurück?
b) Wie viel km legt er auf seinem Schulweg in einem Schuljahr mit 197 Schultagen zurück?

12. Ein Mathematikbuch wiegt 0,534 kg. In einem Paket sollen 24 Mathematikbücher versandt werden. Das Verpackungsmaterial wiegt 800 g.
Wie viel wiegt das Paket? Schätze das Ergebnis zunächst ab.

13. Immer zwei Aufgaben haben dasselbe Ergebnis. Suche diese Aufgaben heraus.

0,12 · 4 | 0,2 · 30 | 0,2 · 7 | 1,5 · 6 | 0,35 · 4 | 3 · 0,16 | 35 · 0,06
5 · 1,8 | 0,15 · 40 | 25 · 0,5 | 0,9 · 15 | 6 · 2,25 | 3,125 · 4 | 3 · 0,7

14. Führe zunächst einen Überschlag durch. Runde so, dass du im Kopf rechnen kannst. Rechne dann genau.

a) 46,2 · 3,1; 73,2 · 1,25; 9,3 · 15,4
b) 12,4 · 11,55; 36,6 · 2,5; 36,9 · 1,8
c) 12,3 · 5,4; 36,04 · 3,6; 9,01 · 14,4
d) 5,34 · 2,79; 1,86 · 8,01; 16,02 · 0,93

15. Wo steckt der Fehler? Berichtige und erkläre.

a) 7,4 · 0,1 = 7,4 b) 0,2 · 0,4 = 0,8 c) 4,7 · 10 = 4,70 d) 5,3 · 7,2 = 35,6

16. Multipliziere die außen stehenden Zahlen jeweils mit der Zahl im Kreis. Rechne im Kopf. Ordne die Ergebnisse der Größe nach.

a)
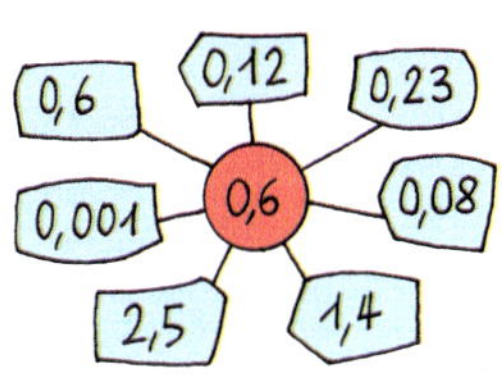

b)
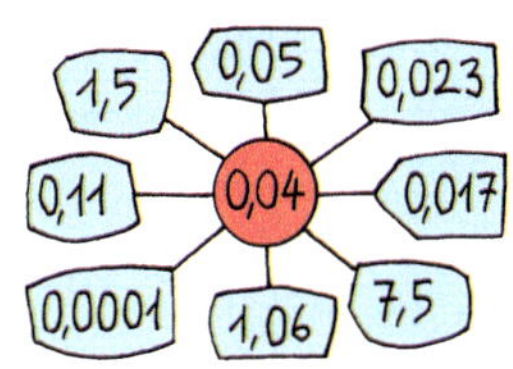

c)
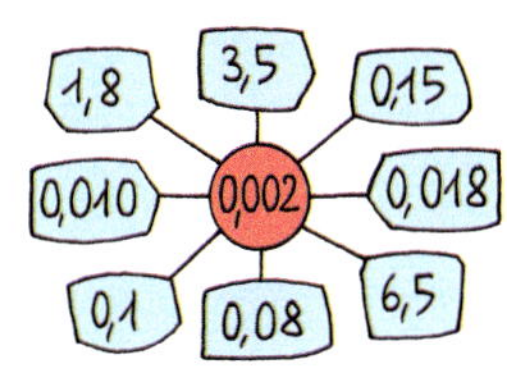

17. Multipliziere 2,7; 27; 0,027 und 0,27 der Reihe nach mit der angegebenen Zahl.

a) 1,5 **b)** 3,6 **c)** 0,72 **d)** 0,018 **e)** 12 **f)** 0,25

18. Aus diesen Zahlen kannst du neun Produkte bilden.

Ergebnisse
390,72; 0,02668; 3,96;
0,00138; 2,4288; 0,0435;
0,00225; 4,292; 0,222

19. Berechne. Führe zunächst einen Überschlag durch.

a) 30,8 · 0,29; 5,46 · 0,7
b) 0,43 · 7,09; 0,13 · 8,84
c) 9,93 · 0,19; 0,502 · 7,95
d) 543,6 · 0,27; 8,58 · 0,74
e) 18,9 · 0,348; 8,37 · 0,56
f) 86,7 · 0,19; 0,508 · 53,6

53,6 · 0,29 = 5,36 · 2,9
Überschlag: 5 · 3 = 15

20. a) $1{,}4 \cdot 2{,}6 \cdot 3$; $4{,}9 \cdot 7 \cdot 1{,}5$ **b)** $0{,}62 \cdot 0{,}25 \cdot 17{,}8$; $0{,}3 \cdot 1{,}3 \cdot 10{,}3$ **c)** $13 \cdot 10{,}8 \cdot 0{,}34$; $1{,}6 \cdot 0{,}12 \cdot 28$ **d)** $7{,}2 \cdot 0{,}004 \cdot 0{,}08$; $0{,}32 \cdot 4{,}5 \cdot 0{,}005$

21. Berechne.

a) $0{,}5 \cdot 4{,}8 \cdot 0{,}25 \cdot 1{,}6$; $0{,}5 \cdot 4{,}8 - 0{,}25 \cdot 1{,}6$; $0{,}5 + (4{,}8 - 0{,}25) \cdot 1{,}6$
b) $2{,}52 \cdot (1{,}48 + 8{,}52)$; $2{,}52 \cdot 1{,}48 + 8{,}52$; $(2{,}52 + 1{,}48) \cdot 8{,}52$
c) $5{,}8 \cdot 2{,}9 - 2{,}1 \cdot 5{,}8$; $5{,}8 \cdot (2{,}9 - 2{,}1) \cdot 5{,}8$; $(5{,}8 \cdot 2{,}9 - 2{,}1) \cdot 5{,}8$

Vorrangregeln
- Klammern zuerst
- Punkt- vor Strichrechnung

22. Wie verändert sich der Wert des Produktes $0{,}6 \cdot 0{,}04$, wenn du
a) den 1. Faktor verdoppelst;
b) den 2. Faktor verdoppelst;
c) beide Faktoren verdoppelst;
d) den 1. Faktor halbierst;
e) beide Faktoren halbierst;
f) beide Faktoren verzehnfachst;
g) den 1. Faktor halbierst und gleichzeitig den 2. Faktor verdoppelst?

23. Berechne die Potenzen.
a) $1{,}5^2$ **b)** $8{,}9^2$ **c)** $0{,}23^2$ **d)** $0{,}06^2$ **e)** $1{,}2^3$ **f)** $2{,}5^3$ **g)** $0{,}6^3$

24. Rechts siehst du einen Ausschnitt aus den täglichen Produktionszahlen einer Schokoladenfabrik. Die Geschäftsleitung hat beschlossen, die Produktion auf das 1,5-fache dieser Anzahlen zu steigern. Wie viele Tafeln Schokolade von jeder Sorte sollen hergestellt werden?

	A	B	C	D	E
1	Anzahl der Tafeln Schokolade				
2	Datum	Vollmilch	Halbbitter	Marzipan	Nuss
3	01.06.2012	110000	14000	12000	9000
4					
5					
6					
7					

25. Der Ärmelkanal ist zwischen der französischen Stadt Calais und der englischen Stadt Dover 17,8 Seemeilen breit. 1 Seemeile ist umgerechnet 1,852 km. Wie viel km ist der Kanal breit? Runde das Ergebnis auf ganze km.

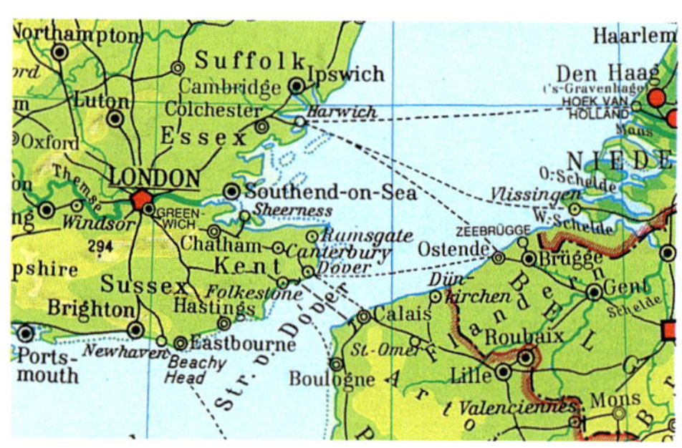

26. Rechts sind die Daten über Kraftstoffe zusammengestellt. Ein Kleinwagen-Tank fasst 43,5 ℓ. Stellt euch geeignete Fragen und beantwortet sie.

Kraftstoff	Preis pro ℓ	Gewicht pro ℓ	So weit kommt ein Kleinwagen mit 1 ℓ
Benzin	1,66 €	0,7 kg	16,2 km
Diesel	1,51 €	0,84 kg	20,6 km

27. Berechne. Runde sinnvoll.
a) 1 m Feuchtraumkabel kostet 0,49 €. Wie viel kosten 6,30 m?
b) 1 kg Rindfleisch kostet 10,80 €. Wie viel kosten 0,745 kg?
c) 1 ℓ Buttermilch kostet 0,69 €. Wie viel kosten 1,5 ℓ?
d) 1 m² Teppichboden kostet 9,69 €. Wie viel kosten 21,20 m²?

28. Die Leistung von Autos wird auch noch in PS angegeben. Diese Einheit ist mittlerweile veraltet. Sie geht zurück auf James Watt, der damit die Leistung von Dampfmaschinen veranschaulichen wollte.
Im Englischen sagt man Horsepower (hp) dafür, im Französischen cheval (ch).
Die offizielle Angabe der Leistung erfolgt mittlerweile auf der ganzen Welt in Kilowatt (kW). Für die Umrechnung von PS in kW gilt: 1 PS = 0,7355 kW.

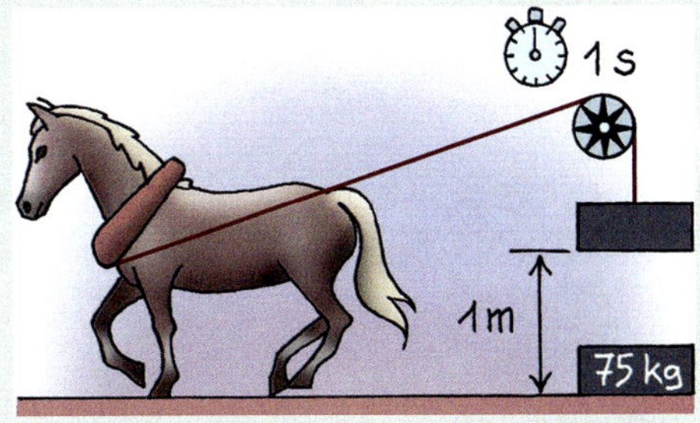

Ein Pferd ist so stark, dass es einen 75 kg schweren Klotz in einer Sekunde einen Meter hochziehen kann

a) Maiks Opa sagt, dass sein Auto 90 PS hat. Wie viele kW sind das?
b) Maiks Opa rechnet mit der Faustformel, dass 4 PS ungefähr 3 kW sind. Auf welche Leistung in kW für sein Auto kommt er?
c) Welcher Umrechnungsfaktor liegt der Faustformel zugrunde?

29. Ein rechteckiges Baugrundstück ist 32,80 m lang und 24,50 m breit. Wie groß ist es?

30. Ein rechteckiges Fenster ist 3,10 m breit und 1,30 m hoch. Wie viel m^2 Glas braucht man?

31. Rechts siehst du den Grundriss eines Wohnzimmers. Es soll einen neuen Teppichboden erhalten.
a) Wie viel m^2 Teppichboden müssen verlegt werden?
b) Die Wohnzimmertür ist 0,80 m breit. Wie viel m Fußleiste müssen angebracht werden?
c) Überlege, ob die Zeichnung entbehrliche Längenangaben enthält.

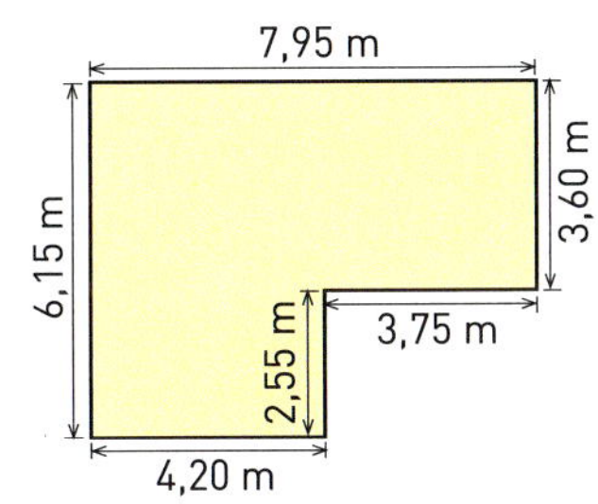

32. Die Räume einer Wohnung erhalten einen neuen Fußbodenbelag.
a) Wie groß ist jede Fußbodenfläche?
b) Berechne die Gesamtkosten.

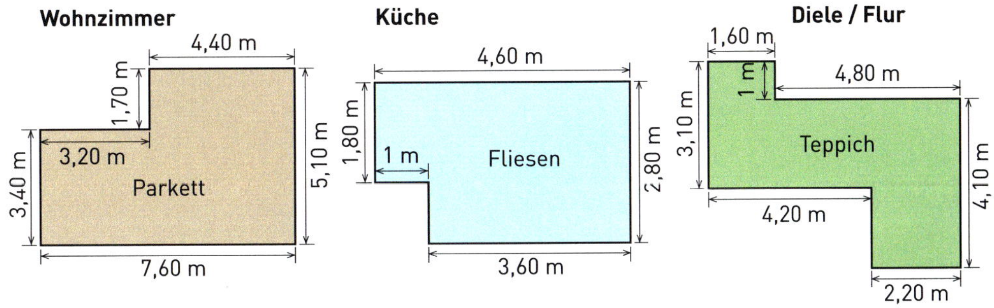

1 m^2 Parkett kostet 35,50 €. 1 m^2 Fliesen kostet 22,90 €. 1 m^2 Teppich kostet 26,49 €.

33. Berechne das Volumen und den Oberflächeninhalt des Quaders.
a) a = 6,5 cm; b = 4,5 cm; c = 2,5 cm
b) a = 56,20 m; b = 37,30 m; c = 22,70 m
c) a = 8,48 m; b = 7,35 m; c = 6,25 cm
d) a = 1,4 cm; b = 3,2 dm; c = 37 mm

34. Ein quaderförmiges Wasserbecken ist 12,50 m lang, 6,50 m breit und 1,80 m tief. Wie viel ℓ Wasser fasst es? Schätze zuerst.

35. Berechne das Volumen und den Oberflächeninhalt des Körpers (Maße in cm).

a)
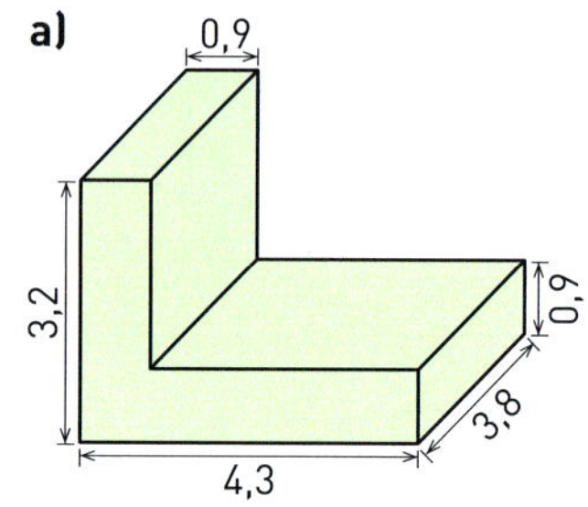

b)
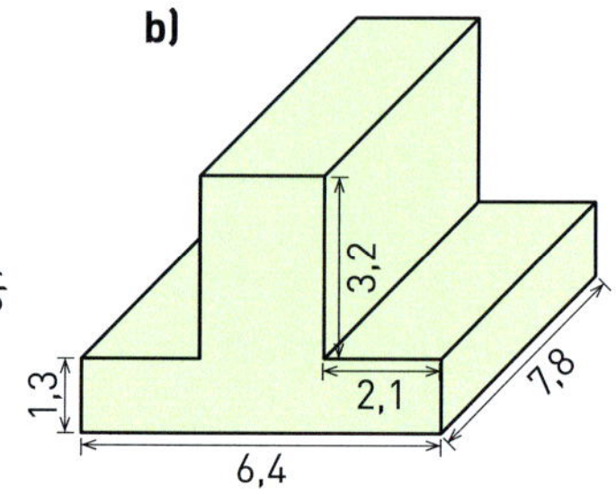

c)
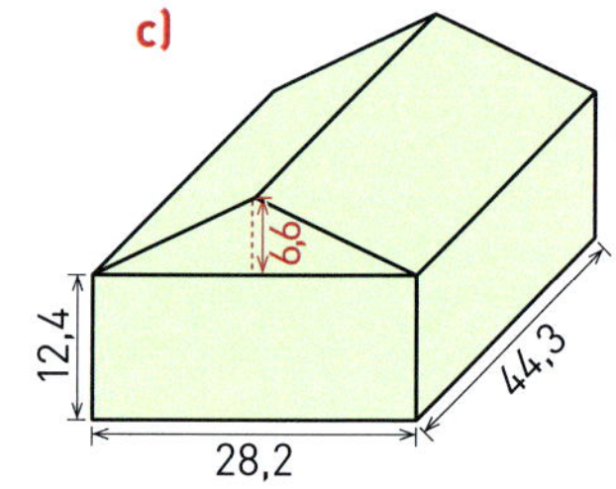

36. Linas Eltern haben eine Pelletheizung. Im Jahr benötigen sie durchschnittlich 6500 kg Pellets. 1 m³ Pellets wiegt 650 kg. Das Pelletlager hat die Maße 1,50 m × 3,20 m × 1,50 m.

a) Reicht eine Lagerfüllung für ein ganzes Jahr?

b) Erkundige dich nach den aktuellen Pellet-Preisen. Wie viel kostet eine vollständige Lagerfüllung?

Brutto-Rauminhalt
Volumen eines Gebäudes

37. Für Architekten spielt die Grundfläche und der Brutto-Rauminhalt eines geplanten Hauses eine große Rolle. Berechne beides für den Winkelbungalow rechts.

Architektenbüro Baier
Haus-Typ 3 / Flachdach

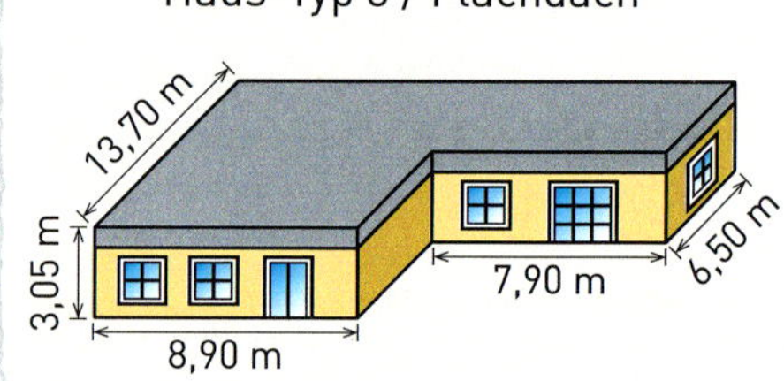

38. Ein Buchhändler möchte 30 Bücher deines Mathematik-Buches in einem einzigen Karton versenden. Entwerft zwei unterschiedliche Kartons und vergleicht sie im Hinblick auf Materialbedarf und Volumen.

39. Wie groß sind die Fußboden- und Wandflächen in eurer Klasse? Vergleicht eure Ergebnisse.

Das kann ich noch!

A) Schreibe zum Rechenbaum einen Term und berechne ihn.

1)
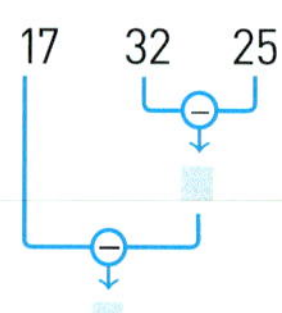

2)
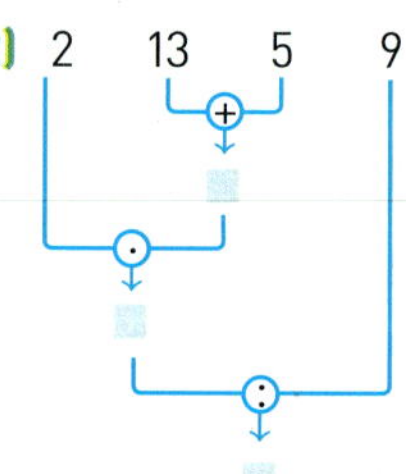

3)
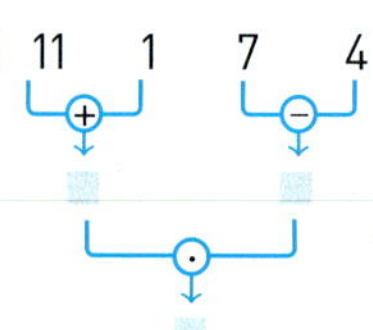

B) Nutze die Rechengesetze zum vorteilhaften Rechnen.

1) $23 \cdot 102 - 23 \cdot 2$
2) $10 \cdot 55 + 990 \cdot 55$
3) $77 \cdot 3 : 7$
4) $(142 + 376) + 58$
5) $76 + (257 + 24)$
6) $(142 + 376) - 76$

3.7 Dividieren von Dezimalbrüchen

3.7.1 Dividieren von Dezimalbrüchen durch natürliche Zahlen

Einstieg

Vanessa möchte gern wissen, wie dick eine Münze ist. Die Dicke einer einzelnen Münze lässt sich nur ungenau messen. Deshalb legt sie acht gleiche Münzen aus ihrem Portmonee übereinander und misst die Höhe des Stapels.

Aufgabe 1

Der menschliche Körper braucht täglich Vitamine (Vitamin C, Vitamin E und andere Vitamine) und Mineralstoffe (Calcium, Eisen, Magnesium u. a.).
Meyers ernähren sich gesundheitsbewusst. Zum Frühstück gibt es Müsli. Der Inhalt der Müsli-Packung rechts soll gleichmäßig auf 6 Mahlzeiten verteilt werden.

a) Wie viel g Vitamin C, wie viel mg Vitamin E sind in einer Mahlzeit enthalten?

b) Wie viel g Mineralstoffe sind in einer Mahlzeit enthalten? Rechne schriftlich.

Lösung

a) *Vitamin C:*
Zu berechnen: 0,18 : 6
0,18 : 6 = 0,03

$\frac{18}{100} : 6 = \frac{3}{100}$

Vitamin E:
Zu berechnen: 1,5 : 6
1,5 : 6 = 0,25

$\frac{15}{10} : 6 = \frac{15}{6 \cdot 10} = \frac{1}{4} = \frac{25}{100}$

Ergebnis: In einer Mahlzeit sind 0,03 g Vitamin C und 0,25 mg Vitamin E enthalten.

b) Berechne den Quotienten 8,97 : 6 schriftlich.
Rechne:

0 Tausendstel ergänzen

	Z	E	z	h	t			E	z	h	t
Dividiere *die Einer:*		8	9	7	0	:6	=	1	4	9	5
	–	6				·6					
die Zehntel:		2	9								
	–	2	4			·6					
die Hundertstel:			5	7							
		–	5	4		·6					
die Tausendstel:				3	0						
			–	3	0	·6					
					0						

Schreibe:

8,97 : 6 = 1,495
– 6
29
– 24
57
– 54
30
– 30
0

Zehntel, jetzt das Komma setzen!

Ergebnis: In einer Mahlzeit sind 1,495 g Mineralstoffe enthalten.
Zur Kontrolle kannst du einen Überschlag machen. Wähle beim Überschlag die Zahlen so, dass du im Kopf rechnen kannst, zum Beispiel 6 : 6 = 1 oder 9 : 6 = 1,5.

Information

Dividieren eines Dezimalbruches durch eine natürliche Zahl

Man dividiert einen Dezimalbruch durch eine natürliche Zahl stellenweise wie eine natürliche Zahl.
Sobald man während der Rechnung das Komma überschreitet, setzt man auch im Ergebnis ein Komma.
Zum Ende der Rechnung kann man gegebenenfalls beim Dezimalbruch nicht geschriebene Endnullen ergänzen.

Beispiel:

2,637 : 6 = 0,4395
0
26
24
 23
 18
  57
  54
   30 (Nicht geschriebene Endnull)
   30
    0

Übungsaufgaben

2. Rechne im Kopf.

a)	b)	c)	d)	e)	f)
3,5 : 5	5,6 : 7	12 : 5	0,48 : 3	10,8 : 9	4,4 : 20
2,4 : 3	3,6 : 2	13 : 4	0,28 : 7	14,4 : 12	8,5 : 50

3. Rechne im Kopf. Dividiere jede äußere Zahl durch die beiden anliegenden inneren Zahlen. Du erhältst jeweils 6 Aufgaben.

a) 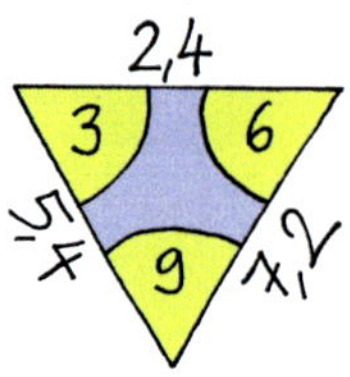

b) 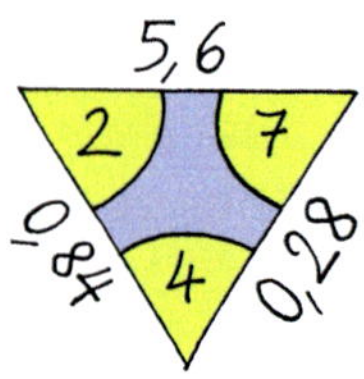

c) 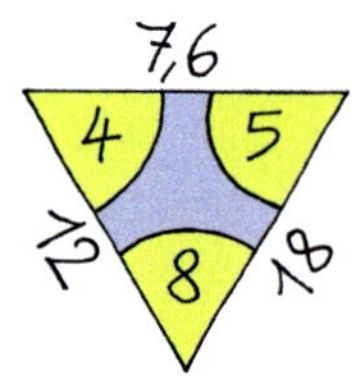

d) 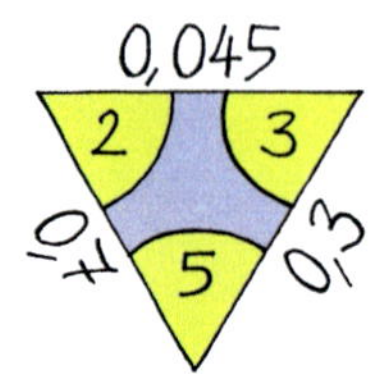

4. Mache zunächst einen Überschlag. Rechne schriftlich. Kontrolliere dein Ergebnis.

a)	c)	e)
8,435 : 5	123,54 : 6	136,96 : 32
45,12 : 12	9,36 : 8	106,92 : 36
43,52 : 17	72,09 : 9	137,75 : 19
b)	**d)**	**f)**
5,224 : 8	0,714 : 3	1,9244 : 68
2,436 : 12	4,315 : 5	1,0047 : 17
0,1977 : 3	7,028 : 7	0,2738 : 74

Überschlag: 10,2 : 12 ≈ 10 : 10 = 1
Rechnung: 10,2 : 12 = 0,85
0
102
– 96
 60 (Endnull anhängen!)
– 60
 0

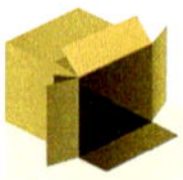

0,06875
0,418
0,056
0,935
Ergebnisse zu e) und f)

5.

a)	b)	c)	d)	e)	f)
75,6 : 25	18,6 : 5	18,3 : 64	0,21 : 12	5,61 : 6	0,55 : 8
11,4 : 15	14,9 : 4	21,7 : 16	0,609 : 7	4,598 : 11	0,504 : 9

6. Zu jedem Ergebnis gehört ein Buchstabe.
Die Buchstaben ergeben in der Reihenfolge der Ergebnisse einen Text.

2,8	**A**	0,17	**E**	0,1752	**S**
0,54	**A**	0,127	**E**	0,027	**S**
3,24	**A**	1,305	**F**	0,975	**S**
0,38	**B**	2,95	**H**	0,845	**T**
0,177	**C**	0,076	**H**	0,85	**T**
0,903	**D**	2,3	**I**	1,36	**T**
4,2	**E**	3,7	**M**		

18,5 : 5	6,76 : 8	11,9 : 14
19,6 : 7	8,127 : 9	0,635 : 5
5,44 : 4	5,94 : 11	7,83 : 6
17,7 : 6	0,54 : 20	22,68 : 7
50,4 : 12	9,5 : 25	0,354 : 2
34,5 : 15	5,1 : 30	0,228 : 3
1,752 : 10	3,9 : 4	

7. Aus diesen Zahlen kannst du neun Quotienten bilden.

Ergebnisse

0,019; 2,72; 0,498;
0,68; 0,1245; 0,095;
3,4; 0,6225; 0,076

8. Runde das Ergebnis auf die angegebene Stelle.

a) 8,3 : 13 (Zehntel)
3,7 : 29 (Hundertstel)
28,5 : 9 (Hundertstel)

b) 10,4 : 48 (Tausendstel)
8,26 : 14 (Zehntel)
348,4 : 18 (Hundertstel)

c) 21 : 8 (Hundertstel)
12 : 7 (Tausendstel)
37 : 11 (Hundertstel)

9. **a)** Ein Notizblock mit 75 Blatt Papier ist 4,5 mm dick. Wie dick ist ein Blatt Papier?
b) Der Notizblock wiegt 77,4 g. Wie viel g wiegt ein Blatt Papier aus diesem Block?

10. In den beiden Fahrstühlen eines Hotels sieht man diese Schilder. Vergleiche.

Das Anwenden der Rundungsregel ist nicht immer sinnvoll!

11. Formuliere selbst Aufgaben. Runde die Ergebnisse sinnvoll.
a) Eine Erdbeertorte kostet 11,50 €. Sie wird in 12 Stücke zerlegt.
b) Nach einer Klassenfahrt sind noch 83,00 € übrig. Der Betrag soll an die 28 Schüler der Klasse zurückgezahlt werden.
c) In einem Sonderangebot kosten 6 Schreibblöcke 8,50 €.
d) Ein Dreierpack DVD-Rohlinge kostet 5,50 €.
e) Ein Block mit 6 Fahrscheinen kostet 9,00 €. Ein Einzelfahrschein kostet 1,80 €.

12. Eine Schachtel mit 15 Schrauben wiegt 305 g. Die leere Schachtel wiegt 33,5 g.

13. Berechne nur einen der Quotienten schriftlich.
Gib dann die Werte der vier anderen Quotienten an.

a)	b)	c)	d)
81 : 18	0,216 : 9	8,799 : 7	1801,6 : 32
8,1 : 18	21,6 : 9	0,8799 : 7	1,8016 : 32
0,081 : 18	0,0216 : 9	87,99 : 7	180,16 : 32
0,81 : 18	2,16 : 9	879,9 : 7	18,016 : 32
810 : 18	2160 : 9	8799 : 7	0,018016 : 32

14. Wie verändert sich ein Quotient, wenn du

Beispiel: 18,6 : 6

a) den Dividenden verdoppelst;
b) den Divisor verdoppelst;
c) Dividend und Divisor gleichzeitig verdoppelst;
d) den Dividenden halbierst;
e) den Divisor halbierst;
f) Dividend und Divisor gleichzeitig halbierst;
g) den Dividenden halbierst und den Divisor verdoppelst;
h) den Dividenden verdoppelst und den Divisor halbierst?

3.7.2 Dividieren von Dezimalbrüchen durch Dezimalbrüche

Einstieg

Jan und Merle fragen sich, wie viele Gummibärchen wohl in einer 300-g-Tüte sind. Das Zählen ist ihnen zu mühsam. Entnehmt dem Foto rechts ihre Idee und bestimmt so die Anzahl.

Einführung

Dividieren von Längen in Kommaschreibweise

Die 19,5 m lange und die 10,95 m lange Grundstücksgrenze sollen mit 0,75 m langen Zaunelementen versehen werden.
Wie viele werden davon benötigt?

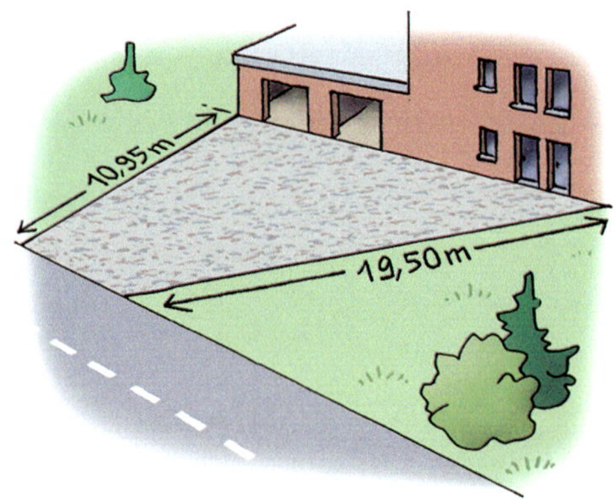

Um zu berechnen, wie viele 0,75 m lange Zaunelemente aneinandergereiht einen 19,5 m langen Zaun ergeben, muss 19,5 durch 0,75 dividiert werden. Bislang können wir nur durch natürliche Zahlen dividieren.

Gibt man beide Längen nicht in m, sondern in cm an, so sind beide Maßzahlen 100-mal so groß und damit natürliche Zahlen:

19,5 m : 0,75 m = 1 950 cm : 75 cm = 26

Es gilt also: 19,5 : 0,75 = 1 950 : 75 (Dividend · 100, Divisor · 100)

Nebenrechnung:
1 950 : 75 = 26
150
 450
 450
 0

Verhundertfacht man sowohl den Dividend als auch den Divisor, so ändert sich der Wert des Quotienten nicht.

Ergebnis: Für den 19,5 m langen Zaun werden 26 Zaunelemente benötigt.

Entsprechend bestimmt man, wie viele dieser Zaunelemente für die 10,95 m lange Grundstücksgrenze benötigt werden:

10,95 m : 0,75 m = 1095 cm : 75 cm = 14,6

Es gilt also: 10,95 : 0,75 = 1 095 : 75 = 14,6 (Dividend · 100, Divisor · 100)

Nebenrechnung:
1 095 : 75 = 14,6
 75
 345
 300
 450
 450
 0

Ergebnis: Für diese Grundstücksgrenze benötigt man 14 ganze Zaunelemente. Das 15. Zaunelement muss zerschnitten werden. Von ihm benötigt man nur einen Teil, etwas mehr als die Hälfte, genau $0{,}6 = \frac{6}{10} = \frac{3}{5}$.

Aufgabe 1

Dividieren von Dezimalbrüchen

Vervielfache Dividend und Divisor so, dass der Divisor eine natürliche Zahl ist. Berechne dann.

a) 4,05 : 2,7 **b)** 1,875 : 3,125

Lösung

a) $4{,}05 : 2{,}7 = (4{,}05 \cdot 10) : (2{,}7 \cdot 10)$
$= 40{,}5 : 27$
$= 1{,}5$

Nebenrechnung: 40,5 : 27 = 1,5
27
135
135
0

b) $1{,}875 : 3{,}125 = (1{,}875 \cdot 1000) : (3{,}125 \cdot 1000)$
$= 1875 : 3125$
$= 0{,}6$

Nebenrechnung: 1875 : 3125 = 0,6
0
18750
18750
0

Information

Da die Multiplikation eines Dezimalbruchs mit einer Stufenzahl nur eine Verschiebung des Kommas bewirkt, gilt:

Strategie: Zurückführen auf den Sonderfall Dividieren durch eine natürliche Zahl

Dividieren durch einen Dezimalbruch

Man verschiebt bei beiden Zahlen das Komma um gleich viele Stellen nach rechts, bis der Divisor eine natürliche Zahl ist. Dann dividiert man durch die natürliche Zahl.

Beispiele:
6,75 : 1,5 = 67,5 : 15 = 4,5
0,0035 : 0,07 = 0,35 : 7 = 0,05

Allgemein gilt:

Kommaverschiebungsregel für Quotienten

Der Wert eines Quotienten ändert sich nicht, wenn man das Komma bei Dividend und Divisor um gleich viele Stellen in dieselbe Richtung verschiebt.

Beispiel:
60,12 : 2,4
= 601,2 : 24
= 6,012 : 0,24

Weiterführende Aufgaben

Größenvergleich von Dividend und Wert des Quotienten

2. Du weißt: Wenn man eine Zahl durch eine natürliche Zahl größer 1 dividiert, dann ist das Ergebnis kleiner als die Zahl.
Untersuche das bei der Division durch einen von 0 verschiedenen Dezimalbruch an folgendem Sachverhalt:
21 ℓ Saft sollen in 1,5-ℓ-Flaschen abgefüllt werden. Wie viele Flaschen benötigt man? Wie viele 0,7-ℓ-Flaschen würde man benötigen?

Wenn man eine Zahl durch einen Dezimalbruch größer als 1 dividiert, dann ist das Ergebnis kleiner als die Zahl.
Dividiert man jedoch eine Zahl durch einen Dezimalbruch kleiner als 1, dann ist das Ergebnis größer als die Zahl.
Beispiele: $19{,}2 : 1{,}2 = 16 < 19{,}2$ $19{,}2 : 0{,}8 = 24 > 19{,}2$

Man kann eine Zahl durch jeden Dezimalbruch ungleich 0 dividieren

3. Von den natürlichen Zahlen weißt du, dass man eine Zahl nicht durch jede andere dividieren kann. Auf jeden Fall muss der Divisor kleiner sein als der Dividend.
Untersuche an folgendem Sachverhalt, ob das auch bei Dezimalbrüchen so ist.
Ein Rechteck soll 27 cm^2 groß sein.

a) Eine Seite ist **(1)** 4,5 cm, **(2)** 27 cm, **(3)** 30 cm lang. Bestimme die andere Seitenlänge.
b) Kann eine Seitenlänge 0 cm lang sein?
c) Verallgemeinere dein Ergebnis.

> Eine gegebene Zahl kann man durch jeden Dezimalbruch ungleich null dividieren.

Übungsaufgaben

4. Rechne im Kopf.

a) 3,2 : 0,8	**b)** 3 : 0,6	**c)** 0,5 : 0,25	**d)** 0,15 : 0,03	**e)** 2 : 0,04	**f)** 2,5 : 0,02
5,6 : 0,7	4 : 0,5	2 : 0,002	0,3 : 0,06	6,4 : 0,8	18 : 0,06

5. Wo steckt der Fehler? Berichtige und erkläre.

a) 7 : 0,01 = 0,07 b) 12,15 : 3 = 4,5 c) 0,096 : 12 = 0,08 d) 0,24 : 0,8 = 3

6. Bilde selbst Divisionsaufgaben. Dividiere die außen stehenden Dividenden nacheinander durch die innen stehenden Divisoren. Rechne im Kopf.

a) **b)** **c)** **d)**

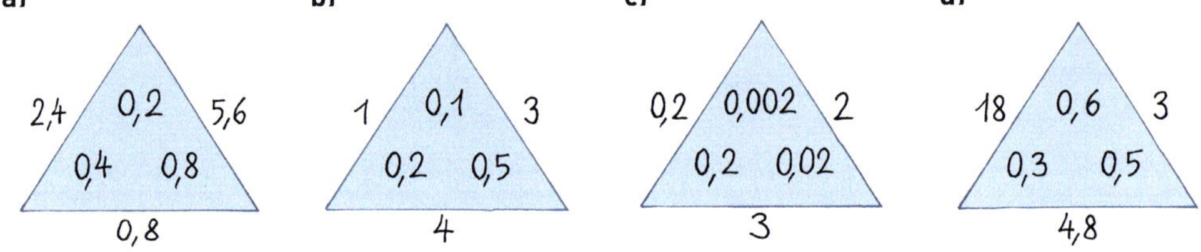

7. Berechne nur einen Quotienten schriftlich.
Bestimme dann die anderen Quotienten mithilfe von Kommaverschiebungen.

a)	b)	c)	d)	e)
8,8 : 1,6	12 : 4,8	3,6 : 15	42 : 0,14	14,25 : 0,19
88 : 1,6	120 : 4,8	3,6 : 0,15	4,2 : 0,14	14,25 : 1,9
8,8 : 0,16	0,12 : 4,8	0,36 : 0,15	4,2 : 0,014	1,425 : 1,9
0,88 : 16	1,2 : 0,48	0,0036 : 0,15	0,42 : 0,014	0,1425 : 0,19
88 : 16	120 : 0,48	36 : 0,15	420 : 1,4	142,5 : 19

8. Führe zunächst einen Überschlag durch. Berechne die Quotienten schriftlich.
Kontrolliere dein Ergebnis durch Multiplikation.

a) 123,2 : 0,8	**b)** 3,052 : 0,7	**c)** 243,96 : 0,06	**d)** 1,685 : 0,05	**e)** 2,1132 : 0,003
22,95 : 0,9	0,7884 : 0,4	4,068 : 0,09	27,93 : 0,07	0,02496 : 0,004

9.

a) 31,96 : 4,7	**b)** 9,36 : 0,72	**c)** 4,25 : 0,25	**d)** 41,04 : 0,076	**e)** 4,263 : 0,029
41,71 : 9,7	2,85 : 0,15	2,88 : 0,12	0,2635 : 0,31	26 : 0,16

5,25
12,4
4,5
1460

Ergebnisse zu d) und e)

10. a) 15,6 : 6,5   2,25 : 7,5
b) 0,945 : 0,27   0,9625 : 0,35
c) 63 : 0,45   8 : 0,625
d) 1051,2 : 0,72   0,2025 : 0,045
e) 4,34 : 0,35   3,9375 : 0,75

11. Aus den Zahlen kannst du neun Quotienten bilden.

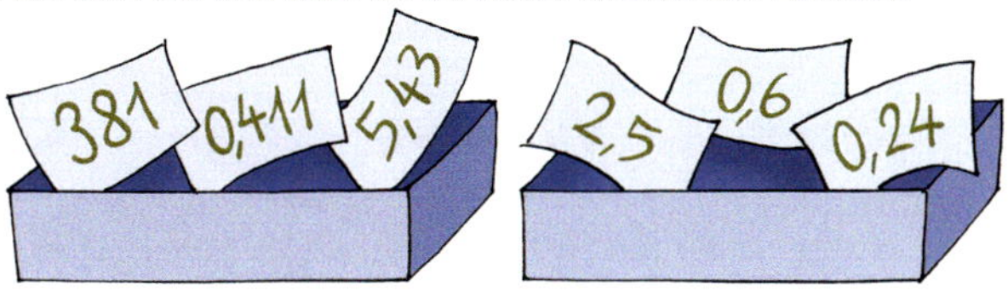

Ergebnisse
22,625; 635; 9,05;
1587,5; 0,685; 152,4;
2,172; 0,1644; 1,7125

12. Berechne die Preise.
a) 1,5 kg Brot kosten 4,10 €. Wie viel kostet 1 kg?
b) 0,2 ℓ Orangensaft kosten 0,28 €. Wie viel kostet 1 ℓ?
c) 1,35 m^2 Klebefolie kosten 11,50 €. Wie viel kostet 1 m^2?

13. Runde das Ergebnis auf die angegebene Stelle.
a) 74,3 : 2,6 (Zehntel)   39,5 : 3,2 (Zehntel)
b) 48,15 : 0,4 (Hundertstel)   16,9 : 0,7 (Tausendstel)
f) 1,504 : 0,15 (Hundertstel)   9,45 : 0,37 (Zehntel)

14. a) Der Dividend ist 4,368; der Divisor ist 2,8. Berechne den Quotienten.
b) Der Wert des Quotienten beträgt 1,09. Der Divisor ist 3,25. Wie heißt der Dividend?
c) Der Dividend ist 33,9. Der Wert des Quotienten beträgt 13,56. Wie heißt der Divisor?

15. Berechne unter Beachtung der Vorrangregeln:
a) 4,9 − 0,9 : 1,6
b) 11,2 : 2,5 − 1,1 · 1,3
c) (3,2 − 1,6) : 0,625
d) 3,6 · 1,5 : 0,8
e) (5,6 + 0,2 · 3) : 2,5
f) 6,2 : 0,5 : 3,2

16. Wie viel Kohlenhydrate, Fett, Eiweiß und Energie enthält jedes einzelne Stück Schokolade?

17. Eine Biene sammelt auf einem Flug etwa 0,05 g Nektar.
Wie viele Flüge sind notwendig, um 500 g Nektar zu sammeln?

18. Tobias Schrittlänge ist ungefähr 0,8 m.
Wie viele Schritte macht Tobias bei einer 4 km langen Wanderung?

19. In einer Mosterei werden an einem Tag 1400 ℓ Apfelsaft hergestellt und in 0,7-ℓ-Flaschen abgefüllt. Wie viele Flaschen werden mit Apfelsaft gefüllt?

20. Emma hat eine Burg aus Spielzeugteilen. Sie möchte um die Burg einen Palisadenzaun bauen. Jede Palisade soll 8,5 cm lang werden.
Wie viele Palisaden erhält Emma aus einer 340 cm langen Holzleiste?

21. Gabi hat auf dem Flohmarkt ihre alten Lesehefte verkauft, jedes Heft für 0,75 €.
Sie hat dafür 10,50 € eingenommen. Wie viele Hefte hat sie verkauft?

22. Ein Lastkahn hat 1400 t Kohlen geladen. Die Ladung soll auf Güterwagen mit je 17,5 t Tragfähigkeit abgefahren werden. Wie viele Güterwagen sind erforderlich?

23. Überprüfe die Preisangaben.

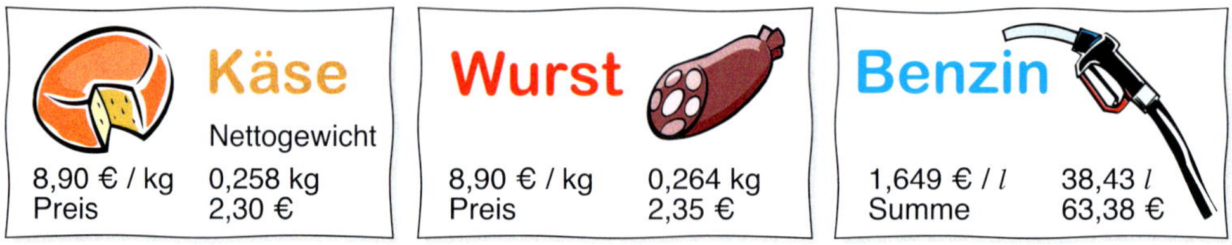

24. Das Grundstück im Bild links ist 848,7 m^2 groß.
Wie „tief" ist das Grundstück? Schätze zunächst.
Hinweis: Unter Tiefe versteht man hier die Breite des Grundstücks.

25. Der Flächeninhalt eines Rechtecks beträgt 197,5 m^2. Das Rechteck ist 15,8 m lang.
Wie breit ist es? Schätze zunächst.

Das kann ich noch!

Die Buchstaben für die gesuchten Punkte in A) sowie die Lösungsbuchstaben zu den richtigen Lösungen in B) ergeben zusammen ein Lösungswort.

A) **1)** Denke dir die Parallele zur Geraden g durch den Punkt P.
Durch welchen weiteren Punkt verläuft sie noch?

2) Denke dir die Orthogonale zur Geraden g durch den Punkt P.
Durch welchen weiteren Punkt verläuft sie noch?

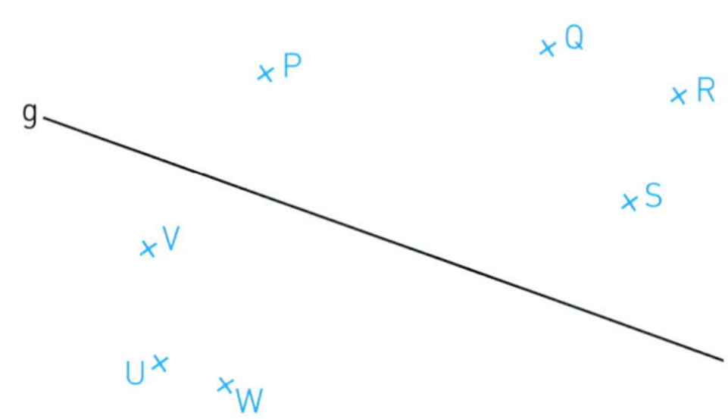

B) Welche der folgenden Geradenpaare sind orthogonal zueinander?

Geradenpaar	Lösungsbuchstabe
g und h	M
j und g	E
l und i	Q
h und i	O
j und l	F
l und g	S
h und k	P
g und k	G
l und k	R

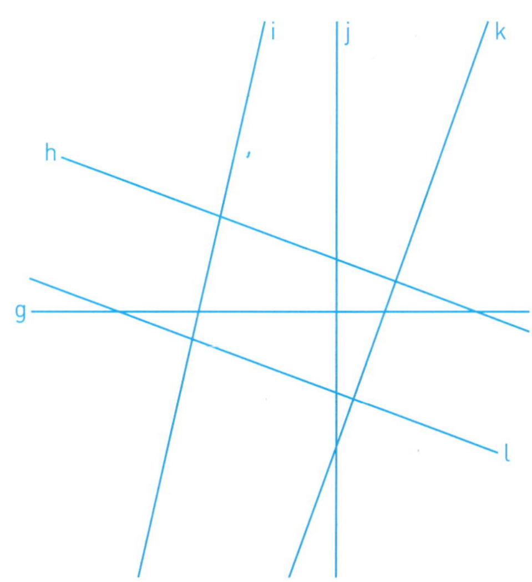

Die richtigen Lösungen ergeben zusammen mit den in A) gefundenen Punkten ein Lösungswort.

Modellieren mithilfe von Termen, Figuren und Diagrammen

Rechnungen und Realität

1. Du hast schon oft zur Lösung von Problemen Terme aufgestellt und berechnet. Stelle bei jeder beschriebenen Situation eine Frage, erstelle zur Beantwortung einen Term und vergleiche diese Terme.

a) **(1)** An ihrem 12. Geburtstag war Jana 1,55 m groß, bis zu ihrem 18. Geburtstag ist sie noch um 0,30 m gewachsen.
(2) Eine Messing-Legierung wird aus 1,55 t Kupfer und 0,3 t Zink hergestellt.

legieren (ital.) (Metalle) verschmelzen

b) **(1)** Von einem 12,49 m langen Baumstamm wird ein 3,75 m langes Stück abgeschnitten.
(2) Sarahs kleine Schwester spart für eine 12,49 € teure CD. Sie hat schon 3,75 €.

c) **(1)** Julian kauft 4 Müsli-Riegel, die pro Stück 0,60 € kosten.
(2) Ein schmales Fenster ist 0,6 m breit. Die Stoffbreite für die Gardine soll 2,5-mal so groß sein.

d) **(1)** 56 € sollen an 4 Kinder verteilt werden.
(2) 56 g eines teuren Gewürzes sollen in Tüten zu 4 g abgefüllt werden.

2. Du erkennst an den obigen Beispielen, dass ganz verschiedene Situationen und Fragen zu ein- und demselben Term führen können. Zu jeder Rechenart können mehrere Grundbedeutungen gehoren. Beim Losen von Sachaufgaben (Modellieren) ist es eine große Hilfe beim Übersetzen in die Sprache der Mathematik, wenn man die verschiedenen Bedeutungen der Rechenoperationen genau kennt.
Ordne daher die Bedeutungen aus der folgenden Tabelle den Beispielen aus Aufgabe 1 zu.

Rechenart	Zugehörige Bedeutungen	Figur
Addieren	Zusammenfassen von Teilen Hinzufügen von Teilen	362 115 362 + 115
Subtrahieren	Wegnehmen eines Teils von einem Ganzen Ergänzen eines Teils zu einem Ganzen	102 102 − 45 45
Multiplizieren	Vervielfachen eines Teils	37 3 · 37
Dividieren	Aufteilen eines Ganzen in gleiche Teile Gerechtes Verteilen eines Ganzen	196 196 : 4

3. a) (1) Frank bereitet eine Konfitüre in größerer Menge zu: Statt 2,5 kg Früchten nimmt er die 1,5-fache Menge. Wie viel Früchte nimmt er?

(2) Seine Schwester Vivian hat 3,2 kg Konfitüre gekocht. Sie füllt diese in 0,25-kg-Gläsern ab. Wie viele Gläser erhält sie?

b) Auch beim Rechnen mit Dezimalbrüchen kann man wie bei natürlichen Zahlen das Multiplizieren als Vervielfachen auffassen.

(1) Erläutere das an eigenen Bespielen.

(2) Benenne auch Unterschiede zum Multiplizieren bei natürlichen Zahlen.

c) Das Dividieren von Dezimalbrüchen kann man auch als Aufteilen eines Ganzen in gleiche Teile auffassen. Nenne eigene Beispiele.

d) Überlege, ob das gerechte Aufteilen eines Ganzen auch beim Dividieren von Dezimalbrüchen als Bedeutung vorkommt.

4. a) Ein Läufer ist 2,5 m lang und 0,60 m breit.
Stelle eine Frage und beantworte sie:

b) Veranschauliche mithilfe eines Diagramms: $0{,}6 \cdot 2{,}5 = 2{,}5 \cdot 0{,}6$

Läufer

Lange schmale Teppiche werden auch Läufer genannt.

Multiplikationsaufgaben lassen sich oft im Diagramm als rechteckige Fläche veranschaulichen.

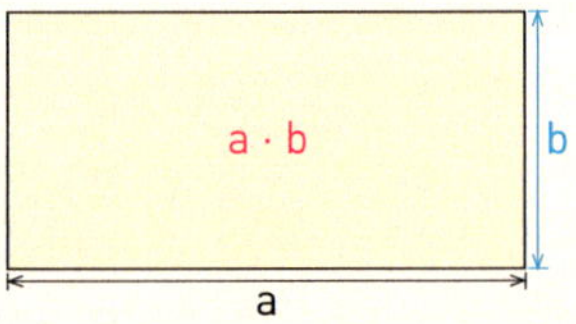

5. Erfinde zu jedem Term zwei möglichst verschiedene Rechengeschichten.

a) 1,75 + 5,82
b) 25,19 – 16,94
c) $2{,}9 \cdot 3$
d) $34 \cdot 6{,}4$
e) $4{,}5 \cdot 2{,}3$
f) 7,29 : 9
g) 4,8 : 1,2
h) 3,6 : 0,6

Term: 4,25 – 3,50
1. Rechengeschichte: Tim hat durch häufiges Training seine Weitsprung-Leistung von 3,50 m auf 4,25 m verbessert. Wie viel weiter springt er jetzt?
2. Rechengeschichte: Tim hat 4,25 € im Portmonee und kauft sich eine Zeitschrift für 3,5 €. Wie viel Geld hat er dann noch im Portmonee?

3.8 Vermischte Übungen zu allen Rechenarten

1. a) Alexa hat sich folgende Regeln in ihr Merkheft geschrieben. Was meinst du dazu?

b) Schreibe eine Zusammenfassung, wie man zwei Dezimalbrüche addiert, subtrahiert, multipliziert und dividiert.

Rechnen mit Dezimalzahlen
Addieren und Subtrahieren: Komma unter Komma
Multiplizieren: erst Komma weglassen, dann Stellen hinter dem Komma abzählen
Dividieren: Komma verschieben – wenn der Übertrag nicht groß genug ist, dann in der Lösung ein Komma setzen.

2. Rechne im Kopf.

a)	b)	c)	d)	e)
8,7 + 1,9	7,8 : 3	0,93 – 0,63	6,4 – 0,75	0,6 : 0,05
0,35 · 1000	0,15 · 1,2	11,6 : 1000	5 : 0,002	0,14 · 1,2
0,75 · 0,002	2,03 : 1000	7,6 : 0,004	0,47 + 3,8	1 : 0,4
1,02 : 6	10,5 – 4,8	3,5 · 0,02	0,27 · 0,04	100 : 0,25

3. Rechne schriftlich.

a)	b)	c)	d)
18,653 + 9,87	52,43 – 37,684	0,253 + 0,4875	20,91 – 13,077
567,034 + 746,69	85,3 – 7,438	28,95 + 1,753	50,2 – 10,375

4.

a)	b)	c)	d)	e)
15,6 · 27	13,47 · 8,52	0,963 · 7,4	94,08 : 12	549,36 : 8,4
370 · 1,908	3,145 · 2,71	3,75 · 14	8,695 : 37	21,28 : 0,038

7,585 13,911 281,0228 91,215 101,024 37,078

5. a) 7,395 + 12,45 + 26,3 + 45,07
b) 125,6 + 76,095 + 70,57 + 8,7578
c) 6,845 + 3,966 + 0,96 + 1,34 + 0,8
d) 95,5 – 37,752 – 20,67
e) 113 – 85,87 – 19,545
f) 125,6 – 18,04 – 6,536

6. Berechne den Unterschied zwischen den Zahlen:

a) 0,8 und 0,08 **b)** 0,43 und 0,043 **c)** 3,5 und 3,05 **d)** 5,75 und 5,755 **e)** 6,9 und 6,009 **f)** 8,575 und 8,755 **g)** 1,98 und 1,889 **h)** 12,34 und 123,4

7. Tom denkt sich eine Zahl.
a) Wenn er zu der gedachten Zahl 3,75 addiert, so erhält er 25,6.
b) Wenn er von der gedachten Zahl die Zahl 16,4 subtrahiert, so erhält er 29,7.
c) Wenn er von 50,03 die gedachte Zahl subtrahiert, so erhält er 34,1.

8. Der Laderaum eines Baufahrzeuges ist 2,30 m breit, 5,80 m lang und 1,10 m hoch. Die Nutzlast darf höchstens 2,5 t betragen.
1 cm^3 Sand wiegt 1,7 g;
1 cm^3 Basaltsteine wiegt 2,9 g;
1 cm^3 Eisen wiegt 7,8 g.
Stelle selbst geeignete Aufgaben und alöse sie.

9. Im Einstieg zu diesem Kapitel habt ihr euch mit Ergebnissen aus dem Sport befasst. Dabei ging es auch um den kleinen Vorsprung, der zwischen Sieg und Platzierung entscheidet. Beim 1000-m-Lauf kann man als Zuschauer den Sieger meist sofort feststellen, da alle Sportler gleichzeitig laufen und derjenige, der als erster das Ziel erreicht, auch Sieger ist. Bei anderen Sportarten werden Weiten oder Zeiten einzeln gemessen und dann erst verglichen oder der Vorsprung ist so gering, dass man ihn nicht erkennen kann.
Aber wie groß ist eigentlich der Vorsprung, wenn beim Schwimmen ein Zeitunterschied von einer Hundertstel Sekunde auftritt? Welche Auswirkungen hätte es, würde man beim Schwimmen für die Platzierung auch Tausendstel Sekunden heranziehen?

100-m-Freistil

Platz	Land	Sportler	Zeit (s)
1	USA	Nathan Adrian	47,52
2	AUS	James Magnussen	47,53
3	CAN	Brent Hayden	47,80
4	FRA	Yannick Agnel	47,84
5	NED	Sebastiaan Verschuren	47,88
6	BRA	César Cielo	47,92
7	CUB	Hanser Garcia	48,04
8	RUS	Nikita Lobinzew	48,44

Finale: 1. August 2012, 20:20 Uhr

a) Berechnet, wie viel Zentimeter Vorsprung Nathan Adrian bei seinem Olympiasieg in London auf die übrigen Teilnehmer hatte.

b) Stellt in einer Übersicht weitere Sportarten zusammen, bei denen Zeiten gemessen werden, in denen bestimmte Strecken zurückzulegen sind.

c) Bildet Gruppen, die unterschiedliche Sportarten oder unterschiedliche Disziplinen untersuchen. Geht dabei folgender Frage nach: „Wie groß ist der Vorsprung (als Strecke), den ein Sportler hat, wenn er in der Zeit einen Vorsprung von einer Zehntel-, einer Hundertstel- oder einer Tausendstel Sekunde hat?"

d) Tragt die Ergebnisse für verschiedene Sportarten zusammen und diskutiert die Frage: „Welche Genauigkeit bei der Zeitmessung ist für einen „richtigen Vorsprung" bei der Strecke noch sinnvoll?"

10. Sieh dir den Wagen in Bild rechts an.

a) Ist der Wagen überladen? Wenn nein, wie viel t dürfen noch zugeladen werden?

b) Denke dir das Gesamtgewicht auf die vier Räder gleichmäßig verteilt. Wie viel t trägt dann jedes Rad?

11. An einem Straßenfest nahmen 58 Personen teil. Darunter waren 39 Kinder. Die Kosten für Essen und Getränke betrugen 592,90 €. Sie sollen so unter den Teilnehmern verteilt werden, dass ein Erwachsener als eine Person und ein Kind als eine halbe Person zählt. Wie viel müssen Frau und Herr Leygraf für sich und ihre drei Kinder bezahlen?

12. a) Stelle Zahlenkärtchen mit den Ziffern links her.
Setze die sechs Karten so in die freien Felder, dass gilt:

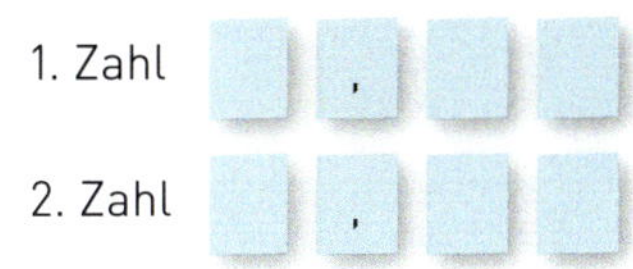

(1) die 1. Zahl ist möglichst groß und die 2. Zahl ist möglichst klein;

(2) die Summe der beiden Zahlen ist möglichst groß [möglichst klein];

(3) die Differenz der beiden Zahlen ist möglichst groß [möglichst klein].

b) Du kannst auch gemeinsam mit einem Partner ein Spiel spielen. Legt die Karten verdeckt auf den Tisch und zieht jeweils eine heraus. Setzt sie dann in die freien Felder. Addiert, subtrahiert, multipliziert oder dividiert die beiden Zahlen.
Gewonnen hat, wer die Aufgabe mit dem kleinsten (größten) Ergebnis gelegt hat.
Ihr könnt die Rechenoperationen auch würfeln.

z. B. 1 bedeutet: Zahlen addieren — 3 bedeutet: Zahlen multiplizieren
2 bedeutet: Zahlen subtrahieren — 4 bedeutet: Zahlen dividieren

13. Auf dem Flachdach eines Ferienhauses liegt eine 25 cm hohe Schneeschicht. Durch Abwiegen stellt Steffen fest:
1 dm^3 Schnee wiegt 67,5 g.
Wie schwer ist der Schnee auf dem Haus?
Schätze zuerst.

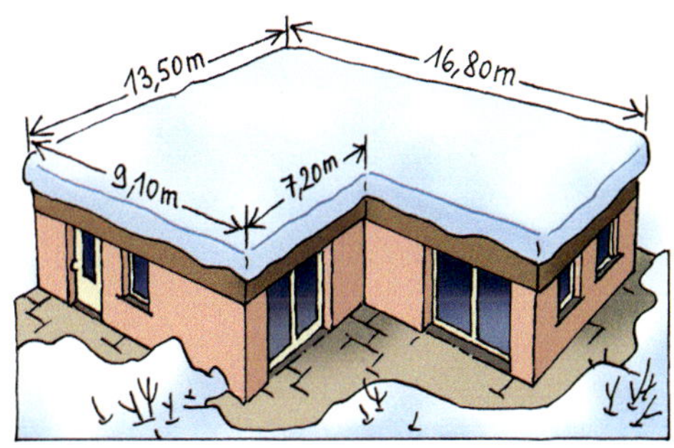

14. a) Das Planschbecken eines Hallenbades soll mit Wasser gefüllt werden.
Wie viel m^3 Wasser werden benötigt?

b) Am Saisonende soll das Becken neu gefliest werden. 1 m^2 Fliesen kostet 22,90 €.
Berechne die Kosten für die Fliesen.

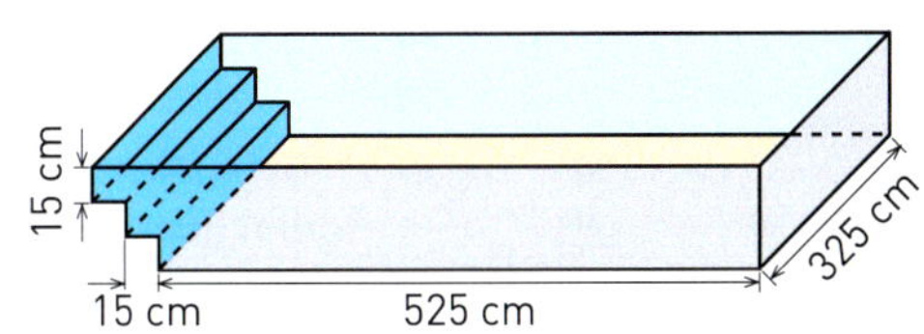

15. Daniel isst täglich zum Frühstück einen 150-g-Becher Müsli-Joghurt und 2 Scheiben Knäckebrot mit je 1 Portion Frischkäse. Außerdem trinkt er 1 Glas Mehrfruchtsaft.
Ein Schüler braucht täglich für seine Ernährung 65 g Eiweiß, 85 g Fette und 320 g Kohlenhydrate. Das erste Frühstück sollte bereits ein Viertel der Tagesmenge enthalten.
Überprüfe, ob sich Daniel zum Frühstück gesund ernährt.
Auf den Verpackungen liest er folgende Angaben.

	Müsli-Jogurt		**Knäcke-Brot**		**Frischkäse**		**Mehrfruchtsaft**	
Nährwertangaben	100 g	Becher 150 g	100 g	1 Scheibe	100 g	Portion 30 g	100 *ml*	Glas 250 *ml*
Brennwert	464 kJ 110 kcal	696 kJ 165 kcal	1565 kJ 370 kcal	125 kJ 29 kcal	608 kJ 146 kcal	183 kJ 44 kcal	205 kJ 48 kcal	414 kJ 121 kcal
Eiweiß	3,9 g	5,85 g	11 g	0,9 g	7,8 g	2,3 g	0,5 g	1,3 g
Kohlenhydrate	21,0 g	31,5 g	71 g	6 g	5,1 g	1,5 g	10,8 g	27,0 g
Fett	1,1 g	1,65 g	2,8 g	0,2 g	10,0 g	3,1 g	0,1 g	0,25 g
Ballaststoffe	1,0 g	1,5 g	8,4 g	0,8 g	0,3 g	0,1 g	0,3 g	0,8 g

Planen einer Klassenfahrt

In der Klasse 5 b eines Gymnasiums in Kaarst sind 14 Schülerinnen und 15 Schüler. Die Klasse möchte eine Klassenfahrt nach Hellenthal in der Eifel machen. Melina und Leonard kümmern sich um die Kosten für die Unterkunft und Verpflegung. Im Internet haben sie schnell die Seite der Jugendherberge in Hellenthal gefunden. Neben den Preisen erhalten sie eine Reihe weiterer Informationen.

JUGENDHERBERGE HELLENTHAL

Bettenzahl:
162 in 49 Zimmern

Raumangebot:
9 Einzelzimmer, 8 Zwei-Bettzimmer, 1 Drei-Bettzimmer, 26 Vier-Bettzimmer, 5 Sechs-Bettzimmer, 30 Familienzimmer, 10 Leiterzimmer, 9 rollstuhlgerechte Zimmer, 6 Tagesräume, 1 Kaffeestube, 1 Disco/Freizeitraum, 1 Sauna, überdachter Hochseilgarten mit 24 Hoch- und Niedrigseilstationen

DJH

Preise (April bis November)

Übernachtung mit Frühstück:	19,00 €
Halbpension:	23,50 €
Vollpension:	26,10 €
weitere Mahlzeiten oder Lunchpaket:	5,10 €

1. Die Klasse möchte am Montag vor dem Mittagessen ankommen und am Freitag nach dem Frühstück abfahren. Am Mittwoch will die Klasse eine Ganztagstour unternehmen und deshalb ein Lunchpaket mitnehmen.

a) Berechne die Kosten pro Person für Unterkunft und Verpflegung.

b) In jedem Zimmer der Jugendherberge schlafen natürlich entweder nur Jungen oder nur Mädchen. Da die 1-, 2- und 3-Bettzimmer teurer sind als die normalen Preise, sollen nur 4- und 6-Bettzimmer genommen werden.
Überlege dir, wie die Schülerinnen und Schüler auf die Zimmer verteilt werden können, sodass möglichst wenige Betten leer bleiben.

2. Max und Lisa planen die An- und Abreise. Sie überlegen, ob die Klasse mit der Bahn oder einem Bus fahren soll. Max sucht im Internet die Bahnverbindung für die Hinfahrt zum Bahnhof Kall mit den Preisen für Kinder unter 15 Jahren heraus. Im NRW-Tarif ist auch der Preis für die Busfahrt vom Bahnhof Kall zur Jugendherberge enthalten.

Bahnhof/Haltestelle	Datum	Zeit	Dauer	Umst.	Produkte	Normalpreis	
Kaarster See Kall	Mo, 11.06.12 Mo, 11.06.12	ab 07:44 an 10:19	2:35	2	S, RE	10,15 EUR NRW-Tarif → Zur Buchung	Rückfahrt hinzufügen
Kaarster See Kall	Mo, 11.06.12 Mo, 11.06.12	ab 08:04 an 10:19	2:15	3	S, RB, RE	11,50 EUR NRW-Tarif → Zur Buchung	Rückfahrt hinzufügen
Kaarster See Kall	Mo, 11.06.12 Mo, 11.06.12	ab 08:24 an 10:51	2:27	2	S, RE, RB	10,15 EUR NRW-Tarif → Zur Buchung	Rückfahrt hinzufügen
Kaarster See Kall	Mo, 11.06.12 Mo, 11.06.12	ab 09:04 an 11:17	2:13	2	S, IC, RE	11,50 EUR → Zur Buchung	Rückfahrt hinzufügen

Lisa hat bei mehreren Busunternehmen nachgefragt: Das preisgünstigste Angebot belief sich für die ganze Klasse einschließlich der Lehrerin und des Lehrers auf 570 € für Hin- und Rückfahrt. Vergleiche die Angebote von Bahn und Busunternehmen. Entscheide dich für ein Angebot und berechne die Kosten pro Kind.

3. Am Mittwoch möchte die Klasse um 11.00 Uhr eine Führung im Besucherbergwerk im Hellenthal mitmachen.
Danach möchten sie nach Monschau fahren. Für die Fahrt nach Monschau soll ein Bus gemietet werden.

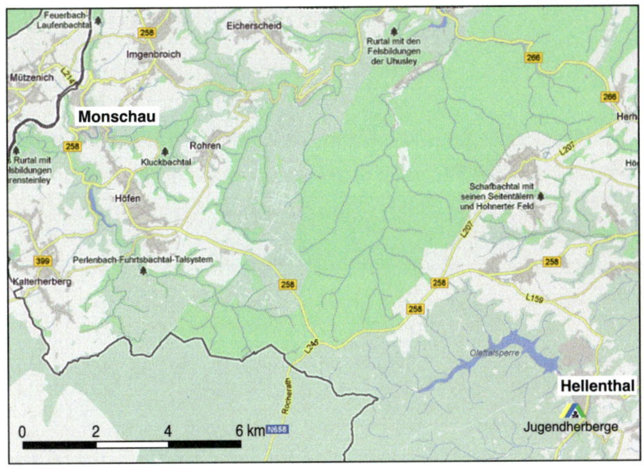

a) Das Busunternehmen verlangt einen Grundpreis von 160 € und für jeden gefahrenen Kilometer 1,20 €. Berechne die Kosten.

b) Das Eintrittsgeld für das Besucherbergwerk beträgt 3,00 € pro Person. In Monschau ist der Besuch eines Eiscafés geplant. Jeder Schüler soll ein Eis zu 2,40 € erhalten. Wie viel Geld muss insgesamt für die Aktivitäten am Mittwoch eingeplant werden?

4. An einem Nachmittag ist eine Wanderung zur Oleftalsperre und dann zum Wildfreigehege geplant.

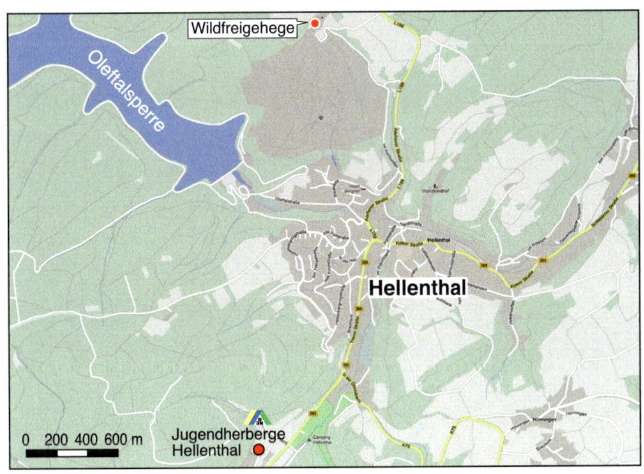

a) Bestimme die ungefähre Weglänge, den die Schüler gehen müssen.

b) Gehen die Schüler gemütlich, so legen sie etwa 3 km in einer Stunde zurück. Wie lange brauchen die Schüler für die gesamte Wanderung?

c) Im Wildfreigehege soll auch die Greifvogelschau besucht werden. Daher werden 2 Stunden für den Besuch eingeplant.
Wann spätestens muss die Klasse aufbrechen, um pünktlich zum Abendessen um 18.00 Uhr wieder in der Jugendherberge zu sein?

5. Der Eintritt im Wildfreigehege kostet in der Gruppe pro Schüler 4,00 €.
Wie viel Geld sollte die Klassenlehrerin von jedem Schüler für die Klassenfahrt einsammeln?

3.9 Abbrechende und periodische Dezimalbrüche

3.9.1 Umformen von Brüchen in Dezimalbrüche

Einstieg

Sebastian, Tim und Jan teilen sich eine 1-Liter-Flasche Cola.
Ihre Schwester Anna trinkt aus einer 0,33-ℓ-Dose.
Sie fragen sich: „Wer hat mehr Cola?“

Aufgabe 1

Bisher hast du Brüche in Dezimalbrüche umgewandelt, indem du den Nenner auf eine Stufenzahl erweitert hast.
Bei dem Bruch $\frac{2}{3}$ kann dieses Verfahren nicht gelingen.
Du weißt aber auch, dass der Bruchstrich das Dividieren von Zähler und Nenner bedeutet.
Forme die Brüche in Dezimalbrüche um, indem du den Zähler durch den Nenner dividierst. Was fällt auf?

a) $\frac{3}{8}$ **b)** $\frac{2}{3}$ **c)** $\frac{3}{11}$ **d)** $\frac{5}{6}$

Lösung

a) $\frac{3}{8} = 3:8 = 0{,}375$ Der Dezimalbruch bricht nach der dritten Stelle rechts vom Komma ab.

b)

E	z	h	t	…
2	0	0	0	…
0				
2	0			
1	8			
	2	0		
	1	8		
		2	0	
		1	8	

… : 3 =

E	z	h	t	…
0	6	6	6	…

Die Rechnung bricht nicht ab, da du jedesmal den Rest 2 erhältst.
Insgesamt gilt:
$\frac{2}{3} = \frac{6}{10} + \frac{6}{100} + \frac{6}{1\,000} + \frac{6}{10\,000} + \ldots$
$= 0{,}6666\ldots$
Der Dezimalbruch bricht nicht ab.
Die Ziffer 6 wiederholt sich unbegrenzt.

c)

E	z	h	t	zt	…
3	0	0	0	0	…
0					
3	0				
2	2				
	8	0			
	7	7			
		3	0		
		2	2		
			8	0	
			7	7	

… : 11 =

E	z	h	t	zt	…
0	2	7	2	7	…

Auch hier bricht die Rechnung nicht ab, da du abwechselnd den Rest 3 und den Rest 8 erhältst. Insgesamt gilt:
$\frac{3}{11} = \frac{2}{10} + \frac{7}{100} + \frac{2}{1\,000} + \frac{7}{10\,000} + \ldots$
$= 0{,}2727\ldots$
Der Dezimalbruch bricht nicht ab.
Das Ziffernpaar 2 und 7 wiederholt sich unbegrenzt.

d)

E	z	h	t	zt	…
5	0	0	0	0	…
0					
5	0				
4	8				
	2	0			
	1	8			
		2	0		
		1	8		
			2	0	
			1	8	

… : 6 =

E	z	h	t	zt	…
0	8	3	3	3	…

Auch hier bricht die Rechnung nicht ab. Du erhältst den sich wiederholenden Rest 2 aber nicht sofort.
Insgesamt gilt:

$\frac{5}{6} = \frac{8}{10} + \frac{3}{100} + \frac{3}{1000} + \frac{3}{10\,000} + \ldots$

$= 0{,}8333\ldots$

Der Dezimalbruch bricht nicht ab.
Die Ziffer 3 wiederholt sich aber nicht sofort nach dem Komma.

Information

(1) Umwandeln von Brüchen in Dezimalbrüche durch Division

Man kann jeden Bruch in einen Dezimalbruch umwandeln, indem man den Zähler durch den Nenner dividiert. Bei dieser Division können zwei Fälle auftreten:

1. Fall: Die Division bricht ab, da der Rest 0 auftritt.
Der Dezimalbruch hat dann eine bestimmte Anzahl von Stellen nach dem Komma.

Beispiel: $\frac{3}{8} = 3:8 = 0{,}375$

Man nennt einen solchen Dezimalbruch auch **abbrechenden Dezimalbruch**.

2. Fall: Die Division bricht nicht ab, da ein Rest oder eine Folge von Resten sich stets wiederholt. Bei der Division können nur die natürlichen Zahlen als Reste auftreten, die kleiner als der Nenner des Bruches sind. Tritt die Zahl 0 nie als Rest auf, so muss sich nach einigen Schritten ein anderer Rest wiederholen. Der Dezimalbruch hat dann eine Ziffer oder eine Zifferngruppe, die sich stets wiederholt; diese nennt man **Periode**.

Beispiel: $\frac{3}{11} = 3:11 = 0{,}272727\ldots$

Man nennt einen solchen Dezimalbruch auch einen **periodischen Dezimalbruch**.

Merke dir:
$\frac{1}{3} = 0{,}\overline{3}$ $\frac{2}{3} = 0{,}\overline{6}$
$\frac{1}{9} = 0{,}\overline{1}$ $\frac{2}{9} = 0{,}\overline{2}$

(2) Schreibweisen für periodische Dezimalbrüche

$\frac{2}{3} = 2:3 = 0{,}666\ldots$
Wir schreiben: $0{,}\overline{6}$
Wir lesen: *null Komma Periode sechs*
Es gilt: $\frac{2}{3} = 0{,}\overline{6}$

$\frac{5}{6} = 5:6 = 0{,}8333\ldots$
Wir schreiben: $0{,}8\overline{3}$
Wir lesen: *null Komma acht Periode drei*
Es gilt: $\frac{5}{6} = 0{,}8\overline{3}$

$\frac{3}{11} = 3:11 = 0{,}27272727\ldots$
Wir schreiben: $0{,}\overline{27}$
Wir lesen: *null Komma Periode zwei sieben*
Es gilt: $\frac{3}{11} = 0{,}\overline{27}$

(3) Einteilung der Dezimalbrüche

Dezimalbrüche kann man nach den verschiedenen Fällen, die bei den Nachkommastellen vorkommen können, einteilen.

Abbrechende Dezimalbrüche	Nichtabbrechende Dezimalbrüche mit Periode	
	reinperiodisch	gemischtperiodisch
0,125; 0,75; 0,375	$0{,}\overline{6}$; $0{,}\overline{27}$; $0{,}\overline{348}$ Die Periode beginnt sofort hinter dem Komma.	$0{,}8\overline{3}$; $0{,}2\overline{16}$; $0{,}06\overline{2}$ Zwischen Komma und Periode sind eine oder mehrere Ziffern, die nicht zur Periode gehören.

Übungsaufgaben

2. Forme die Brüche in Dezimalbrüche um. Gib an, ob ein abbrechender oder ein periodischer Dezimalbruch entstanden ist.

a) $\frac{7}{30}$ **b)** $\frac{19}{8}$ **c)** $3\frac{1}{16}$ **d)** $\frac{8}{15}$ **e)** $\frac{8}{25}$ **f)** $\frac{111}{200}$ **g)** $\frac{6}{11}$ **h)** $\frac{9}{10}$

$\frac{1}{4}$ $\quad 2\frac{2}{3}$ $\quad \frac{3}{11}$ $\quad \frac{8}{13}$ $\quad \frac{5}{9}$ $\quad \frac{16}{7}$ $\quad \frac{101}{400}$ $\quad 4\frac{7}{22}$

3. Wandle in einen Dezimalbruch um.

a) $\frac{1}{4}; \frac{1}{40}; \frac{1}{400}$ **b)** $\frac{2}{3}; \frac{2}{30}; \frac{2}{300}$ **c)** $\frac{7}{15}; \frac{7}{150}; \frac{7}{1500}$ **d)** $\frac{5}{6}; \frac{50}{6}; \frac{500}{6}$ **e)** $\frac{2}{21}; \frac{20}{21}; \frac{2000}{21}$

4. Welche der Brüche führen auf einen abbrechenden, einen reinperiodischen oder einen gemischtperiodischen Dezimalbruch?
Arbeitet in Dreiergruppen und führt bei den abbrechenden Dezimalbrüchen die entsprechende Umformung durch, indem ihr den Bruch auf Zehntel, Hundertstel, ... erweitert.

(1) $\frac{7}{8}; \frac{5}{13}; \frac{9}{50}; \frac{8}{15}; \frac{10}{21}; \frac{9}{125}$ **(2)** $\frac{3}{20}; \frac{8}{9}; \frac{6}{25}; \frac{9}{17}; \frac{7}{36}; \frac{1}{80}$ **(3)** $\frac{15}{16}; \frac{5}{14}; \frac{25}{78}; \frac{23}{40}; \frac{25}{36}; \frac{4}{105}$

Tragt eure Ergebnisse zusammen und formuliert eure Beobachtungen.

5. Wandle die Brüche $\frac{2}{12}; \frac{3}{12}; \frac{4}{12}; \frac{5}{12}; \frac{6}{12}; \frac{7}{12}; \frac{8}{12}; \frac{9}{12}; \frac{10}{12}$ in einen Dezimalbruch um.
Was für ein Dezimalbruch entsteht jeweils? Woran liegt das?

6. Prüfe nach:

$\frac{6}{25} = 0{,}24$ $\quad \frac{8}{33} = 0{,}\overline{24}$ $\quad \frac{11}{45} = 0{,}2\overline{4}$ $\quad \frac{14}{33} = 0{,}\overline{42}$ $\quad \frac{19}{45} = 0{,}4\overline{2}$ $\quad \frac{21}{50} = 0{,}42$

7. Runde die periodischen Dezimalbrüche $0{,}\overline{5}$; $0{,}1\overline{6}$; $0{,}41\overline{6}$; $0{,}2\overline{7}$; $0{,}04\overline{5}$; $0{,}0\overline{45}$

a) auf Hundertstel, **b)** auf Tausendstel.

8. Setze im Heft eines der Zeichen < oder > ein.

a) $0{,}45 \ \square\ 0{,}\overline{4}$ **b)** $0{,}\overline{2} \ \square\ 0{,}23$ **c)** $0{,}\overline{3} \ \square\ 0{,}34$ **d)** $0{,}67 \ \square\ 0{,}\overline{6}$ **e)** $1{,}4\overline{2} \ \square\ 1{,}4223$

$0{,}\overline{7} \ \square\ 0{,}77$ $\quad 0{,}56 \ \square\ 0{,}\overline{5}$ $\quad 0{,}\overline{5} \ \square\ 0{,}5555$ $\quad 0{,}8\overline{2} \ \square\ 0{,}83$ $\quad 4{,}\overline{1} \ \square\ 4{,}1\overline{9}$

9. Rechne den Bruch in einen Dezimalbruch um. Setze dann im Heft < oder > ein.

a) $\frac{3}{5} \ \square\ 0{,}\overline{6}$ **b)** $\frac{2}{5} \ \square\ 0{,}3\overline{5}$ **c)** $1{,}3\overline{7} \ \square\ 1\frac{3}{8}$ **d)** $0{,}2\overline{5} \ \square\ \frac{1}{4}$ **e)** $4\frac{3}{16} \ \square\ 4{,}\overline{1}$

$0{,}\overline{7} \ \square\ \frac{3}{4}$ $\quad 0{,}\overline{3} \ \square\ \frac{7}{20}$ $\quad 3\frac{1}{8} \ \square\ 3{,}\overline{12}$ $\quad \frac{5}{8} \ \square\ 0{,}6\overline{25}$ $\quad 0{,}\overline{23} \ \square\ \frac{3}{8}$

10. Ordne die Zahlen.

a) $0{,}3$; $0{,}\overline{3}$; $0{,}33$; $0{,}334$; $0{,}333$

b) $0{,}\overline{1}$; $0{,}1$; $0{,}11$; $0{,}\overline{01}$; $0{,}01$

c) $0{,}16$; $0{,}1\overline{6}$; $0{,}166$; $0{,}167$; $0{,}17$

d) $0{,}7$; $0{,}78$; $0{,}\overline{7}$; $0{,}77$; $0{,}\overline{78}$

11. Ordne nach der Größe.

a) $0{,}8$; $\frac{3}{4}$; $0{,}6$; $0{,}7\overline{2}$; $0{,}\overline{7}$; $\frac{7}{8}$

b) $\frac{7}{10}$; $0{,}\overline{71}$; $\frac{16}{20}$; $\frac{1}{7}$; $0{,}57$; $\frac{3}{4}$

c) $1{,}0\overline{8}$; $\frac{17}{10}$; $\frac{8}{5}$; $\frac{4}{3}$; $\frac{25}{15}$; $1{,}\overline{08}$

d) $\frac{9}{40}$; $0{,}170$; $\frac{4}{25}$; $0{,}0\overline{17}$; $\frac{18}{100}$; $0{,}\overline{017}$

Periodenlänge: Anzahl der Ziffern unter dem Periodenstrich

12. Gib jedesmal drei periodische Brüche an, nämlich mit Perioden der Länge 1, 2 und 3, die zwischen den beiden angegebenen Zahlen liegen:

a) 4; 5 **b)** 0,2; 0,3 **c)** 1,45; 1,46 **d)** $\frac{1}{3}; \frac{1}{2}$ **e)** 0; $\frac{1}{1000}$

3.9.2 Umformen von Dezimalbrüchen in Brüche

Bei der Einführung der Dezimalbrüche hast du auf Seite 102 und 103 kennengelernt, wie man einen abbrechenden Dezimalbruch in einen Bruch umformt. Wir wollen jetzt auch periodische Dezimalbrüche in Brüche umformen.

$\frac{9}{10} = 0{,}9$

$\frac{57}{1000} = 0{,}057$

$\frac{3}{25} = \frac{12}{100} = 0{,}12$

Einstieg 

a) Formt die folgenden Brüche in Dezimalbrüche um.
$\frac{1}{9}$; $\frac{1}{99}$; $\frac{1}{999}$; $\frac{2}{9}$; $\frac{2}{99}$; $\frac{2}{999}$
Was fällt auf?

b) Nutzt die Beobachtungen aus Teilaufgabe a), um Bruchdarstellungen für die Dezimalbrüche $0{,}\overline{4}$; $0{,}\overline{18}$; $0{,}\overline{120}$ zu finden.
Überprüft eure Ergebnisse.

Einführung

Periodische Dezimalbrüche kann man nicht so einfach wie abbrechende Dezimalbrüche in Brüche umwandeln.
Zum Umwandeln von $0{,}\overline{7}$ in einen Bruch vergleichen wir $0{,}\overline{7}$ mit dem Zehnfachen von $0{,}\overline{7}$. Beide Zahlen stimmen in den unendlich vielen Nachkommastellen überein. Das Zehnfache von $0{,}\overline{7}$ ist $7{,}\overline{7}$. $7{,}\overline{7}$ und $0{,}\overline{7}$ unterscheiden sich um genau 7.

$$\begin{aligned} 10 \cdot 0{,}\overline{7} &= 7{,}7777\ldots \\ 0{,}\overline{7} &= 0{,}7777\ldots \quad \mid - \\ \hline 9 \cdot 0{,}\overline{7} &= 7 \\ 0{,}\overline{7} &= \tfrac{7}{9} \end{aligned}$$

Entsprechend verwandelt man gemischtperiodische Dezimalbrüche wie z. B. $0{,}0\overline{18}$ in Brüche: Durch geeignetes Vervielfachen stellt man zwei verschiedene reinperiodische Dezimalbrüche her, die in allen Nachkommastellen übereinstimmen.

$$\begin{aligned} 1000 \cdot 0{,}0\overline{18} &= 18{,}\overline{18} \\ 10 \cdot 0{,}0\overline{18} &= 0{,}\overline{18} \quad \mid - \\ \hline 990 \cdot 0{,}0\overline{18} &= 18 \\ 0{,}0\overline{18} &= \tfrac{18}{990} = \tfrac{1}{55} \end{aligned}$$

Übungsaufgaben

1. Forme in Brüche um. Kürze, wenn möglich.
a) $0{,}\overline{2}$; $7{,}\overline{7}$ b) $1{,}\overline{5}$; $13{,}\overline{6}$ c) $0{,}\overline{09}$; $2{,}\overline{12}$ d) $2{,}\overline{27}$; $11{,}\overline{11}$ e) $4{,}\overline{033}$; $0{,}\overline{123}$ f) $12{,}\overline{092}$; $10{,}\overline{003}$

2. Wandle in Brüche um. Kürze, wenn möglich.
a) $0{,}3$; $0{,}\overline{3}$ b) $1{,}\overline{7}$; $1{,}7$ c) $0{,}05$; $0{,}\overline{05}$ d) $13{,}35$; $13{,}\overline{35}$ e) $9{,}\overline{045}$; $9{,}045$ f) $0{,}\overline{555}$; $0{,}555$

3. Wandle in Brüche um. Kürze, wenn möglich.
a) $0{,}0\overline{8}$; $0{,}08$; $0{,}\overline{08}$ b) $0{,}\overline{27}$; $0{,}2\overline{7}$; $0{,}27$ c) $2{,}07\overline{5}$; $2{,}0\overline{75}$; $2{,}\overline{075}$

4. Kontrolliere Leonards Hausaufgaben.

a) $0{,}\overline{5} = \frac{1}{2}$ b) $\frac{1}{3} = 0{,}3$ c) $0{,}2\overline{1} = \frac{21}{99}$ d) $0{,}0\overline{3} = \frac{1}{33}$

5. a) Verwandle den periodischen Dezimalbruch $0{,}\overline{9}$ in einen Bruch.
Welche erstaunliche Entdeckung machst du?
b) Äußere eine Vermutung für $1{,}2\overline{9}$. Kontrolliere durch Umwandeln.

3.10 Aufgaben zur Vertiefung

1 Unze
= 1 oz
= 28,2495 g

1. **a)** Ein guter Tintenstrahldrucker druckt mit 1440 dpi. dpi ist die Abkürzung für dots per inch und bedeutet Punkte pro Inch. Wie breit ist ein einzelner Punkt?
b) Eine Gewichtseinheit des englischen Systems ist die Unze.
Auf einer Pralinenschachtel steht 5,30 oz. Wie viel g sind das?

2. Formuliere selbst Aufgaben zu den folgenden Aufgaben in Meter und foot (Fuß).
a) Jana liest am Fotoapparat ab 3 m ≈ 10 ft.
b) Markus hört in einem amerikanischen Dokumentarfilm über die Besteigung des Mount Everest (8 872 m): Das erste Basislager befand sich in einer Höhe von 22 300 ft und das zweite in der Höhe von 24 600 ft. Er liest im Lexikon: 1 ft ≈ 30,48 cm.
c) Ein Flugkapitän sagt an: „Wir befinden uns jetzt in einer Höhe von 34 000 Fuß."

3. Die Räume in der Wohnung unten sind 2,50 m hoch, die Fenster 1,25 m, die Türen 2,00 m.

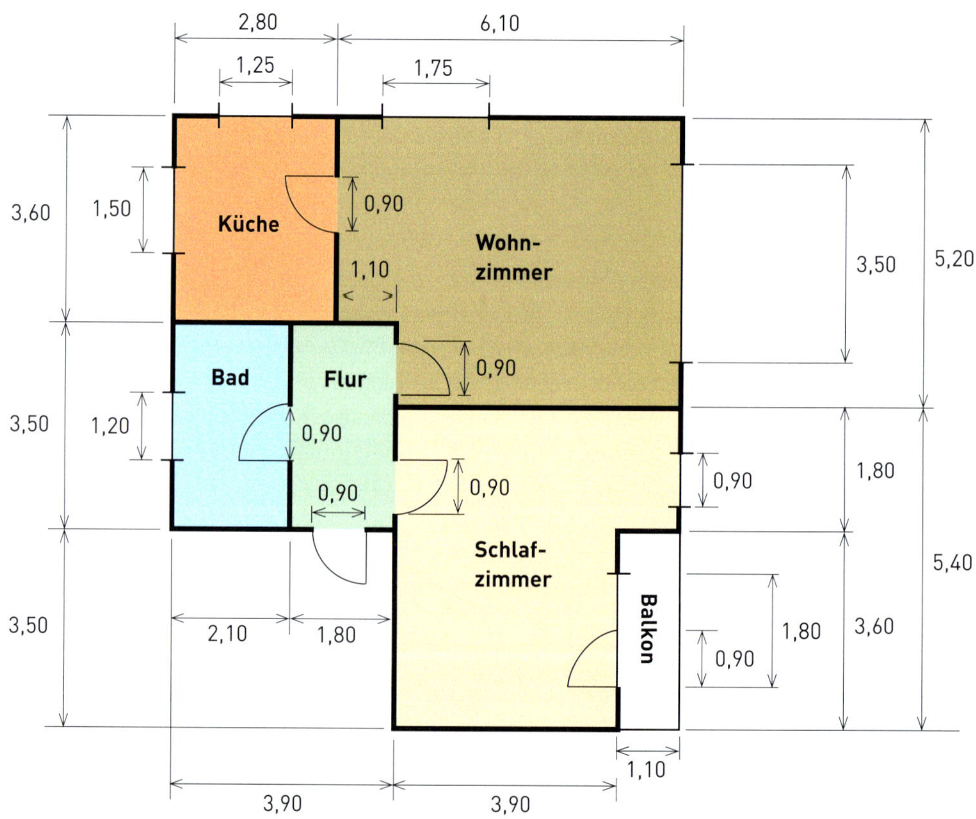

a) Betrachtet den Grundriss und orientiert euch.
(1) Wie lang und wie breit ist das Bad?
(2) Stellt euch gegenseitig weitere Fragen.
b) **(1)** Das Bad soll gefliest werden. 1 m² Fußbodenfliesen kostet 31,75 €; 1 m² Wandfläche 23,65 €. Wie teuer sind die Fliesen?
(2) Das Badfenster erhält eine besondere Verglasung; 1 m² Glas kostet 26 €.
c) 1 m² Parkett kostet 32,50 €; 1 m² Teppich kostet 21,75 €. Stellt selbst geeignete Aufgaben zu den anderen Zimmern und löst sie.

Das Wichtigste auf einen Blick

Dezimalbrüche

Eine besondere Schreibweise für Bruchzahlen sind *Dezimalbrüche*. Hierbei trennt das Komma die Ganzen von den Teilen eines Ganzen. Dezimalbrüche wie z. B. 234,9028 sind in einer *Stellenwerttafel* darstellbar.

Beispiele: $0{,}8 = \frac{8}{10} = \frac{4}{5}$

H	Z	E	z	h	t	zt
2	3	4	9	0	2	8

Umformen von Brüchen in Dezimalbrüche

Einige Brüche kann man in Dezimalbrüche umformen, indem man sie auf Zehntel, Hundertstel, *erweitert* oder *kürzt* und dann den entsprechenden Dezimalbruch notiert. Das ist aber nicht bei jedem Bruch möglich.

Beispiele:

$\frac{3}{5} = \frac{6}{10} = 0{,}6$

$\frac{12}{600} = \frac{2}{100} = 0{,}02$

Runden von Dezimalbrüchen

Beim Runden auf Einer musst du die Zehntel betrachten, beim Runden auf Zehntel die Hundertstel, beim Runden auf Hundertstel die Tausendstel, ...
Runde ab bei 0, 1, 2, 3, 4. Runde auf bei 5, 6, 7, 8, 9.

Beispiele: 2,745 gerundet auf

Einer: $2{,}745 \approx 3$

Zehntel: $2{,}745 \approx 2{,}7$

Hundertstel: $2{,}745 \approx 2{,}75$

Addition und Subtraktion von Dezimalbrüchen

Dezimalbrüche werden stellenweise addiert und subtrahiert.
Merke: Komma unter Komma

Beispiele:

```
   2,139       17,54
+ 12,41      -  3,6
  14,549       13,94
```

Multiplikation von Dezimalbrüchen

Multipliziere zunächst so, als wäre kein Komma vorhanden. Trenne dann im Ergebnis so viele Ziffern rechts durch ein Komma ab, wie die beiden Faktoren zusammen nach dem Komma haben.

Beispiel:

```
2,65 · 3,9
   795
   2385
 10,335
```

2 Nachkommastellen (2,65) · 1 Nachkommastelle (3,9) → 3 Nachkommastellen (10,335)

Division durch natürliche Zahlen

Dividiere zunächst wie bei natürlichen Zahlen stellenweise. Wird das Komma in der Rechnung überschritten, setze auch im Ergebnis das Komma.

Beispiel:

```
127,8 : 6 = 21,3
12
 07
  6
  18
  18
   0
```

Division durch Dezimalbrüche

Verschiebe bei beiden Zahlen das Komma um eine gleiche Anzahl von Stellen nach rechts, bis der Divisor eine natürliche Zahl ist. Dividiere dann durch die natürliche Zahl.

Beispiel:

$15{,}48 : 4{,}3 = 154{,}8 : 43 = 3{,}6$

Abbrechende und periodische Dezimalbrüche

Teilt man in einem Bruch den Zähler durch den Nenner, so erhält man stets einen Dezimalbruch.
Bricht die Division ab, da der Rest 0 auftritt, erhält man einen *abbrechenden Dezimalbruch*.
Bricht die Division nicht ab, weil sich eine Folge von Resten stets wiederholt, so nennt man den entstehenden Dezimalbruch periodisch. Die sich wiederholende Ziffer oder Ziffernfolge heißt *Periode*.

Beispiele für $\frac{1}{4}$ *und* $\frac{29}{22}$*:*

abbrechend: $1 : 4 = 0{,}25$

```
1 : 4 = 0,25
0
10
 8
 20
 20
  0
```

periodisch: $29 : 22 = 1{,}3\overline{18}$

```
29 : 22 = 1,318
22
 70
 66
  40
  22
  180
  176
    4
```

Bist du fit?

1. Welche Zahlen sind gleich:
0,2; 0,02; 0,20; 0,002; 0,020; 0,200; 0,202; 0,02020; 0,2020?

2. Gib die rot markierten Zahlen als Dezimalbrüche und als Brüche an.

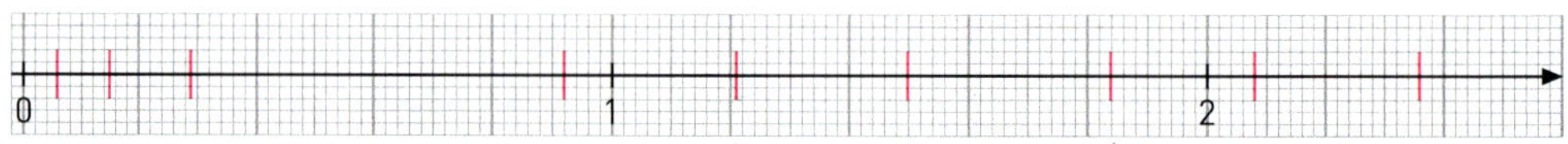

3. Runde
a) 2,7686 auf Tausendstel; **c)** 0,0854 auf Hundertstel; **e)** 4,0193 auf Einer;
b) 5,7896 auf Hundertstel; **d)** 7,7777 auf Zehntel; **f)** 7,0707 auf Zehntel.

4. Große Einwohnerzahlen werden häufig in Millionen mithilfe von Dezimalbrüchen angegeben. Für die Einwohnerzahl Deutschlands (81 844 000) findest du z. B. die Angabe 81,844 Mio. Runde die Zahlen in der Grafik auf Mio. und zeichne ein Säulendiagramm.

Frankreich	**65,447 Mio.**
Spanien	**47,190 Mio.**
Niederlande	**16,680 Mio.**
Schweden	**9,514 Mio.**
Dänemark	**5,579 Mio.**

5. Ordne nach der Größe.
0,25; 1,03; 1,30; 0,52; 2,75; 1,3; 1,98; 0,07; 1,976; 1,984; 1,0998

6. Berechne im Kopf.
a) 5,7 + 1,8 **b)** 9,2 – 3,5 **c)** 0,94 + 0,21 **d)** 3,7 + 1,24 **e)** 8,98 – 2,5 **f)** 2,05 – 0,87

7. Berechne schriftlich.
a) 19,356 + 7,89 **b)** 0,243 + 0,7785 **c)** 32,753 – 5,325 **d)** 95,7 – 39,183

8. Berechne im Kopf.
a) 1,567 · 100 **b)** 7,834 : 10 **c)** 3,4711 : 100 **d)** 1,23 · 3 **e)** 3 : 0,2 **f)** 3,4 · 1,1

9. Berechne schriftlich.
a) 12,43 · 32 **c)** 95,7 · 2,3 **e)** 162,72 : 12 **g)** 129,108 : 8,4
b) 13,2 · 4,7 **d)** 18,65 · 17,24 **f)** 1,053 : 3,9 **h)** 10,64 : 0,19

10. a) Die Klasse 6 b hat ein Klassenfest gefeiert. Dabei sind 51,75 € Kosten entstanden. In der Klasse sind 25 Schüler(innen). Wie viel muss jede(r) Schüler(in) zahlen?
b) Ein Lkw mit einer Ladefähigkeit von 3 t soll Dachziegel zu einer Baustelle bringen. Ein Dachziegel wiegt 2,5 kg. Wie viele Dachziegel kann er laden?

11. Ein quaderförmiges Schwimmbecken ist 9,60 m lang, 4,50 m breit und 1,80 m tief.
a) Die Fliesen erhalten einen Schutzanstrich. Wie groß ist die zu streichende Fläche?
b) Es wird bis 20 cm unter den Rand mit Wasser gefüllt. Wie viel Wasser wird benötigt?

12. a) Wandle in einen Dezimalbruch um: $\frac{5}{9}$; $\frac{5}{6}$; $\frac{3}{14}$; $\frac{20}{11}$; $1\frac{2}{7}$.
b) Wandle in einen Bruch um: $2{,}\overline{7}$; $2{,}\overline{07}$; $2{,}\overline{108}$.

4. Berechnungen an Vielecken

Als Grundstücksformen und Figuren an Körpern
kommen nicht nur Rechtecke, sondern auch andere Vielecke vor.
Häufig benötigt man deren Größe.

Die Grundstücke in dem rechts dargestellten Neubaugebiet sollen zu einem Preis von 95 € pro m^2 verkauft werden.

→ Berechne den Preis des rechteckigen Grundstücks.

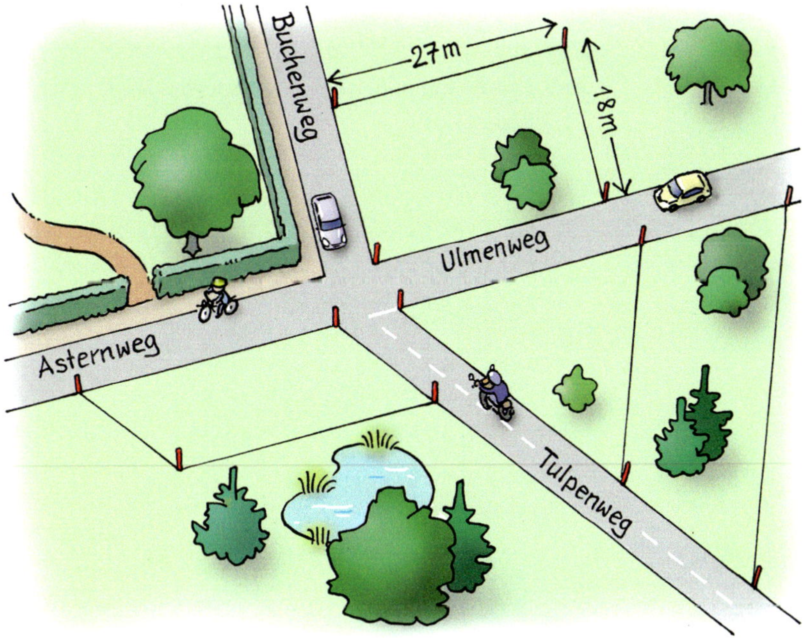

In diesem Kapitel …
lernst du, wie man den Flächeninhalt eines beliebigen Vielecks,
insbesondere eines Dreiecks, eines Parallelogramms und eines Trapzes
berechnen kann.

Lernfeld: Wie groß ist ... ?

Größen schätzen

Bei vielen Dingen muss man deren Größe gar nicht ganz genau wissen. Dort interessiert nur die ungefähre Größe. Um diese zu ermitteln muss man schätzen.

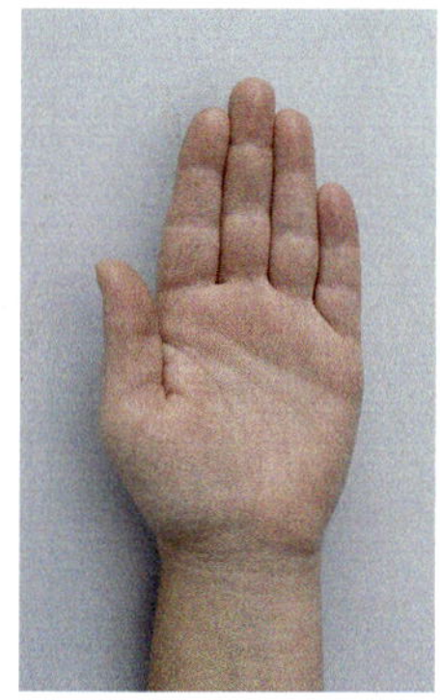

- Schätze die Größe deiner Handfläche.
- Wie viel Stoff benötigt man für ein T-Shirt?
- Wie groß ist ein Daumenabdruck?
- Wie viel Stoff benötigt man für das abgebildete Surfsegel?
- Vergleiche deine Schätzungen mit deinem Nachbarn. Begründet eure Schätzungen. Wie genau sind die Schätzungen wohl?

Tangram

Tangram ist ein altes chinesisches Legespiel oder Puzzle, mit immer denselben 7 Teilen.

Bastele ein Tangram nach der Vorlage. Die Kantenlänge des Quadrats beträgt 16 cm.

- Lege die folgenden drei Figuren aus den Puzzleteilen.

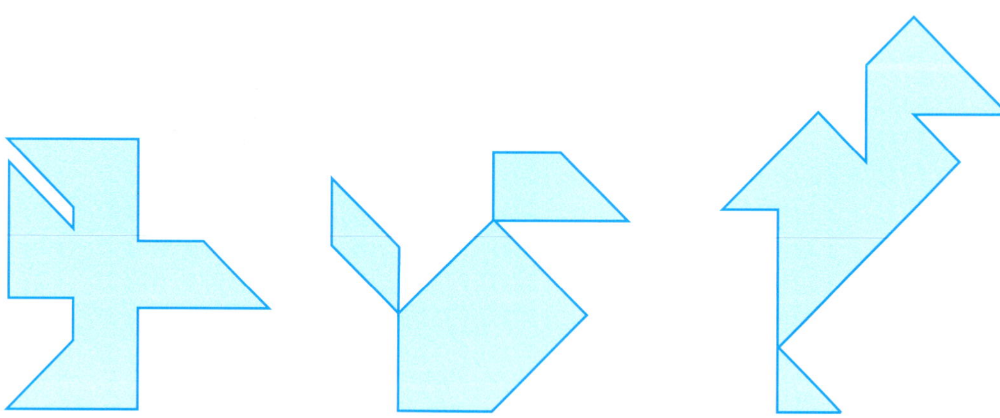

- Entscheide, welches die größte Figur ist (Es wurden teilweise nicht alle Teile verwendet).
- Erfinde selbst Figuren und lass deinen Nachbarn den Flächeninhalt bestimmen.

Drachenbau

Was haben alle Bilder gemeinsam?
Richtig, es sind alles Flugdrachen. Beim ersten und zweiten kann man die Form zu einem Viereck vereinfachen, das man auch in der Geometrie als Drachen bezeichnet. Der dritte Flugdrachen dagegen hat keine annähernd viereckige Form.

→ Beschreibt zuerst, worin sich ein Drachen von Rechtecken, Trapezen und allgemeinen Vierecken unterscheidet.

→ Gesa möchte einen Drachen bauen und hat eine Leiste der Länge 50 cm und eine der Länge 80 cm zur Verfügung. Sie überlegt, wie viel Folie sie dazu benötigt. Sie fertigt sich dazu eine Zeichnung an.
Übertragt die Figur in euer Heft und ermittelt den Flächeninhalt.

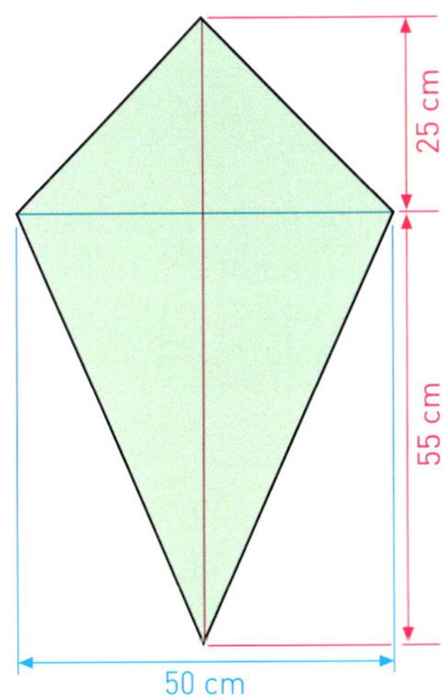

→ Gesa fragt sich, ob sie vielleicht Folienmaterial sparen kann, wenn sie die Querleiste nach oben oder unten verschiebt. Probiert das aus und vergleicht die Flächeninhalte der verschiedenen Drachen. Was könnt ihr Gesa raten?

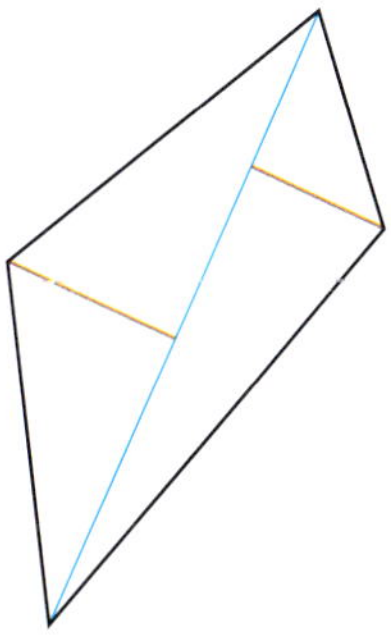

→ Malte zersägt die Querleiste und experimentiert mit ganz neuen Formen:
Er behauptet, man könne so an der Folie sparen. Überprüfe das und beurteile seinen Vorschlag. Erklärt ihm, weshalb er sein Werk nicht Drachen nennen darf.

→ Man kann auch Drachen mit einspringender Ecke herstellen.
Welche Änderungen ergeben sich in der Konstruktion im Vergleich zu Gesas Drachen und wie viel Folie und wie viel Holzleisten werden benötigt?

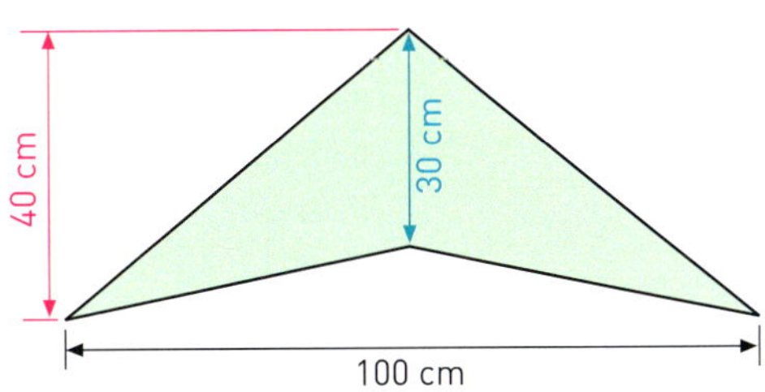

4.1 Flächeninhalt eines Dreiecks

Einstieg

Zeichnet auf Karton Dreiecke und bestimmt den Flächeninhalt.

(1) $|AB| = 8\,cm$; $|BC| = 6\,cm$; $\beta = 90°$

(2) $|AB| = 10\,cm$; $\alpha = 60°$; $\beta = 70°$

(3) $|AB| = 6\,cm$; $\alpha = 110°$; $\beta = 30°$

Aufgabe 1

Umfang und Flächeninhalt eines Dreiecks

Das Grundstück rechts hat die Form eines Dreiecks (siehe auch Seite 147).

a) Das Grundstück soll eingezäunt werden. Wie lang wird der Zaun?

b) Bestimme den Flächeninhalt des Grundstücks.

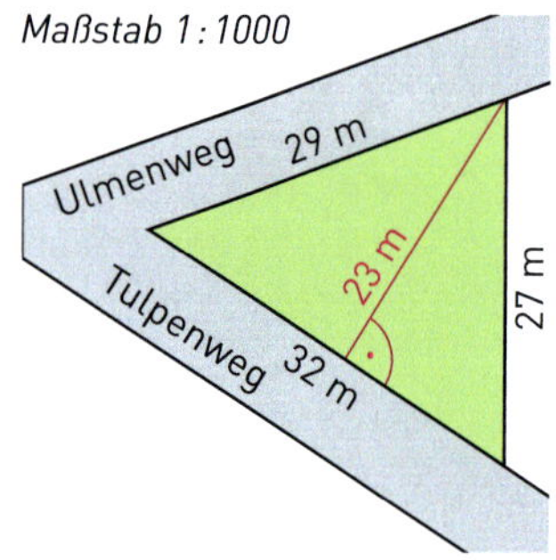

Lösung

a) Die Länge des Zauns ist die Summe der Seitenlängen, also der Umfang u des Dreiecks: $u = 29\,m + 32\,m + 27\,m = 88\,m$

Ergebnis: Der Zaun ist 88 m lang.

Strategie: Zurückführen auf ein Rechteck durch Zerlegen und Ergänzen

b) Wir führen das Problem auf eine Rechtecksberechnung zurück.
Wir zerlegen das Dreieck in zwei rechtwinklige Dreiecke. Diese kann man jeweils zu einem doppelt so großen Rechteck ergänzen. Man erhält insgesamt ein Rechteck mit den Seitenlängen 32 m und 23 m. Es ist doppelt so groß wie das Dreieck.
Der Flächeninhalt des Rechtecks beträgt $32\,m \cdot 23\,m$.
Dann gilt für den Flächeninhalt des Dreiecks:

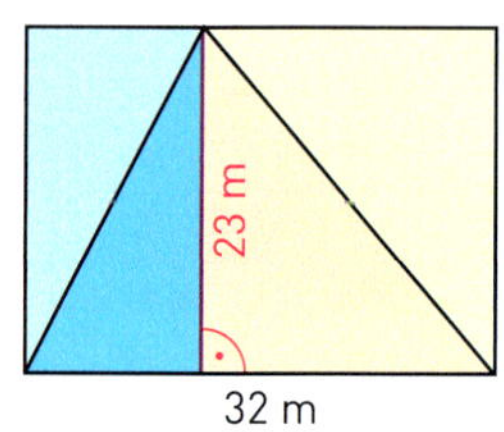

$$A = \frac{32\,m \cdot 23\,m}{2} = 368\,m^2$$

Ergebnis: Das Grundstück ist $368\,m^2$ groß.

Information

Bezeichnungen im Dreieck:

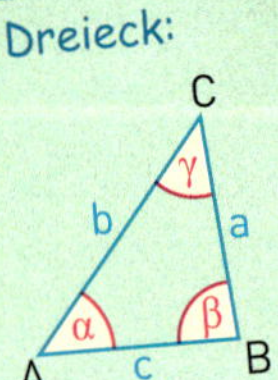

(1) Wiederholung: Bezeichnungen im Dreieck

Winkel α liegt am Eckpunkt A; gegenüber liegt die Seite a.
Winkel β liegt am Eckpunkt B; gegenüber liegt die Seite b.
Winkel γ liegt am Eckpunkt C; gegenüber liegt die Seite c.
Beim Berechnen des Flächeninhalts eines Dreiecks benötigt man den Abstand eines Eckpunkts von der gegenüberliegenden Seite.

(2) Höhen im Dreieck

Unter den **Höhen** eines Dreiecks versteht man die Abstände der Eckpunkte von den gegenüberliegenden Seiten bzw. deren Verlängerungen.
Beispiel:
h_c ist der Abstand des Eckpunktes C von der Seite $\overline{AB}$ bzw. deren Verlängerung.

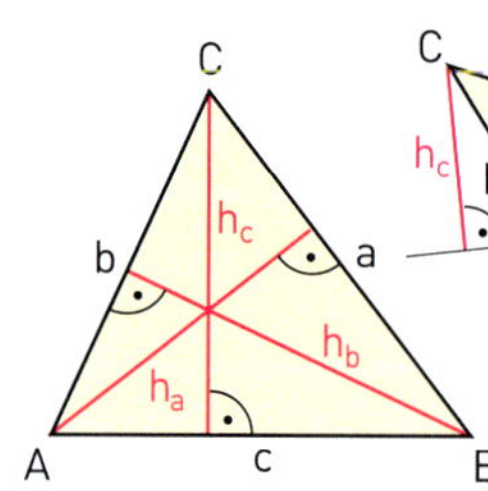

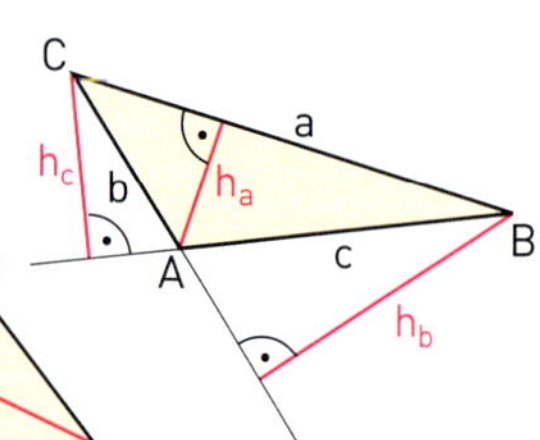

(3) Flächeninhalt eines Dreiecks

Man erhält den Flächeninhalt eines Dreiecks, indem man die Länge einer Seite mit der zugehörigen Höhe multipliziert und das Ergebnis halbiert.

Für den **Flächeninhalt A eines Dreiecks** mit der Länge g einer Seite (Grundseite) und der zugehörigen Höhe h gilt:

$A = \frac{g \cdot h}{2}$

Beispiel: $g = 4\,cm,\ \ h = 1{,}5\,cm$

$A = \frac{g \cdot h}{2} = \frac{4\,cm \cdot 1{,}5\,cm}{2} = 3\,cm^2$

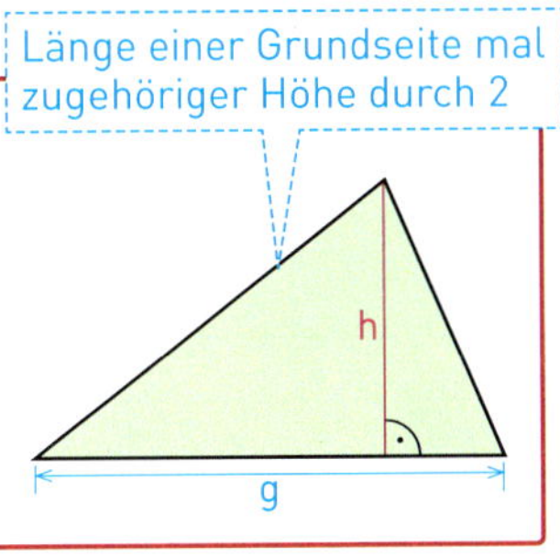

Weiterführende Aufgaben

Flächeninhaltsformel bei außen liegender Höhe

2. Bestätige am Beispiel rechts, dass die Formel für den Flächeninhalt auch dann gilt, wenn die Höhe des Dreiecks außerhalb des Dreiecks liegt.
Prüfe, ob sich deine Überlegungen verallgemeinern lassen.

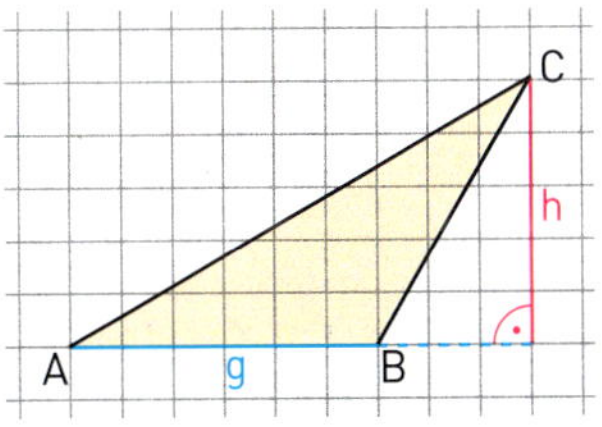

Verschiedene Dreiecke mit gleich langer Grundseite und Höhe

3. Berechne für jedes Dreieck den Flächeninhalt. Was fällt dir auf? Verallgemeinere.

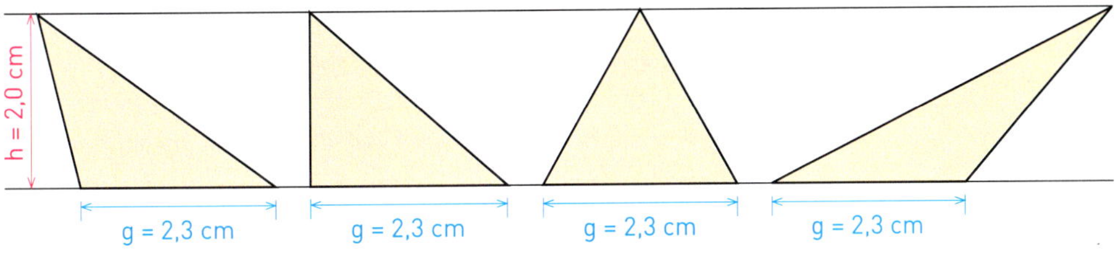

Übungsaufgaben

4. Berechne den Flächeninhalt des Dreiecks (Maße in cm).

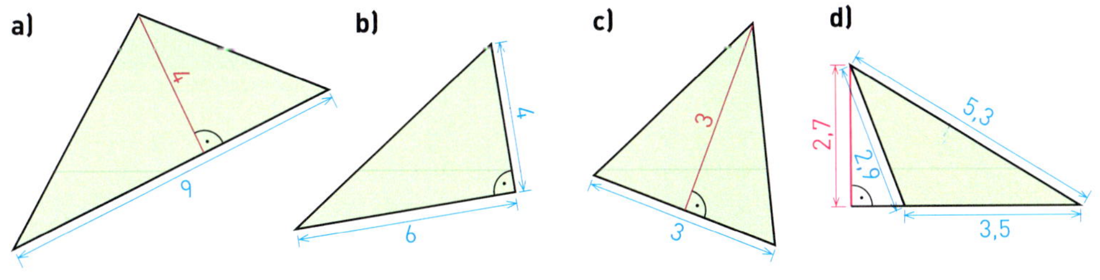

5. Übertrage das Dreieck PQR in dein Heft. Bestimme den Flächeninhalt des Dreiecks auf drei verschiedene Weisen. Fülle die Tabelle aus.

Seite	Länge der Seite	zugehörige Höhe	Flächeninhalt
$\overline{PQ}$			
$\overline{QR}$			
$\overline{RP}$			

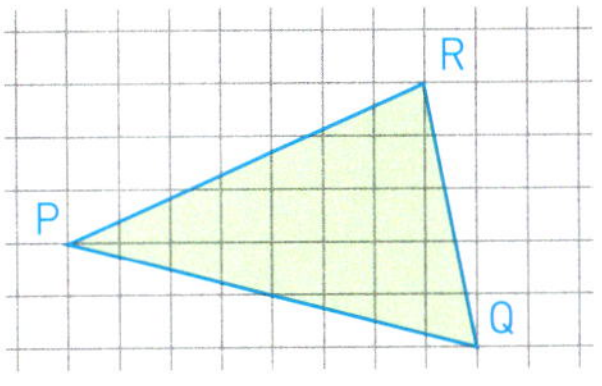

6. **a)** Ordnet die Dreiecke nur durch Schätzen der Größe nach. Zeichnet sie anschließend auf Karopapier mit der Kästchenlänge 5 mm und kontrolliert eure Schätzung.

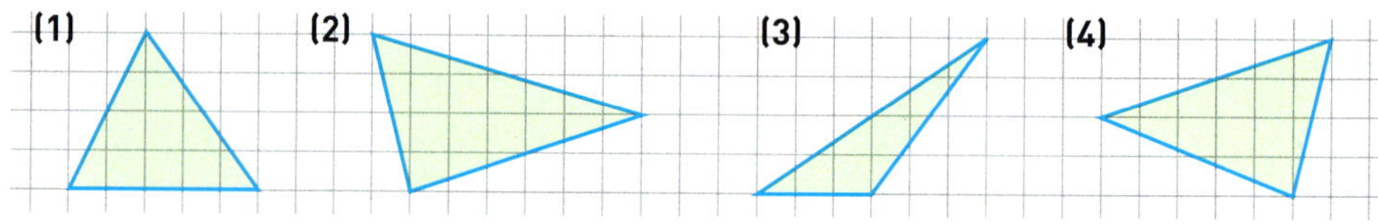

b) Verfahrt entsprechend mit dem Umfang der Dreiecke.

7. Zeichne das Dreieck ABC in ein Koordinatensystem mit der Einheit 1 cm. Berechne dann, ohne zu messen, den Flächeninhalt des Dreiecks.

a) A(1|2); B(6|2); C(4|6) **b)** A(4|1); B(9|5); C(4|7) **c)** A(4|0); B(10|0); C(0|4)

8. Zeichnet verschiedene 20 cm² große Dreiecke und vergleicht deren Umfang. Versucht ein 20 cm² großes Dreieck mit möglichst großem Umfang zu zeichnen.

9. Gegeben ist ein rechtwinkliges Dreieck ABC. Berechne den Flächeninhalt.

a) $a = 3{,}2\,cm$; $b = 4{,}1\,cm$; $\gamma = 90°$ **b)** $c = 6{,}7\,cm$; $b = 4{,}8\,cm$; $\alpha = 90°$

10. Christopher behauptet: „Es gibt nur drei verschiedene rechtwinklige Dreiecke mit dem Flächeninhalt 6 cm².“ Wo liegt sein Denkfehler?

11. Das rechtwinklige Dreieck ABC mit $\gamma = 90°$ besitzt die Seitenlänge $a = 3{,}9\,cm$ und ist 19,5 cm² groß. Berechne die Länge der Seite b.

12. Marie, Patrick und Lea haben versucht, die Höhe h des Dreiecks zu berechnen. Kontrolliere ihre Rechnungen. Welche Fehler haben sie gemacht?

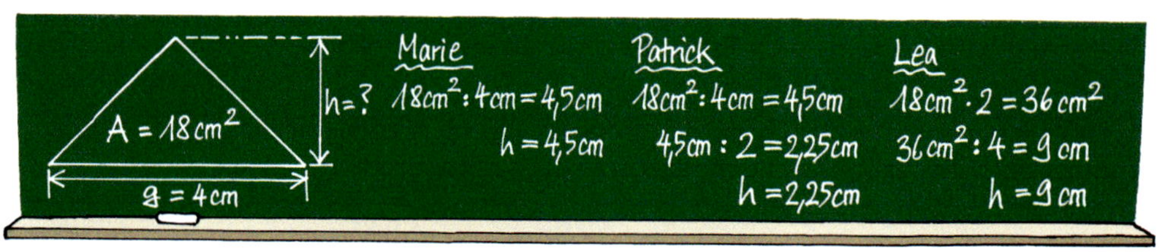

13. Berechne die fehlende Größe des Dreiecks.

	a)	b)	c)	d)	e)	f)
Seitenlänge g	3,2 cm			127 m	2,2 m	3,5 m
Höhe h	1,9 cm	1,2 m	4,1 m		14 cm	
Flächeninhalt A		1,92 m²	9,43 m²	3175 m²		630 cm²

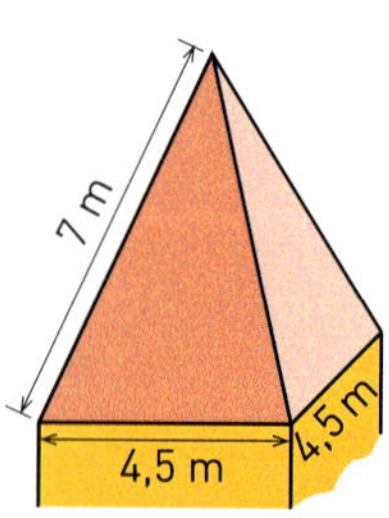

14. Das Waldstück rechts soll neu mit Fichten aufgeforstet werden. 1 ha kostet 2400 €. Berechne die Kosten.
Beachte: Die Höhe in dem Dreieck musst du zeichnerisch bestimmen.

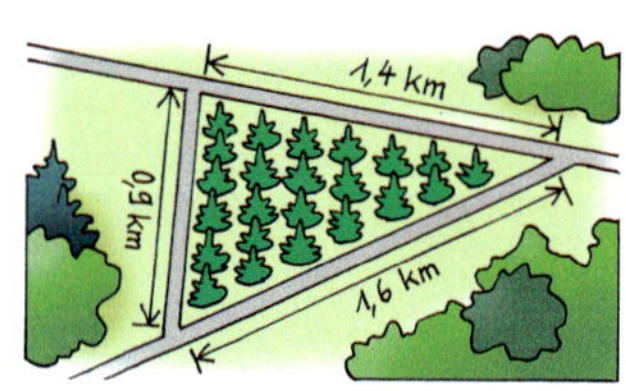

15. Das Kirchturmdach im Bild links muss neu gedeckt werden. 1 m² kostet 250 €. Wie groß sind die Kosten?

4.2 Flächeninhalt eines Parallelogramms

Einstieg

Zeichnet (auf Karton) ein Parallelogramm ABCD mit $a = 9\,\text{cm}$, $\alpha = 64°$ und $d = 5\,\text{cm}$.
Bestimmt seinen Flächeninhalt. Ihr könnt dabei auch schneiden.
Stellt anschließend euren Mitschülerinnen und Mitschülern vor, wie ihr vorgegangen seid.

Aufgabe 1

Umfang und Flächeninhalt eines Parallelogramms

Das Grundstück rechts hat die Form eines Parallelogramms (siehe auch Seite 147).

a) Das Grundstück soll eingezäunt werden. Wie lang wird der Zaun?

b) Bestimme den Flächeninhalt des Grundstücks.

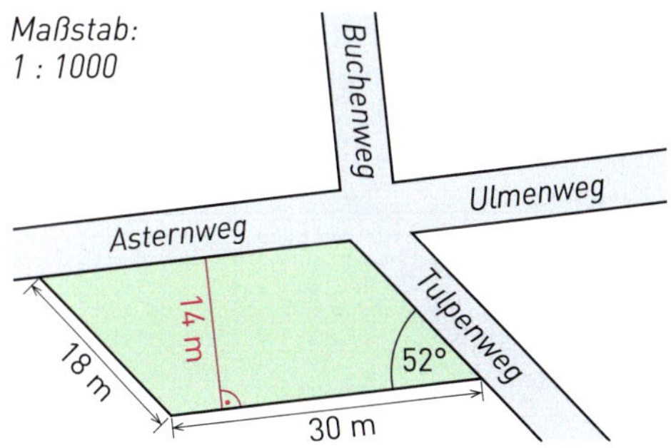

Lösung

a) Die Länge des Zauns ist die Summe der Seitenlängen, also der Umfang u des Parallelogramms:
$u = 18\,\text{m} + 30\,\text{m} + 18\,\text{m} + 30\,\text{m} = 96\,\text{m}$
Ergebnis: Der Zaun ist 96 m lang.

Strategie: Zurückführen auf Dreiecke durch Zerlegen

b) Wir zerlegen das Parallelogramm mithilfe einer Diagonalen in zwei Dreiecke.
Beide Dreiecke haben eine Grundseite von 30 m. Der Zeichnung entnehmen wir, dass ihre Höhe jeweils 14 m beträgt, daher sind beide Dreiecke gleich groß.

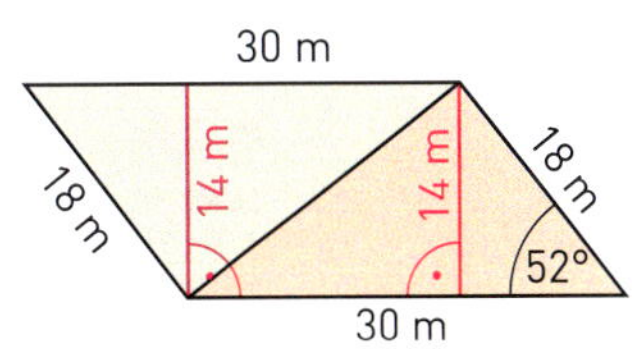

Für den Flächeninhalt des Parallelogramms gilt somit:

$A = 2 \cdot \frac{30\,\text{m} \cdot 14\,\text{m}}{2} = 30\,\text{m} \cdot 14\,\text{m} = 420\,\text{m}^2$

Ergebnis: Das Grundstück ist $420\,\text{m}^2$ groß.
Man könnte das Parallelogramm auch mithilfe der anderen Diagonale zerlegen. Führe das durch.

Information

(1) Höhen im Parallelogramm

Beim Berechnen des Flächeninhalts eines Parallelogramms benötigt man den Abstand zweier zueinander paralleler Seiten.

Unter den **Höhen** eines Parallelogramms versteht man die Abstände der zueinander parallelen Seiten.

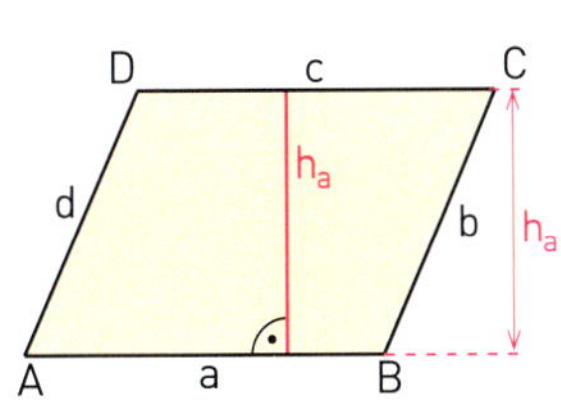

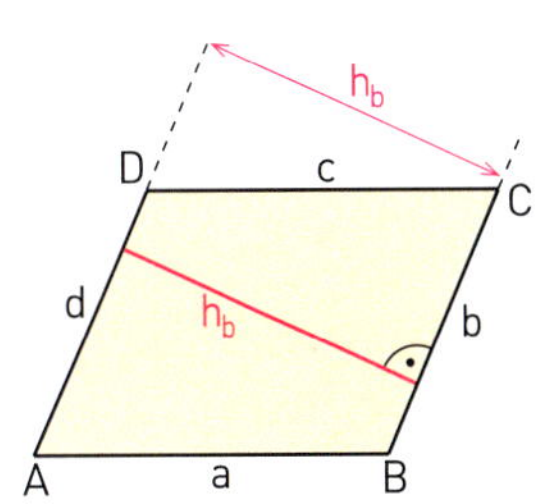

(2) Flächeninhalt eines Parallelogramms

Wir erhalten den Flächeninhalt eines Parallelogramms, indem wir eine Seite als *Grundseite* auswählen und ihre Länge mit der zugehörigen Höhe multiplizieren.

Für den **Flächeninhalt A eines Parallelogramms** mit der Länge g einer Seite (Grundseite) und der zugehörigen Höhe h gilt:

$\mathbf{A = g \cdot h}$

Beispiel: g = 3 cm, h = 1,5 cm

$A = g \cdot h$

$A = 3\,\text{cm} \cdot 1{,}5\,\text{cm} = 4{,}5\,\text{cm}^2$

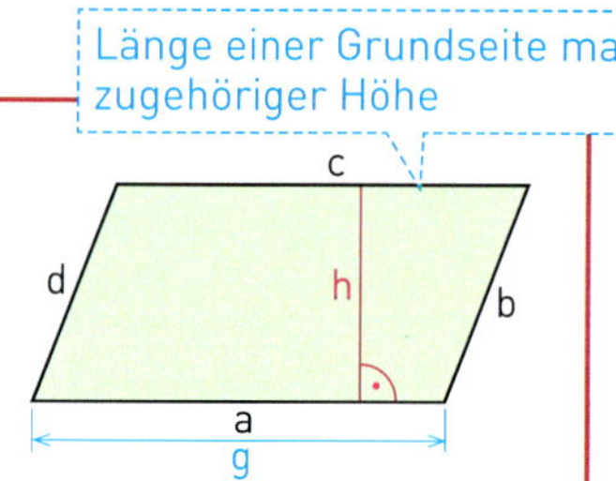

Verschiedene Parallelogramme mit gleich langer Grundseite und gleicher Höhe

Weiterführende Aufgabe

2.

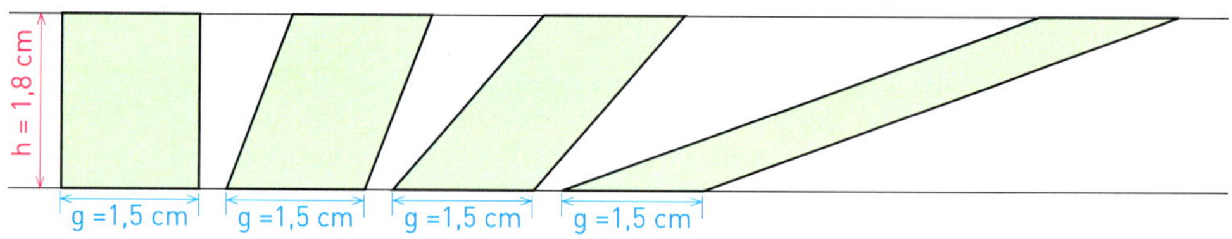

a) Berechne für jedes Parallelogramm den Flächeninhalt. Was fällt dir auf?

b) Verallgemeinere dein Ergebnis aus Teilaufgabe a).

Übungsaufgaben

3. Für das Bestimmen des Flächeninhalts des Parallelogramms mithilfe einfacher Figuren gibt es mehrere Möglichkeiten. Erläutere diese.

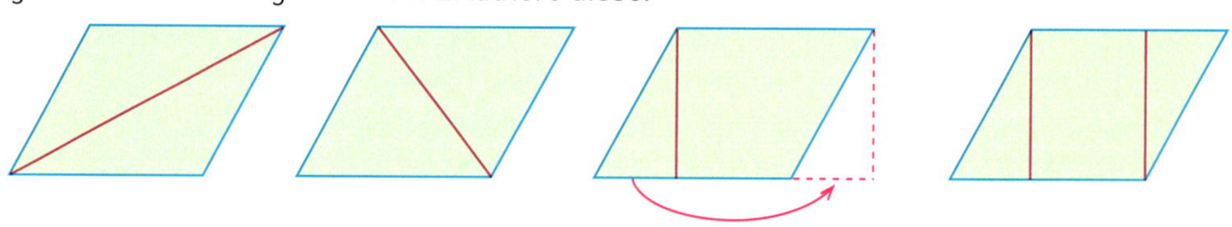

4. Übertrage das Parallelogramm in dein Heft. Verwandle das Parallelogramm in ein flächeninhaltsgleiches Rechteck.
Bestimme den Flächeninhalt des Parallelogramms (1 Karolänge = 5 mm).

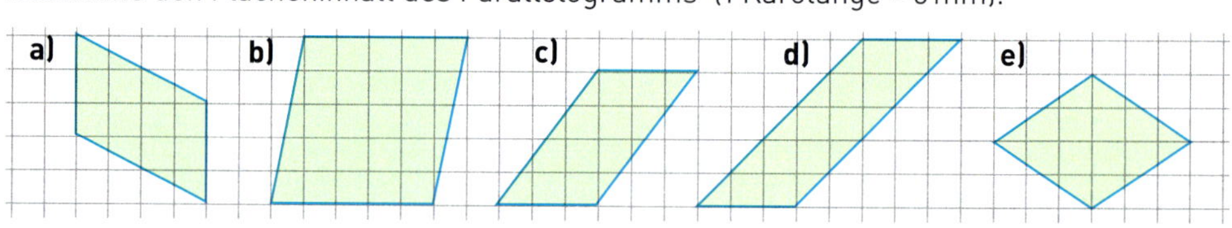

5. Berechne den Flächeninhalt des Parallelogramms.

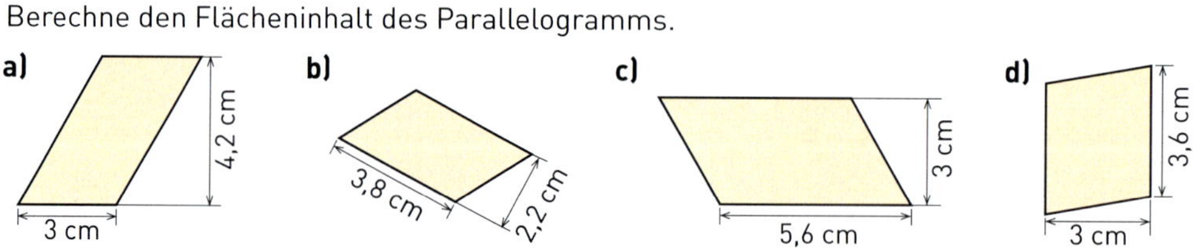

6. Übertrage das Parallelogramm in dein Heft. Miss jeweils die Seitenlänge und die zugehörige Höhe. Berechne dann den Flächeninhalt.
Was erwartest du? Was stellst du fest? Begründe.

Seite	Länge der Seite	zugehörige Höhe	Flächeninhalt
$\overline{AB}$			
$\overline{BC}$			
$\overline{CD}$			
$\overline{DA}$			

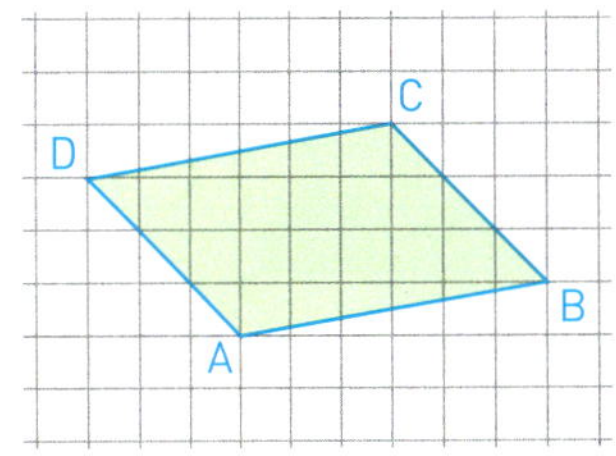

7. Sophie, Felix und Laura haben versucht, den Flächeninhalt des Parallelogramms zu berechnen. Kontrolliere ihre Rechnungen. Welche Fehler haben sie gemacht?

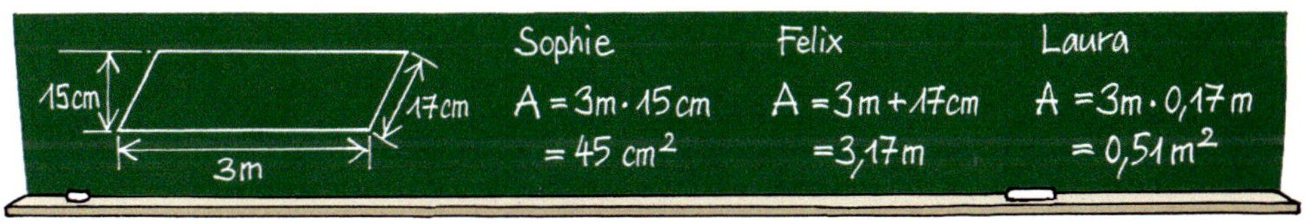

8. **a)** Betrachtet die unten gezeichneten Parallelogramme. Ordnet sie zunächst nur durch Schätzen, ohne Rechnen, der Größe nach.

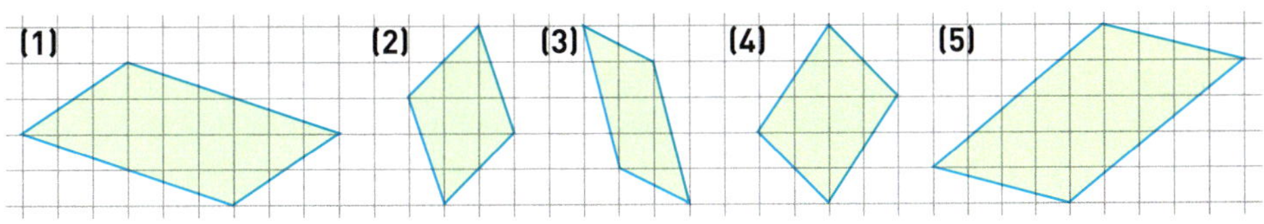

Zeichnet sie anschließend auf Karopapier mit der Kästchenlänge 5 mm und kontrolliert eure Schätzung durch Rechnung.

b) Verfahrt entsprechend mit dem Umfang der Parallelogramme.

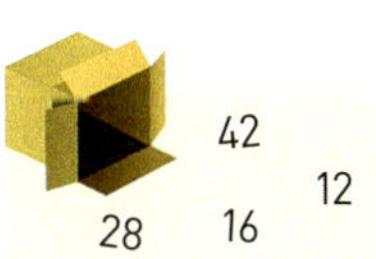

9. Zeichne das Parallelogramm ABCD in ein Koordinatensystem mit der Einheit 1 cm. Berechne dann ohne zu messen den Flächeninhalt des Parallelogramms.

a)	**b)**	**c)**	**d)**
A(1 | 1)	A(4 | 2)	A(6 | 3)	A(6,4 | 3,5)
B(8 | 1)	B(7 | 2)	B(10 | 3)	B(10,8 | 3,5)
C(10 | 5)	C(3 | 6)	C(8 | 7)	C(8,8 | 7,1)
D(3 | 5)	D(0 | 6)	D(4 | 7)	D(4,4 | 7,1)

Das kann ich noch!

A) Erläutere an den Abbildungen den Zusammenhang zwischen
1) den Einheiten mm und cm;
2) den Einheiten mm^2 und cm^2.

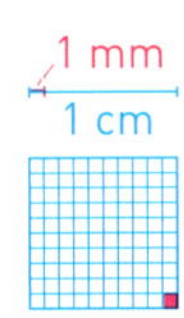

B) Wandle in die in Klammern angegebene Einheit um.

1) 5 cm [mm]	**4)** 4 cm^2 [mm^2]	**7)** 580 cm [m]
2) 3,1 km [m]	**5)** 5 m^2 [cm^2]	**8)** 2 000 mm^2 [cm^2]
3) 2,3 m [cm]	**6)** 7,1 m^2 [cm^2]	**9)** 650 dm^2 [m^2]

10. Die Seitenverkleidungen einer Rolltreppe sollen erneuert und durch Edelstahlblech ersetzt werden. Die Seitenverkleidungen sind parallelogrammförmig mit den Seitenlängen 10,50 m und 0,90 m. Eine Höhe des Parallelogramm beträgt 0,80 m. Das verwendete Edelstahlblech kostet 32,50 € pro m². Berechne die Kosten.

11. Berechne die fehlende Größe des Parallelogramms.

	a)	b)	c)	d)	e)
Seitenlänge g	16,2 cm		150 cm	25,5 m	
zugehörige Höhe h	3,5 cm	5,2 cm			4,5 km
Flächeninhalt A		22,36 cm²	9,75 m²	4,59 a	29,25 ha

12. Gebäude werden oft mit Streifenornamenten verziert.

a) Beim oberen Streifen sind $a = 20\,cm$, $b = 5\,cm$, $c = 20\,cm$ und $d = 15\,cm$. Wie viel cm² wurden grün gefärbt? Welcher Anteil des Streifens ist gefärbt? Bei dem unteren Streifen ist $a = 15\,cm$, alle anderen Größen sind gleich geblieben. Wie ändern sich die Ergebnisse?

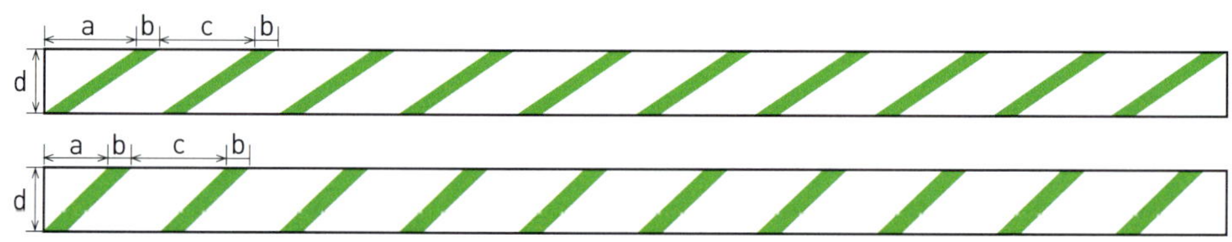

b) Ein Haus soll mit einem 14 m langen Ornament von der unten abgebildeten Art verziert werden. Für wie viel m² wird Farbe von jeder Sorte benötigt? Gebt auch Anteile an.

13. Eine Treppenhauswand soll renoviert werden. Für das Auftragen eines Kunststoffputzes verlangt der Maler 14,50 € pro m², für Tapezieren und Streichen 9,00 € pro m². Stellt euch geeignete Fragen und löst die Aufgaben.

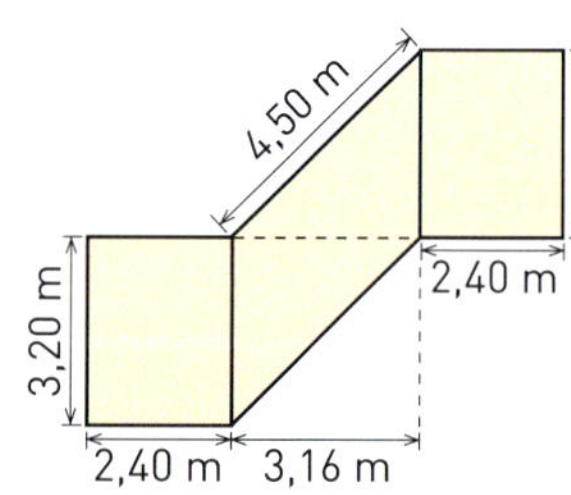

14. Wie ändert sich der Flächeninhalt eines Parallelogramms, wenn man

a) eine Seitenlänge verdoppelt [verdreifacht];

b) eine Seitenlänge verdoppelt und die zugehörige Höhe verdoppelt [verdreifacht]?

15. Von einem Parallelogramm sind die Seitenlängen $a = 5{,}7\,cm$ und $b = 3{,}5\,cm$ bekannt; die zu a gehörende Höhe ist $h_a = 2{,}5\,cm$. Berechne die andere Höhe h_b.

16. Du kannst verschiedene Parallelogramme mit den Seitenlängen $a = 5\,cm$ und $b = 3{,}5\,cm$ zeichnen. Welches dieser Parallelogramme hat den größten Flächeninhalt? Begründe.

17. Ein Parallelogramm ABCD hat den Flächeninhalt $A = 20\,cm^2$. Ferner gilt: $|AB| = 4\,cm$ und $|BC| = 6\,cm$. Berechne die Höhen des Parallelogramms. Bestimme auch den Umfang.

4.3 Flächeninhalt eines Trapezes

Einstieg 

Arbeitet in Zweiergruppen. Zeichnet (auf Karton) zwei Trapeze, die genau aufeinander passen. Jede Gruppe wählt sich die Maße selbst.
Bestimmt den Flächeninhalt der Trapeze. Ihr könnt auch schneiden.
Findet eine Formel für den Flächeninhalt eines Trapezes heraus.
Präsentiert euer Ergebnis euren Mitschülerinnen und Mitschülern.

Aufgabe 1

Umfang und Flächeninhalt eines Trapezes

Das Grundstück rechts hat die Form eines Trapezes (siehe auch Seite 147).

a) Das Grundstück soll eingezäunt werden. Wie lang wird der Zaun?

b) Bestimme den Flächeninhalt des Grundstücks.

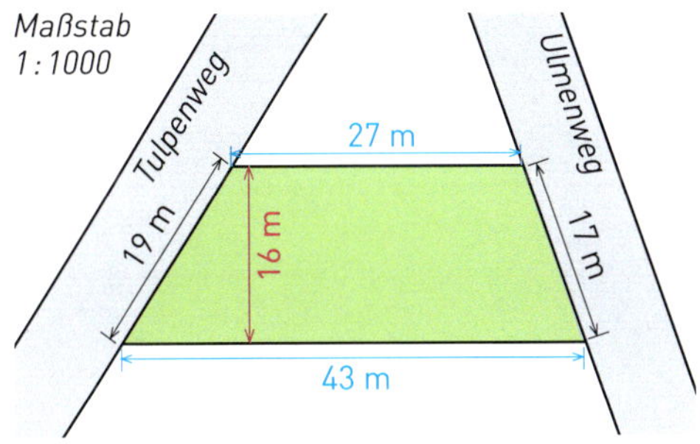

Lösung

a) Die Länge des Zauns ist die Summe der Seitenlängen, also der Umfang u Trapezes: u = 43 m + 17 m + 27 m + 19 m = 106 m
Ergebnis: Der Zaun ist 106 m lang.

Es gibt noch andere Lösungswege.

b) Wir ergänzen das Trapez zu einem doppelt so großen Parallelogramm mit der Grundseitenlänge 27 m + 43 m und der Höhe 16 m.

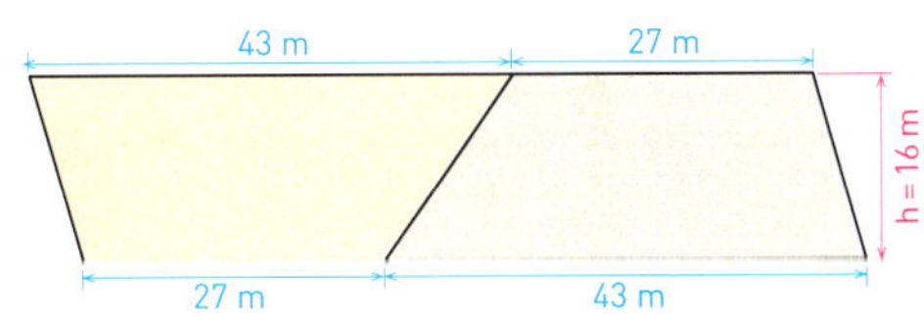

Folglich beträgt der Flächeninhalt des Parallelogramms (27 m + 43 m) · 16 m.
Da der Flächeninhalt des Trapezes halb so groß ist, gilt:

$$A = \frac{(27\,\text{m} + 43\,\text{m}) \cdot 16\,\text{m}}{2} = 560\,\text{m}^2$$

Ergebnis: Das Grundstück ist 560 m² groß.

Information

(1) Höhe im Trapez

Beim Berechnen des Flächeninhalts eines Trapezes benötigt man den Abstand von zwei zueinander parallelen Seiten.

Unter der **Höhe** h eines Trapezes versteht man den Abstand der beiden zueinander parallelen Grundseiten.

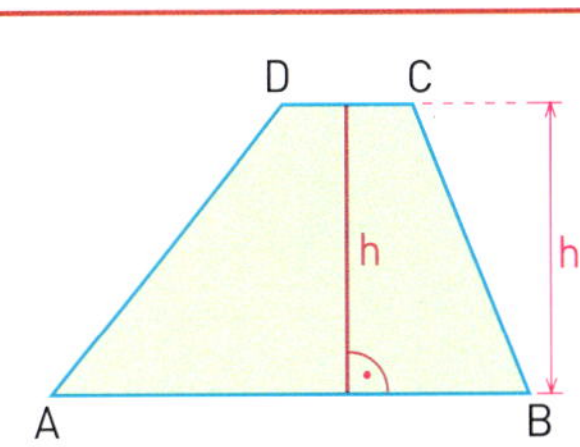

(2) Flächeninhalt eines Trapezes

Man erhält den Flächeninhalt eines Trapezes, indem man die Summe der Längen der zueinander parallelen Seiten mit der zugehörigen Höhe multipliziert und das Ergebnis halbiert.

Für den **Flächeninhalt A eines Trapezes** mit den Längen a und c der zueinander parallelen Seiten und der zugehörigen Höhe h gilt:

$$\mathbf{A = \frac{(a + c) \cdot h}{2}}$$

Beispiel: a = 5 cm; c = 3 cm; h = 2 cm

$$A = \frac{(a + c) \cdot h}{2}$$

$$A = \frac{(5\,\text{cm} + 3\,\text{cm}) \cdot 2\,\text{cm}}{2} = 8\,\text{cm}^2$$

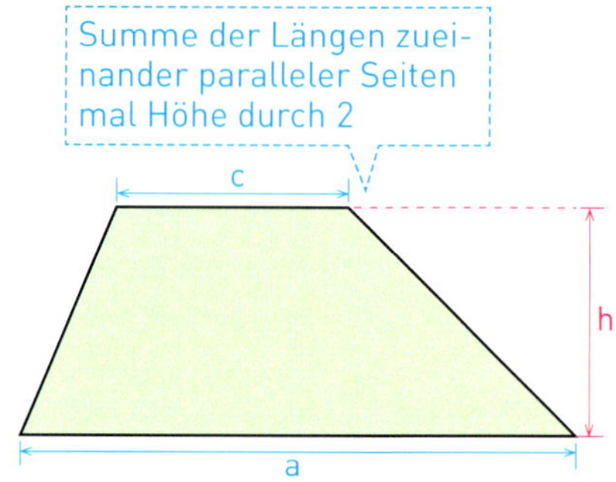

Übungsaufgaben

2. Berechne den Flächeninhalt des Trapezes (Maße in cm).

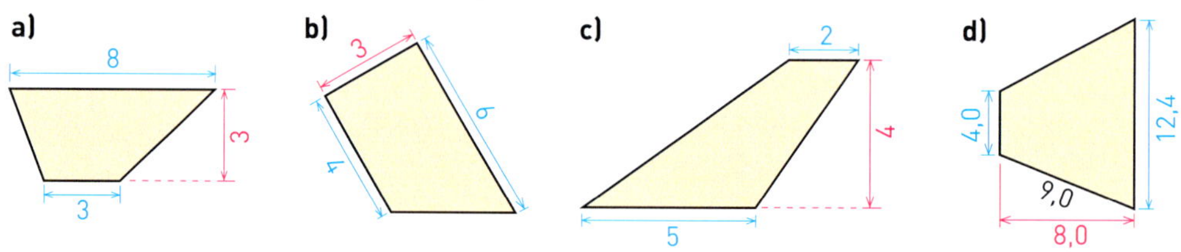

3. a) Betrachtet die unten gezeichneten Trapeze. Versucht zunächst, sie ohne Rechnen, nur durch Schätzen der Größe nach zu ordnen.

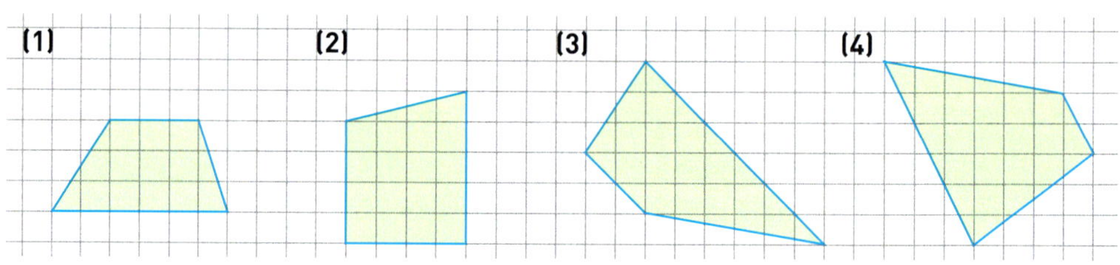

b) Verfahrt entsprechend mit dem Umfang der Trapeze.

4. Trage das Trapez ABCD in ein Koordinatensystem mit der Einheit 1 cm ein und berechne ohne zu messen den Flächeninhalt.

a) A (1 | 1), B (8 | 1), C (5 | 5), D (2 | 5) **b)** A (0 | 2), B (5 | 2), C (3 | 8), D (1 | 8)

5. In das Giebelfenster rechts wurde eine neue Fensterscheibe eingesetzt. Für Glas wurde wegen der besonderen Form 35 € pro m² berechnet.

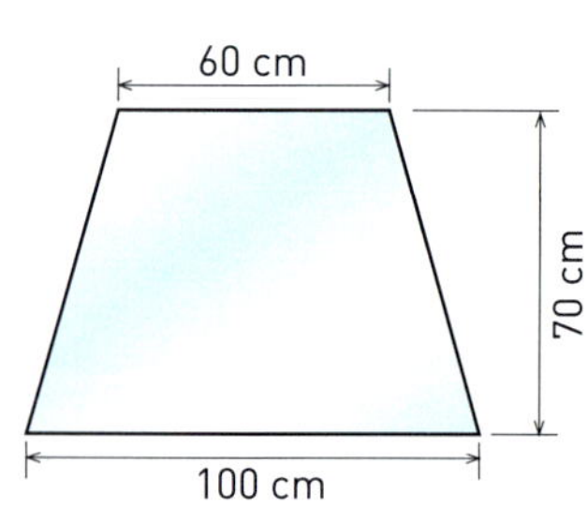

6. Zeichnet verschieden geformte Trapeze mit den Maßen a = 7 cm, c = 5 cm und h = 3 cm.
Bestimmt Umfang und Flächeninhalt der Trapeze.
Was stellt ihr fest?

4.4 Flächeninhalt beliebiger Vielecke

Ziel

Du hast gelernt, wie man den Flächeninhalt eines Parallelogramms, eines Dreiecks und eines Trapezes berechnet.
Im Alltag kommen auch andere Vielecke vor, deren Größe man wissen möchte.
Hier lernst du nun, wie man den Flächeninhalt eines beliebigen Vielecks berechnen kann.

Zum Erarbeiten

Flächeninhalt eines beliebigen Vielecks

Die Gemeinde Grüntal möchte einen neuen Park anlegen und muss dafür ein Grundstück kaufen. Deshalb wird das Grundstück zuerst vermessen. Dazu werden die Seitenlängen und die Größe der Innenwinkel gemessen.

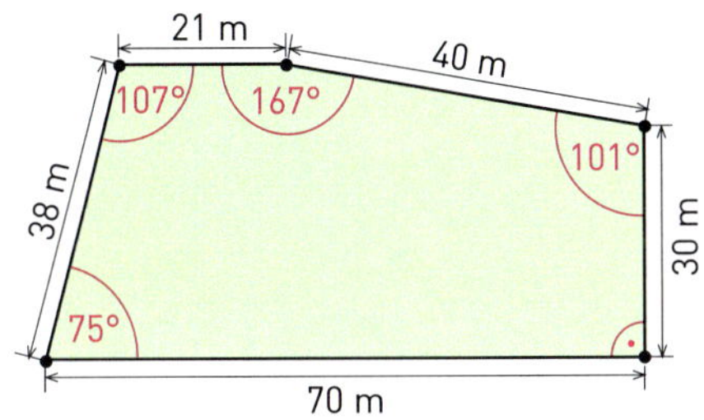

Schätze zuerst, wie groß das Grundstück ungefähr ist.

→ Das Grundstück ist kleiner als ein Rechteck mit den Seitenlängen 40 m und 70 m, aber größer als ein Rechteck mit den Seitenlängen 30 m und 70 m.
Die Größe des Grundstücks liegt also zwischen 2100 m² und 2800 m².

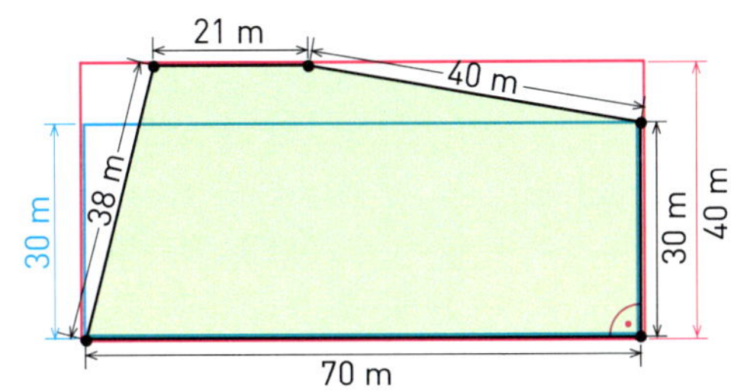

Übertrage das Grundstück im Maßstab 1:1000 in dein Heft und bestimme den Flächeninhalt möglichst genau mithilfe des bisher erworbenen Wissens.
Welchen Preis muss die Gemeinde zahlen, wenn der Quadratmeter 120 € kosten soll?

Maßstab 1:1000 bedeutet: 1 cm in der Zeichnung entspricht 1000 cm in der Wirklichkeit.

→ Damit man eine bekannte Formel verwenden kann, unterteilt man das Vieleck in Dreiecke:
Wir addieren dann die Flächeninhalte der drei Dreiecke, wobei wir einige Maße aus der Zeichnung entnehmen, gerundet auf volle m.

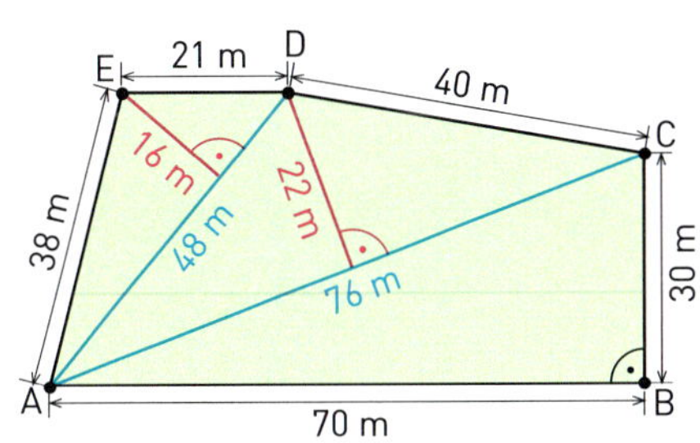

$A_{ABCDE} = A_{ABC} + A_{ACD} + A_{ADE}$

$\approx \frac{70\,m \cdot 30\,m}{2} + \frac{76\,m \cdot 22\,m}{2} + \frac{48\,m \cdot 16\,m}{2}$

$= 1050\,m^2 + 836\,m^2 + 384\,m^2$

$= 2270\,m^2$

Die Kosten betragen dann: $2270 \cdot 120\,€ = 272\,400\,€$

Die Gemeinde muss mit Kosten zwischen 270 000 € und 275 000 € rechnen.

Beachte: Du kannst das Vieleck auch auf andere Weisen als oben gezeichnet in Dreiecke zerlegen.

Erläutere, wie man den Flächeninhalt des Sechsecks ABCDEF bestimmen könnte. Wähle anschließend die günstigste Möglichkeit zum Berechnen.

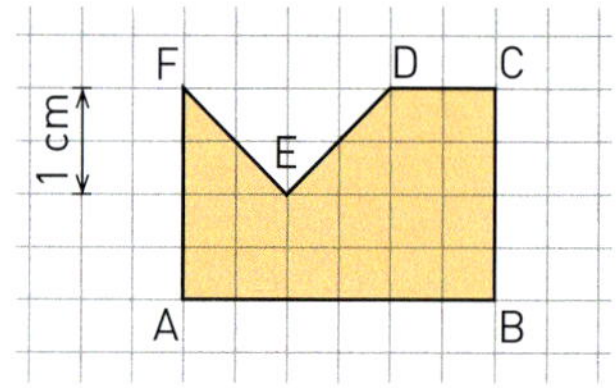

➔ Man kann das Sechseck in einfachere Vielecke zerlegen, z. B. zwei Trapeze und ein Rechteck (1. Möglichkeit) oder ein Dreieck, ein Rechteck und ein Trapez (2. Möglichkeit).

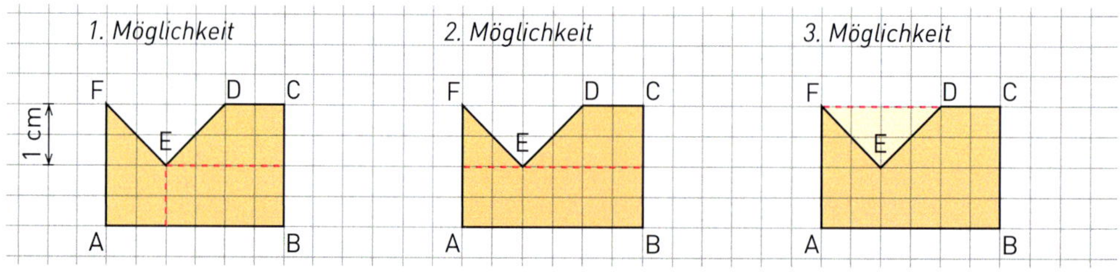

Noch einfacher ist es jedoch, das Sechseck ABCDEF zu einem Rechteck ABCF zu ergänzen und den Flächeninhalt des ergänzten Dreiecks EDF vom Flächeninhalt des Rechtecks zu subtrahieren (3. Möglichkeit):

$A_{ABCDEF} = A_{ABCF} - A_{EDF} = 3\,cm \cdot 2\,cm - \frac{1}{2} \cdot 2\,cm \cdot 1\,cm = 6\,cm - 1\,cm^2 = 5\,cm^2$

Information

Strategie zum Berechnen des Flächeninhalts beliebiger Vielecke

1. Strategie: Zerlegen

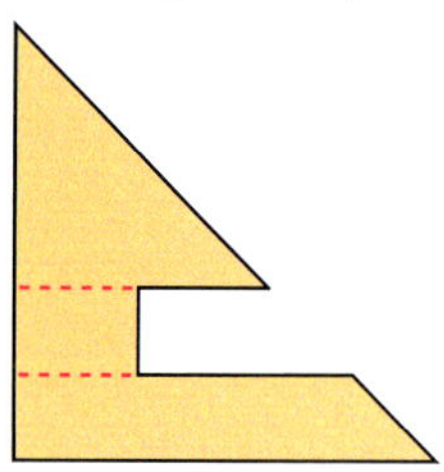

Man zerlegt die Figur in geeignete Teilvielecke, berechnet die Flächeninhalte und addiert diese.

2. Strategie: Ergänzen

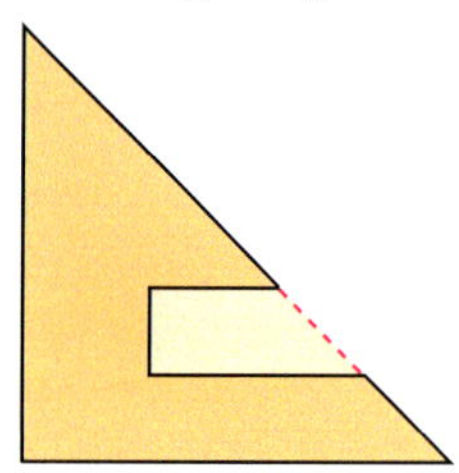

Man ergänzt die Figur geeignet. Dann berechnet man den Flächeninhalt des gesamten Vielecks und subtrahiert den Flächeninhalt des ergänzten Vielecks.

Zum Üben

1. Es werden Drachen mit den angegebenen Maßen gebastelt. Wie groß sind die Flächen?

a)

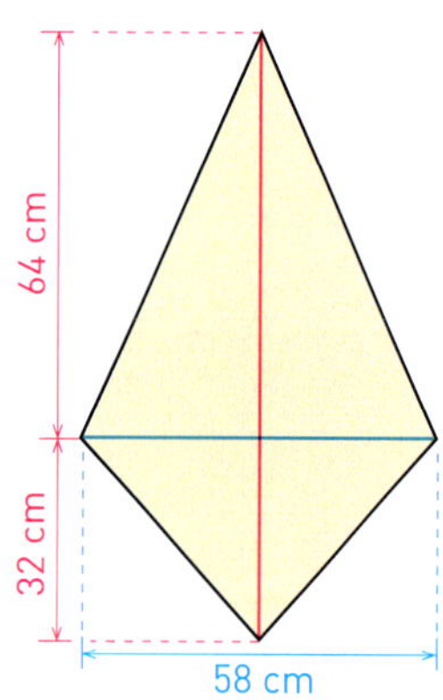

b)

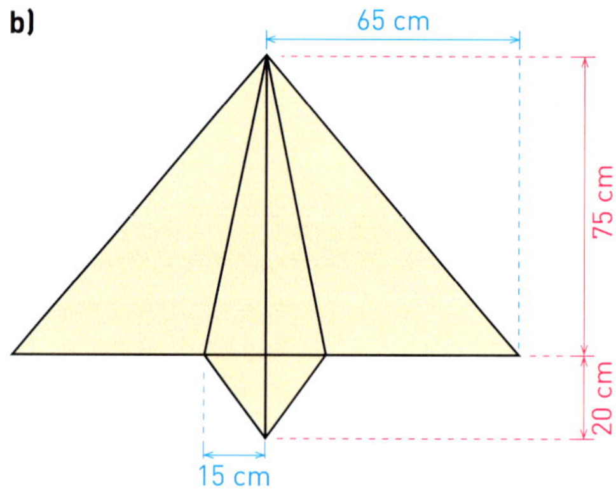

2. Ein Waldstück soll aufgeforstet werden. Die dreieckige Fläche BCD soll mit Fichten (Λ), die Dreiecksfläche BDE mit Buchen (Ω) bepflanzt werden. Die Vierecksfläche ABEF ist für Mischwald (Buchen und Fichten) vorgesehen.

a) Berechne die Größe des gesamten Waldstücks.

b) Die Kosten für die Aufforstung von Fichtenwald belaufen sich bei diesem Waldgrundstück pro ha auf 2300 €, für Buchenwald auf 11400 €, für Mischwald auf 6300 €. Berechne die Gesamtkosten.

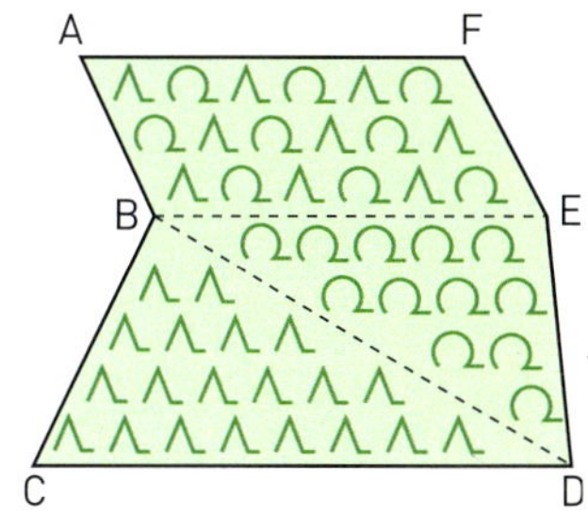

Maßstab 1 : 50000

3. Die Giebelwand soll neu gestrichen werden. 140 g Farbe reichen für 1 m². Ein Eimer mit 10 kg Farbe für den Außenanstrich kostet 49,98 €. Berechne die Kosten für die Farbe.

a)

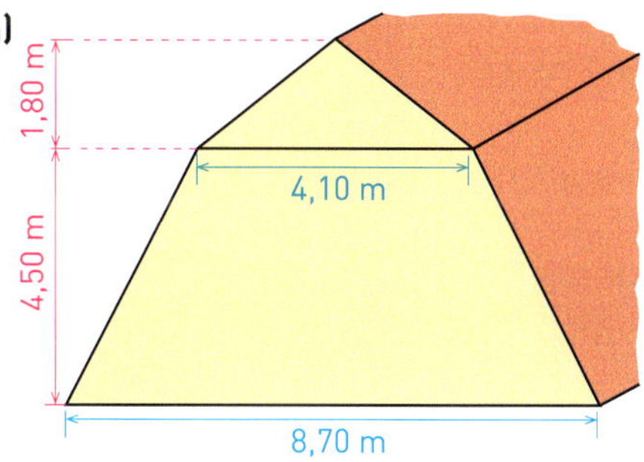

b)

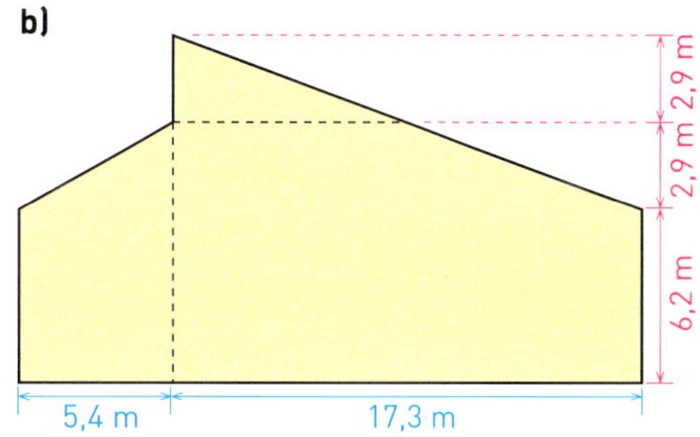

4. Die Tischplatte des Tisches soll beidseitig und zweifach neu lackiert werden. Reicht eine kleine Dose Lack aus?

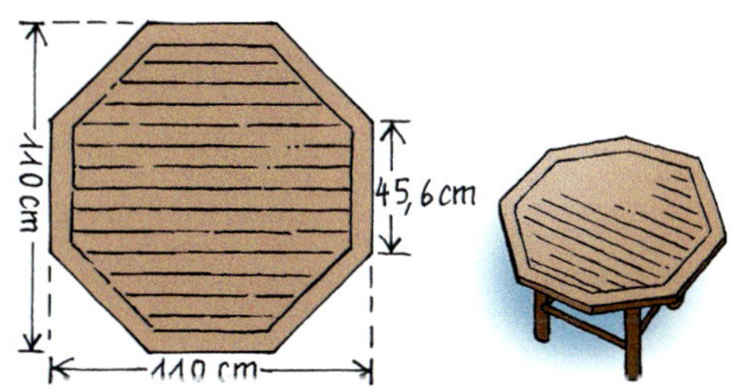

5. Bei einem Vieleck im Karogitter kannst du den Flächeninhalt ohne zu messen genau berechnen. Berechne den Flächeninhalt des Dreiecks. (2 Kästchenlängen = 1 cm)

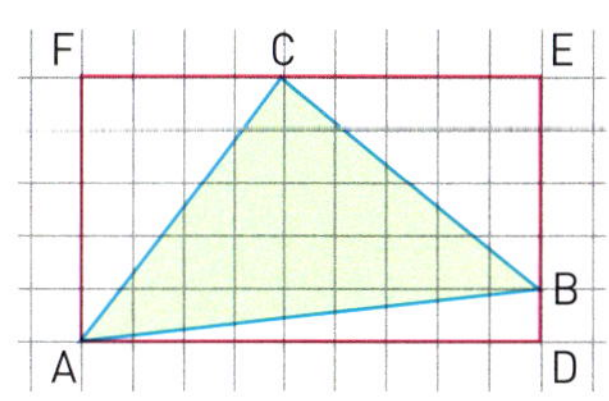

6. Bestimme ohne zu messen den Flächeninhalt der Figur im Karogitter (Kästchenlänge = 5 mm).

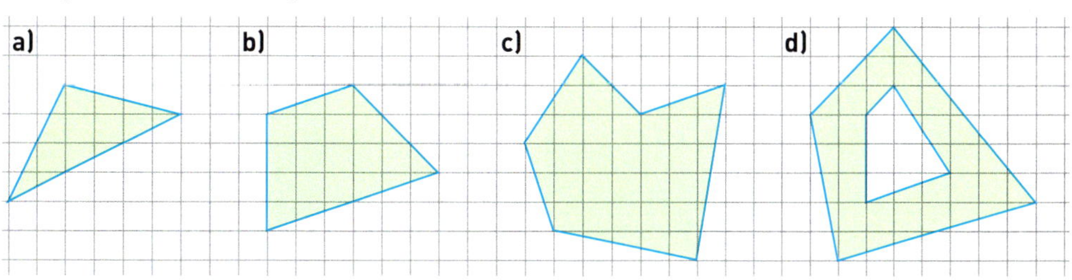

6. In einem Koordinatensystem mit der Einheit 1 cm haben die Eckpunkte eines Fünfecks die Koordinaten A(2|6), B(4|2), C(7|1), D(9|6) und E(5|9). Bestimme den Flächeninhalt des Fünfecks.

Arbeiten im Team

So wird gemeinsames Arbeiten effektiv!

Beim gemeinsamen Arbeiten in einer Gruppe muss darauf geachtet werden, dass sich jedes Gruppenmitglied gut beteiligen kann. Dies ist auch wichtig dafür, dass die Gruppe als Ganzes ein möglichst gutes Ergebnis erzielt. Dafür ist die ganze Gruppe und nicht nur ein Teil oder sogar nur ein Einzelner verantwortlich.
Damit das alles reibungslos klappt, ist es sinnvoll, dass eine zusammen arbeitende Gruppe sich Regeln gibt. Unten seht ihr die Regeln, die zwei Gruppen aufgestellt haben.

- Was erscheint euch besonders wichtig? Was würdet ihr ergänzen? Setzt euch eigene Regeln für eure Gruppe.

- Wir lassen den anderen ausreden.
- Jeder ist für die Gruppe verantwortlich
- und arbeitet engagiert mit.
- Konflikte lösen wir leise und friedlich.

- Wir hören gut zu.
- Wir fassen uns kurz.
- Wir äußern unsere Ideen und Vorschläge öfter.
- Wir notieren ein Ergebnis schriftlich.

So gelingt das Vorstellen von Ergebnissen

Für das Vorstellen von Gruppenergebnissen in der Klasse gibt es einige wichtige Tipps:

- Plant gemeinsam, was ihr vorstellen wollt.
  Überlegt euch Hilfsmittel wie Plakate, Folien, Handzettel, ...
- Teilt auf, wer was vorbereitet und wer was vorträgt.
- Spielt euren Vortrag einmal zur Probe durch.

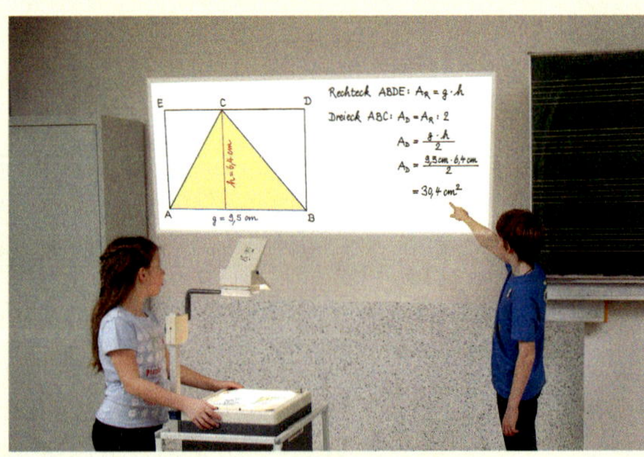

4.5 Vermischte Übungen zum Flächeninhalt von Vielecken

1. Erstellt auf einem Plakat eine Übersicht über die Flächeninhaltsformeln geometrischer Figuren. Achtet darauf, dass die Formeln und ihre Variablen vollständig erklärt werden, z. B. durch eine beschriftete Skizze neben der Formel. Das Plakat kann für einige Zeit im Klassenraum aufgehängt werden.

2. Die Fußgängerbrücke besitzt sieben parallelogrammförmige Bodenplatten aus Metall. Deren Seitenlängen betragen 2,60 m und 1,60 m. Die Oberkanten der Uferböschungen haben einen Abstand von 8,75 m. Die Metallplatten werden mit einem rutschfesten Belag überzogen. Das Aufbringen des Belages kostet 130 € pro m^2.
Welche Kosten entstehen?

3. Frank möchte sich einen Drachen basteln. In der Bauanleitung sind die Leistenlängen des Kreuzes mit $e = 90\,\text{cm}$ und $f = 80\,\text{cm}$ angegeben, ferner für den Abstand des Kreuzungspunktes von der oberen Spitze $k = 20\,\text{cm}$.

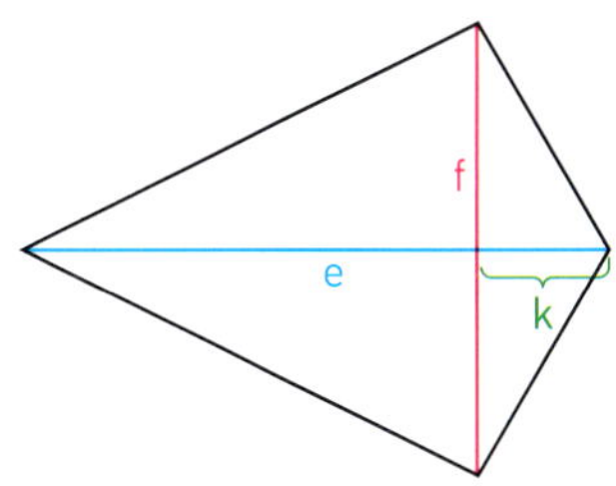

a) Wie groß wird die Fläche des Drachens?

b) Bevor Frank die Leisten zusammennagelt, überlegt er, wie sich die Fläche ändert, wenn er k verändert.

c) Begründe: Für das Drachenviereck gilt die Flächeninhaltsformel: $A = \frac{e \cdot f}{2}$.

4. Ermittelt mithilfe des Fotos einen Schätzwert für die Größe des Segels. Informiert euch danach zur Kontrolle über die Größe des Segels bei Laser-Jollen.

Die Laser-Jolle

Die Laser-Jolle ist eine sportliche Einhand-Jolle. Sie ist 4,23 m lang. Seit 1996 wird mit der Laser-Jolle auch bei Olympischen Spielen gesegelt. Erfunden wurde die Laser-Jolle 1970 von dem Amerikaner Bruce Kirby.

5. Um ein geradlinig begrenztes Rasenstück in einem Park zu vermessen, wird eine Diagonale des Vielecks als Standlinie gewählt.
Man misst die Entfernung der Eckpunkte von der Standlinie und geeignete Abschnitte auf der Standlinie.
Berechne den Flächeninhalt des nebenstehenden Rasenstücks.

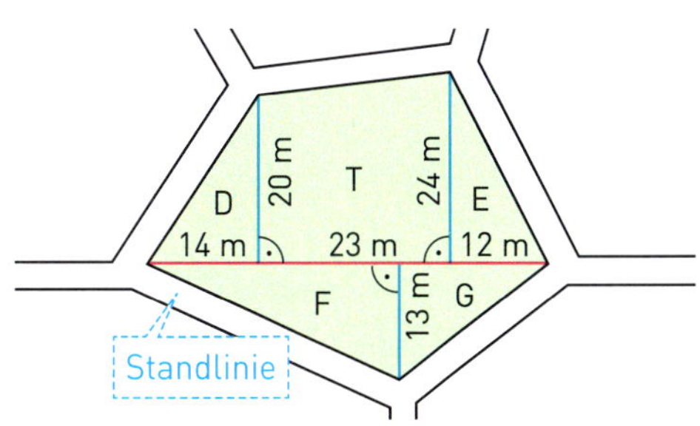

Berechnungen mit Verkehrsschildern

6. a) Wie teuer waren alle Verkehrsschilder zusammen? Wie kann man mithilfe des Artikels abschätzen, wie lang die Straßen Deutschlands insgesamt sind? Schreibe einen kurzen Text und rechne.

b) Man kann mit gegebenen Zahlen auch unsinnige Rechnungen ausführen. Erkläre, was die Terme bedeuten.
Susanne: 28 m : 20 000 000
Matthias: 350 € : 28

Alle 28 Meter ein Verkehrsschild

München Eine aktuelle Studie eines Automilclubs bringt es ans Tageslicht: Der deutsche Schilderwald nimmt langsam bizarre Formen an. Denn mittlerweile stehen auf Deutschlands Straßen über 20 Millionen Verkehrsschilder – rein rechnerisch also eines alle 28 Meter. Für drei Viertel der deutschen Autofahrer ist das eine Studie zufolge eindeutig zu viel: Sie fordern eine gründliche Durchforstung des Schilderwaldes. Damit könnten gleichzeitig auch die Kassen der Kommunen entlastet werden. Denn jedes Schild kostest inklusive Mast und Montage bis zu 350 Euro.

7. Die folgenden Verkehrsschilder sind im Maßstab 1 : 25 abgebildet. Bildet drei Teams und führt die angegebenen Berechnungen durch. Anschließend präsentiert ihr die Ergebnisse in der Klasse.

Team 1: Untersucht das Vorfahrt-Achten-Schild mit angehängtem Stopp-Hinweis. Bestimmt, wie groß die rote und wie groß die weiße Fläche ist. Entscheidet euch, ob ihr den Flächeninhalt des Schriftzuges berücksichtigen wollt. Falls ja, so beschreibt, wie ihr bei der Schätzung der Buchstabenfläche vorgegangen seid. Stellt eure Überlegungen und Ergebnisse der Klasse vor.

Team 2: Untersucht das Stopp-Schild. Bestimmt, wie groß die rote und wie groß die weiße Fläche ist. Entscheidet euch, ob ihr den Flächeninhalt des Schriftzuges berücksichtigen wollt. Falls ja, so beschreibt, wie ihr bei der Schätzung der Buchstabenflächen vorgegangen seid. Stellt eure Überlegungen und Ergebnisse der Klasse vor.

Team 3: Untersucht das Einbahnstraßenschild. Bestimmt, wie groß die blaue und wie groß die weiße Fläche ist. Entscheidet euch, ob ihr den Flächeninhalt des Schriftzuges berücksichtigen wollt. Falls ja, so beschreibt, wie ihr bei der Schätzung der Buchstabennflächen vorgegangen seid. Stellt eure Überlegungen und Ergebnisse der Klasse vor.

Flächeninhalt und Umfang krummlinig begrenzter Figuren

Mithilfe der Flächeninhaltsformeln für Parallelogramm, Dreieck und Trapez kann man den Flächeninhalt *aller* Figuren berechnen, die geradlinig begrenzt sind. Aber auch bei Figuren mit gekrümmtem Rand kann man damit Näherungswerte ermitteln.

1. Um die Größe der Nordsee-Insel Norderney abzuschätzen, überdecken wir sie in der Karte mit dem Maßstab 1 : 100 000 mit Dreiecken und Vierecken.

a) Entnimm dem Kartenausschnitt die benötigten Maße und rechne.

b) Vergleiche dein Ergebnis mit der Angabe in einem Lexikon oder Geographiebuch.

c) Schätze auch die Länge der Küste von Norderney ab.

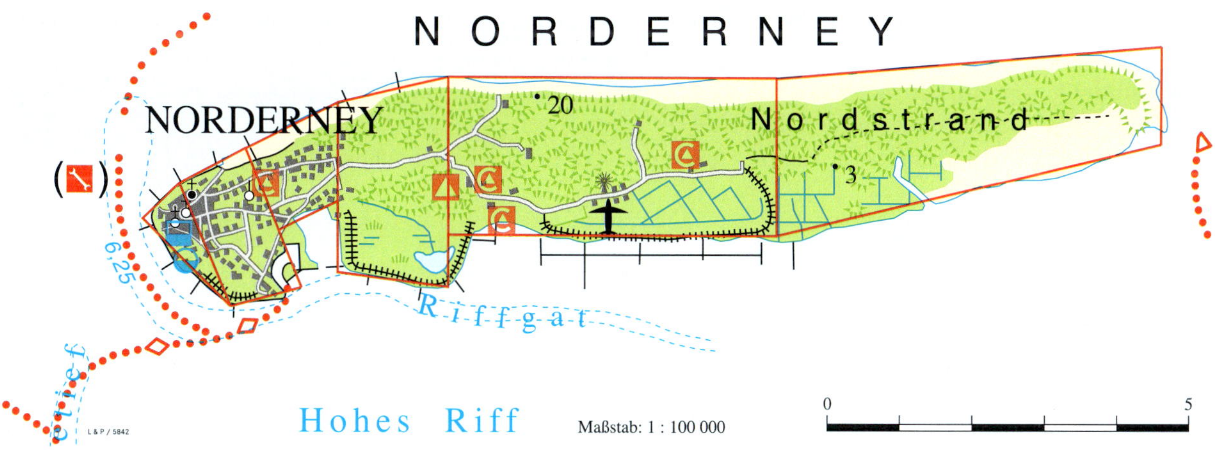

2. Der Kartenausschnitt zeigt die Nordsee-Insel Baltrum. Um ihren Flächeninhalt näherungsweise bestimmen zu können, ist in ihren Umriss eine Schar paralleler Strecken mit gleichem Abstand eingezeichnet. Verbindet man die Endpunkte benachbarter Strecken geradlinig, so erhalten wir Trapeze, die die Insel fast überdecken.

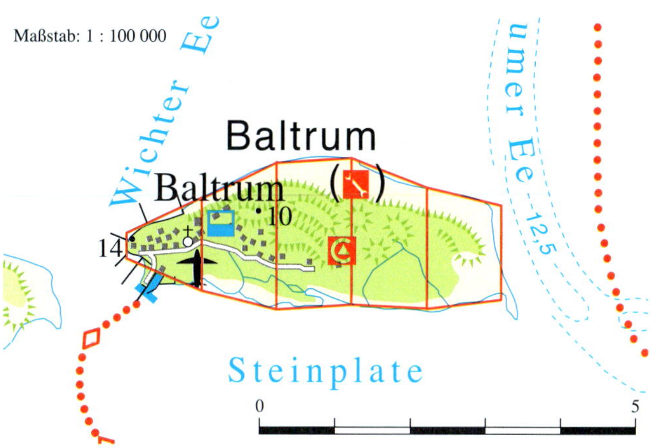

a) Entnimm dem Kartenausschnitt die benötigten Maße und rechne.

b) Vergleiche dein Ergebnis mit der Angabe in einem Lexikon oder Geographiebuch.

c) Bestimme auch einen Schätzwert für die Länge der Küste von Baltrum.

Das Wichtigste auf einen Blick

Flächeninhalt eines Dreiecks

Für ein Dreieck mit der Länge g einer Seite (Grundseite) und der zugehörigen Höhe h gilt:

$A = \frac{g \cdot h}{2}$

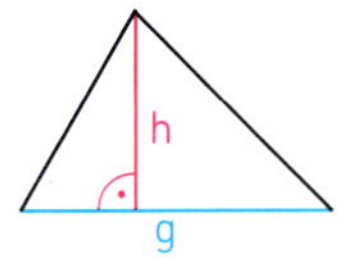

Beispiel:
$g = 4\,cm;\ h = 5\,cm$
$A = \frac{4\,cm \cdot 5\,cm}{2} = 10\,cm^2$

Flächeninhalt eines Parallelogramms

Für ein Parallelogramm mit der Länge g einer Grundseite und der zugehörigen Höhe h gilt:

$A = g \cdot h$

Beispiel:
$g = 4\,cm;\ h = 5\,cm$
$A = 20\,cm^2$

Flächeninhalt eines Trapezes

Für ein Trapez mit den Längen a und c der zueinander parallelen Seiten und der Höhe h gilt:

$A = \frac{(a + c) \cdot h}{2}$

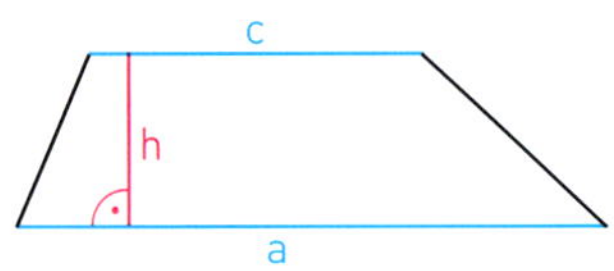

Beispiel:
$a = 4\,cm;\ b = 6\,cm;\ h = 5\,cm$
$A = \frac{(4\,cm + 6\,cm) \cdot 5\,cm}{2} = 25\,cm^2$

Flächeninhalt von Vielecken

Ein beliebiges Vieleck zerlegt man in Dreiecke, Rechtecke, ... und addiert deren Flächeninhalte.
Man kann auch zu einer größeren Figur ergänzen und subtrahieren.

Beispiel:

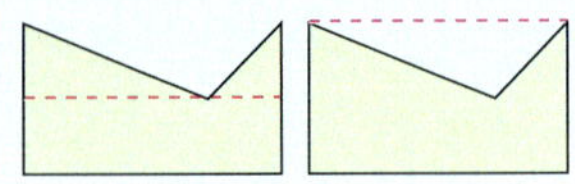

Bist du fit?

1. Berechne den Flächeninhalt der Figuren.
a) Rechteck mit $a = 2{,}5\,cm;\ b = 1{,}5\,cm$
b) Dreieck mit $g = 3{,}0\,cm;\ h = 2{,}5\,cm$
c) Trapez mit $a = 4{,}0\,cm;\ c = 2{,}0\,cm;\ h = 2{,}5\,cm$
d) Parallelogramm mit $g = 3{,}8\,cm;\ h = 2{,}5\,cm$

2. Trage die Figur in ein Koordinatensystem mit der Einheit 1 cm ein. Um was für eine Figur handelt es sich? Berechne ohne mit dem Lineal zu messen den Flächeninhalt.
a) A(1|3); B(9|3); C(11|7); D(3|7)
b) A(4|1); B(13|1); C(10|9); D(6|9)
c) A(2|1); B(6|0); C(8|8); D(4|9)
d) A(5|4); B(8|1); C(8|6)
e) A(1|2); B(7|2); C(9|9)
f) A(1|1); B(5|3); C(7|6); D(5|9); E(3|7)

3. Berechne die Kosten für die Verglasung des Giebelfensters. 1 m² Isolierglas kostet 70 €.

a)

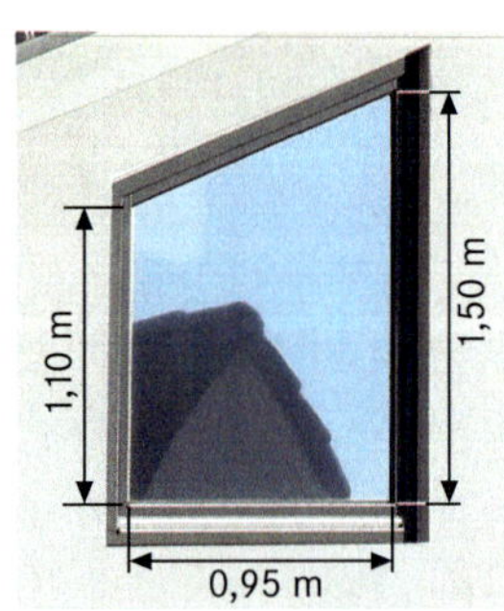

b)

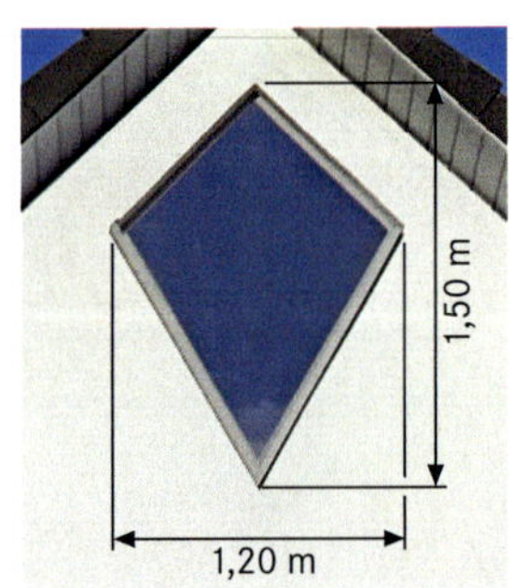

5. Multiplizieren und Dividieren von Brüchen

In manchen Situationen im Alltag muss man Größen, die mit Brüchen angegeben sind, multiplizieren und dividieren.

- Was kosten $3\frac{1}{2}$ kg Spargel?
- Was kostet 1 kg Erdbeeren?
- Wie groß ist die Verkaufsfläche des Blumenstandes?
- Was kostet 1 kg Kartoffeln?

In diesem Kapitel …
lernst du, wie man Brüche multiplizieren und dividieren kann.

Lernfeld: Vielfach Brüche

Kochen und Backen

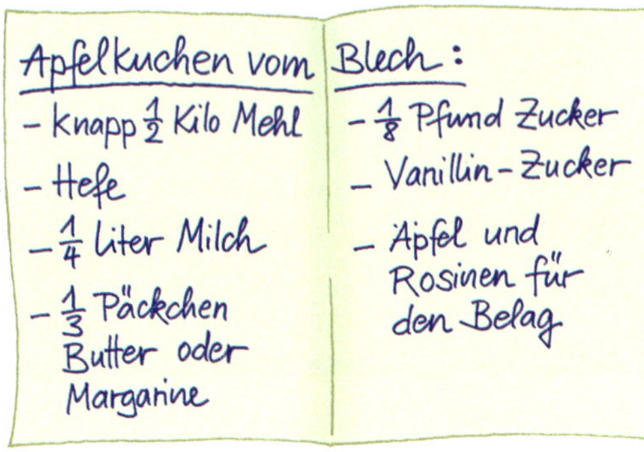

Oma verwendet zum Backen ihre alten Rezeptzettel, auf denen sie nur die wichtigsten Zutaten aufgeschrieben hat. Die kleinen Geheimnisse des guten Geschmacks behält sie für sich.

- ➔ Für ein großes Blech musst du die $1\frac{1}{2}$-fache Menge aller Zutaten verwenden.
- ➔ Für eine kleine runde Kuchenform reichen $\frac{3}{4}$ der Zutaten.
- ➔ Aus dem Blech kann man 20 Kuchenstücke schneiden, ein Stück der kleinen, runden Kuchenform ist $\frac{1}{12}$ des ganzen Kuchens. Wie viel der Zutaten findet sich in jedem Stück?

Vielfache Gewichtheber

Dominik trainiert seine Armmuskeln mit Hanteln. Die Masse seiner Hanteln kann man durch Entfernen und Hinzufügen von Scheiben verändern. Dominik hebt 2,4 kg.
Seine Freunde vergleichen:

- ➔ Von welchen Hantelgewichten sprechen die Freunde?

Brüche bei Flächen

Brüche können wir uns gut als Anteile von Flächen vorstellen. Das geht auch, wenn mehrere Brüche im Zusammenhang auftreten. Bearbeitet die folgende Aufgaben in Gruppen, die ihr jeweils in 2 Teams aufteilt.

Team 1

- Ein Landwirt kann mit einem Mähdrescher in einer Stunde $\frac{1}{6}$ seines Feldes abernten. Schon nach einer Dreiviertelstunde muss er eine Reparatur am Gerät durchführen. Welchen Anteil des Feldes hat er dann schon geschafft?
- Zeichnet das Feld als Rechteck und tragt die Flächenanteile ein. Ermittelt den gefragten Anteil aus der Zeichnung.

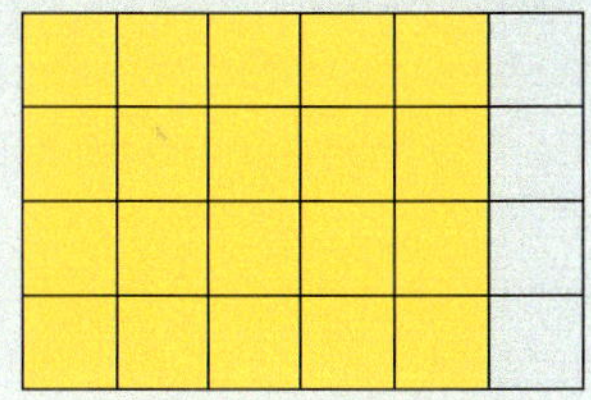

Team 2

- Ein Garten besteht zu $\frac{1}{2}$ aus Rasenfläche, $\frac{1}{3}$ aus Büschen und zu $\frac{1}{6}$ aus Beeten. Von den Beeten sind $\frac{2}{7}$ mit Erdbeeren bepflanzt. Welcher Anteil der Fläche des gesamten Gartens ist das?
- Zeichnet den Garten als Rechteck und tragt die Flächenanteile ein. Ermittelt den gefragten Anteil aus der Zeichnung.

Gesamte Gruppe

- Jedes der Teams erklärt nun dem anderen seine Lösung. Ermittelt dann zusammen, wie man mit den Brüchen aus dem Aufgabentext **rechnen** muss, um das richtige Ergebnis zu erhalten.
- Die Rechenart, mit der diese Aufgaben gelöst werden, ist die **Multiplikation von Brüchen**. Diskutiert in der Gruppe, wieso das so ist. Gestaltet ein Plakat, auf dem ihr an einem Beispiel mit Flächenanteilen die Bruchmultiplikaton erklärt.
- Sucht weitere Beispiele aus eurer Umgebung, bei denen Anteile von Flächen vorkommen. Unterscheidet die Aufgabenstellungen, bei denen die Brüche multipliziert werden müssen, von denen, bei denen man sie addiert oder subtrahiert.

Weitere Teamaufgaben

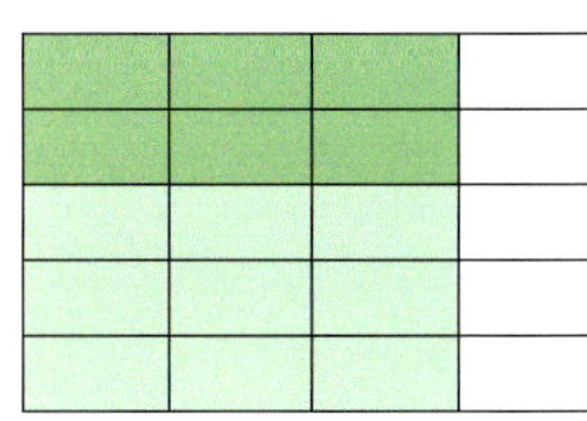

→ Erfindet in jedem der Teams eine Geschichte zu der nebenstehenden Zeichnung. Vergleicht dann. Ihr könnt versuchen, eine möglichst wirklichkeitsnahe oder eine besonders phantasievolle Geschichte zu schreiben.

→ Jedes der Teams überlegt sich eine Geschichte mit einer Flächenaufgabe und bestimmt dazu das Ergebnis.
Danach wird dem anderen Team nur der Antwortsatz übermittelt.
Es muss dann versuchen, eine passende Geschichte zu finden.
Am Schluss werden die Geschichten verglichen. Können mehrere Lösungen richtig sein?

5.1 Multiplizieren von Brüchen

Einstieg

Daniel hat noch eine halbe Tafel Schokolade. Seine Schwester Lena behauptet: „Ich könnte dreimal so viel essen." Sein Vater sagt: „So viel? Ich hätte nur Appetit auf zweieinhalb mal so viel." Seine Mutter meint: „Zwei Drittel davon dürfte ich heute wohl noch essen." Welchen Anteil einer Tafel Schokolade möchte jeder von den dreien essen?

Aufgabe 1

Anschauliche Bedeutung der Multiplikation von Brüchen

Von einer Pizza ist ein Drittel übrig.
Jan prahlt: „Davon würde ich locker das Vierfache schaffen."
Jakob erwidert: „Gib nicht so an. Für mich reicht das Zweieinhalbfache."
Julia sagt: „Ich bin so satt, davon schaffe ich nur noch $\frac{3}{4}$."

Lösung

Wie viel Pizza isst Jan?

Jan möchte das Vierfache von ein drittel Pizza essen:

$4 \cdot \frac{1}{3} = \frac{4}{3} = 1\frac{1}{3}$

Jan schafft $1\frac{1}{3}$ Pizza.

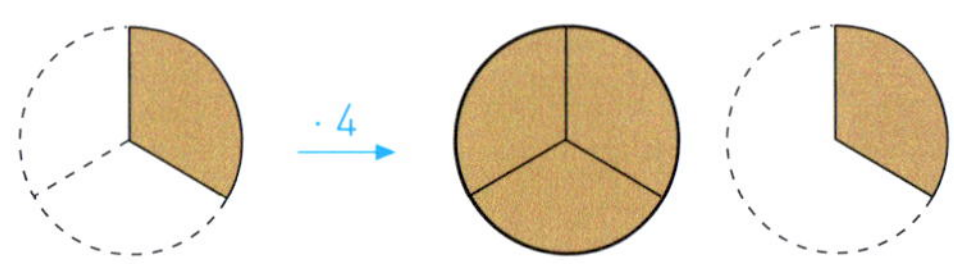

Wie viel Pizza isst Jakob?

Jakob möchte das Zweieinhalbfache von ein drittel Pizza essen. Jakob möchte das Doppelte von ein drittel Pizza, also $2 \cdot \frac{1}{3}$ Pizza, und dazu noch die Hälfte von ein drittel Pizza, also $\frac{1}{6}$ Pizza, essen.

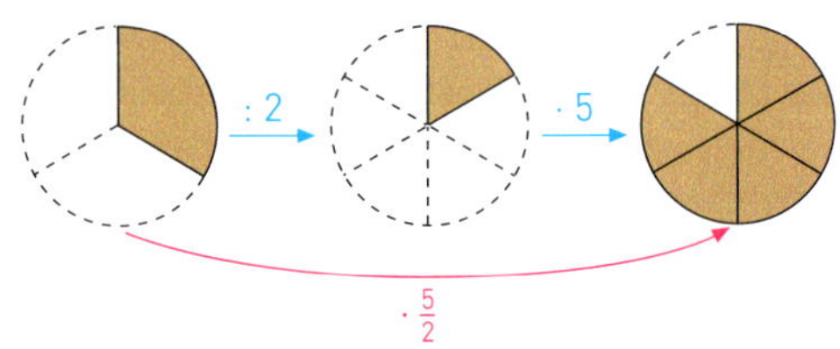

Zusammen sind das $\frac{2}{3} + \frac{1}{6} = \frac{4}{6} + \frac{1}{6} = \frac{5}{6}$ Pizza.

Du könntest auch folgendermaßen überlegen: $2\frac{1}{2} \cdot \frac{1}{3} = \frac{5}{2} \cdot \frac{1}{3} = \frac{1}{3} : 2 \cdot 5 = \frac{1}{6} \cdot 5 = \frac{5}{6}$

Das Drittel halbieren und 5 davon nehmen.

Jakob schafft $\frac{5}{6}$ Pizza.

Wie viel Pizza isst Julia?

Julia möchte nur drei Viertel von ein Drittel Pizza essen. Das Drittel muss in vier Teile geschnitten werden, man erhält Zwölftel. Julia isst drei davon, also drei Zwölftel.

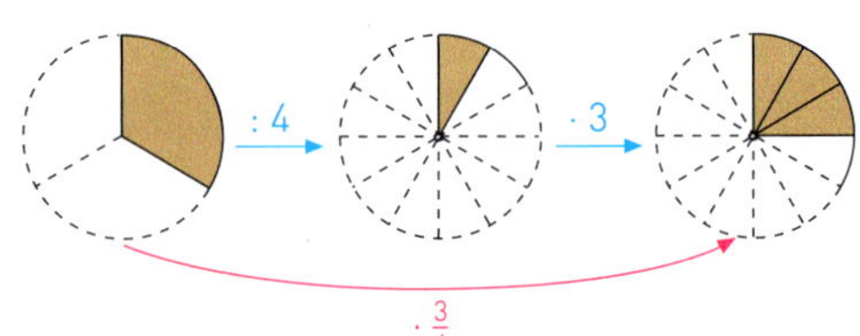

$\frac{3}{4} \cdot \frac{1}{3} = \frac{1}{3} : 4 \cdot 3 = \frac{1}{12} \cdot 3 = \frac{3}{12} = \frac{1}{4}$

Das Drittel vierteln und 3 davon nehmen.

Julia schafft $\frac{1}{4}$ Pizza.

Information

(1) Anschauliche Bedeutung der Multiplikation von Brüchen

Du weißt schon aus der Grundschule:
Das 3-fache von 4 bedeutet: Nimm dreimal 4, also: $3 \cdot 4 = 4 + 4 + 4 = 12$.
Im Abschnitt 3.1 hast du das Vervielfachen von Brüchen gelernt:
Das 3-fache von $\frac{2}{5}$ bedeutet: Nimm dreimal $\frac{2}{5}$, also: $3 \cdot \frac{2}{5} = \frac{2}{5} + \frac{2}{5} + \frac{2}{5} = \frac{6}{5} = 1\frac{1}{5}$.
In Aufgabe 1 haben wir gesehen:
Das $2\frac{1}{2}$-fache von $\frac{1}{3}$ bedeutet: Nimm zweieinhalbmal $\frac{1}{3}$, also: $2\frac{1}{2} \cdot \frac{1}{3} = \frac{5}{2} \cdot \frac{1}{3} = \frac{1}{3} : 2 \cdot 5 = \frac{1}{6} \cdot 5 = \frac{5}{6}$.

Festlegen der anschaulichen Bedeutung der Multiplikation von Brüchen
$\frac{2}{3} \cdot \frac{4}{5}$ bedeutet: $\frac{2}{3}$ von $\frac{4}{5}$, also $\frac{4}{5} : 3 \cdot 2$

(2) Regel über die Multiplikation von Brüchen

$$\frac{2}{3} \cdot \frac{4}{5} = \frac{4}{5} : 3 \cdot 2$$
$$= \frac{4}{3 \cdot 5} \cdot 2 \quad \text{Produkt der Nenner}$$
$$= \frac{2 \cdot 4}{3 \cdot 5} \quad \text{Produkt der Zähler}$$
$$= \frac{8}{15}$$

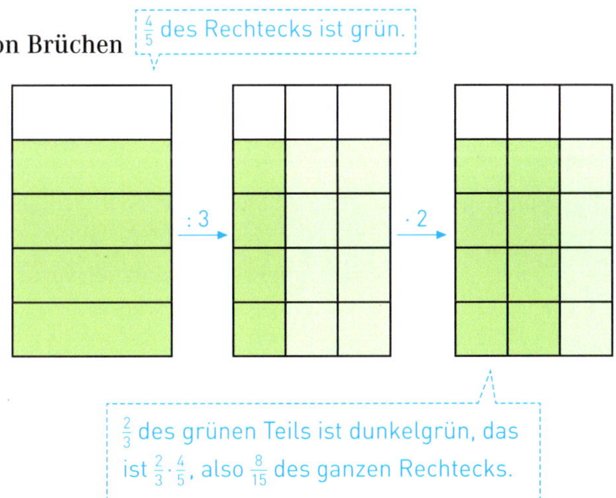

An diesem Beispiel erkennen wir die folgende Regel:

Zähler mal Zähler, Nenner mal Nenner

Regel über die Multiplikation von Brüchen
Brüche werden miteinander multipliziert, indem man Zähler mit Zähler und Nenner mit Nenner multipliziert.
Beispiel. $\frac{3}{8} \cdot \frac{5}{7} = \frac{3 \cdot 5}{8 \cdot 7} = \frac{15}{56}$

Wenn man undeutlich schreibt, kann $3 \cdot \frac{2}{5}$ mit $3\frac{2}{5}$ verwechselt werden. Worin besteht der Unterschied?

Weiterführende Aufgaben

Größenvergleich zwischen dem Wert eines Produktes und den einzelnen Faktoren

2. Du weißt: Wenn man eine Zahl mit einer natürlichen Zahl außer 0 und 1 multipliziert, dann ist das Ergebnis größer als die Zahl.
Untersuche das bei der Multiplikation mit einem Bruch.
Beispiele: **(1)** $\frac{4}{5} \cdot \frac{2}{3}$ **(2)** $\frac{4}{5} \cdot \frac{7}{3}$ **(3)** $5 \cdot \frac{4}{7}$ **(4)** $5 \cdot \frac{10}{7}$
Was stellst du fest? Formuliere einen Ergebnissatz.

Multiplizieren kann vergrößern, aber auch verkleinern!

Wenn man eine Zahl mit einem Bruch größer als 1 multipliziert, dann ist das Ergebnis größer als die Zahl. Multipliziert man jedoch eine Zahl mit einem Bruch kleiner als 1, dann ist das Ergebnis kleiner als die Zahl.
Beispiele: $7 \cdot \frac{5}{4} = \frac{7}{1} \cdot \frac{5}{4} = \frac{35}{4} = 8\frac{3}{4} > 7$ $\quad \frac{1}{2} \cdot \frac{5}{4} = \frac{5}{8} > \frac{1}{2}$
$7 \cdot \frac{3}{4} = \frac{7}{1} \cdot \frac{3}{4} = \frac{21}{4} = 5\frac{1}{4} < 7$ $\quad \frac{1}{2} \cdot \frac{3}{4} = \frac{3}{8} < \frac{1}{2}$

Multiplizieren von Brüchen in gemischter Schreibweise

3. Führe Neles Begründung zu Ende, um zu zeigen, dass Jan irrt.
Finde dann einen korrekten Rechenweg zur Berechnung von $3\frac{1}{4} \cdot 1\frac{1}{2}$.
Formuliere anschließend allgemein, wie man Brüche in gemischter Schreibweise multipliziert.

> **Multiplizieren von Brüchen in gemischter Schreibweise**
> Zum Multiplizieren von Brüchen in gemischter Schreibweise werden diese zunächst in unechte Brüche umgewandelt.
>
> *Beispiel:* $2\frac{1}{2} \cdot 1\frac{1}{3} = \frac{5}{2} \cdot \frac{4}{3} = \frac{20}{6} = \frac{10}{3} = 3\frac{1}{3}$

Übungsaufgaben

4. Hannas Mutter hat noch $\frac{3}{4}$ Pflaumenkuchen.
$\frac{2}{5}$ davon verschenkt sie an ihre Nachbarin.
Wie viel Pflaumenkuchen verschenkt sie?
Fertige eine Skizze an.

5. Ein Fahnentuch ist $\frac{4}{5}$ m^2 groß. $\frac{2}{3}$ des Tuches sind rot.
Wie viel m^2 sind das?
Du kannst das Ergebnis anschaulich an der Zeichnung finden. Erkläre die Zeichnung.
Du kannst das Ergebnis auch durch Rechnung finden.
Vergleiche die Ergebnisse.

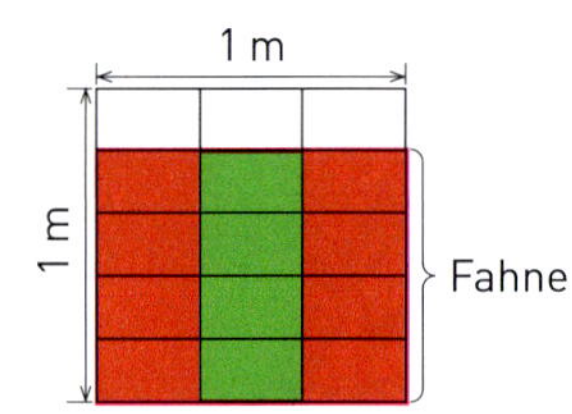

6. Kais Eltern haben ein großes Grundstück.
Dieses ist $1\frac{1}{2}$ ha groß. $\frac{3}{4}$ davon ist Wiese.
Wie groß ist die Wiese?

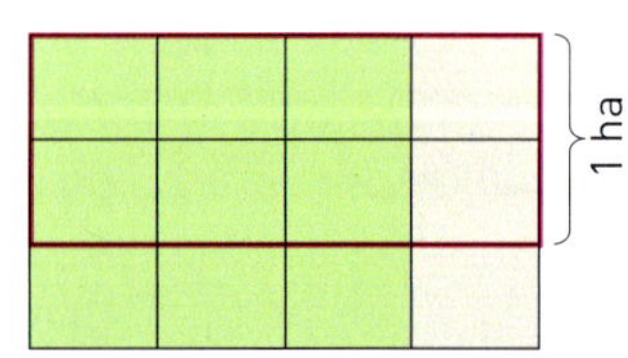

7. a) In einer Klasse spielen $\frac{3}{4}$ aller Kinder ein Instrument.
$\frac{2}{3}$ dieser Kinder sind Mädchen. Wie groß ist der Anteil der ein Instrument spielenden Mädchen in der Klasse? Gib diesen Anteil als Bruch an. Du kannst die Berechnungen auch an einem Rechteck veranschaulichen.

b) In einer Klasse sind 24 Schülerinnen und Schüler. Kontrolliere das Ergebnis von Teilaufgabe a) an dem Beispiel dieser Klasse.

8. Ein Partner schreibt die Aufgabe als Produkt und berechnet dieses. Der andere Partner erfindet eine Rechengeschichte dazu. Bei der zweiten Aufgabe werden die Rollen getauscht.

a) $\frac{2}{5}$ von $\frac{3}{4}$ **b)** $\frac{2}{3}$ von $\frac{7}{8}$ **c)** $\frac{1}{4}$ von $\frac{2}{3}$ **d)** $\frac{2}{4}$ von $\frac{2}{3}$ **e)** $\frac{3}{5}$ von $\frac{3}{4}$ **f)** $\frac{2}{3}$ von $\frac{5}{7}$

9. Ein Autobahnstück wird erneuert. Für $\frac{2}{5}$ der Gesamtlänge ist der Schotterunterbau schon fertig, $\frac{5}{6}$ davon sind bereits asphaltiert. Wie groß ist der Anteil des schon asphaltierten Teilstücks an der ganzen Autobahn?

10. Berechne.

a) $\frac{3}{7}\cdot\frac{3}{5}$; $\frac{5}{7}\cdot\frac{4}{9}$ **b)** $\frac{7}{9}\cdot\frac{5}{8}$; $\frac{1}{8}\cdot\frac{5}{3}$ **c)** $\frac{3}{2}\cdot\frac{1}{2}$; $\frac{2}{3}\cdot\frac{2}{3}$ **d)** $\frac{1}{2}\cdot\frac{1}{4}$; $\frac{5}{7}\cdot\frac{3}{4}$ **e)** $\frac{1}{2}\cdot\frac{1}{2}$; $\frac{1}{3}\cdot\frac{1}{2}$ **f)** $\frac{1}{3}\cdot\frac{1}{4}$; $\frac{1}{5}\cdot\frac{1}{3}$ **g)** $\frac{15}{14}\cdot\frac{9}{8}$; $\frac{23}{25}\cdot\frac{4}{7}$

11. Veranschauliche folgende Rechnungen durch Rechtecke.

a) $\frac{1}{2}\cdot\frac{3}{4}$ **b)** $\frac{2}{3}\cdot\frac{1}{5}$ **c)** $\frac{3}{4}\cdot\frac{2}{3}$ **d)** $\frac{1}{2}\cdot\frac{1}{3}$ **e)** $\frac{1}{4}\cdot\frac{4}{5}$ **f)** $\frac{2}{3}\cdot\frac{3}{4}$ **g)** $\frac{4}{5}\cdot\frac{1}{6}$

12. Berechne möglichst vorteilhaft.

a) $\frac{5}{8}\cdot\frac{4}{3}$; $\frac{6}{7}\cdot\frac{4}{9}$ **b)** $\frac{7}{8}\cdot\frac{8}{9}$; $\frac{8}{9}\cdot\frac{3}{4}$ **c)** $\frac{10}{9}\cdot\frac{6}{15}$; $\frac{6}{7}\cdot\frac{7}{12}$ **d)** $\frac{49}{32}\cdot\frac{24}{35}$; $\frac{63}{25}\cdot\frac{45}{49}$ **e)** $\frac{64}{25}\cdot\frac{35}{56}$; $\frac{26}{56}\cdot\frac{42}{39}$

$$\frac{\cancel{12}^{4}}{\cancel{35}_{5}}\cdot\frac{\cancel{14}^{2}}{\cancel{15}_{5}} = \frac{4\cdot 2}{5\cdot 5} = \frac{8}{25}$$

13. a) $\frac{3}{7}\cdot\frac{5}{9}$; $\frac{7}{8}\cdot\frac{4}{3}$; $\frac{1}{2}\cdot\frac{8}{9}$ **b)** $\frac{4}{5}\cdot\frac{7}{8}$; $\frac{3}{5}\cdot\frac{10}{7}$; $\frac{4}{9}\cdot\frac{5}{8}$ **c)** $\frac{6}{7}\cdot\frac{4}{9}$; $\frac{5}{6}\cdot\frac{9}{11}$; $\frac{3}{4}\cdot\frac{8}{7}$ **d)** $\frac{12}{7}\cdot\frac{5}{18}$; $\frac{24}{5}\cdot\frac{3}{32}$; $\frac{45}{11}\cdot\frac{8}{35}$ **e)** $\frac{42}{5}\cdot\frac{7}{36}$; $\frac{56}{7}\cdot\frac{11}{48}$; $\frac{5}{27}\cdot\frac{63}{13}$ **f)** $\frac{23}{56}\cdot\frac{49}{8}$; $\frac{19}{72}\cdot\frac{64}{5}$; $\frac{16}{17}\cdot\frac{9}{32}$ **g)** $\frac{63}{11}\cdot\frac{8}{49}$; $\frac{36}{7}\cdot\frac{17}{54}$; $\frac{81}{5}\cdot\frac{8}{27}$

14. a) $\frac{3}{5}\cdot\frac{2}{5}$; $\frac{3}{5}-\frac{2}{5}$; $\frac{3}{5}+\frac{2}{5}$ **b)** $\frac{1}{2}-\frac{1}{4}$; $\frac{1}{2}\cdot\frac{1}{4}$; $\frac{1}{2}+\frac{1}{4}$ **c)** $\frac{2}{3}+\frac{1}{2}$; $\frac{2}{3}-\frac{1}{2}$; $\frac{2}{3}\cdot\frac{1}{2}$ **d)** $\frac{4}{5}\cdot\frac{1}{2}$; $\frac{4}{5}+\frac{1}{2}$; $\frac{4}{5}-\frac{1}{2}$ **e)** $\frac{5}{6}+\frac{2}{9}$; $\frac{5}{6}\cdot\frac{2}{9}$; $\frac{5}{6}-\frac{2}{9}$ **f)** $\frac{5}{12}\cdot\frac{4}{15}$; $\frac{5}{12}-\frac{4}{15}$; $\frac{5}{12}+\frac{4}{15}$ **g)** $\frac{3}{8}\cdot\frac{1}{6}$; $\frac{3}{8}+\frac{1}{6}$; $\frac{3}{8}-\frac{1}{6}$

15. a) Eine $\frac{3}{4}$-l-Flasche ist noch zu $\frac{2}{3}$ mit Obstsaft gefüllt. Wie viel Obstsaft ist in der Flasche?

b) Ein Gefäß fasst $\frac{7}{8}$ l. Es ist zu $\frac{4}{5}$ mit Milch gefüllt. Wie viel Milch enthält das Gefäß?

16. a) $\frac{3}{5}\cdot 4$ **b)** $\frac{8}{15}\cdot 1$ **c)** $7\cdot\frac{3}{4}$ **d)** $\frac{5}{24}\cdot 16$ **e)** $35\cdot\frac{8}{15}$ **f)** $42\cdot\frac{11}{49}$

17. Im Feld über zwei Zahlen soll ihr Produkt stehen. Fülle die Rechenmauer im Heft aus.

a) $\frac{2}{9}$ $\frac{3}{4}$ $\frac{8}{9}$ $\frac{15}{4}$

b) $\frac{14}{3}$ $\frac{5}{7}$ $\frac{1}{5}$ $\frac{21}{2}$

c) $\frac{22}{3}$ $\frac{7}{11}$ $\frac{2}{7}$ $\frac{33}{4}$

18. Ein Partner gibt an, ob das Ergebnis größer oder kleiner als der 1. bzw. 2. Faktor ist; der zweite Partner berechnet es. Bei jeder Teilaufgabe werden die Rollen getauscht.

a) $\frac{11}{9}\cdot\frac{27}{11}$ **b)** $\frac{5}{25}\cdot\frac{5}{15}$ **c)** $\frac{15}{16}\cdot\frac{32}{15}$ **d)** $\frac{27}{25}\cdot\frac{50}{9}$ **e)** $\frac{13}{15}\cdot\frac{20}{17}$ **f)** $\frac{57}{51}\cdot\frac{17}{19}$

19. a) $\frac{3}{4}\cdot 3\frac{1}{2}$; $\frac{2}{3}\cdot 2\frac{1}{4}$ **b)** $\frac{3}{4}\cdot 1\frac{7}{9}$; $\frac{4}{5}\cdot 1\frac{7}{8}$ **c)** $2\frac{1}{2}\cdot 1\frac{1}{4}$; $1\frac{3}{4}\cdot 1\frac{1}{2}$ **d)** $1\frac{2}{3}\cdot 3\frac{3}{5}$; $1\frac{1}{4}\cdot 2\frac{2}{5}$

$$2\tfrac{1}{2}\cdot 3\tfrac{2}{3} = \frac{5}{2}\cdot\frac{11}{3} = \frac{55}{6} = 9\tfrac{1}{6}$$

20. Berechne und veranschauliche mithilfe einer geeigneten Zeichnung.

a) Wie viel ist die Hälfte von einem halben Liter?

b) Wie viel sind zwei Drittel von einer Viertelstunde?

c) Wie viel ist das Anderthalbfache von einem dreiviertel Liter?

21. Wo steckt der Fehler?

a) $\frac{3}{8} \cdot \frac{7}{8} = \frac{21}{8}$ b) $4 \cdot \frac{2}{3} = \frac{8}{12}$ c) $3\frac{1}{2} \cdot 5 = 15\frac{1}{2}$ d) $2\frac{1}{5} \cdot 3\frac{2}{3} = 6\frac{2}{15}$

22. Berechne das Produkt. Kürze möglichst früh.

a) $\frac{3}{4} \cdot \frac{8}{15} \cdot \frac{7}{12}$ **b)** $\frac{2}{3} \cdot \frac{6}{7} \cdot \frac{5}{8}$ **c)** $\frac{3}{4} \cdot \frac{5}{6} \cdot \frac{8}{15}$ **d)** $\frac{2}{3} \cdot \frac{2}{3} \cdot \frac{2}{3} \cdot \frac{2}{3}$ **e)** $\frac{4}{7} \cdot \frac{5}{9} \cdot \frac{36}{23} \cdot \frac{21}{32}$

23. Schreibe als Produkt von zwei Brüchen.

a) $\frac{6}{35}$ **b)** $\frac{5}{7}$ **c)** 1 **d)** 3

24. Gebrochene Zahlen können auch als Basis von Potenzen auftreten. Berechne die Potenz.

$\left(\frac{5}{6}\right)^3 = \frac{5}{6} \cdot \frac{5}{6} \cdot \frac{5}{6} = \frac{5 \cdot 5 \cdot 5}{6 \cdot 6 \cdot 6} = \frac{125}{216}$

a) $\left(\frac{3}{4}\right)^3$ **b)** $\left(\frac{2}{5}\right)^4$ **c)** $\left(\frac{8}{9}\right)^2$ **d)** $\left(\frac{1}{3}\right)^4$ **e)** $\left(\frac{3}{2}\right)^6$

25. a) Berechne. Schreibe jedes Produkt auch als Potenz.

(1) $\frac{3}{5} \cdot \frac{3}{5}$ **(2)** $\frac{7}{8} \cdot \frac{7}{8}$ **(3)** $\frac{11}{12} \cdot \frac{11}{12}$ **(4)** $\frac{3}{4} \cdot \frac{3}{4} \cdot \frac{3}{4}$ **(5)** $\frac{2}{3} \cdot \frac{2}{3} \cdot \frac{2}{3} \cdot \frac{2}{3}$ **(6)** $\frac{1}{2} \cdot \frac{1}{2} \cdot \frac{1}{2} \cdot \frac{1}{2} \cdot \frac{1}{2}$

b) Schreibe als Potenz: **(1)** $\frac{4}{9}$ **(2)** $\frac{125}{64}$ **(3)** $\frac{1}{625}$ **(4)** $\frac{144}{169}$ **(5)** $\frac{243}{1024}$

c) Berechne und vergleiche: **(1)** $\left(\frac{4}{5}\right)^2$ und $\frac{4}{5} \cdot 2$ **(2)** $\left(\frac{7}{2}\right)^3$ und $\frac{7}{2} \cdot 3$ **(3)** $\left(\frac{1}{2}\right)^8$ und $\frac{1}{2} \cdot 8$

26. a) $\left(\frac{2}{3}\right)^4$ **b)** $\left(\frac{1}{6}\right)^3$ **c)** $\left(\frac{1}{10}\right)^6$ **d)** $\left(\frac{5}{4}\right)^2$ **e)** $\left(\frac{1}{2}\right)^5$ **f)** $\left(1\frac{3}{4}\right)^2$ **g)** $\left(1\frac{1}{2}\right)^3$

27. In den Aufgaben (1) bis (3) besitzt das Wort *von* sehr unterschiedliche Bedeutungen. Erläutere das. Finde zu jeder der Bedeutungen eine weitere Aufgabe.

(1) 18 *von* 28 Schüler(inne)n der Klasse 6c kommen mit dem Fahrrad zur Schule.

(2) Die Klasse 6a hat 28 Schüler. 3 *von* 4 Schülern lernen Latein, der Rest Französisch.

(3) Die Laufstrecke ist $\frac{3}{4}$ km lang. Zwei Drittel *von* dieser Strecke liegen im Wald.

28. Max behauptet:

a) Wenn ich einen Bruch potenziere, ist das Ergebnis immer kleiner als der Bruch.

b) Wenn ich einen gekürzten Bruch potenziere, kann ich den Wert der Potenz nicht mehr kürzen. Wenn ich aber einen nicht gekürzten Bruch potenziere, kann ich den Wert der Potenz kürzen.

Das kann ich noch!

A) Wandle in die in Klammern angegebene Einheit um.

1) 7 h (min) **3)** 42 dm (m) **5)** 5 m (cm) **7)** 450 m (km)

2) 8 t (kg) **4)** 7 cm (mm) **6)** 70 dm (m) **8)** 450 g (kg)

B) Eine Rasenkante besteht aus 25 Kantsteinen, die jeweils 40 cm lang sind. Wie lang ist die Rasenkante?

5.2 Dividieren von Brüchen

Einstieg

Der Manager einer neuen Feriensiedlung teilt in seinem Jahresbericht mit:

- In diesem Jahr ist die Zahl unserer Übernachtungen mit 76 000 viermal so hoch wie im Vorjahr.
- Wir konnten den Werbeetat auf $\frac{2}{3}$ des Vorjahres, nämlich jetzt nur noch 4 200 €, reduzieren.
- Durch neue Transportunternehmer konnte die Transferzeit zum Flughafen auf $1\frac{1}{2}$ Stunden, also auf das $\frac{3}{4}$-fache des Vorjahres, gesenkt werden.

Aufgabe 1

Bedeutung der Division von Brüchen

Betrachte die Packungsaufschrift rechts. Ermittle daraus den Tagesbedarf an den einzelnen Vitaminen.

Lösung

(1) Für den Tagesbedarf an Vitamin C gilt:

$\square \xrightarrow{\cdot 3} 180\,\text{mg}$

Die Multiplikation mit 3 kann durch die Division durch 3 rückgängig gemacht werden.

$\square \xleftarrow{:3} 180\,\text{mg}$, also $180\,\text{mg} : 3 = 60\,\text{mg}$.

Ergebnis: Der Tagesbedarf an Vitamin C beträgt 60 mg.

(2) Für den Tagesbedarf an Vitamin E gilt:

$\square \xrightarrow{:3} \xrightarrow{\cdot 2} 8\,\text{mg}$ (insgesamt $\cdot\frac{2}{3}$)

Um $\cdot\frac{2}{3}$ rückgängig zu machen, machen wir die beiden Teilschritte rückgängig:

$\square \xleftarrow{\cdot 3} \xleftarrow{:2} 8\,\text{mg}$ (insgesamt $\cdot\frac{3}{2}$), also $8\,\text{mg} : 2 \cdot 3 = 12\,\text{mg}$.

Ergebnis: Der Tagesbedarf an Vitamin E beträgt 12 mg.

(3) Für den Tagesbedarf an den B-Vitaminen gilt:

$\square \xrightarrow{:5} \xrightarrow{\cdot 2} \frac{1}{2}\,\text{mg}$ (insgesamt $\cdot\frac{2}{5}$)

Um $\cdot\frac{2}{5}$ rückgängig zu machen, machen wir die beiden Teilschritte rückgängig:

$\square \xleftarrow{\cdot 5} \xleftarrow{:2} \frac{1}{2}\,\text{mg}$ (insgesamt $\cdot\frac{5}{2}$), also $\frac{1}{2}\,\text{mg} \cdot \frac{5}{2} = \frac{5}{4}\,\text{mg}$.

$\cdot\frac{5}{2}$ macht $\cdot\frac{2}{5}$ rückgängig

Ergebnis: Der Tagesbedarf an B-Vitaminen beträgt $\frac{5}{4}$ mg.

Information

(1) Erklärung der Division durch einen Bruch

Das Beispiel rechts zeigt den Zusammenhang zwischen dem Multiplizieren und dem Dividieren bei natürlichen Zahlen.
Das Dividieren macht rückgängig, was das Multiplizieren bewirkt.
Das soll auch bei Brüchen gelten:

:3 macht ·3 rückgängig

$27 \xrightarrow{\cdot 3} 81$, $81 \xrightarrow{:3} 27$

Das Dividieren durch einen Bruch macht rückgängig, was das Multiplizieren mit demselben Bruch bewirkt hat.

$:\frac{2}{3}$ macht $\cdot\frac{2}{3}$ rückgängig

$\blacksquare \xrightarrow{\cdot \frac{2}{3}} \blacksquare$, $\blacksquare \xrightarrow{:\frac{2}{3}} \blacksquare$

(2) Regel für die Division durch einen Bruch

Nun wissen wir aus der Lösung der Aufgabe 1:

$\cdot\frac{3}{2}$ macht $\cdot\frac{2}{3}$ rückgängig; also bewirkt $\cdot\frac{3}{2}$ dasselbe wie $:\frac{2}{3}$

$\cdot\frac{5}{2}$ macht $\cdot\frac{2}{5}$ rückgängig; also bewirkt $\cdot\frac{5}{2}$ dasselbe wie $:\frac{2}{5}$

$\frac{2}{3}$ ist Kehrwert zu $\frac{3}{2}$

Wir erhalten daher folgende Regel:

Regel über die Division durch einen Bruch
Man dividiert durch einen Bruch, indem man mit dem Kehrwert des Bruches multipliziert.
Man erhält den Kehrwert eines Bruches durch Vertauschen von Zähler und Nenner.

$:\frac{5}{7}$ bedeutet dasselbe wie $\cdot\frac{7}{5}$

$\frac{2}{3}:\frac{5}{7} = \frac{2}{3}\cdot\frac{7}{5} = \frac{14}{15}$

(3) Die Zahl 0 im Quotienten

Du kennst das Rechnen mit der 0 schon von den natürlichen Zahlen.
Wie bei natürlichen Zahlen gilt auch für gebrochene Zahlen:

(a) Man kann 0 durch jede andere gebrochene Zahl dividieren, z. B. $0:\frac{3}{4}$. Das Ergebnis ist 0.
$0:\frac{3}{4} = 0$, denn die Kontrolle ergibt $0\cdot\frac{3}{4} = 0$.

$0 \xrightarrow{:\frac{3}{4}} 0$, $0 \xrightarrow{\cdot\frac{3}{4}} 0$

(b) Durch 0 kann man *nicht* dividieren.
Für das mittlere Beispiel rechts findest du *keine* Zahl, für die die Kontrolle $\blacksquare \cdot 0 = \frac{3}{4}$ richtig ist.
Andererseits ist im unteren Beispiel rechts *jede* Zahl geeignet für die Kontrolle $\blacksquare \cdot 0 = 0$.

$\frac{3}{4} \xrightarrow{:0} \blacksquare$, $\blacksquare \xrightarrow{\cdot 0} \frac{3}{4}$

$0 \xrightarrow{:0} \blacksquare$, $\blacksquare \xrightarrow{\cdot 0} 0$

(1) Wenn ein Faktor 0 ist, so ist das Produkt 0.
(2) Wenn man 0 durch eine andere Zahl als 0 dividiert, so erhält man als Ergebnis 0.
(3) Durch 0 kann man *nicht* dividieren.

Weiterführende Aufgaben

Besondere Fälle bei der Division

2. Berechne den Quotienten.
Wie kannst du hier die Divisionsregel anwenden?

a) $\frac{3}{4}:5$ **b)** $2:\frac{3}{4}$ **c)** $3:4$ **d)** $9\frac{5}{7}:3$ **e)** $2\frac{3}{4}:4\frac{1}{3}$

$4:1\frac{2}{3} = 4:\frac{5}{3} = 4\cdot\frac{3}{5} = \frac{12}{5} = 2\frac{2}{5}$

Quotient
$\frac{5}{8} : \frac{2}{3}$
Dividend Divisor

Größenvergleich von Dividend und Wert des Quotienten

3. Du weißt: Wenn man eine Zahl durch eine (von 0 und 1 verschiedene) natürliche Zahl dividiert, dann ist das Ergebnis kleiner als die Zahl. Untersuche das für gebrochene Zahlen an den Beispielen:

(1) $\frac{3}{2} : \frac{3}{4}$ **(2)** $\frac{27}{4} : \frac{8}{3}$ **(3)** $\frac{12}{9} : \frac{3}{8}$ **(4)** $24 : \frac{3}{7}$

Was stellst du fest? Formuliere einen Ergebnissatz.

Wenn man eine Zahl durch eine gebrochene Zahl größer als 1 dividiert, dann ist das Ergebnis kleiner als die Zahl. Dividiert man jedoch eine Zahl durch eine gebrochene Zahl zwischen 0 und 1, dann ist das Ergebnis größer als die Zahl.

Beispiele: $1\frac{4}{5} : \frac{3}{2} = \frac{9}{5} \cdot \frac{2}{3} = \frac{18}{15} = \frac{6}{5} = 1\frac{1}{5} < 1\frac{4}{5}$ $1\frac{4}{5} : \frac{2}{3} = \frac{9}{5} \cdot \frac{3}{2} = \frac{27}{10} = 2\frac{7}{10} > 1\frac{4}{5}$

Dividieren kann verkleinern, aber auch vergrößern!

Dividieren zweier Größen

4. Lisas Mutter stellt gern knifflige Fragen. Auf dem Küchentisch stehen ein Glas und drei Getränke. Lisas Mutter sagt:
„Wie oft kann man das Trinkglas füllen
a) mit Orangensaft;
b) mit Apfelsaft;
c) mit Milch?
Du kannst das Ergebnis erst einmal ungefähr angeben. Ich will es dann aber auch genau wissen."

Division als „Enthalten sein"

Durch Division kann man feststellen, wie oft eine Größe in einer anderen enthalten ist.

Beispiel: Wie oft ist $\frac{3}{4}$ kg in $\frac{15}{8}$ kg enthalten?

Rechnung: $\frac{15}{8}\,\text{kg} : \frac{3}{4}\,\text{kg} = \frac{15}{8} : \frac{3}{4} = \frac{\overset{5}{\cancel{15}} \cdot \overset{1}{\cancel{4}}}{\underset{2}{\cancel{8}} \cdot \underset{1}{\cancel{3}}} = \frac{5 \cdot 1}{2 \cdot 1} = \frac{5}{2} = 2\frac{1}{2}$

Ergebnis: $\frac{3}{4}$ kg ist $2\frac{1}{2}$-mal in $\frac{15}{8}$ kg enthalten.

Doppelbrüche

5. Den Quotienten zweier natürlicher Zahlen kann man auch als Bruch schreiben. Der Bruchstrich ersetzt das Divisionszeichen. Diese Schreibweise darf man auch verwenden, wenn Brüche dividiert werden. Solche Brüche nennt man *Doppelbrüche*. Berechne:

Bruchstrich durch Divisionszeichen ersetzen

$\frac{\frac{3}{4}}{\frac{5}{7}} = \frac{3}{4} : \frac{5}{7} = \frac{3}{4} \cdot \frac{7}{5} = \frac{21}{20}$

a) $\frac{\frac{2}{3}}{\frac{5}{9}}$ **b)** $\frac{5}{4\frac{1}{6}}$ **c)** $\frac{4\frac{1}{6}}{5}$ **d)** $\frac{1\frac{1}{2}}{2\frac{1}{4}}$

Ein **Doppelbruch** steht für einen Quotienten aus Brüchen.
Bei einem Doppelbruch treten mehrere Bruchstriche auf.
Der *Hauptbruchstrich* ersetzt das Divisionszeichen zwischen den beiden Brüchen.

$\frac{2}{3} : \frac{5}{9} = \frac{\frac{2}{3}}{\frac{5}{9}}$ ← Hauptbruchstrich

Übungsaufgaben

6. Bearbeite wie im Beispiel rechts.

a) $\square \xrightarrow{\cdot\frac{3}{4}} 27$ **c)** $\square \xrightarrow{\cdot\frac{2}{5}} 14$

b) $\square \xrightarrow{\cdot\frac{5}{6}} 15$ **d)** $\square \xrightarrow{\cdot\frac{4}{7}} 32$

> **In Einzelschritten**
>
> $\square \xrightarrow{\cdot\frac{7}{8}} 28$ $\square \xrightarrow{:8} \square \xrightarrow{\cdot 7} 28$
>
> $\square \xleftarrow{:\frac{7}{8}} 28$ $\square \xleftarrow{\cdot 8} \square \xleftarrow{:7} 28$ (insgesamt $\cdot\frac{8}{7}$)
>
> Also: $28:\frac{7}{8} = 28\cdot\frac{8}{7} = 32$

7. Jeder Partner berechnet die angegebenen Divisionsaufgaben und lässt sie von seinem Partner durch Multiplikation kontrollieren.

	a)	b)	c)	d)	e)	f)
Partner A:	$9:\frac{3}{5}$	$12:\frac{4}{9}$	$12:\frac{3}{4}$	$18:\frac{9}{5}$	$72:\frac{2}{3}$	$64:\frac{8}{9}$
Partner B:	$8:\frac{4}{7}$	$18:\frac{6}{7}$	$16:\frac{8}{3}$	$24:\frac{8}{9}$	$54:\frac{6}{7}$	$24:\frac{6}{7}$

8. **a)** $45:\frac{9}{11}$ **b)** $56:\frac{7}{8}$ **c)** $64:\frac{16}{5}$ **d)** $49:\frac{21}{15}$ **e)** $560:\frac{7}{8}$ **f)** $126:\frac{18}{7}$

9.
a) $\frac{3}{4}:\frac{3}{5}$; $\frac{7}{8}:\frac{3}{4}$ **c)** $\frac{4}{5}:\frac{3}{8}$; $\frac{5}{6}:\frac{9}{10}$ **e)** $\frac{7}{12}:\frac{14}{15}$; $\frac{15}{16}:\frac{2}{56}$ **g)** $\frac{2}{3}:\frac{3}{4}$; $\frac{2}{3}:\frac{4}{7}$ **i)** $\frac{1}{2}:\frac{1}{4}$; $\frac{8}{9}:\frac{4}{7}$ **k)** $\frac{1}{4}:\frac{2}{3}$; $\frac{2}{3}:\frac{1}{4}$

b) $\frac{5}{6}:\frac{2}{9}$; $\frac{1}{4}:\frac{1}{2}$ **d)** $\frac{7}{8}:\frac{7}{8}$; $\frac{2}{3}:\frac{11}{12}$ **f)** $\frac{27}{14}:\frac{36}{11}$; $\frac{63}{13}:\frac{49}{17}$ **h)** $\frac{2}{7}:\frac{6}{5}$; $\frac{4}{5}:\frac{2}{3}$ **j)** $\frac{7}{8}:\frac{1}{2}$; $\frac{3}{4}:\frac{3}{5}$ **l)** $\frac{4}{9}:\frac{2}{3}$; $\frac{2}{3}:\frac{4}{9}$

10. Berechne die Quotienten. Du kannst verschiedene Regeln anwenden.

a) $\frac{4}{7}:2$ **b)** $\frac{2}{5}:3$ **c)** $\frac{4}{7}:16$ **d)** $8:\frac{12}{7}$ **e)** $8:\frac{1}{8}$ **f)** $0:\frac{12}{13}$

11. Wo steckt der Fehler?

a) $\frac{8}{9}:\frac{2}{9} = \frac{8:2}{9} = \frac{4}{9}$ b) $\frac{5}{7}:\frac{2}{3} = \frac{7}{5}\cdot\frac{2}{3} = \frac{14}{15}$ c) $\frac{4}{5}:7 = \frac{4\cdot 7}{5\cdot 7} = \frac{28}{35}$ d) $3:\frac{3}{4} = \frac{3:3}{4} = \frac{1}{4}$

12. Lauras Eltern entsaften Früchte.
Der Saft wird in $\frac{3}{4}$-ℓ-Flaschen abgefüllt.
Wie viele Flaschen benötigt man für
a) $7\frac{1}{2}$ ℓ Johannisbeersaft;
b) $3\frac{1}{2}$ ℓ Himbeersaft;
c) $14\frac{1}{2}$ ℓ Apfelsaft?

13. **a)** Der Inhalt einer $\frac{7}{10}$-ℓ-Flasche soll in kleine Gläschen abgefüllt werden. Jedes Gläschen enthält $\frac{2}{100}$ ℓ. Wie viele Gläschen kann man füllen?
b) Eine Weinflasche enthält $\frac{7}{10}$ ℓ Wein. Wie viele Flaschen kann man aus einem Fass mit **(1)** 350 ℓ, **(2)** 175 ℓ, **(3)** 1 050 ℓ, **(4)** 600 ℓ Inhalt füllen?

14. Sabrinas Mutter benötigt $2\frac{1}{2}$ kg Butter.
Wie viele $\frac{1}{4}$-kg-Pakete sind das?

15. Ein Obsthändler verpackt 25 kg Heidelbeeren in Schalen zu $\frac{3}{8}$ kg, 9 kg Waldpilze in Schalen zu $\frac{3}{4}$ kg.
Stellt geeignete Aufgaben und löst sie.

16. Ein Obstbauer hat $1\frac{1}{4}$ t Äpfel geerntet.

a) Die Äpfel sollen in Kisten zu $7\frac{1}{2}$ kg verpackt werden.
Wie viele Kisten erhält er?

b) Der Obstbauer hat auch Birnen geerntet.
Die Menge der Äpfel ist $2\frac{1}{2}$-mal so groß wie die der Birnen.
Wie viel Birnen hat er geerntet?

17. Schreibe als Bruch. Kürze und notiere, wenn möglich, in gemischter Schreibweise.

a) 8 : 5; 35 : 5; 15 : 9; 18 : 36; 17 : 13

b) 56 : 9; 64 : 18; 68 : 16; 84 : 9; 28 : 27

18. **a)** $\frac{3}{8} : \frac{1}{10}$; $\frac{15}{7} : \frac{10}{1}$; $\frac{10}{1} : \frac{15}{3}$; $0 : \frac{1}{12}$; $\frac{1}{2} : \frac{1}{2}$

b) $\frac{1}{3} : 3$; $3 : \frac{1}{3}$; $1 : \frac{1}{3}$; $\frac{1}{3} : 1$; $0 : \frac{1}{3}$

c) $\frac{1}{10} : \frac{1}{8}$; $\frac{1}{10} : \frac{12}{1}$; $\frac{1}{12} : \frac{1}{12}$; $0 : \frac{1}{10}$

d) $8 : \frac{1}{4}$; $\frac{1}{4} : 8$; $\frac{1}{8} : 4$; $4 : \frac{1}{8}$; $\frac{8}{1} : \frac{4}{1}$

19. Bei diesen Mauern erhält man aus zwei benachbarten Zahlen die darüber stehende so:
Man dividiert die links stehende Zahl durch die rechts davon stehende.
Vervollständige im Heft.

a)

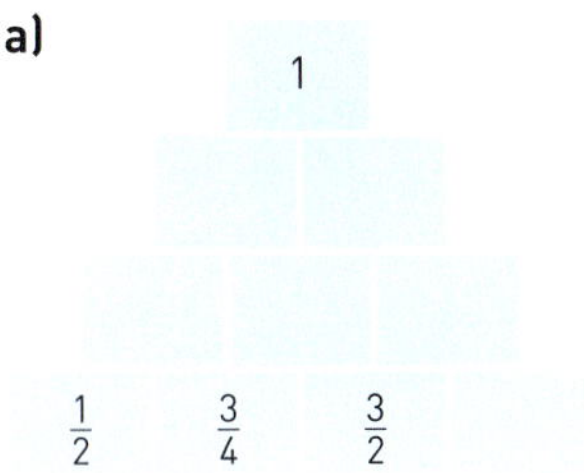

b)

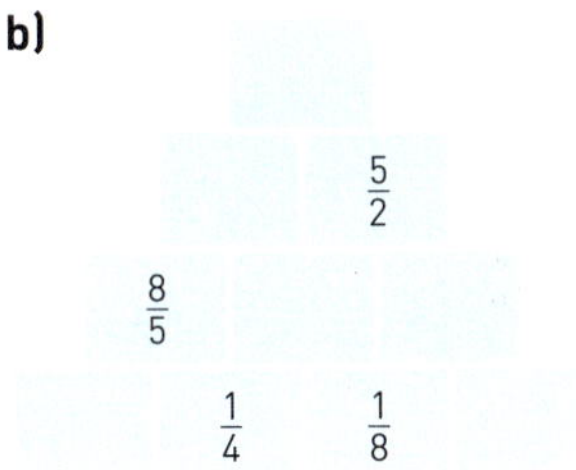

c)

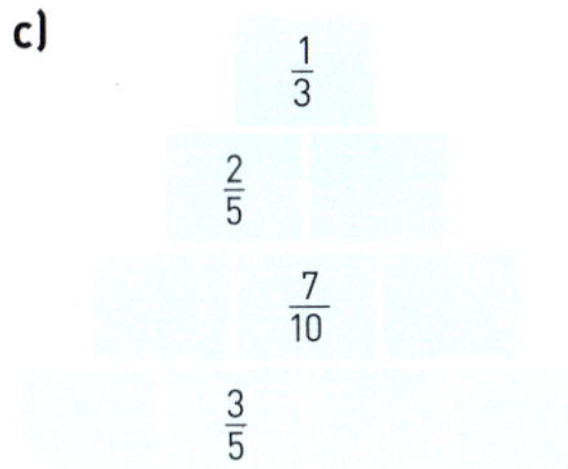

20.

a) $\frac{3}{4} \cdot \frac{1}{4}$; $\frac{3}{4} - \frac{1}{4}$; $\frac{3}{4} : \frac{1}{4}$; $\frac{3}{4} + \frac{1}{4}$

b) $\frac{5}{6} : \frac{2}{3}$; $\frac{5}{6} \cdot \frac{2}{3}$; $\frac{5}{6} + \frac{2}{3}$; $\frac{5}{6} \quad \frac{2}{3}$

c) $\frac{3}{4} - \frac{2}{3}$; $\frac{3}{4} \cdot \frac{2}{3}$; $\frac{3}{4} : \frac{2}{3}$; $\frac{3}{4} + \frac{2}{3}$

d) $\frac{4}{5} - \frac{2}{3}$; $\frac{4}{5} \cdot \frac{2}{3}$; $\frac{4}{5} : \frac{2}{3}$; $\frac{4}{5} + \frac{2}{3}$

e) $\frac{5}{6} - \frac{3}{8}$; $\frac{5}{6} \cdot \frac{3}{8}$; $\frac{5}{6} + \frac{3}{8}$; $\frac{5}{6} \cdot \frac{3}{8}$

f) $\frac{7}{12} \cdot \frac{2}{15}$; $\frac{7}{12} - \frac{2}{15}$; $\frac{7}{12} + \frac{2}{15}$; $\frac{7}{12} \cdot \frac{2}{15}$

21. Die Goetheschule besuchen 336 Mädchen. Das sind $\frac{4}{7}$ der gesamten Schülerschaft.
Wie viele Schülerinnen und Schüler hat die Goetheschule?

22.

a) $1\frac{1}{2} : 1\frac{2}{5}$; $1\frac{2}{3} : 1\frac{1}{2}$; $2\frac{1}{3} : 1\frac{1}{4}$

b) $2\frac{1}{2} : 1\frac{3}{4}$; $1\frac{3}{4} : 3\frac{1}{5}$; $1\frac{1}{8} : 6\frac{3}{4}$

c) $9\frac{4}{5} : 3\frac{9}{11}$; $6\frac{2}{9} : 5\frac{5}{6}$; $2\frac{1}{4} : 1\frac{3}{5}$

d) $2\frac{1}{3} : 2\frac{1}{6}$; $5\frac{1}{2} : 1\frac{1}{2}$; $7\frac{1}{3} : 9\frac{1}{6}$

e) $3\frac{1}{9} : 4\frac{1}{5}$; $5\frac{1}{7} : 3\frac{3}{8}$; $6\frac{1}{8} : 8\frac{3}{4}$

$$2\frac{1}{3} : 1\frac{2}{5} = \frac{7}{3} : \frac{7}{5} = \frac{7}{3} \cdot \frac{5}{7} = \frac{5}{3} = 1\frac{2}{3}$$

23. **a)** Frau Schöne fährt auf der Autobahn in $2\frac{3}{4}$ h eine Strecke von 352 km.
Wie viel km fährt sie (durchschnittlich) pro Stunde?

b) Denkt an eigene Fahrten. Stellt damit entsprechende Aufgaben und löst sie.

24.

a) $\frac{2}{5} \cdot \frac{5}{9}$; $\frac{3}{4} \cdot \frac{5}{8}$; $\frac{5}{4} : \frac{3}{7}$

b) $\frac{3}{7} \cdot \frac{5}{8}$; $\frac{2}{3} : \frac{5}{9}$; $\frac{3}{4} : \frac{5}{8}$

c) $\frac{5}{4} \cdot \frac{3}{7}$; $\frac{4}{5} : \frac{2}{7}$; $\frac{7}{9} : \frac{14}{3}$

d) $\frac{8}{25} \cdot 1\frac{2}{3}$; $\frac{15}{16} : 1\frac{3}{5}$; $1\frac{1}{2} \cdot 1\frac{1}{4}$

e) $\frac{12}{13} : 1\frac{1}{5}$; $1\frac{1}{2} : 1\frac{1}{4}$; $3\frac{4}{7} \cdot 2\frac{4}{15}$

f) $5\frac{4}{9} \cdot 6\frac{3}{7}$; $4\frac{2}{9} : 6\frac{1}{3}$; $6\frac{3}{7} : 1\frac{11}{14}$

25. Überprüfe Pascals Rechnung rechts.

26. Nora hat $3:\frac{1}{4}$ berechnet und als Ergebnis 12 erhalten.
Sie wundert sich: „Das Ergebnis ist viel zu groß, ich muss mich verrechnet haben."
Ihr Freund Jacob entgegnet: „Klar, $3:\frac{1}{4}=\frac{3}{4}$."
Was würdet ihr sagen?

27. Berechne die Quotienten. Was fällt dir auf?

a) $24:\frac{6}{7}$; $12:\frac{6}{7}$; $6:\frac{6}{7}$; $1:\frac{6}{7}$; $\frac{1}{2}:\frac{6}{7}$
b) $\frac{6}{7}:3$; $\frac{6}{7}:2$; $\frac{6}{7}:1$; $\frac{6}{7}:\frac{1}{2}$; $\frac{6}{7}:\frac{1}{3}$

28. Dividiere $\frac{2}{5}$ nacheinander durch $1, \frac{1}{2}, \frac{1}{4}, \ldots$ Wann ist der Quotient größer als 100?

29. Erfinde eine Rechengeschichte.

a) $\frac{1}{2}\cdot 2\frac{3}{4}\,\text{kg}$
b) $4\frac{1}{2}\,\text{dm}:\frac{2}{3}$
c) $2\frac{3}{4}\,\ell + 1\frac{1}{2}\,\ell$
d) $9\frac{1}{4}\,\text{ha} - 4\frac{1}{2}\,\text{ha}$
e) $\frac{3}{4}\,\text{h}\cdot 4$
f) $12\frac{1}{2}\,\text{m}:\frac{3}{5}\,\text{m}$
g) $3\frac{1}{2}\,\text{h}:1\frac{2}{5}\,\text{h}$
h) $5\frac{1}{2}\,\text{km}\cdot\frac{5}{4}$
i) $45\frac{1}{2}\,\text{t}:5\frac{1}{2}\,\text{t}$
j) $2\frac{1}{2}\,\text{h} - \frac{3}{4}\,\text{h}$

Aufgabe: $5\frac{1}{2}\,\ell:\frac{3}{4}\,\ell$
Rechengeschichte: $5\frac{1}{2}\,\ell$ Saft sollen in $\frac{3}{4}$-ℓ-Flaschen abgefüllt werden. Wie viele Flaschen benötigt man?
Rechnung: $5\frac{1}{2}:\frac{3}{4}=\frac{11}{2}\cdot\frac{4}{3}=\frac{22}{3}=7\frac{1}{3}$
Ergebnis: Man benötigt 8 Flaschen. Die letzte wird nicht voll.

Doppelbrüche

Gleichheitszeichen in Höhe des Hauptbruchstrichs setzen!

30. Schreibe als Quotient und berechne.

a) $\frac{\frac{2}{5}}{\frac{8}{15}}$ **b)** $\frac{\frac{3}{7}}{\frac{9}{14}}$ **c)** $\frac{\frac{1}{8}}{\frac{5}{12}}$ **d)** $\frac{4\frac{1}{2}}{\frac{3}{10}}$ **e)** $\frac{\frac{4}{9}}{3\frac{1}{3}}$ **f)** $\frac{2\frac{1}{4}}{4\frac{1}{2}}$ **g)** $\frac{12}{\frac{7}{8}}$ **h)** $\frac{\frac{4}{15}}{20}$

31. Schreibe als Doppelbruch; berechne auch.

a) $\frac{3}{11}:\frac{5}{7}$
b) $4:\frac{7}{9}$
c) $\frac{4}{9}:2\frac{1}{2}$
d) $(3:5):(8:13)$
e) $(5:8):11$
f) $7:(2:4)$
g) $2\frac{1}{2}:1\frac{1}{2}$
h) $\frac{2}{3}:1\frac{1}{2}$

32. a) Der Wert eines Doppelbruches ist $\frac{1}{2}$. Der Nenner des Doppelbruches beträgt $\frac{2}{3}$. Wie heißt der Zähler des Doppelbruches?
b) Der Wert eines Doppelbruches ist 2. Der Zähler des Doppelbruches beträgt $\frac{2}{3}$. Wie heißt der Nenner des Doppelbruches?

Das kann ich noch!

A) Berechne und vergleiche die Ergebnisse.
1) $3\cdot 7 - 5$ und $3\cdot(7-5)$
2) $(18+2)\cdot 5$ und $18 + 2\cdot 5$
3) $25 - 5:5$ und $(25-5):5$
4) $(1+3)^2$ und $1+3^2$
5) 7^2 und $7\cdot 2$
6) $(4+1)^2$ und 4^2+1^2

B) Übertrage in dein Heft und setze die fehlende Klammer so, dass die Rechnung stimmt.
1) $5\cdot(8-2\cdot 3+7=17$
2) $(6+11\cdot 2-4=30$
3) $52-4\cdot(3+1-2=34$

Berechnen von Steuern und Abgaben mit Brüchen

Zehnt als Abgabe

1. Im Alten Testament ist festgelegt, welche Abgabe die Bauern an die Tempeldiener entrichten mussten.
Die Abgabe erfolgte nicht in Form von Geld, sondern wirklich mit dem zehnten Teil der Ernte, des Viehs, ...

> Jeder Zehnt des Landes, der vom Ertrag des Landes oder von den Baumfrüchten abzuziehen ist, gehört dem Herrn; es ist etwas Heiliges für den Herrn.
>
> Will ein Mann einen Teil seines Zehnten auslösen, muss er ein Fünftel dazuzahlen.
>
> Jeder Zehnt an Rind, Schaf und Ziege ist dem Herrn geweiht, jedes zehnte Stück von allem, was unter dem Hirtenstab hindurchgeht.
>
> 3. Buch Mose, 27, 30-32

1 Efa = 40 ℓ
1 Talent = 41 kg
Silberschekel: Währung der Israeliten ab 600 v. Chr.

a) Ein Bauer hat 80 neu geborene Lämmer in der Herde, 4 Efa Wein gekeltert, 8 Talent Weizen und 2 Talent Äpfel geerntet.
Welche Abgabe hat er davon zu entrichten?

b) Der Bauer möchte die Lämmer nicht abgeben, sondern stattdessen den Auslösungsbetrag zahlen.
Jedes der Lämmer wird auf einen Wert von 15 Silberschekel geschätzt.
Welchen Betrag hat der Bauer zu zahlen?

c) Von einem Ernteertrag soll nicht der Zehnt abgegeben werden, sondern stattdessen soll der Auslösungsbetrag gezahlt werden.
Überlege, mit welcher Rechenvorschrift man aus dem Wert des Ernteertrags sofort den Auslösungsbetrag erhält.
Es gibt verschiedene Möglichkeiten, vorzugehen; vergleiche sie miteinander.

Ernteertrag → Zehntbetrag → Auslösungsbetrag

Auch in Deutschland mussten Bauern im Mittelalter den zehnten Teil ihrer Ernte abliefern, Handwerker den zehnten Teil ihrer Produktion. Zur Aufbewahrung wurden spezielle große Scheunen gebaut, die oft neben der Kirche die größten Bauwerke im Dorf waren. Nach ihrem Verwendungszweck bezeichnet man sie als Zehntscheunen.
In Deutschland wurde der Zehnt erst im 19. Jahrhundert mit der Bauernbefreiung endgültig abgeschafft.

Zehntscheune in Wolfhagen

Akzise

2. Die Akzise war eine von den Städten erhobene Steuer auf den Lebensmittelverbrauch (insbesondere Zucker, Salz, Fett, Fleisch) und den Genussmittelverbrauch (Tabak, Kaffee, Tee und alkoholische Getränke). Auch das Gebäude, in dem diese Abgaben erhoben wurden, bezeichnete man als Akzise.

Am Anfang des 16. Jahrhunderts war im Unterwesergebiet die Währungseinheit die Bremer Mark, die als Silbermünze geprägt wurde.

Bremer Mark

Diese Mark war in 32 Groten unterteilt, die als Kleinsilbermünzen im Umlauf waren.

Groten

Die kleineste Einheit war der Schwaren, der in schlechterem Silber geprägt wurde.
Es galt 1 Schwaren = $\frac{1}{5}$ Groten

Schwaren

In Bremen betrug im Jahre 1628 die Akzise 3 Schwaren für 1 Mark Warenwert.

a) Gib die Akzise mit einem Bruch als Anteil am Warenwert an. Formuliere dazu auch eine Aufgabe mit Brüchen.

b) Bestimme die Akzise, die erhoben wird für

(1) eine Zuckerlieferung im Wert von 3 Mark

(2) eine Kaffeelieferung im Wert von 5 Mark und 10 Groten.

Akzise am Markt in Bremen im 16. Jahrhundert

5.3 Rechnen mit Brüchen und Dezimalbrüchen

Einstieg

Bildet acht (ungefähr) gleich große Teams in der Klasse. Jedes Team bearbeitet für sich eines der Probleme unten, und zwar

Team 1 und 5:	Problem 1	Team 3 und 7:	Problem 3
Team 2 und 6:	Problem 2	Team 4 und 8:	Problem 4

Nachdem jedes Team sein Problem gelöst hat, vergleichen die beiden Teams, die dasselbe Problem bearbeitet haben, ihre Lösungen. Gemeinsam erarbeiten sie dann eine Vorstellung der Lösung in der Klasse.

Jedes Doppelteam stellt nun das Problem und seine Lösung der ganzen Klasse vor.

Vergleicht anschließend alle gemeinsam die bearbeiteten Probleme: Wo gibt es Gemeinsamkeiten, wo gibt es Unterschiede?

Problem 1

a) Für einen Kuchenteig wird $\frac{3}{8}\,\ell$ Milch benötigt. Diese wird aus einer 0,5-ℓ-Milchtüte abgefüllt. Wie viel Milch bleibt in der Milchtüte zurück?

b) Berechne $0{,}4 + \frac{1}{4}$ auf zwei Weisen.

c) $0{,}75 + \frac{3}{7}$ lässt sich nur auf eine Weise günstig berechnen. Erläutere warum; berechne dann.

Problem 2

a) Eine Maracujasaft-Schorle wird aus $\frac{5}{8}\,\ell$ Maracujasaft und $1{,}5\,\ell$ Mineralwasser hergestellt. Wie viel Saft erhält man?

b) Berechne $0{,}9 + \frac{3}{4}$ auf zwei Weisen.

c) $0{,}8 + \frac{5}{7}$ lässt sich nur auf eine Weise günstig berechnen. Erläutere warum; berechne dann.

Problem 3

a) Jana kauft $\frac{3}{4}$ kg Cox Orange. Wie viel muss sie bezahlen?

b) Berechne $0{,}4 \cdot \frac{3}{4}$ auf zwei Weisen.

c) $0{,}6 \cdot \frac{3}{7}$ lässt sich nur auf eine Weise günstig berechnen. Erläutere warum; berechne dann.

Problem 4

a) Zum Preisvergleich möchte Hannes berechnen, wie viel $1\,\ell$ Olivenöl kostet.

b) Berechne sowohl $\frac{5}{4} : 0{,}4$ als auch $0{,}4 : \frac{5}{4}$ auf zwei Weisen.

c) $0{,}8 : \frac{7}{11}$ lässt sich nur auf eine Weise günstig berechnen. Erläutere warum; berechne dann.

Aufgabe 1

a) Zum Herstellen einer Schorle wird $\frac{1}{2}\ell$ Mineralwasser benötigt.
Nele gießt diese Menge aus einer 0,7-ℓ-Flasche in einen Messzylinder.
Wie viel Liter Mineralwasser bleibt in der Flasche zurück?

b) Berechne $0{,}5 - \frac{1}{6}$.

Lösung

a) In der Flasche bleiben zurück: $0{,}7\,\ell - \frac{1}{2}\ell$.
In der Aufgabe $0{,}7 - \frac{1}{2}$ kommt sowohl ein Bruch als auch ein Dezimalbruch vor.
Zur Berechnung gibt es also zwei Möglichkeiten.
1. Möglichkeit: Wandle $\frac{1}{2}$ in einen Dezimalbruch um: $0{,}7 - \frac{1}{2} = 0{,}7 - 0{,}5 = 0{,}2$
2. Möglichkeit: Wandle 0,7 in einen Bruch um: $0{,}7 - \frac{1}{2} = \frac{7}{10} - \frac{5}{10} = \frac{2}{10} = \frac{1}{5}$
Ergebnis: In der Flasche verbleiben $\frac{1}{5}\ell = 0{,}2\,\ell$ Mineralwasser.

b) *1. Möglichkeit:*
Wandle 0,5 in einen Bruch um: $0{,}5 - \frac{1}{6} = \frac{1}{2} - \frac{1}{6} = \frac{3}{6} - \frac{1}{6} = \frac{2}{6} = \frac{1}{3}$
2. Möglichkeit:
Beim Umwandeln von $\frac{1}{6}$ in einen Dezimalbruch erhältst du einen gemischtperiodischen, also nicht abbrechenden, Dezimalbruch: $\frac{1}{6} = 0{,}1\overline{6}$.
Mit diesem kann man schlecht rechnen: $0{,}5 - 0{,}1\overline{6} = ?$
Daher scheidet diese Möglichkeit bei dieser Aufgabe aus.

Information

Brüche, die nicht als abbrechende, sondern nur als periodische Dezimalbrüche geschrieben werden können, sollte man beim Berechnen von Termen nicht in Dezimalbrüche umwandeln.
Beispiel: $0{,}8 \cdot \frac{1}{3} = \frac{4}{5} \cdot \frac{1}{3} = \frac{4}{15}$

Übungsaufgaben

2. Lassen sich die folgenden Rechnungen besser mit Brüchen oder mit Dezimalbrüchen durchführen? Entscheide mit Begründung und berechne anschließend.

a) $0{,}2 + \frac{3}{4}$ **c)** $0{,}75 - \frac{5}{12}$ **e)** $\frac{1}{8} + 0{,}75$ **g)** $\frac{1}{3} + 0{,}3$ **i)** $0{,}9 - \frac{3}{25}$

b) $0{,}2 + \frac{2}{3}$ **d)** $0{,}75 - \frac{1}{4}$ **f)** $\frac{1}{8} + 0{,}7$ **h)** $0{,}7 + \frac{1}{15}$ **j)** $\frac{7}{9} - 0{,}3$

3. a) Berechne $\frac{3}{4} \cdot 0{,}7$ auf zwei Weisen wie im Beispiel rechts.

$\frac{1}{4} \cdot 0{,}3$	$\frac{1}{4} \cdot 0{,}3$
$= 0{,}25 \cdot 0{,}3$	$= \frac{1}{4} \cdot \frac{3}{10}$
$= 0{,}075$	$= \frac{3}{40}$

b) $\frac{1}{3} \cdot 0{,}7$ lässt sich nur auf eine Weise günstig berechnen. Erläutere, warum.

c) Entscheide dich, ob du mit Brüchen oder mit Dezimalbrüchen rechnest. Begründe deine Entscheidung.

(1) $\frac{1}{4} \cdot 0{,}9$ **(3)** $0{,}4 : \frac{3}{2}$ **(5)** $1{,}5 : 2{,}5$ **(7)** $\frac{3}{8} \cdot 1{,}2$ **(9)** $\frac{2}{7} \cdot 5$

(2) $\frac{2}{3} \cdot 0{,}7$ **(4)** $0{,}6 : 0{,}05$ **(6)** $4 : 1{,}5$ **(8)** $\frac{2}{9} \cdot 1{,}4$ **(10)** $7 : \frac{3}{4}$

4. **a)** Eine Flasche enthält 0,75 ℓ Mineralwasser.
Wie viel Liter Mineralwasser sind in 12 Flaschen?
Vergleiche die Rechnungen von Jonas und Linda. Nimm dazu Stellung.

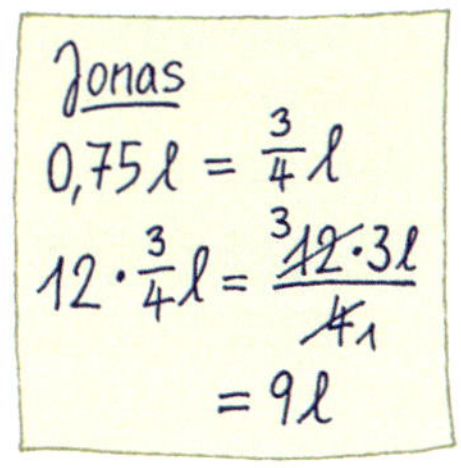

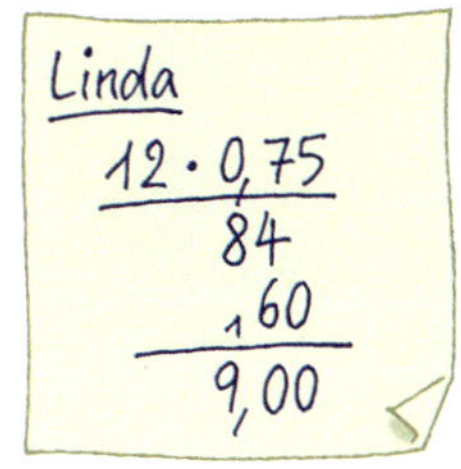

b) Berechne mit einem Verfahren, das deiner Meinung nach besonders geeignet ist.
(1) Im Keller stehen 15 Mineralwasserflaschen. Jede Flasche enthält 0,7 ℓ.
(2) Das Backrezept für einen Kuchen sieht $\frac{3}{8}$ ℓ Sahne vor. Für die Hochzeitsfeier will Franziska vier Kuchen backen.

5. **a)** Eine 1,5-ℓ-Flasche ist noch zu $\frac{2}{3}$ mit Obstsaft gefüllt. Wie viel Obstsaft ist in der Flasche?
b) Ein Gefäß fasst 0,7 ℓ. Es ist zu $\frac{4}{5}$ mit Milch gefüllt. Wie viel Milch enthält das Gefäß?
c) Ein 0,2-ℓ-Glas Multivitaminsaft enthält 0,04 g Vitamin C. Jan trinkt $2\frac{1}{2}$ Gläser davon. Wie viel Vitamin C hat er damit zu sich genommen?

6. Stelle selbst geeignete Fragen und beantworte sie.
a) Gärtner Maier verwendet 0,8 ha Land für den Anbau von Blumen.
Davon hat er $\frac{3}{10}$ mit Rosen und $\frac{5}{16}$ mit Nelken bepflanzt.
b) Gärtnerin Schulze hat 1,2 ha Land.
Sie verwendet $\frac{3}{4}$ davon für den Anbau von Blumen und $\frac{1}{20}$ für die Züchtung von Gemüsepflanzen.

7. Lassen sich die folgenden Rechnungen besser mit Brüchen oder mit Dezimalbrüchen durchführen? Entscheide mit Begründung und führe anschließend die Rechnung durch.

a) $0{,}2 \cdot \frac{3}{4}$ **c)** $0{,}75 : \frac{5}{12}$ **e)** $\frac{1}{8} \cdot 0{,}75$ **g)** $0{,}75 + \frac{1}{8}$ **i)** $0{,}9 - \frac{3}{25}$
b) $0{,}3 + \frac{2}{3}$ **d)** $0{,}75 - \frac{1}{4}$ **f)** $\frac{1}{5} : 0{,}7$ **h)** $0{,}7 : \frac{1}{15}$ **j)** $\frac{3}{8} \cdot 0{,}25$

8. Erfinde Aufgaben mit Brüchen und Dezimalbrüchen, sodass sich manche geschickter mit Brüchen, andere geschickter mit Dezimalbrüchen lösen lassen und lasse sie von deinem Partner lösen. Geht er so vor, wie du erwartet hast?

Das kann ich noch!

A) Welche Spielkarten sind achsensymmetrisch?

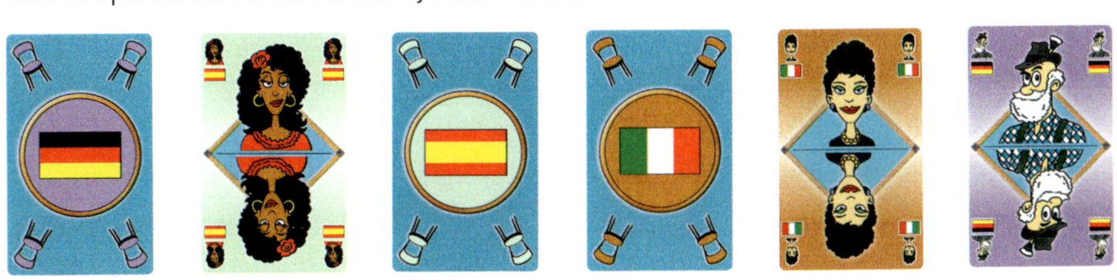

5.4 Berechnen von Termen

Einstieg

Für das Berechnen von Termen mit natürlichen Zahlen hast du Regeln gelernt, die auf *Vereinbarung* beruhen (z. B. die Regel *Klammer zuerst*). Diese Regeln sollen auch für gebrochene Zahlen gelten.

Maria und Jonas vergleichen ihre Hausaufgaben. Was meint ihr dazu?

Aufgabe 1

Vorrangregeln beim Addieren, Subtrahieren, Multiplizieren und Dividieren

Berechne nach den Vorrangregeln, die du schon für natürliche Zahlen kennst.

a) $6 : \left(\frac{3}{4} - \frac{1}{8}\right)$ **b)** $1{,}2 - 0{,}2 \cdot 0{,}3$ **c)** $6 : \frac{2}{3} : \frac{1}{2}$ **d)** $\frac{0{,}4 + 0{,}5}{0{,}4 \cdot 0{,}5}$

Klammern zuerst | Punkt- vor Strichrechnung | Rechne von links nach rechts | Zähler und Nenner vereinfachen

Lösung

a) $6 : \left(\frac{3}{4} - \frac{1}{8}\right) = 6 : \left(\frac{6}{8} - \frac{1}{8}\right) = 6 : \frac{5}{8} = \frac{48}{5} = 9\frac{3}{5}$

b) $1{,}2 - 0{,}2 \cdot 0{,}3 = 1{,}2 - 0{,}06 = 1{,}14$

c) $6 : \frac{2}{3} : \frac{1}{2} = 6 \cdot \frac{3}{2} : \frac{1}{2} = 9 : \frac{1}{2} = 9 \cdot 2 = 18$

d) $\frac{0{,}4 + 0{,}5}{0{,}4 \cdot 0{,}5} = \frac{0{,}9}{0{,}2} = \frac{9}{2} = 4{,}5$

Weiterführende Aufgaben

Terme mit Potenzen; geschachtelte Klammern

2. Berechne: **a)** $1{,}5 \cdot [3{,}7 - (1{,}2 - 0{,}5)]$ (Innere Klammer zuerst) **b)** $1\frac{3}{4} + \frac{3}{8} \cdot \left(\frac{2}{3}\right)^2$ (Potenz zuerst)

Vorrangregeln für das Berechnen von Termen

(1) Das Innere einer Klammer wird zuerst berechnet.
(2) Bei ineinander geschachtelten Klammern wird die innerste Klammer zuerst berechnet.
(3) Wo keine Klammer steht, geht Punkt- vor Strichrechnung.
(4) Das Berechnen einer Potenz geht noch vor Punkt- und Strichrechnung.
(5) Sonst wird von links nach rechts gerechnet.

Ein Bruchstrich setzt unsichtbare Klammern um Zähler und Nenner

3. a) Kontrolliere Toms Rechnung.

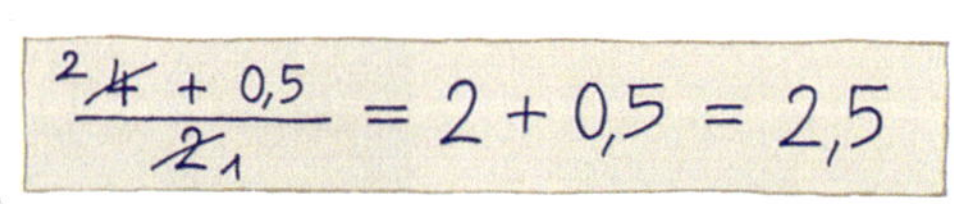

b) Mia und Ken sollten den Term $\frac{4}{2 \cdot 0{,}8}$ mit dem Taschenrechner berechnen. Entscheide, welche Rechnung korrekt ist.

Rechenbäume verdeutlichen den Rechenweg.

Rechenbaum

4. Die Reihenfolge der Berechnungen in einem Term kann man gut mit einem Rechenbaum veranschaulichen.

a) Erstelle den Term zum Rechenbaum rechts.

b) Zeichne den Rechenbaum für den Term $\frac{3}{4} + \left(\frac{5}{6} - \frac{1}{3}\right) \cdot \frac{3}{2}$

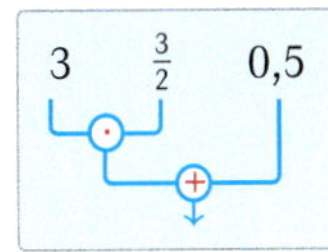

Übungsaufgaben

5. Berechne.

a) $9 : \left(\frac{2}{5} + \frac{2}{3}\right)$ **b)** $9 - \left(\frac{2}{5} + \frac{2}{3}\right)$ **c)** $9 \cdot \left(\frac{2}{5} + \frac{2}{3}\right)$ **d)** $\left(\frac{2}{5} + \frac{2}{3}\right) : 9$ **e)** $9 + \left(\frac{2}{5} + \frac{2}{3}\right)$

6. Berechne.

a) $7 - \left(\frac{1}{5} + \frac{3}{5}\right)$
$0{,}8 - (1{,}3 - 0{,}95)$

b) $\frac{7}{9} - \left(\frac{5}{18} + \frac{1}{9}\right)$
$(2{,}7 - 1{,}8) \cdot 0{,}5$

c) $\left(\frac{8}{9} - \frac{2}{9}\right) : 4$
$1{,}2 : (0{,}13 + 0{,}27)$

d) $\frac{8}{25} : \left(\frac{1}{3} - \frac{1}{5}\right)$
$(1{,}9 + 3{,}2) \cdot 0{,}1$

7. Fertigt euch die nebenstehenden Karten an. *Partner A* stellt aus den vorhandenen Karten eine *lösbare* Aufgabe auf. Dabei müssen alle drei Zahlenkarten verwendet werden. *Partner B* löst die Aufgabe. Hat Partner B die Aufgabe richtig gerechnet, darf er die nächste Aufgabe aufstellen usw.

8. Berechne.

a) $\frac{2}{5} \cdot \frac{5}{8} + 0{,}5$

b) $\frac{5}{6} : \frac{2}{3} - \frac{3}{4}$

c) $2 \cdot 0{,}49 + 0{,}13$

d) $1{,}5 : \frac{1}{2} + 5$

e) $\frac{2}{15} + \frac{3}{10} \cdot \frac{2}{9}$

f) $5{,}1 - 2{,}1 : 0{,}7$

g) $\frac{7}{3} - \frac{2}{3} : \frac{1}{3}$

h) $\frac{4}{5} + \frac{3}{2} \cdot 0{,}4$

i) $7 - 1{,}4 \cdot 0{,}3$

j) $4\frac{5}{6} + \frac{3}{5} : \frac{2}{25}$

k) $\frac{7}{6} : \frac{2}{3} + \frac{1}{4}$

l) $5 - 7{,}6 : 1{,}9$

9. Für ein Erfrischungsgetränk werden $\frac{3}{8}\ell$ Johannisbeernektar und $\frac{1}{2}\ell$ Mineralwasser gemischt. Das fertige Getränk wird auf 6 Gläser gleichmäßig verteilt. Wie viel Getränk enthält jedes Glas? Stelle zunächst einen einzigen Term auf.

10. Aus dem Orangensaftspender werden 7 Gläser zu $\frac{1}{4}\ell$ und 3 Gläser zu $\frac{1}{8}\ell$ abgefüllt. Wie viel Orangensaft ist noch im Schlauch? Stelle zunächst einen einzigen Term auf.

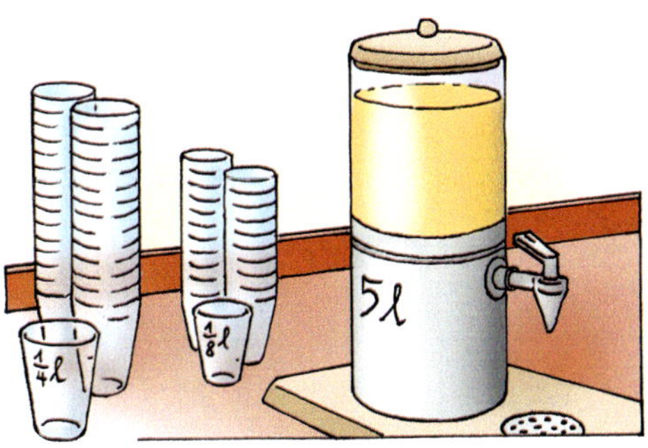

11. Eine Tomatencremesuppe wird zubereitet aus $1\frac{1}{4}\ell$ Wasser, 2 Dosen mit je $\frac{1}{8}\ell$ Tomatenmark und $\frac{1}{4}\ell$ Sahne. Wie viel Suppe erhält man? Stelle zunächst einen einzigen Term auf.

12. a) $\left(\frac{1}{2}+\frac{3}{8}\right)\cdot\left(\frac{3}{7}+\frac{1}{14}\right)$ c) $\left(2\frac{1}{6}-1\frac{1}{3}\right):\left(2\frac{1}{9}-1{,}5\right)$ e) $\left(1{,}2+6-\frac{3}{4}\right):\left(0{,}5+1\frac{1}{3}\right)$

b) $(5{,}3+0{,}9)\cdot(2{,}4-0{,}9)$ d) $\left(\frac{7}{9}-0{,}5+\frac{5}{6}\right):\left(\frac{2}{3}+\frac{1}{6}\right)$ f) $(1{,}2+6)-\left(\frac{3}{4}:0{,}5+1\frac{1}{3}\right)$

13. a) $\frac{5}{9}+\left(\frac{2}{3}\right)^2$ c) $\frac{3}{8}\cdot\left(\frac{2}{3}\right)^4$ e) $\left(\frac{1}{2}\right)^3\cdot\left(\frac{1}{3}\right)^2\cdot\left(1\frac{1}{5}\right)^2$

b) $0{,}42+0{,}62$ d) $15\cdot\left(1-\frac{4}{5}\right)^2$ f) $1-\left(\frac{2}{3}\right)^2\cdot 1{,}5^2$

14. a) $\frac{9}{4}\cdot\left[\frac{8}{9}-\left(\frac{1}{2}+\frac{1}{6}\right)\right]$ c) $3{,}5+[(5{,}5+1{,}25):4{,}5]$ e) $3\cdot\left[\left(\frac{3}{5}+\frac{1}{2}\right)\cdot\left(\frac{2}{3}-\frac{1}{9}\right)-\frac{1}{2}\right]$

b) $\left[1\frac{1}{2}\cdot\frac{2}{3}-\left(\frac{1}{2}+\frac{1}{4}\right)\right]\cdot 2\frac{1}{2}$ d) $9\frac{4}{5}-\left[\left(\frac{9}{10}:\frac{3}{8}\right):\frac{1}{4}\right]$ f) $2{,}4:[0{,}8:0{,}4+(0{,}5-0{,}5:5)]$

15. a) $\dfrac{\frac{1}{2}-\frac{3}{8}}{\frac{3}{4}+\frac{1}{8}}$ c) $\dfrac{1\frac{1}{2}\cdot\frac{4}{9}}{1\frac{5}{6}+\frac{2}{3}}$ e) $\dfrac{\frac{4}{5}-\frac{1}{2}}{\frac{4}{5}:\frac{5}{2}}$ g) $\dfrac{\frac{3}{5}:\frac{3}{4}-\frac{3}{10}}{\frac{2}{9}:\frac{1}{3}-\frac{1}{6}}$ i) $\dfrac{5\cdot\frac{3}{4}-0{,}5}{26}$ k) $4-\dfrac{6{,}25}{1\frac{7}{8}}$

b) $\dfrac{\frac{9}{8}-\frac{7}{12}}{\frac{5}{6}+\frac{1}{4}}$ d) $\dfrac{9}{4{,}8:1{,}2}$ f) $\dfrac{3\frac{1}{2}-2\frac{5}{6}}{7\frac{1}{5}+2\frac{7}{10}}$ h) $\dfrac{4\frac{1}{2}\cdot 5\frac{1}{6}}{7\frac{1}{2}\cdot 4\frac{1}{6}-8}$ j) $\dfrac{2-\frac{8}{9}:\frac{2}{3}}{1-\frac{3}{4}\cdot\frac{2}{15}}$ l) $\left(\dfrac{1\frac{1}{2}}{0{,}6}\cdot\dfrac{2\frac{1}{4}}{1{,}8}\right)^2$

16. a) $\dfrac{\left(\frac{5}{6}\right)^2}{1-\frac{1}{36}}$ b) $\dfrac{\frac{3}{8}}{\left(1+\frac{1}{2}\right)^2}$ c) $\dfrac{5}{(0{,}27+0{,}23)^2}$ d) $\dfrac{1-0{,}4^2}{(1-0{,}4)^2}$ e) $\left(\dfrac{\frac{1}{4}-\frac{1}{5}}{\frac{1}{5}-\frac{1}{6}}\right)^2$

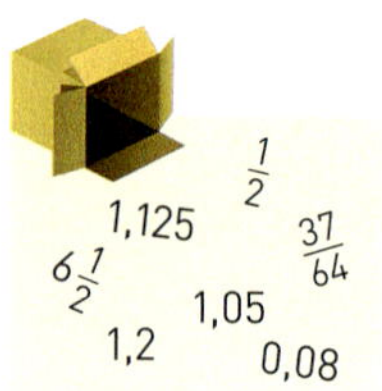

17. Stelle zunächst den Term auf. Berechne ihn dann.

a) Multipliziere die Summe der Zahlen $\frac{3}{4}$ und $\frac{1}{2}$ mit $\frac{2}{5}$.

b) Dividiere die Differenz der Zahlen 0,51 und 0,11 durch $\frac{1}{3}$.

c) Subtrahiere von dem Quotienten der Zahlen 0,5 und 0,4 das Produkt dieser Zahlen.

d) Dividiere die Summe der Zahlen $\frac{1}{3}$ und $\frac{2}{7}$ durch das Produkt dieser Zahlen.

e) Addiere die Summe der Zahlen $\frac{1}{3}$, 0,5 und 0,25 zu dem Produkt dieser Zahlen.

f) Subtrahiere von 1 die 3. Potenz von $\frac{3}{4}$.

g) Berechne das Zehnfache der 3. Potenz von 0,2.

18. Gib zu dem Rechenbaum den Term an und berechne seinen Wert.

a) 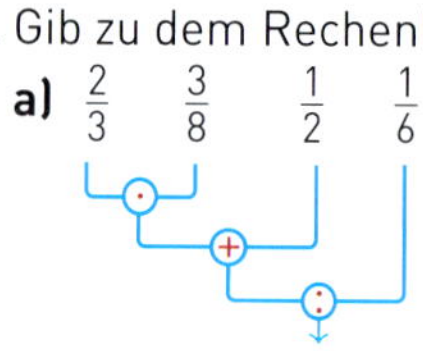

b) 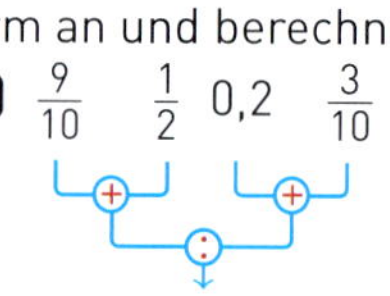

c) 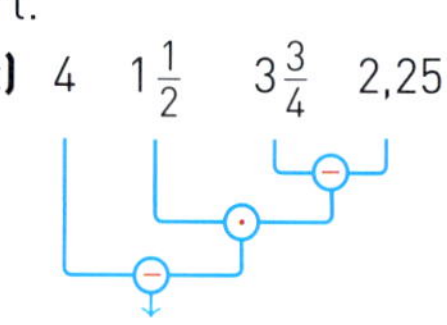

19. Schreibe in der Wortform und zeichne den Rechenbaum; berechne auch.

a) $7:\left(\frac{3}{5}+\frac{1}{10}\right)$ c) $4-1{,}5:\frac{6}{7}$ e) $\left(\frac{1}{2}+\frac{3}{4}\right)+\left(\frac{2}{3}+\frac{5}{6}\right)$ g) $1{,}4\cdot(0{,}6-0{,}1):\frac{2}{3}$

b) $\frac{3}{5}\cdot\frac{1}{6}+\frac{7}{10}$ d) $\left(\frac{1}{3}-\frac{1}{5}\right)\cdot\left(\frac{3}{5}\right)^2$ f) $\left(\frac{7}{9}-\frac{1}{3}\right):(0{,}9-0{,}8)$ h) $\frac{1}{2}\cdot\left(\frac{4}{5}+\frac{2}{3}\right)-\left(\frac{3}{4}-\frac{3}{12}\right)$

20. In der Aufgabe fehlen Klammern. Setze im Heft diese so ein, dass das Ergebnis richtig ist.

a) $\frac{3}{5}+\frac{2}{3}\cdot\frac{12}{19}=\frac{4}{5}$ c) $\frac{1}{5}\cdot\frac{1}{2}+\frac{1}{3}\cdot\frac{6}{11}=\frac{1}{11}$ e) $\frac{3}{5}+\frac{12}{5}:\frac{3}{8}:\frac{9}{4}=18$

b) $6-\frac{3}{4}:\frac{7}{8}=6$ d) $\frac{1}{5}\cdot\frac{1}{2}+\frac{1}{3}\cdot\frac{6}{11}=\frac{3}{22}$ f) $\frac{3}{5}+\frac{12}{5}:\frac{3}{8}:\frac{9}{4}=3\frac{5}{9}$

21. *Stelle zu den folgenden Aufgaben zunächst einen Term auf; berechne dann.*

a) In Tims Klasse kann $\frac{6}{7}$ aller Kinder schwimmen; ein Drittel hiervon hat das silberne Schwimmabzeichen.
Welcher Anteil von Tims Klasse hat das silberne Schwimmabzeichen?

b) In Daniels Klasse sind zwei Drittel aller Kinder in einem Sportverein.
Die Hälfte davon ist in einem Fußballverein.
Welcher Anteil von Daniels Klasse ist in einem Fußballverein?

c) In Annes Klasse haben drei Viertel aller Kinder bei den Bundesjugendspielen eine Urkunde erreicht. Zwei Fünftel der Urkunden sind Ehrenurkunden.
Welcher Anteil von Annes Klasse hat eine Ehrenurkunde bekommen?

22. Ein Landwirt will $\frac{3}{4}$ seines Grundbesitzes mit Getreide bebauen.
Von dieser Anbaufläche ist ein Drittel für Weizen und $\frac{2}{5}$ für Gerste vorgesehen.
Wie groß ist der Flächenanteil der Weizenfelder bzw. Gerstenfelder am gesamten Grundbesitz des Landwirtes?

23. Bei einer Verkehrszählung wurden von 1200 gezählten Autos insgesamt 450 Lkw gezählt. Zwei Drittel davon fuhren in Richtung Essen. Welchen Anteil hatten die in Richtung Essen fahrenden Lkw?

24. Ein Wassereimer fasst 7,5 ℓ Wasser, ein Wasserbehälter fasst 100 ℓ.
Beim Tragen kann der Eimer zu $\frac{9}{10}$ gefüllt werden. Wie oft muss man mit dem Eimer von einer Zapfstelle zum Wasserbehälter gehen, bis dieser gefüllt ist?

25. Eine Klasse besteht zu $\frac{2}{3}$ aus Mädchen und zu $\frac{1}{3}$ aus Jungen. $\frac{3}{4}$ aller Mädchen und $\frac{2}{3}$ aller Jungen sind krank.
Wie groß ist der Anteil der kranken Kinder an der Gesamtzahl der Schülerinnen und Schüler der Klasse? Schätze zunächst ohne zu rechnen ab, ob mehr als $\frac{2}{3}$ aller Kinder krank sind.

26. Berechne folgende Terme. Schreibe auch Rechengeschichten und Antworten.

a) $3 \cdot 4\,\text{m} + 6 \cdot 12\,\text{m}$ **c)** $15\,\text{kg} : 3 + 6\,\text{kg}$ **e)** $17\,\text{m}^2 + 4\,\text{m}^2 - 6{,}5\,\text{m} \cdot 2{,}5\,\text{m}$

b) $\frac{1}{3} \cdot 600\,\text{g} - \frac{1}{2} \cdot 150\,\text{g}$ **d)** $8\,\text{cm} \cdot 4\,\text{cm} \cdot 7$ **f)** $14 \cdot 12\,\text{cm} \cdot 30\,\text{mm}$

Spiel (3 Spieler)

27. *Erfinden und Finden von Rechengeschichten*
Setzt euch zu dritt um einen Tisch, jeder hat mehrere leere Zettel vor sich.

- Jeder schreibt verdeckt einen Term auf, der mindestens drei und höchstens fünf Zahlen enthält, und gibt den Zettel an seinen rechten Nachbarn.
- Nun erfindet der Nachbar eine Rechengeschichte zu dem Term und schreibt diese auf einen zweiten Zettel, den er dann weiter nach rechts gibt. Den ersten Zettel behält er.
- Jetzt bildet der jeweils dritte Mitspieler aus der Geschichte, die er gerade bekommen hat, wieder einen Term, den er auf einen neuen Zettel schreibt.
- Nun werden alle Zettel in die Mitte gelegt, sortiert und besprochen.
Eigentlich müssten ja auf jeweils zwei Zetteln gleiche Terme stehen. Wenn nicht, ...

5.5 Rechengesetze für Multiplikation und Division

5.5.1 Kommutativgesetz und Assoziativgesetz der Multiplikation

Einstieg

Kevin und Tara haben eine Aufgabe gelöst. Vergleicht ihre Wege und erläutert ihr Vorgehen.

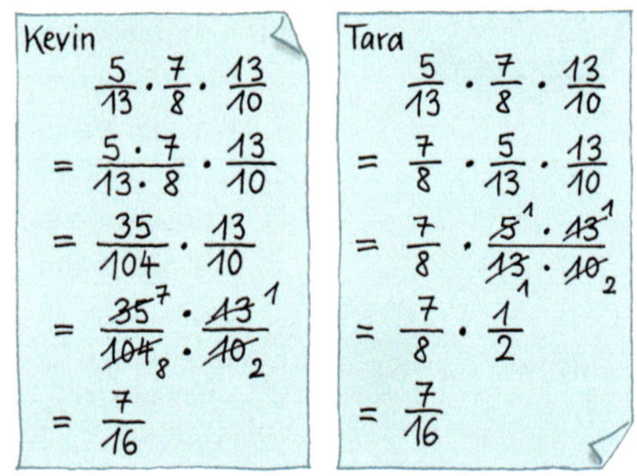

Aufgabe 1

Vorteilhaftes Multiplizieren mehrerer Faktoren

Wie kannst du trotz der größeren Zahlen in Zähler und Nenner die Aufgaben rechts im Kopf lösen?
Welche Rechengesetze hast du dabei angewandt?

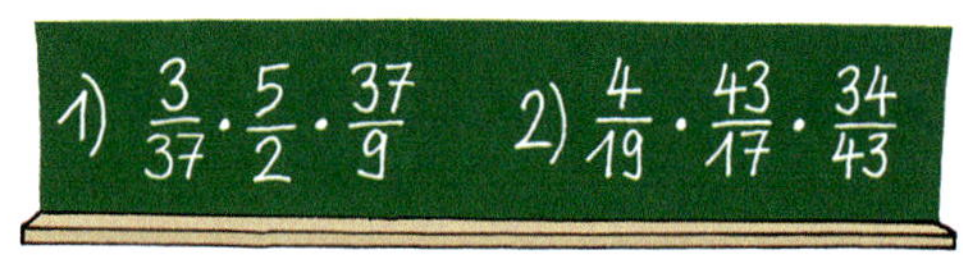

Lösung

(1) $\frac{3}{37} \cdot \frac{5}{2} \cdot \frac{37}{9}$

$= \frac{3}{37} \cdot \frac{37}{9} \cdot \frac{5}{2}$ — Vertausche den 2. und 3. Faktor.

$= \frac{\overset{1}{\cancel{3}} \cdot \overset{1}{\cancel{37}}}{\underset{1}{\cancel{37}} \cdot \underset{3}{\cancel{9}}} \cdot \frac{5}{2}$

$= \frac{1 \cdot 5}{3 \cdot 2}$

$= \frac{5}{6}$

Es wurde das *Kommutativgesetz der Multiplikation* angewandt.

(2) $\frac{4}{19} \cdot \frac{43}{17} \cdot \frac{34}{43}$

$= \frac{4}{19} \cdot \left(\frac{43}{17} \cdot \frac{34}{43}\right)$ — Rechne nicht von links nach rechts; verbinde zuerst die beiden letzten Faktoren.

$= \frac{4}{19} \cdot \frac{\overset{1}{\cancel{43}} \cdot \overset{2}{\cancel{34}}}{\underset{1}{\cancel{17}} \cdot \underset{1}{\cancel{43}}}$

$= \frac{4 \cdot 2}{19 \cdot 1}$

$= \frac{8}{19}$

Es wurde das *Assoziativgesetz der Multiplikation* angewandt.

Information

Das Kommutativgesetz und das Assoziativgesetz für die Multiplikation gelten nicht nur für natürliche Zahlen, sondern auch für gebrochene Zahlen. Das muss man begründen.

Kommutativgesetz (Vertauschungsgesetz) für die Multiplikation
In einem Produkt darf man die Faktoren vertauschen. Dabei ändert sich der Wert des Produktes nicht.
Denke dir gebrochene Zahlen anstelle von a und b. Stets gilt:
$\mathbf{a \cdot b = b \cdot a}$

Assoziativgesetz (Verbindungsgesetz) für die Multiplikation
In einem Produkt aus drei Faktoren darf man Klammern beliebig setzen und auch weglassen. Dabei ändert sich der Wert des Produktes nicht.
Denke dir gebrochene Zahlen anstelle von a, b, c. Stets gilt:
$\mathbf{(a \cdot b) \cdot c = a \cdot (b \cdot c) = a \cdot b \cdot c}$

Dass diese Gesetze auch für gebrochene Zahlen gelten, können wir an einem Beispiel zeigen.

Kommutativgesetz

$\frac{2}{5}\cdot\frac{7}{11}$

$=\frac{2\cdot 7}{5\cdot 11}$

$=\frac{7\cdot 2}{11\cdot 5}$

$=\frac{7}{11}\cdot\frac{2}{5}$

Anwenden des Kommutativgesetzes für natürliche Zahlen in Zähler und Nenner

Assoziativgesetz

$\left(\frac{2}{3}\cdot\frac{4}{5}\right)\cdot\frac{7}{9}=\frac{2\cdot 4}{3\cdot 5}\cdot\frac{7}{9}$

$=\frac{(2\cdot 4)\cdot 7}{(3\cdot 5)\cdot 9}$

$=\frac{2\cdot(4\cdot 7)}{3\cdot(5\cdot 9)}$

$=\frac{2}{3}\cdot\frac{4\cdot 7}{5\cdot 9}$

$=\frac{2}{3}\cdot\left(\frac{4}{5}\cdot\frac{7}{9}\right)$

Anwenden des Assoziativgesetzes für natürliche Zahlen in Zähler und Nenner

Weiterführende Aufgabe

Vertauschen von Rechenschritten

2. a) Berechne und vergleiche: **(1)** $\frac{3}{4}:\frac{6}{7}\cdot\frac{2}{5}$; $\frac{3}{4}\cdot\frac{2}{5}:\frac{6}{7}$ **(2)** $\frac{2}{3}\cdot\frac{4}{5}:\frac{1}{2}$; $\frac{2}{3}:\frac{1}{2}\cdot\frac{4}{5}$

b) Begründe folgende Regel an den obigen Beispielen. Ersetze dazu jeden Divisionsschritt durch den Multiplikationsschritt mit dem Kehrwert und wende dann das Kommutativgesetz an.

> Aufeinander folgende Multiplikationsschritte und Divisionsschritte darf man vertauschen. Dabei ändert sich der Wert des Terms nicht.

Übungsaufgaben

3. Rechne vorteilhaft.

a) $\frac{6}{25}\cdot\frac{8}{7}\cdot\frac{5}{3}$; $\frac{20}{21}\cdot\frac{9}{11}\cdot\frac{7}{10}$

b) $\frac{13}{7}\cdot\frac{9}{40}\cdot\frac{10}{9}$; $\frac{9}{5}\cdot\frac{11}{8}\cdot\frac{4}{11}$

c) $\frac{12}{5}\cdot\frac{10}{9}\cdot\frac{12}{35}$; $\frac{9}{26}\cdot\frac{13}{27}\cdot\frac{17}{23}$

d) $2{,}5\cdot 0{,}7\cdot 4$; $0{,}4\cdot 3{,}4\cdot 2{,}5$

4. a) $\frac{4}{9}\cdot\frac{5}{7}\cdot\frac{3}{11}\cdot 2\frac{1}{4}$; $3\frac{3}{4}\cdot\frac{6}{7}\cdot\frac{4}{15}\cdot\frac{7}{12}$

b) $2\frac{4}{5}\cdot 7\frac{1}{3}\cdot 2\frac{1}{7}\cdot 1\frac{7}{11}$; $5\frac{1}{4}\cdot 5\frac{1}{5}\cdot 1\frac{5}{7}\cdot 1\frac{2}{13}$

c) $3{,}4\cdot 2\cdot 0{,}4\cdot 1{,}5\cdot 2{,}5$; $1{,}25\cdot 5{,}9\cdot 8\cdot 1{,}5$

d) $1\frac{1}{8}\cdot 6\frac{1}{4}\cdot 10\frac{2}{3}\cdot 3\frac{1}{5}$; $\frac{5}{6}\cdot\frac{7}{8}\cdot\frac{4}{5}\cdot\frac{6}{7}\cdot\frac{3}{4}$

5. Rechne vorteilhaft.

a) $\frac{3}{5}:\frac{8}{17}\cdot\frac{5}{3}$

b) $\frac{25}{44}:\frac{35}{36}\cdot\frac{11}{5}$

c) $\frac{8}{9}\cdot\frac{17}{7}:\frac{4}{9}$

d) $\frac{8}{39}\cdot\frac{5}{9}:\frac{2}{13}$

e) $1\frac{3}{7}\cdot\frac{3}{11}:\frac{5}{7}$

f) $\frac{21}{38}\cdot\frac{10}{9}:\frac{7}{19}$

g) $\frac{5}{9}:1\frac{2}{7}\cdot\frac{9}{5}$

h) $\frac{7}{8}:\frac{21}{64}\cdot\frac{3}{4}$

i) $2\frac{4}{9}\cdot\frac{3}{5}:1\frac{2}{9}$

6. Erfindet Aufgaben, die sich mithilfe von Rechengesetzen vorteilhaft lösen lassen.

5.5.2 Distributivgesetze

Einstieg

Zwei Tücher werden als Dekor benötigt. Jedes Tuch soll zu $\frac{2}{5}$ aus rotem, im übrigen aus weißem Stoff sein. Das erste Tuch soll $1\frac{1}{4}\,m^2$ groß sein, das zweite $\frac{5}{8}\,m^2$ groß.
Wie viel Quadratmeter vom roten Stoff werden insgesamt benötigt?
Rechnet auf zwei Wegen.

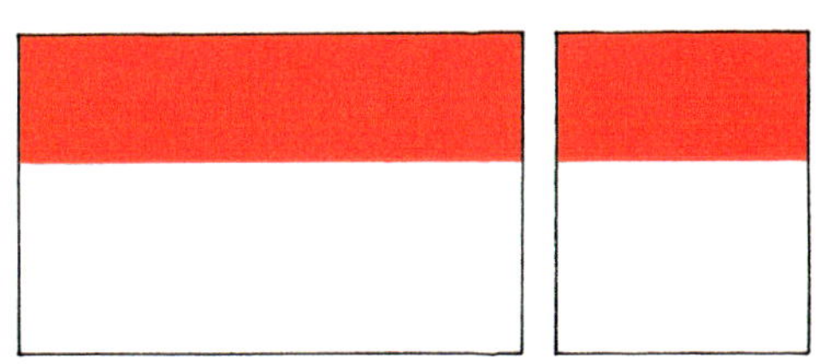

$1\frac{1}{4}\,m^2$ $\frac{5}{8}\,m^2$

Aufgabe 1

Distributivgesetz für die Multiplikation

Dominik und sein Vater bereiten für ein Gartenfest zwei große Schüsseln mit Salaten zu: eine mit griechischem Bauernsalat und eine mit Blattsalat. Beide Salate erhalten eine gemeinsame Salatsoße aus $\frac{3}{8}\ell$ Olivenöl und $\frac{1}{4}\ell$ Essig. $\frac{3}{5}$ der Salatsoße sind für den griechischen Bauernsalat vorgesehen, der Rest für den Blattsalat.

Wie viel Salatsoße kommt an den Bauernsalat? Rechne auf verschiedenen Wegen und schreibe jeweils einen einzigen Term für den Rechenweg.

Lösung

Vielleicht sind dir noch andere Wege eingefallen.

1. Weg: Man könnte zunächst das Olivenöl und den Essig mischen und dann $\frac{3}{5}$ von der fertigen Salatsoße für den Bauernsalat verwenden:

$\frac{3}{5}\cdot\left(\frac{3}{8}+\frac{1}{4}\right)=\frac{3}{5}\cdot\left(\frac{3}{8}+\frac{2}{8}\right)=\frac{3}{5}\cdot\frac{5}{8}=\frac{3}{8}$

2. Weg: Man könnte $\frac{3}{5}$ von dem Olivenöl und $\frac{3}{5}$ von dem Essig für den Bauernsalat mischen:

$\frac{3}{5}\cdot\frac{3}{8}+\frac{3}{5}\cdot\frac{1}{4}=\frac{9}{40}+\frac{3}{20}=\frac{9}{40}+\frac{6}{40}=\frac{15}{40}=\frac{3}{8}$

Ergebnis: $\frac{3}{8}\ell$ Salatsoße kommt auf den Bauernsalat, der Rest, also $\frac{1}{4}\ell$ auf den Blattsalat.

Information

In der Aufgabe 1 kann man $\frac{3}{5}$ von der Summe der Volumina des Essigs und Öls nehmen, oder $\frac{3}{5}$ von dem Essig-Volumen und $\frac{3}{5}$ von dem Öl-Volumen und beide Teilvolumina addieren.

Auf beiden Wegen erhält man dasselbe Ergebnis: $\frac{3}{5}\cdot\left(\frac{3}{8}+\frac{1}{4}\right)=\frac{3}{5}\cdot\frac{3}{8}+\frac{3}{5}\cdot\frac{1}{4}$

Dies ist das Distributivgesetz für die Multiplikation einer Summe. Für natürliche Zahlen kennst du es schon. Es gilt auch für gebrochene Zahlen. Entsprechendes gilt für die Multiplikation einer Differenz.

Distributivgesetze (Verteilungsgesetze) für die Multiplikation einer Summe bzw. Differenz

Wenn du eine Summe oder Differenz mit einem Faktor multiplizieren sollst, dann kannst du jede Zahl der Summe bzw. Differenz mit diesem Faktor multiplizieren und dann die Ergebnisse addieren bzw. subtrahieren. Denke dir gebrochene Zahlen anstelle von a, b, c. Stets gilt:

$\mathbf{a\cdot(b+c)=a\cdot b+a\cdot c}$ $\qquad$ $\mathbf{a\cdot(b-c)=a\cdot b-a\cdot c}$ $\qquad$ (falls die Subtraktion ausführbar ist.)

Man muss begründen, dass die Distributivgesetze auch für gebrochene Zahlen gelten. Dazu genügt es, die Begründung für gleichnamige Brüche in der Klammer durchzuführen, da man die gebrochenen Zahlen als gleichnamige Brüche schreiben kann. Überlege dir, dass die Begründung für eine Differenz in der Klammer entsprechend verläuft.

$$\frac{2}{3}\cdot\left(\frac{5}{7}+\frac{4}{7}\right)=\frac{2}{3}\cdot\frac{5+4}{7}=\frac{2\cdot(5+4)}{3\cdot 7}=\frac{2\cdot 5+2\cdot 4}{3\cdot 7}=\frac{2\cdot 5}{3\cdot 7}+\frac{2\cdot 4}{3\cdot 7}=\frac{2}{3}\cdot\frac{5}{7}+\frac{2}{3}\cdot\frac{4}{7}$$

Wende das Distributivgesetz für natürliche Zahlen im Zähler an.

Weiterführende Aufgabe

Distributivgesetze für die Division

2. a) Unten siehst du die Distributivgesetze der Division.
Begründe diese Gesetze. Formuliere diese Gesetze auch mit Worten.

Distributivgesetze für die Division

Denke dir gebrochene Zahlen an Stelle von a, b, c. Stets gilt, falls $c \neq 0$:

$\mathbf{(a+b):c=a:c+b:c}$

$\mathbf{(a-b):c=a:c-b:c}$ (falls die Subtraktion ausführbar ist.)

b) Wie kann man die Aufgaben vorteilhaft lösen? **(1)** $\left(\frac{19}{17}+\frac{38}{17}\right):\frac{19}{17}$ **(2)** $\left(\frac{10}{3}-\frac{7}{3}\right):\frac{17}{15}$

Übungsaufgaben

3. Rechne auf zweierlei Weise. Welcher Weg ist vorteilhafter? Begründe.

a) $\frac{4}{5}\cdot\left(\frac{5}{8}+\frac{15}{4}\right)$
b) $\frac{45}{14}\cdot\left(\frac{14}{15}-\frac{7}{9}\right)$
c) $\frac{3}{11}\cdot\left(\frac{4}{7}-\frac{5}{21}\right)$
d) $\left(\frac{8}{5}+\frac{2}{3}\right):\frac{8}{15}$
e) $\left(\frac{3}{4}-\frac{1}{7}\right):\frac{3}{28}$
f) $\left(\frac{3}{8}+\frac{1}{2}\right):\frac{7}{5}$
g) $\frac{1}{3}\cdot\left(\frac{3}{5}-\frac{3}{10}\right)$
h) $\left(\frac{9}{8}-\frac{1}{4}\right)\cdot\frac{1}{7}$
i) $\left(\frac{7}{5}-\frac{5}{13}\right):5$
j) $\left(\frac{8}{9}-\frac{5}{18}\right):\frac{1}{3}$

1. Weg	2. Weg
$\frac{4}{3}\cdot\left(\frac{3}{4}+\frac{3}{5}\right)$	$\frac{4}{3}\cdot\left(\frac{3}{4}+\frac{3}{5}\right)$
$=\frac{4}{3}\cdot\left(\frac{15}{20}+\frac{12}{20}\right)$	$=\frac{4}{3}\cdot\frac{3}{4}+\frac{4}{3}\cdot\frac{3}{5}$
$=\frac{4}{3}\cdot\frac{27}{20}$	$=1+\frac{4}{5}$
$=\frac{9}{5}$	$=1\frac{4}{5}$
$=1\frac{4}{5}$	

Der 2. Weg ist hier vorteilhafter.

4. Rechne vorteilhaft.

a) $\frac{5}{6}\cdot\left(\frac{6}{5}+\frac{2}{3}\right)$
b) $\frac{3}{4}\cdot\left(\frac{8}{3}-\frac{4}{9}\right)$
c) $\left(\frac{3}{11}+\frac{3}{8}\right)\cdot\frac{8}{3}$
d) $\left(\frac{7}{5}-\frac{4}{15}\right)\cdot\frac{15}{7}$
e) $\left(\frac{3}{7}+\frac{3}{4}\right)\cdot\frac{28}{33}$
f) $\frac{63}{79}\cdot\left(\frac{8}{9}-\frac{7}{9}\right)$
g) $\left(\frac{8}{9}+\frac{4}{3}\right):\frac{2}{3}$
h) $\left(\frac{9}{10}-\frac{3}{20}\right):\frac{3}{5}$

5. Erfindet Aufgaben mit einer Summe oder Differenz in einer Klammer, bei denen es günstig ist, eines der Distributivgesetze anzuwenden.
Erfindet auch Aufgaben, bei denen es ungünstig ist.

6. Veranschauliche die Gültigkeit folgender Behauptung mithilfe von Rechtecken.

a) $2{,}4\cdot5{,}3+2{,}4\cdot1{,}7=2{,}4\cdot(5{,}3+1{,}7)$
b) $3{,}9\cdot7{,}2-3{,}9\cdot5{,}2=3{,}9\cdot(7{,}2-5{,}2)$

7. Rechne vorteilhaft.

a) $\frac{4}{9}\cdot\frac{3}{7}+\frac{4}{9}\cdot\frac{4}{7}$
b) $\frac{4}{5}\cdot\frac{7}{9}-\frac{4}{5}\cdot\frac{2}{9}$
c) $\frac{5}{8}:\frac{2}{3}+\frac{3}{8}:\frac{2}{3}$
d) $\frac{11}{25}\cdot\frac{3}{7}+\frac{3}{25}\cdot\frac{3}{7}$
e) $\frac{15}{4}\cdot\frac{12}{5}-\frac{10}{3}\cdot\frac{12}{5}$
f) $\frac{23}{7}:\frac{3}{5}-\frac{2}{7}:\frac{3}{5}$
g) $\frac{8}{9}:\frac{2}{3}+\frac{4}{3}:\frac{2}{3}$
h) $\frac{9}{10}:\frac{3}{5}-\frac{3}{20}:\frac{3}{5}$
i) $\frac{5}{6}:\frac{3}{7}+\frac{1}{6}:\frac{3}{7}$

$$\frac{4}{9}\cdot\frac{2}{5}+\frac{4}{9}\cdot\frac{1}{10}$$
$$=\frac{4}{9}\cdot\left(\frac{2}{5}+\frac{1}{10}\right)$$
$$=\frac{4}{9}\cdot\left(\frac{4}{10}+\frac{1}{10}\right)$$
$$=\frac{4}{9}\cdot\frac{5}{10}=\frac{2}{9}$$

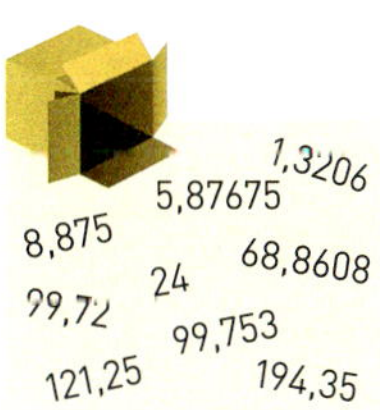

8. Berechne möglichst geschickt.

a) $16{,}9\cdot7{,}15+16{,}9\cdot4{,}35$
b) $0{,}275\cdot14{,}6+0{,}275\cdot6{,}77$
c) $8{,}64\cdot19{,}47-8{,}64\cdot11{,}5$
d) $74{,}6\cdot0{,}9+0{,}9\cdot36{,}2$
e) $4{,}88\cdot0{,}62-0{,}62\cdot2{,}75$
f) $3{,}14\cdot12{,}3+12{,}3\cdot4{,}97$
g) $42{,}7:0{,}4+5{,}8:0{,}4$
h) $5{,}94:0{,}6+8{,}46:0{,}6$
i) $21{,}6:1{,}6-7{,}4:1{,}6$

9. Wende Rechengesetze an.

a) $\left(3\frac{4}{7}+6\frac{1}{4}\right)\cdot\frac{7}{25}$
b) $\frac{11}{16}\cdot2\frac{1}{3}+\frac{11}{16}\cdot5\frac{2}{3}$
c) $\frac{8}{9}\cdot\left(2\frac{1}{4}-1\frac{4}{5}\right)$
d) $3\frac{1}{5}\cdot\frac{7}{8}-3\frac{1}{5}\cdot\frac{1}{4}$
e) $\left(\frac{7}{6}+\frac{7}{4}\right):3\frac{1}{2}$
f) $\frac{5}{9}:2\frac{1}{3}+\frac{2}{9}:2\frac{1}{3}$
g) $\left(1\frac{1}{10}-\frac{1}{5}\right):4\frac{1}{2}$
h) $\frac{8}{9}:2\frac{1}{3}-\frac{1}{9}:2\frac{1}{3}$

10. Auf einem Tisch stehen zwei Krüge mit Saft und mehrere leere Gläser. Der eine Krug enthält $2\frac{1}{2}\,\ell$ Saft, der andere $1\frac{3}{4}\,\ell$. Jedes Glas kann mit $\frac{1}{8}\,\ell$ gefüllt werden.

a) Wie viele Gläser kann man mit Saft aus beiden Krügen füllen? Rechne auf zweierlei Weise. Notiere auch jeweils einen Term.
b) Welches Gesetz kann durch diesen Sachverhalt gedeutet werden?

Problemlösestrategien „Beispiele finden“, „Überprüfen durch Probieren“

Probleme erfassen, erkunden und lösen

Du hast im Mathematikunterricht schon an vielen Stellen Probleme gelöst. Hier soll dir bewusst werden, über welche möglichen Strategien du dabei verfügst.

1. Lars und Yannic treffen sich an einem Sonntag beim Joggen im Park. Lars erzählt, dass er immer zwei Tage Pause zwischen zwei Laufterminen macht. Yannic legt immer vier Tage Pause ein. Wann treffen sich die beiden frühestens wieder beim Joggen im Park?
Dieses Problem kann man auf verschiedene Weisen lösen:

(1) Du könntest z. B. in einem Kalender oder einer Tabelle die Tage markieren, an denen Lars bzw. Yannic joggen. Ergänze dazu die folgende Tabelle:

Tag	Sonntag	Montag	Dienstag	Mittwoch	Donnerstag	Freitag
Lars	x			x		
Yannic	x					x

(2) Du könntest die Treffzeitpunkte auch mit Zahlen beschreiben: Nach dem Sonntag joggt Lars an jedem 3. Tag, Yannic an jedem 5. Tag. Zählst du den Montag nach dem Sonntag als ersten Tag, so kannst du für jeden Läufer die Nummern der Tage angeben, an denen er joggt. Ergänze folgende Übersicht:

Lars: 3, 6, 9, ...
Yannic: 5, 10, ...

(3) Beschreibe das Problem mit dem Begriff „Vielfaches“. Welche Vielfachen werden zur Lösung des Problems benötigt?

2. Löse mit einer Strategie, die dir am besten zusagt, folgendes Problem:

Wie viele Tage vergehen mindestens, bis sich Lars und Yannic wieder an einem Sonntag beim Joggen im Stadtpark treffen?

3. Ragobert Ruck hat schon viele Goldtaler gesammelt, will aber nicht verraten, wie viele er genau hat. Er antwortet daher mit einem Rätsel:
„Es sind leider noch weniger als 400. Wollte ich sie an zwei Enkel verteilen, so würde ein Taler übrig bleiben. Beim Verteilen an drei, vier, fünf und sechs Enkel wäre es genauso. Nur wenn ich sieben Enkel hätte, könnte ich die Taler gleichmäßig ohne Rest verteilen. Da das leider nicht der Fall ist, muss ich noch weiter sparen.“
Versuche herauszufinden, wie viele Münzen Ragobert Ruck schon gesammelt hat.

4. a) Du hast das Distributivgesetz kennen gelernt: $a \cdot (b + c) = a \cdot b + a \cdot c$
Eine informative Figur zu diesem Gesetz ist die folgende. Begründe an ihr das Distributivgesetz.

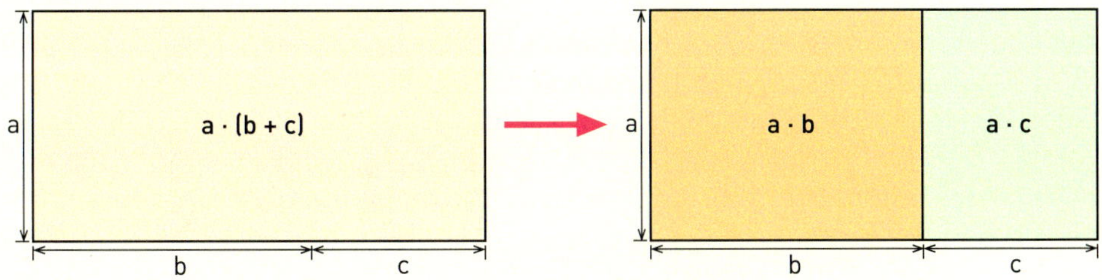

b) Ein anderes Distributivgesetz ist: $(a + b) : c = a : c + b : c$
Zeige an Zahlenbeispielen, dass es gilt. Begründe dann mithilfe einer informativen Figur.

c) Wähle auch andere Rechenzeichen als + und –. Stelle zum Distributivgesetz verwandte Regeln auf und überprüfe, ob sie gelten. Begründe gegebenenfalls auch mit einer informativen Figur.

5. Erläutere die folgende Zusammenfassung an den obigen Beispielen.

Einige Problemlösestrategien

1. Oft hilft das *Anfertigen einer informativen Figur*, die den wesentlichen Kern des Problems veranschaulicht.
2. Hilfreich ist auch das *Auffinden von Beispielen* für Lösungen des Problems, aus denen man dann Gesetzmäßigkeiten für die allgemeine Lösung ablesen kann.
   Um solche Beispiele zu finden, muss man vermutete mögliche Lösungen durch *Probieren überprüfen*.

6. Der alte Scheich Abh el Chare beklagt sich: „Allah hat mich bestraft mit der Anzahl meiner Kamele: Verteile ich sie an meine beiden Lieblingssöhne, bleibt eines übrig. Verteile ich sie an meine drei liebsten Söhne, bleiben zwei übrig. Verteile ich sie sogar gleichmäßig an alle vier Söhne, so bleiben sogar drei übrig."
Wie viele Kamele kann der Scheich haben? Welche Problemlösestrategie hast du verwendet?

7. Nora, Malte und Jonas unterhalten sich über das Dividieren von Brüchen. Was meinst du zu Maltes Vorschlag? Welche Problemlösestrategie hast du verwendet?

5.6 Vergleich der Zahlbereiche der natürlichen Zahlen und der gebrochenen Zahlen

Ziel

Du hast bisher zwei Zahlbereiche kennengelernt: die Menge der natürlichen Zahlen, die Menge der gebrochenen Zahlen.
Du weißt: Jede natürliche Zahl ist auch eine gebrochene Zahl, aber nicht jede gebrochene Zahl ist auch eine natürliche Zahl.

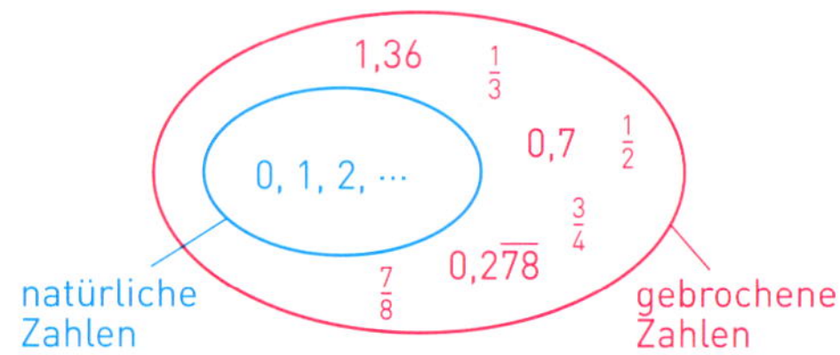

Du hast erfahren: Die Rechengesetze, die du bei den natürlichen Zahlen kennen gelernt hast, gelten auch für die gebrochenen Zahlen: Assoziativgesetze, Kommutativgesetze, Distributivgesetze.
In diesem Abschnitt wollen wir gebrochene Zahlen und natürliche Zahlen vergleichen.

Zum Erarbeiten

Zahlen zwischen zwei vorgegebenen Zahlen finden

a) Suche eine natürliche Zahl zwischen
(1) den natürlichen Zahlen 2 und 5; **(2)** den natürlichen Zahlen 8 und 9.

b) Suche eine gebrochene Zahl zwischen
(1) den gebrochenen Zahlen $\frac{1}{10}$ und $\frac{6}{10}$; **(2)** den gebrochenen Zahlen $\frac{8}{10}$ und $\frac{9}{10}$.

➔ Du findest:

a) **(1)** Zwischen den natürlichen Zahlen 2 und 5 liegen die natürlichen Zahlen 3 und 4.

(2) Zwischen den natürlichen Zahlen 8 und 9 findest du keine natürliche Zahl.

b) **(1)** Zwischen den gebrochenen Zahlen $\frac{1}{10}$ und $\frac{6}{10}$ findest du leicht mehrere gebrochene Zahlen, zum Beispiel die gebrochene Zahl $\frac{3}{10}$.

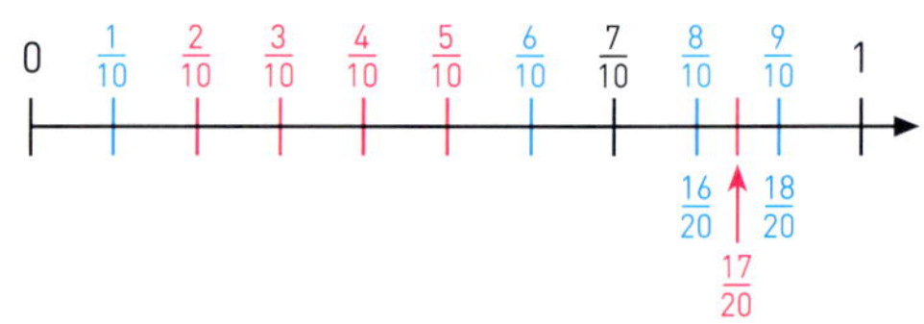

(2) Zwischen den gebrochenen Zahlen $\frac{8}{10}$ und $\frac{9}{10}$ findest du zwar keine gebrochene Zahl mit dem Nenner 10, aber zum Beispiel die gebrochene Zahl $\frac{17}{20}$, da $\frac{8}{10} = \frac{16}{20}$ und $\frac{9}{10} = \frac{18}{20}$.

Beliebig viele Zahlen zwischen zwei gebrochenen Zahlen

Erweitere die Brüche $\frac{8}{10}$ und $\frac{9}{10}$ so, dass du zwischen $\frac{8}{10}$ und $\frac{9}{10}$ mindestens
a) 2, **b)** 9, **c)** 999
gebrochene Zahlen leicht angeben könntest.

➔ **a)** Beim Erweitern von $\frac{8}{10}$ und $\frac{9}{10}$ mit 2 konntest du leicht noch eine weitere gebrochene Zahl dazwischen angeben. Erweiterst du mit 3, so ergibt sich $\frac{8}{10} = \frac{24}{30}$ und $\frac{9}{10} = \frac{27}{30}$.
Zwischen diesen beiden gebrochenen Zahlen liegen $\frac{25}{30}$ und $\frac{26}{30}$.

b) Erweiterst du mit 10, so ergibt sich $\frac{8}{10} = \frac{80}{100}$ und $\frac{9}{10} = \frac{90}{100}$.
Zwischen diesen beiden gebrochenen Zahlen liegen die neun Zahlen $\frac{81}{100}, \frac{82}{100}, \ldots, \frac{89}{100}$.

c) Hierzu erweiterst du mit 1000, also: $\frac{8}{10} = \frac{8000}{10000}$ und $\frac{9}{10} = \frac{9000}{10000}$.
Zwischen diesen beiden Zahlen liegen die folgenden 999 Zahlen:
$\frac{8001}{10000}, \frac{8002}{10000}, \frac{8003}{10000}, \ldots, \frac{8098}{10000}, \frac{8099}{10000}$.

Zwischen zwei verschiedenen natürlichen Zahlen findest du nicht immer eine weitere natürliche Zahl. Zwischen zwei verschiedenen gebrochenen Zahlen findest du immer beliebig viele weitere gebrochene Zahlen.

Ausführbarkeit der Division

Betrachte die folgenden Aufgaben. In welchen Fällen ist der Quotient eine natürliche Zahl? In welchen Fällen ist der Quotient eine gebrochene Zahl? In welchen Fällen kann man nicht dividieren?

(1) $12:3$ **(3)** $\frac{1}{2}:\frac{3}{4}$ **(5)** $0:\frac{4}{7}$ **(7)** $0:0$

(2) $14:5$ **(4)** $\frac{3}{5}:6$ **(6)** $\frac{4}{9}:0$

→ Es gilt:

(1) $12:3 = 4$ **(3)** $\frac{1}{2}:\frac{3}{4} = \frac{1}{2}\cdot\frac{4}{3} = \frac{2}{3}$ **(5)** $0:\frac{4}{7} = 0$, denn $0\cdot\frac{4}{7} = 0$

(2) $14:5 = \frac{14}{5} = 2\frac{4}{5}$ **(4)** $\frac{3}{5}:6 = \frac{3}{5\cdot 6} = \frac{1}{10}$

(6) $\frac{4}{9}:0$ kann nicht berechnet werden, denn welche Zahl z man als Ergebnis wählen würde, stets würde die Probe $z\cdot 0 = 0$, aber nicht $\frac{4}{9}$ ergeben.

(7) Auch $0:0$ kann nicht berechnet werden, da hier die Probe für jede beliebige Zahl z als Ergebnis stimmen würde: $0\cdot z = 0$.

Als Zusammenfassung erhältst du:

Durch 0 kann man nicht dividieren.
In allen anderen Fällen gilt:
Der Quotient zweier natürlicher Zahlen ist *nicht immer* eine natürliche Zahl (d. h. die Division ist in der Menge der natürlichen Zahlen nicht immer ausführbar).
Der Quotient zweier gebrochener Zahlen ist *immer* eine gebrochene Zahl (d. h. die Division ist in der Menge der gebrochenen Zahlen immer ausführbar).

Zum Üben

1. Gib zwei gebrochene Zahlen an, die zwischen den beiden gebrochenen Zahlen liegen.

a) $\frac{2}{5}$ und $\frac{4}{5}$ **c)** $\frac{1}{3}$ und $\frac{5}{6}$ **e)** 8 und 9 **g)** $2\frac{1}{4}$ und $2\frac{1}{3}$ **i)** 7,2 und 7,3

b) 1 und $\frac{3}{5}$ **d)** 0 und $\frac{1}{8}$ **f)** $\frac{1}{10}$ und $\frac{1}{11}$ **h)** 0,18 und 0,19 **j)** 0,9 und 1,1

2. a) Gibt es eine kleinste natürliche Zahl? **c)** Gibt es eine größte natürliche Zahl?
b) Gibt es eine kleinste gebrochene Zahl? **d)** Gibt es eine größte gebrochene Zahl?

3. Überprüfe Stefans Vermutungen.

(1) Der Quotient von zwei natürlichen Zahlen ist auch eine natürliche Zahl, wenn der Divisor ein Teiler des Dividenden ist.

(2) Der Quotient von zwei gebrochenen Zahlen, die keine natürlichen Zahlen sind, kann auch keine natürliche Zahl sein.

4. Die Division ist in der Menge der natürlichen Zahlen nicht immer ausführbar, dagegen aber in der Menge der von 0 verschiedenen gebrochenen Zahlen. Untersuche Entsprechendes für **a)** die Addition; **b)** die Subtraktion; **c)** die Multiplikation.

5.7 Aufgaben zur Vertiefung

1. a) Laura kocht mit ihrer Freundin Sarah.
Sie haben noch $\frac{7}{10}\,\ell$ Kirschsaft. Für eine Rote Grütze benötigen sie $\frac{1}{2}\,\ell$ Kirschsaft, für ein Mixgetränk $\frac{1}{8}\,\ell$ Kirschsaft.
Wie viel bleibt übrig?
Rechne auf zwei Wegen. Notiere jeweils einen einzigen Term.

b) Erläutere folgendes Gesetz an einem selbst gewählten Sachverhalt.

Gesetz über die mehrfache Subtraktion
Statt zwei gebrochene Zahlen nacheinander zu subtrahieren, darf man ihre Summe subtrahieren. Denke dir gebrochene Zahlen anstelle von a, b und c. Stets gilt:
$\mathbf{a - b - c = a - (b + c)}$, falls die Subtraktion ausführbar ist.

2. Rechne vorteilhaft.

a) $\frac{3}{5} - \frac{3}{10} - \frac{1}{10}$; $\frac{7}{9} - \frac{7}{18} - \frac{1}{18}$; $\frac{6}{7} - \frac{11}{35} - \frac{4}{35}$

b) $\frac{19}{22} - \frac{1}{3} - \frac{1}{6}$; $\frac{17}{40} - \frac{1}{6} - \frac{1}{12}$; $\frac{13}{66} - \frac{1}{10} - \frac{1}{15}$

c) 1,8 – 0,93 – 0,07; 5,1 – 0,37 – 1,63; 7,23 – 1,985 – 0,015

$$\frac{7}{8} - \frac{3}{16} - \frac{7}{16} = \frac{7}{8} - \left(\frac{3}{16} + \frac{7}{16}\right) = \frac{7}{8} - \frac{10}{16} = \frac{7}{8} - \frac{5}{8} = \frac{2}{8} = \frac{1}{4}$$

3. Begründe die folgende Regel an einigen Beispielen.

Gesetz über die mehrfache Division
Statt durch mehrere gebrochene Zahlen nacheinander zu dividieren, darf man auch durch das Produkt dieser gebrochenen Zahlen dividieren. Dabei ändert sich der Wert des Terms nicht. Denke dir gebrochene Zahlen anstelle von a, b, c. Stets gilt:
$\mathbf{a : b : c = a : (b \cdot c)}$

4. Berechne und vergleiche: **a)** $\left(\frac{3}{5} : \frac{7}{10}\right) : \frac{3}{14}$; $\frac{3}{5} : \left(\frac{7}{10} : \frac{3}{14}\right)$ **b)** (0,8 : 0,2) : 2,5; 0,8 : (0,2 : 2,5)

5. Rechne vorteilhaft.

a) $\frac{4}{7} : \frac{2}{3} : \frac{3}{5}$; $\frac{7}{8} : \frac{5}{6} : \frac{3}{4}$

b) $\frac{2}{3} : \frac{9}{16} : \frac{5}{4}$; $\frac{3}{8} : \frac{3}{4} : \frac{2}{5}$

c) $\frac{5}{4} : \frac{2}{3} : \frac{3}{5}$; $\frac{15}{16} : \frac{5}{8} : \frac{1}{2}$

d) $\frac{5}{11} : \frac{11}{20} : \frac{5}{22}$; $\frac{2}{3} : 1\frac{1}{2} : \frac{3}{7}$

$$\frac{5}{9} : \frac{1}{2} : \frac{2}{5} = \frac{5}{9} : \left(\frac{1}{2} \cdot \frac{2}{5}\right) = \frac{5}{9} : \frac{1}{5} = \frac{25}{9}$$

6. Ein reicher Mann im alten Rom war todkrank und hatte eine schwangere Frau. Kurz vor seinem Tod bestimmte er:
Sollte das Kind ein Sohn sein, so sollte dieser doppelt so viel Vermögen haben wie seine Frau. Sollte es dagegen eine Tochter werden, so sollte diese halb so viel erhalten wie seine Frau. Kurz nach seinem Tod wurden Zwillinge geboren, und zwar ein Junge und ein Mädchen.
Welchen Anteil seines Vermögens erhielten nun seine Frau, sein Sohn und seine Tochter? Erläutere deine Strategie zur Lösung des Problems.

Das Wichtigste auf einen Blick

Multiplikation von Brüchen

Brüche *multipliziert* man, indem man die Zähler multipliziert und auch die Nenner multipliziert. Die Rechnung kann man häufig vereinfachen, indem man frühzeitig kürzt.

Beispiele:

$\frac{6}{7} \cdot \frac{5}{11} = \frac{6 \cdot 5}{7 \cdot 11} = \frac{30}{77}$ $\frac{\cancel{3}^{1}}{\cancel{4}_{2}} \cdot \frac{\cancel{2}^{1}}{\cancel{3}_{1}} = \frac{1}{2}$

Division von Brüchen

Durch einen Bruch dividiert man, indem man mit dem Kehrwert des Bruches multipliziert. Den Kehrwert eines Bruches erhält man durch Vertauschen von Zähler und Nenner.

Beispiel:
$\frac{6}{7} : \frac{5}{11} = \frac{6}{7} \cdot \frac{11}{5} = \frac{66}{35} = 1\frac{31}{35}$

Doppelbruch

Den Quotienten zweier Brüche nennt man *Doppelbruch*. Das Divisionszeichen wird hierbei durch den *Hauptbruchstrich* ersetzt.

Beispiel: $\frac{\frac{2}{5}}{\frac{3}{4}} = \frac{2}{5} : \frac{3}{4} = \frac{8}{15}$

Terme

Ein *Term* beschreibt einen *Rechenweg*; er besteht aus Zahlen, Rechenzeichen und Klammern.
Beachte: Berechne zuerst, was in Klammern steht.
Potenzrechnung geht vor Punktrechnung.
Punktrechnung geht vor Strichrechnung.
Sonst rechne von links nach rechts.

Beispiel:

$\underbrace{\underbrace{\underbrace{9{,}8 : 2}_{\text{Quotient}} \cdot 3}_{\text{Produkt}} - \underbrace{\frac{1}{2} \cdot \underbrace{(\underbrace{3^2}_{\text{Potenz}} + 4)}_{\text{Summe}}}_{\text{Produkt}}}_{\text{Differenz}}$

$9{,}8 : 2 \cdot 3 - \frac{1}{2} \cdot (3^2 + 4)$
$= 4{,}9 \cdot 3 - \frac{1}{2} \cdot (9 + 4)$
$= 14{,}7 - \frac{1}{2} \cdot 13$
$= 14{,}7 - 6{,}5$
$= 8{,}2$

Rechengesetze

Kommutativgesetz für die Addition:
Summanden kann man vertauschen.
$a + b = b + a$

Beispiele:
$\frac{3}{4} + \frac{4}{5} = \frac{4}{5} + \frac{3}{4}$; $1{,}2 + 4{,}3 = 4{,}3 + 1{,}2$

Kommutativgesetz für die Multiplikation
Faktoren kann man vertauschen.
$a \cdot b = b \cdot a$

$\frac{4}{7} \cdot \frac{5}{9} = \frac{5}{9} \cdot \frac{4}{7}$; $3{,}5 \cdot 4{,}2 = 4{,}2 \cdot 3{,}5$

Assoziativgesetz für die Addition
$(a + b) + c = a + (b + c) = a + b + c$

$\frac{3}{5} + \left(\frac{4}{9} + \frac{2}{3}\right) = \left(\frac{3}{5} + \frac{4}{9}\right) + \frac{2}{3} = \frac{3}{5} + \frac{4}{9} + \frac{2}{3}$
$(3{,}2 + 2{,}5) + 4{,}7 = 3{,}2 + (2{,}5 + 4{,}7)$
$= 3{,}2 + 2{,}5 + 4{,}7$

Assoziativgesetz für die Multiplikation
$(a \cdot b) \cdot c = a \cdot (b \cdot c) = a \cdot b \cdot c$

$\left(\frac{3}{2} \cdot \frac{5}{8}\right) \cdot \frac{3}{4} = \frac{3}{2}\left(\frac{5}{8} \cdot \frac{3}{4}\right) = \frac{3}{2} \cdot \frac{5}{8} \cdot \frac{3}{4}$
$(4{,}1 \cdot 2{,}5) \cdot 7{,}3 = 4{,}1 \cdot (2{,}5 \cdot 7{,}3) = 4{,}1 \cdot 2{,}5 \cdot 4{,}7$

Distributivgesetze
$a \cdot (b + c) = a \cdot b + a \cdot c$
$a \cdot (b - c) = a \cdot b - a \cdot c$

$\frac{2}{3} \cdot \left(\frac{2}{5} + \frac{7}{8}\right) = \frac{2}{3} \cdot \frac{2}{5} + \frac{2}{3} \cdot \frac{7}{8}$
$3{,}4 \cdot (8{,}8 - 3{,}1) = 3{,}4 \cdot 8{,}8 - 3{,}4 \cdot 3{,}1$

Bist du fit?

1. Berechne. Kürze, wenn möglich.

a) $\frac{7}{8} \cdot 4$ **d)** $\frac{12}{13} \cdot \frac{26}{15}$ **b)** $6 \cdot \frac{8}{9}$ **e)** $\frac{3}{4} : 5$ **c)** $\frac{7}{8} \cdot \frac{5}{9}$ **f)** $\frac{3}{7} : \frac{4}{5}$

2. Berechne. Kürze, wenn möglich.

a) $\frac{15}{8} : \frac{9}{10}$ **c)** $\frac{24}{25} \cdot \frac{35}{36}$ **e)** $\frac{72}{49} \cdot \frac{63}{64}$ **g)** $\frac{32}{15} : \frac{24}{5}$ **i)** $3\frac{7}{9} : 5\frac{2}{3}$ **k)** $\left(\frac{2}{3}\right)^2$

b) $\frac{15}{17} : \frac{18}{17}$ **d)** $\frac{48}{27} : \frac{56}{45}$ **f)** $\frac{15}{16} \cdot \frac{12}{25}$ **h)** $7\frac{1}{2} \cdot 6\frac{2}{5}$ **j)** $\left(\frac{1}{2}\right)^2$ **l)** $\left(1\frac{3}{4}\right)^2$

3. Setze für die Variable eine passende Bruchzahl ein.

a) $x + \frac{2}{3} = \frac{8}{9}$ **b)** $x \cdot \frac{3}{4} = \frac{1}{2}$ **c)** $y - \frac{1}{6} = \frac{2}{3}$ **d)** $z : \frac{2}{3} = \frac{1}{2}$ **e)** $h : \frac{2}{3} - \frac{1}{2} = \frac{1}{3}$

4. Eine Kiste enthält 6 Flaschen mit jeweils $1\frac{1}{2}\,\ell$. Wie viele 0,2-ℓ-Gläser kann man füllen?

5. **a)** Sieben gleich schwere Pakete wiegen zusammen $12\frac{1}{4}$ kg. Wie viel kg wiegt jedes Paket?

b) Vier Geschwister teilen sich $1\frac{1}{2}\,\ell$ Milch. Wie viel ℓ bekommt jeder?

c) Fünf Goldgräber teilen sich $18\frac{3}{4}$ Unzen Goldstaub. Wie viel erhält jeder?

6. Frau Schöne fährt auf der Autobahn in $2\frac{3}{4}$ h eine Strecke von 352 km.
Wie viel km fährt sie (durchschnittlich) pro Stunde?

7. Eine Landwirtin hat $1\frac{1}{4}$ t Süßkartoffeln geerntet.

a) Die Süßkartoffeln werden in Säcke zu $12\frac{1}{2}$ kg verpackt. Wie viele Säcke erhält sie?

b) Die Landwirtin hat auch blaue Kartoffeln geerntet. Die Menge der Süßkartoffeln ist $2\frac{1}{2}$-mal so groß wie die der blauen Kartoffeln. Wie viele Kartoffeln hat sie geerntet?

8. **a)** $\frac{5}{12} \cdot \left(\frac{8}{15} - \frac{2}{5}\right)$ **e)** $\left(4\frac{2}{3} - 1\frac{5}{6}\right) \cdot \frac{9}{17}$ **i)** $2\frac{5}{6} - 0{,}12 - \frac{1}{3}$ **m)** $\frac{1}{2} : \left(\frac{3}{4} \cdot \frac{4}{5}\right)$

b) $\left(\frac{7}{20} + \frac{3}{4}\right) : \frac{11}{25}$ **f)** $4{,}6 : (5{,}5 + 3{,}7)$ **j)** $\frac{3}{4} \cdot 2\frac{2}{9} + \frac{5}{16} \cdot 1\frac{3}{5}$ **n)** $8{,}4 : (0{,}7 \cdot 3)$

c) $8\frac{1}{2} - \left(3\frac{3}{4} + 2\frac{5}{8}\right)$ **g)** $11{,}6 - 2{,}6 \cdot 1{,}5$ **k)** $7\frac{11}{20} - 2\frac{4}{9} - 3\frac{1}{18}$ **o)** $10 : (0{,}24 : 0{,}6)$

d) $1{,}8 + 0{,}2 \cdot 0{,}6$ **h)** $\frac{7}{15} + 4\frac{1}{5} : 9\frac{1}{3}$ **l)** $\frac{1}{9} \cdot \left[\left(\frac{3}{4} - \frac{2}{3}\right) : \frac{1}{12} + \frac{1}{5}\right]$ **p)** $\left(2\frac{1}{3}\right)^2 \cdot \left(1\frac{1}{2} : 3\frac{1}{2}\right)$

9. Stelle zunächst den Term auf. Zeichne einen Rechenbaum. Berechne den Wert des Terms.

a) Multipliziere die Summe aus $\frac{5}{9}$ und $\frac{5}{6}$ mit $1\frac{4}{5}$.

b) Dividiere 10 durch die Differenz aus $2\frac{1}{2}$ und $1\frac{2}{3}$.

c) Subtrahiere das Produkt aus 5,5 und 1,2 von 8,9.

d) Addiere den Quotienten aus $6\frac{3}{5}$ und $3\frac{1}{7}$ zur 2. Potenz von $\frac{9}{10}$.

10. Rechne vorteilhaft.

a) $4\frac{2}{5} + 2\frac{1}{3} + 3\frac{3}{5} + 1\frac{1}{9} + \frac{2}{3}$ **c)** $\frac{11}{12} \cdot 4\frac{2}{9} + \frac{11}{12} \cdot 1\frac{7}{9}$ **b)** $5\frac{1}{3} \cdot 2\frac{1}{9} \cdot 1\frac{1}{8}$ **d)** $2\frac{3}{8} \cdot 1{,}3 + 1{,}3 \cdot 4\frac{5}{8}$

11. Eine Warenlieferung besteht aus 7 Paketen zu je $2\frac{3}{4}$ kg und aus 9 Paketen zu je $1\frac{4}{5}$ kg. Wie groß ist das Gesamtgewicht? Stelle zunächst einen Term auf; berechne dann.

12. Untersuche an Zahlenbeispielen, ob es ein Distributivgesetz für das Dividieren durch eine Summe gibt:
$a : (b + c) = \ldots$

6. Statistische Daten

Im Alltag werden häufig Daten erfasst und ausgewertet.
Insbesondere für sorgfältige Planungen für die Zukunft sind solche Statistiken nötig.

Die Straßen der Stadt sollen umgestaltet werden, weil es zu häufig Staus gibt. Für die Planungen benötigt man Informationen über die Anzahl der Fahrzeuge auf bestimmten Straßen. Da eine lückenlose Beobachtung an allen Tagen zu aufwendig ist, werden stichprobenartig Verkehrszählungen durchgeführt. Deren Ergebnisse (Daten) dienen dann als Vorhersage (Prognose) für das zukünftige Verkehrsaufkommen und werden bei der Planung der Umgestaltung der Straßen verwandt.

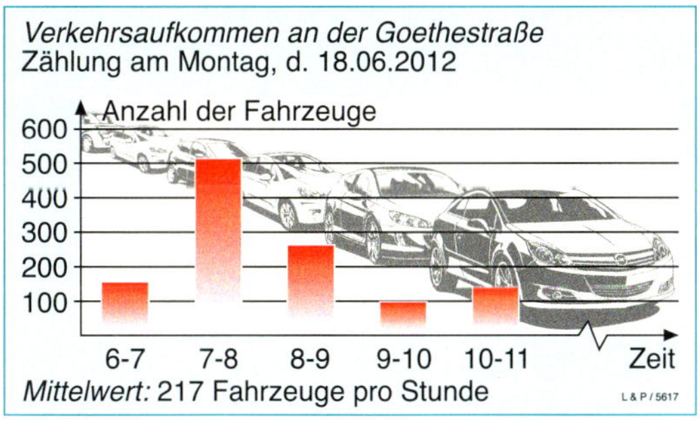

➔ Nenne weitere Beispiele für statistische Erhebungen, bei denen nicht alle Daten ausgewählt werden, sondern nur eine Stichprobe.

➔ Nenne weitere Beispiele aus dem Alltag für die Darstellung von Daten in Diagrammen.

➔ Warum fertigt man Diagramme an?

In diesem Kapitel ...
lernst du, wie man statistische Erhebungen durchführt und auswertet.

Lernfeld: Euro-Münzen von nah und fern

Euro, Euro, du musst wandern

Seit dem Jahr 2002 ist in vielen, aber nicht allen Ländern der Europäischen Union der EURO als Währung eingeführt. In weiteren Ländern ist die Einführung vorgesehen.

Die EURO-Münzen haben eine Seite, die für alle Länder gleich ist; sie unterscheiden sich aber durch eine „nationale“ Seite, für die jedes Land selbst verantwortlich ist.

➔ Welche Symbole findet ihr auf der „nationalen Seite“ der deutschen Münzen? Welche anderen „nationale Seiten“ kennt ihr?

➔ Bestimmt für jede Münze, die ihr bei euch habt, das Land, aus dem die Münze stammt. Wenn ihr nicht genügend Münzen bei euch habt, notiert ihr zu Hause, welche Münzen dort vorhanden sind, oder „kauft“ in der Bank einige Rollen Festgeld und zählt diese aus. Tragt eure Ergebnisse in der Klasse zusammen; legt eine Tabelle an. Stellt die Ergebnisse möglichst anschaulich dar.

Die beteiligten europäischen Länder haben untereinander vereinbart, welche Münzen mit welchem Anteil geprägt werden. Ungefähr jede dritte Münze wird in Deutschland hergestellt. Die Vereinbarung für das Jahr 2002 ist in der Tabelle rechts angegeben.

Land	Anteil	Land	Anteil
Deutschland	32,9 %	Österreich	3,5 %
Frankreich	15,8 %	Griechenland	2,6 %
Italien	15,4 %	Portugal	2,5 %
Spanien	13,7 %	Finnland	2,1 %
Niederlande	5,4 %	Irland	2,1 %
Belgien	3,8 %	Luxemburg	0,2 %

➔ Woran kann es liegen, dass die Anteile in eurer Tabelle von diesen Anteilen abweichen?

6.1 Absolute und relative Häufigkeiten und deren Darstellung

Einstieg

In einer 6. Klasse wurde eine Umfrage zum Freizeitverhalten durchgeführt.

a) Wie groß ist der Anteil der Sportler an der Gesamtzahl?

b) Stellt die berechneten Anteile in einem Kreisdiagramm dar.

Aufgabe 1

Häufigkeiten und ihre Darstellung

Die Klasse 6 b möchte sich auf einem Elternabend den Eltern genauer vorstellen. Dazu führen die Schüler und Schülerinnen eine Umfrage in der Klasse durch.
Rechts siehst du die Ergebnisse zur Frage, wie die Schülerinnen und Schüler zur Schule kommen. Zeichne dafür verschiedene Diagramme.

Lösung

Säulendiagramm

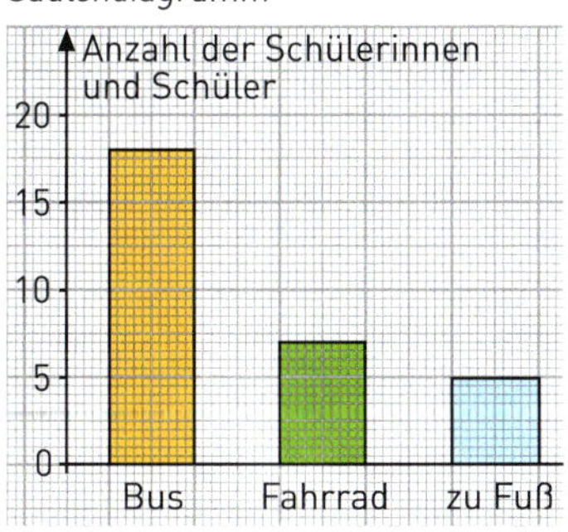

Streifendiagramm

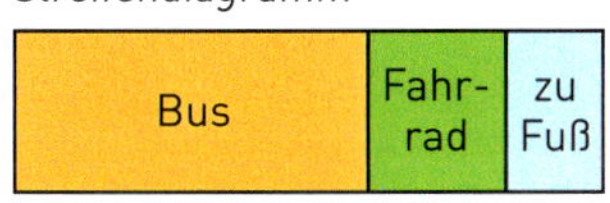

Kreisdiagramm

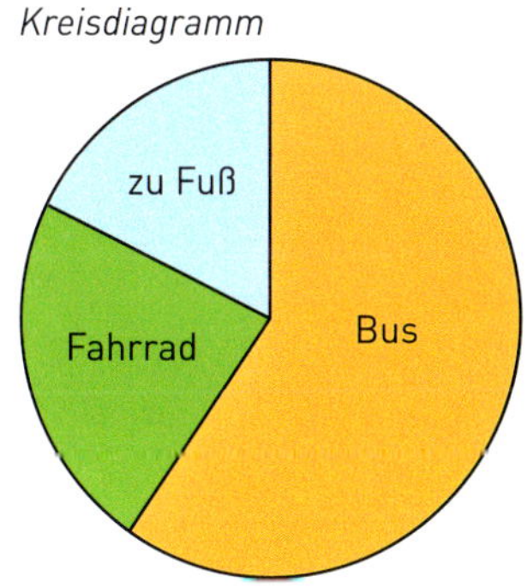

Dem Säulendiagramm kann man auf einen Blick entnehmen, dass die meisten Schüler mit dem Bus zur Schule kommen.
Aus dem Streifendiagramm kann man gut entnehmen, dass mehr als die Hälfte der Schülerinnen und Schüler mit dem Bus zur Schule kommen. Anteile kann man noch deutlicher in einem Kreisdiagramm erkennen. In ihm wird für jede mögliche Antwort ein Kreisausschnitt gezeichnet. Die Größe des Kreisausschnittes richtet sich nach dem Winkel am Kreismittelpunkt.
Insgesamt wurden $18 + 7 + 5$, also 30 Kinder befragt.
18 von 30 Kindern kommen mit dem Bus; der Anteil für die Busfahrer ist damit $\frac{18}{30} = \frac{6}{10} = 0{,}6$.
Der zugehörige Mittelpunktswinkel beträgt $\frac{18}{30}$ vom Vollwinkel (360°), das sind $\frac{18}{30} \cdot 360° = 216°$.
Es ergibt sich die untenstehende Tabelle:

Verkehrsmittel	Bus	Fahrrad	zu Fuß
Mittelpunktswinkel	216°	84°	60°

Aufgabe 2 **Planen einer Umfrage**

Das Albert-Einstein-Gymnasium plant die Einrichtung einer Schülerbibliothek.
Dafür werden genaue Informationen über die Interessen und Lesegewohnheiten der Schüler und Schülerinnen benötigt.

a) Beschreibe verschiedene Möglichkeiten, wie man vorgehen kann, um diese Informationen zu erhalten. Nenne auch deren Vor- und Nachteile.

b) Da eine ausführliche Befragung aller 760 Schülerinnen und Schüler zu aufwändig ist, soll nur $\frac{1}{5}$ der Schülerschaft als Stichprobe betrachtet werden.
Um dennoch zuverlässige Ergebnisse zu erhalten, muss die Auswahl der Stichprobe genau geplant werden. Die nebenstehende Tabelle gibt die Zusammensetzung der Schülerschaft des Albert-Einstein-Gymnasiums wieder.
Plane damit eine Stichprobe.

Klasse	Anzahl der Mädchen	Jungen
5	55	46
6	44	47
7	49	42
8	68	40
9	55	39
10	52	40
11	48	35
12	53	47

Lösung

a) Zunächst ist es sinnvoll, einen Fragebogen zu entwickeln, in dem nach Lieblingslektüre, Lesehäufigkeit, Wünschen für eine Schülerbibliothek, ... gefragt wird. Man könnte dann alle Schüler und Schülerinnen des Albert-Einstein-Gymnasiums befragen. Das würde ein genaues Ergebnis liefern, wäre aber sehr aufwändig.

Eine andere Möglichkeit ist es, nur einen Teil der Schülerschaft *(Stichprobe)* zu befragen und die Ergebnisse auf alle Schüler(innen) der Schule hochzurechnen. Dies ist für die Umfrage weniger aufwändig, bedarf aber genauer Planung: Eine solche Stichprobe darf nicht zu klein sein und muss ausgewogen die Zusammensetzung der Schülerschaft widerspiegeln.

b) Vermutlich hängen die Leseinteressen sowohl vom Alter als auch vom Geschlecht ab. Daher muss die Stichprobe in ihrer Zusammensetzung die Zusammensetzung der Gesamtschülerschaft nach Alter und Geschlecht getreu widerspiegeln.
Also ist $\frac{1}{5}$ der Mädchen aus Klasse 5 zu befragen:

$\left(\frac{1}{5} \text{ von } 55\right) = \frac{1}{5} \cdot 55 = 11$

Ebenso $\frac{1}{5}$ der Jungen aus Klasse 5:

$\left(\frac{1}{5} \text{ von } 46\right) = \frac{1}{5} \cdot 46 = 9{,}2 \approx 9$

Klasse	Anzahl der Mädchen	Jungen
5	11	9
6	9	9
7	10	8
8	14	8
9	11	8
10	10	8
11	10	7
12	11	9

Damit ergibt sich die nebenstehende Zusammensetzung der Stichprobe. Innerhalb jeder Gruppe sollten die Schüler und Schülerinnen nach dem Zufallsprinzip ausgewählt werden.

Information

(1) Statistische Erhebungen – Stichprobe

Zählungen von Fahrzeugen, Personen oder Gegenständen, Befragungen von Personen nach Daten, Verhaltensgewohnheiten oder Meinungen sind Beispiele für **statistische Erhebungen**. Die Menge aller Personen oder Gegenstände, über die man Erkenntnisse gewinnen möchte, nennt man die **Grundgesamtheit**.

Wenn es zu aufwändig ist, die vollständige Grundgesamtheit zu untersuchen, beschränkt man sich auf eine *Stichprobe*. Diese muss so gewählt werden, dass sie die Verhältnisse in der Grundgesamtheit möglichst genau wiedergibt.

Eine **Stichprobe** soll Aussagen über die Grundgesamtheit ermöglichen. Dazu muss sie bezüglich bestimmter Merkmale (z.B. Alter, Geschlecht, Beruf, Einkommen) ein verkleinertes Bild der Grundgesamtheit möglichst gut wiedergeben. Man sagt auch: Die Stichprobe muss *repräsentativ* sein.

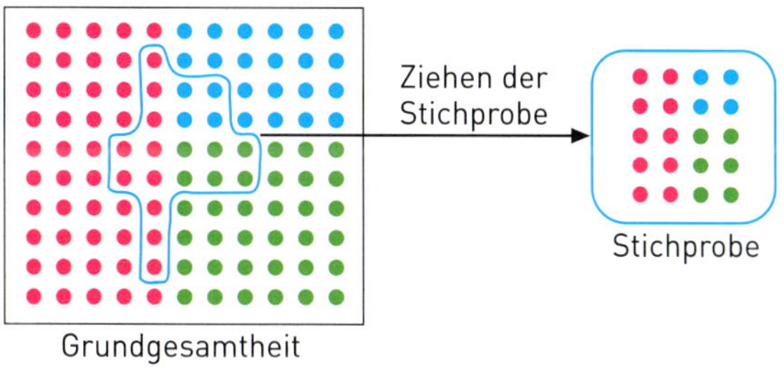

(2) Absolute und relative Häufigkeit

Beim Vergleich statistischer Daten spricht man oft von absoluten und relativen Häufigkeiten.
Die absolute Häufigkeit gibt an, wie oft etwas vorkommt. Um die absolute Häufigkeit zu bestimmen, muss man also zählen. Die relative Häufigkeit gibt uns an, wie groß der Anteil an der Gesamtanzahl ist.

$$\textbf{relative Häufigkeit} = \frac{\textbf{absolute Häufigkeit}}{\textbf{Gesamtanzahl}}$$

Relative Häufigkeiten kann man als Brüche, Dezimalbrüche oder in Prozent angeben.

Beachte: In der Statistik und in der Bruchrechnung verwendet man verschiedene Begriffe für gleiche Sachverhalte.

Statistik:	Gesamtanzahl	absolute Häufigkeit	relative Häufigkeit
Bruchrechnung:	Ganzes	Teil des Ganzen	Anteil

Weiterführende Aufgabe

Erhebung mit sich gegenseitig ausschließenden bzw. nicht ausschließenden Antworten

3. In einer 6. Klasse mit 30 Schülerinnen und Schülern wurde nach Folgendem gefragt:

(1)

Anzahl der Geschwister	absolute Häufigkeit
0	17
1	10
2	2
mehr als 2	1

(2)

Freizeitgestaltung	absolute Häufigkeit
Lesen	9
Fußball	6
Reiten	4
Fernsehen	16
Tennis	5

a) Berechne die relativen Häufigkeiten als Bruch. Was stellst du fest?

b) Berechne für die Umfrage zu (1) die relativen Häufigkeiten in Prozent. Runde auf ganzzahlige Prozentsätze. Berechne dann die Summe der relativen Häufigkeiten. Vergleiche mit Teilaufgabe a).

c) Stelle die Ergebnisse zu (1) und (2) in Diagrammen dar. Welche Schwierigkeit ergibt sich, wenn du ein Kreisdiagramm zu (2) zeichnen willst?

Information

Summenprobe

Sind bei einer Umfrage *Mehrfachnennungen* möglich, so kann die Summe der relativen Häufigkeiten größer als 1 (100 %) sein. In diesem Fall kann man kein Kreisdiagramm zeichnen, sondern nur ein Säulendiagramm.

Summenprobe für relative Häufigkeiten

Die Summe der relativen Häufigkeiten einer vollständigen Erhebung *ohne* Mehrfachnennungen ist gleich 1, also 100 %.
Mit dieser *Summenprobe* kann man die Vollständigkeit einer Erhebung oder die Richtigkeit der Rechnung überprüfen.

Rundet man relative Häufigkeiten bei einer vollständigen Erhebung ohne Mehrfachnennung, kann es vorkommen, dass ihre Summe nicht genau 100 % ergibt. In diesem Fall ist es geschickt, eine relative Häufigkeit anders zu runden, sodass ihre Summe genau 100 % ergibt.

Übungsaufgaben

4. In einer Schülerzeitung soll über die Ernährung in den Pausen berichtet werden.
Die Schülerinnen und Schüler wurden dazu befragt, welches Getränk sie zu sich nehmen.

Getränk	Anzahl in Klasse		
	5	6	7
Milch	11	9	7
Kakao	17	15	16
Fruchtsaft	23	21	25
Mineralwasser	7	9	11
Limonade	19	27	26

a) Welches Getränk ist in Klasse 5 [6; 7] am beliebtesten?

b) In welcher Jahrgangsstufe ist Fruchtsaft [Milch, Kakao, ...] relativ gesehen am beliebtesten?

c) Veranschauliche die Ergebnisse der Befragung durch eine grafische Darstellung.

5. Bei einigen Schülern wurde das Körpergewicht (gerundet auf volle kg) bestimmt.

Gewicht (in kg)	40	41	42	43	44	45	46	47	48	49	50	51
Absolute Häufigkeit	1	2	3	5	6	8	9	9	5	3	1	1

a) Bestimme die relativen Häufigkeiten, mit der die einzelnen Gewichte auftreten. Führe die Summenprobe durch.

b) Zeichne ein Säulendiagramm und ein Kreisdiagramm für die relativen Häufigkeiten. Welches ist aussagekräftiger?

6. Der Gemeinderat beschloss, in der Platanenallee Maßnahmen zur Verkehrsberuhigung durchzuführen.
Wie man der nebenstehenden Tabelle entnehmen kann, war dies nicht unumstritten.

Meinung	absolute Häufigkeit in der Stichprobe	
	vorher	nachher
sehr gut	24	40
gut	108	144
unentschieden	81	56
schlecht	78	72
sehr schlecht	9	8

a) Hat sich die Meinung der Anwohner geändert, nachdem die Umbaumaßnahmen abgeschlossen waren? (Beachte die unterschiedliche Gesamtanzahl der beiden Stichproben.)

b) Zeichne zwei Kreisdiagramme für die relativen Häufigkeiten und vergleiche.

c) Führe den Vergleich auch mit Säulendiagrammen [Streifendiagrammen] durch. Benenne Vor- und Nachteile der verschiedenen Diagramme.

7. Laura und Paul werten gemeinsam die Ergebnisse einer Befragung aus.
Laura meint: „Wenn wir die relativen Häufigkeiten als ganzzahlige Prozentsätze angeben, dann ergibt sich bei der Summenprobe 101 %."
Paul sagt: „Das Ergebnis ist viel genauer, wenn wir eine Stelle hinter dem Komma berücksichtigen."
Überprüft beide Aussagen.

Frage: Sollen im Schulkiosk auch Süßigkeiten verkauft werden?

Antwort:

Ja	35
Nein	15
Egal	23

8. Tobias hat seine Mitschüler und Mitschülerinnen nach ihrer Lieblingsfarbe befragt. Leonie meint: „Etwas stimmt da nicht." Kontrolliere.

rot	blau	grün	gelb	braun	violett
33 %	19 %	25 %	13 %	12 %	8 %

9. Entnimm dem Zeitungsartikel rechts eine nicht genannte Angabe.

Neustadt wird immer jünger

In die Neubaugebiete ziehen immer mehr junge Familien mit Kindern. Ein Fünftel der Bevölkerung ist unter 18 Jahre alt. 42 % der Einwohner sind volljährig, aber unter 40.
Der Anteil der Personen über 65 liegt bei 15 %.

10. Die Schüler und Schülerinnen einer Schule kommen aus den vier Orten Astadt, Behausen, Cedorf und Dedorf.
Die Schulleiterin schätzt, dass $\frac{1}{4}$ der Schülerschaft aus Astadt, $\frac{1}{3}$ aus Behausen und $\frac{1}{5}$ aus Dedorf kommen.

a) Lege eine Häufigkeitstabelle an und zeichne ein Kreisdiagramm.

b) Die Schule hat 753 Schülerinnen und Schüler. Bestimme die Anzahl der Kinder aus den einzelnen Orten, die sich aus dieser Schätzung ergibt.

11. In einer Stichprobe beträgt der Anteil der Fahrschüler $\frac{2}{5}$.
Die Stichprobe enthält 28 Fahrschüler. Wie groß ist die Stichprobe?

12. Führt in eurer Klasse eine Umfrage nach dem Lieblingssong (oder zu einem selbst gewählten Thema) durch. Gestaltet mit den Ergebnissen verschiedene Plakate mit Säulen-, Streifen- und Kreisdiagrammen.
Hängt sie in eurem Klassenraum aus und vergleicht sie.

13. Bei einer Befragung unter 100 zufällig ausgewählten Jugendlichen wurde auch nach den beliebtesten Klubs der Fußball-Bundesliga gefragt. Mehrfachnennungen waren möglich.

a) Bestimme die relativen Häufigkeiten. Führe die Summenprobe durch.
Was stellst du fest? Erkläre.

b) Zeichne ein Säulendiagramm.

c) Tom schlägt vor, auch ein Kreisdiagramm zu zeichnen. Was meinst du dazu?

14. An einer Ortseinfahrt wird die Höchstgeschwindigkeit auf 50 km/h begrenzt.
Die Polizei kontrolliert die Geschwindigkeit der Fahrzeuge. Hier ist das Ergebnis:

Geschwindigkeit (in km/h)	bis 40	über 40 bis 50	über 50 bis 60	über 60 bis 70	über 70
Anzahl der Fahrzeuge	5	92	66	13	4

a) Stelle das Ergebnis in einem Säulendiagramm dar.

b) Zeichne ein Kreisdiagramm zu den Daten.

c) Schreibe einen Zeitungsartikel über die Messung.

15. Wählt in verschiedenen Büchern eine Seite aus und zählt 100 Wörter ab.
Legt eine Strichliste an, wie viele Buchstaben die einzelnen Wörter haben.
Zeichnet ein Säulendiagramm.
Vergleicht eure Ergebnisse.

16. Auf Schreibmaschinen- und Computertastaturen sind die Buchstaben weder alphabetisch noch nach einem anderen erkennbaren System angeordnet.
Beim Schreiben mit zehn Fingern zeigen die beiden Daumen auf die große Leertaste und die übrigen Finger auf die Buchstaben A, S, D, F, J, K, L, Ö (*Grundstellung*).

Oliver vermutet, dass diese Buchstaben besonders häufig vorkommen.
a) Überprüfe diese Vermutung. Zähle dazu auf Seite 6 die ersten 500 Buchstaben aus. Ermittle die relativen Häufigkeiten für diese Buchstaben.
b) Zähle andere Texte aus dem Deutschbuch oder der Zeitung aus.
c) Zähle einen Text aus dem Englischbuch aus und vergleiche.

17. Die Qualität einer neuen Maschine zur Energiesparlampenherstellung soll überprüft werden. Dazu wird aus 80 000 produzierten Lampen eine Stichprobe von 1200 Lampen entnommen.
Bei der Kontrolle dieser 1200 Lampen fand man 9, bei denen die Farbbeschichtung nicht in Ordnung war. Schätze, wie viele Lampen in der Gesamtproduktion vermutlich unzureichend waren.

18. In Annas Heimatort soll die Fußgängerzone in der Innenstadt erweitert werden.
Anna hat eine Umfrage unter ihren Mitschülern und Mitschülerinnen durchgeführt: 68 von 112 sind für die Erweiterung.
Christoph hat an einem Nachmittag 86 Passanten in der Fußgängerzone befragt: 62 befürworteten eine Erweiterung.
Hanna hat eine Umfrage in ihrer Nachbarschaft durchgeführt: 12 von 64 Personen wünschen eine Erweiterung.
Anna sagt: „Jetzt wissen wir immer noch nicht, ob die Erweiterung gewünscht ist."
a) Was meinst du dazu?
b) Beschreibe, wie die drei vorgehen sollten, um ein aussagekräftiges Ergebnis zu erhalten.

19. Entnimm der nebenstehenden Grafik, wie viele Familien (d.h. Ehepaare, Alleinerziehende und Lebensgemeinschaften) wie viele Kinder haben.
a) Fasse die Daten zusammen und stelle in einem Kreisdiagramm dar, wie viele Familien mit 1, 2, 3 oder mehr Kindern es gibt.
b) Ein Meinungsforschungsinstitut möchte eine repräsentative Stichprobe an 500 Familien mit Kindern durchführen. Wie sollte sich diese Stichprobe zusammensetzen?

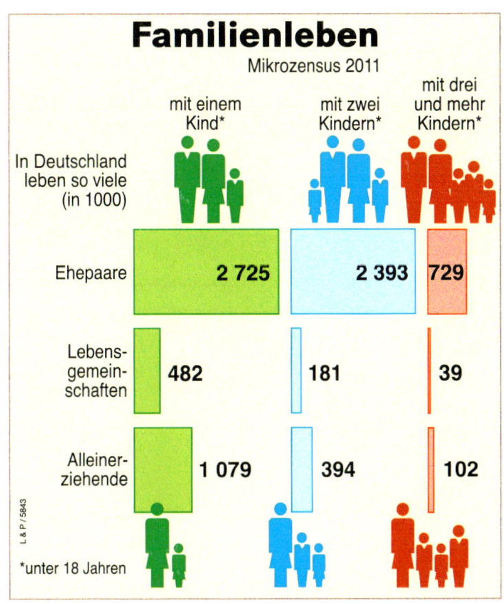

Diagramme mit dem Computer

Mit einem Tabellenkalkulationsprogramm kannst du am Computer Daten schnell auswerten.
Es gibt verschiedene Tabellenkalkulationsprogramme. Du musst selbst prüfen, wie du die folgenden Beispiele mit deinem Programm darstellen kannst.

Gib in dein Tabellenkalkulationsprogramm die in der Abbildung dargestellten Haushaltsabfälle ein, die 2010 je Einwohner gesammelt wurden.
Die Gesamtmenge der Wertstoffe berechnet das Kalkulationssprogramm automatisch, wenn du in der Zelle B10 folgende Formel eingibst:
=Summe(B4:B9)

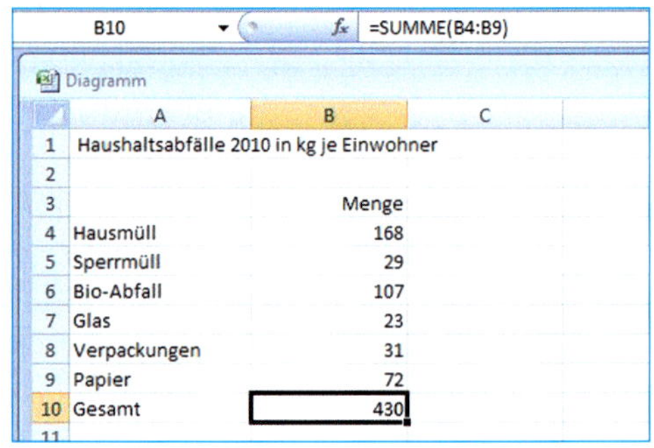

	A	B	C
1	Haushaltsabfälle 2010 in kg je Einwohner		
2			
3		Menge	
4	Hausmüll	168	
5	Sperrmüll	29	
6	Bio-Abfall	107	
7	Glas	23	
8	Verpackungen	31	
9	Papier	72	
10	Gesamt	430	

In den Zellen C4 bis C9 berechnest du die Anteile folgendermaßen:
In der Zelle C4 gibst du die Formel **=B4/B10** und Entsprechendes in den Zellen C5 bis C9 ein.
Wähle im Menü *Format...Zellen...Zahlen* für die Zellen C4 bis C9 die Formatierung *Prozent mit einer Dezimalstelle.*

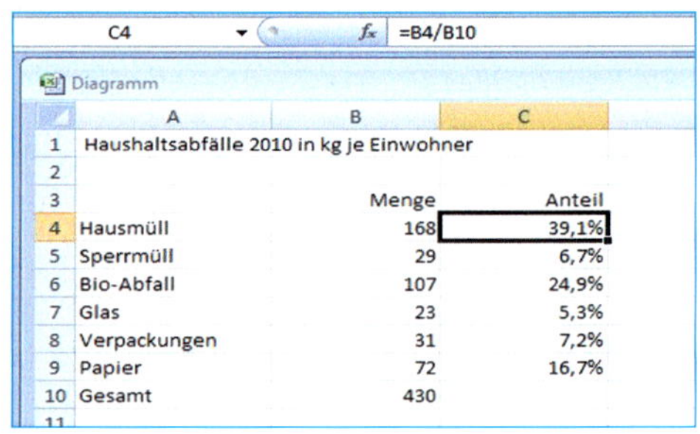

	A	B	C
1	Haushaltsabfälle 2010 in kg je Einwohner		
2			
3		Menge	Anteil
4	Hausmüll	168	39,1%
5	Sperrmüll	29	6,7%
6	Bio-Abfall	107	24,9%
7	Glas	23	5,3%
8	Verpackungen	31	7,2%
9	Papier	72	16,7%
10	Gesamt	430	

Wir wollen nun die Verteilung der Haushaltsabfälle auf die einzelnen Arten in unterschiedlichen Diagrammen darstellen. Dazu benötigen wir die Spalte mit den Anteilen nicht mehr.
Markiere dazu zunächst mit der Maus den Bereich von A4 bis B9, also die Abfallart und die Mengen der verschiedenen Abfälle.

Über das Menü *Einfügen* kannst du nun einen Diagrammtyp auswählen, zum Beispiel hier ein Säulendiagramm.

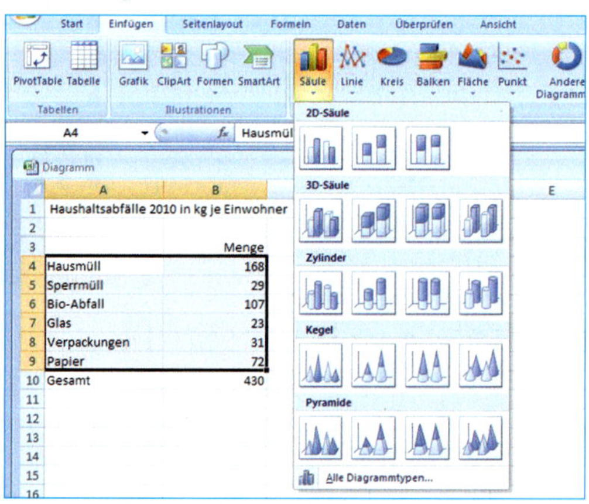

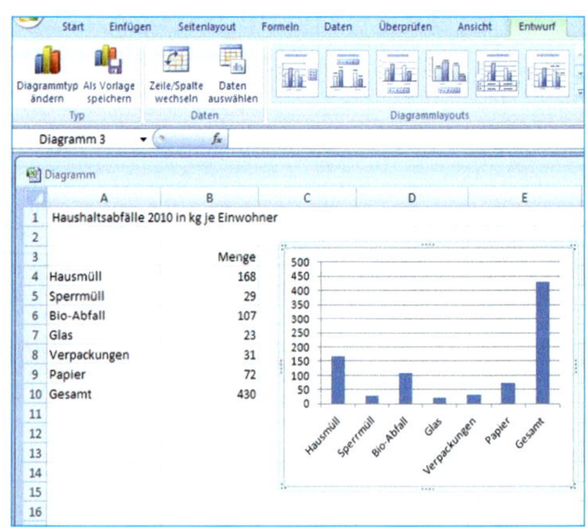

Mit einem Säulendiagramm kann man die Verhältnisse der Größen gut veranschaulichen. Wenn man allerdings die Anteile der einzelnen Abfallarten darstellen möchte, so kann man dieses besser in einem Kreisdiagramm oder einem Balkendiagramm veranschaulichen. Beim Balkendiagramm muss man gestapelte Balken auswählen, damit der ganze Balken 100 % entspricht.

Kreisdiagramm:

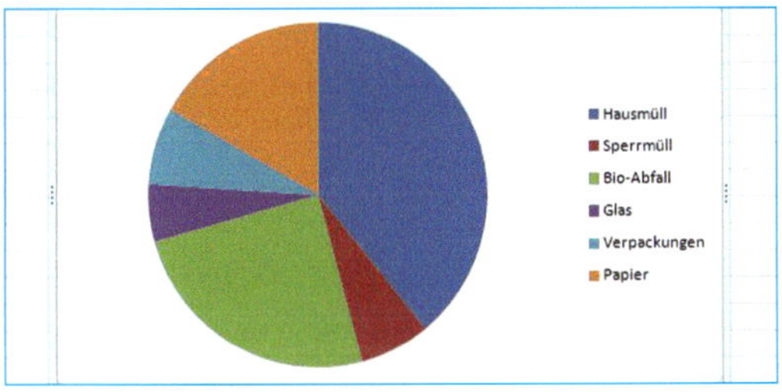

Balkendiagramm:

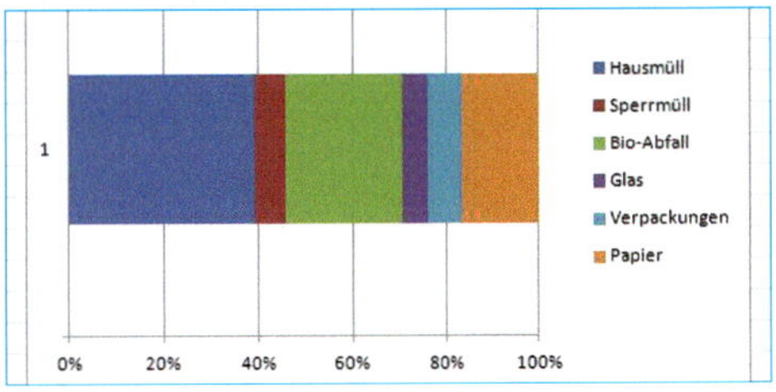

Anmerkung: Statt des gestapelten Balkendiagramms kann man auch ein gestapeltes Säulendiagramm verwenden.

3D
Abkürzung für dreidimensional

Tabellenkalkulationsprogramme bieten auch die Möglichkeit, Diagramme räumlich darzustellen (sogenannte 3D-Darstellungen). Mit der rechten Maustaste erhält man die Möglichkeit, die räumliche Ansicht über die Änderung von Winkeln zu verändern. Probiere das mit deinem Tabellenkalkulationsprogramm aus.

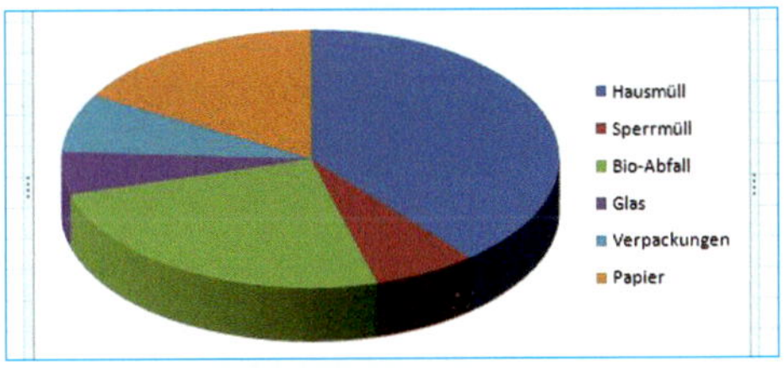

1. Im Schuljahr 2011/2012 gab es in Nordrhein-Westfalen 2 090 619 Kinder an allgemeinbildenden Schulen, davon 31,2 % an Grundschulen, 8,4 % an Hauptschulen, 14,8 % an Realschulen, 11,5 % an Gesamtschulen, 28,5 % an Gymnasien.

a) Erstelle ein Tabellenblatt. Bestimme die Verteilung der absoluten Häufigkeiten und stelle sie in einem Kreisdiagramm oder einem 3D-Kreisdiagramm dar.

b) Stelle die Verteilung der relativen Häufigkeiten in einem Säulendiagramm dar.

c) Vergleiche die Darstellungen.

2. Von den im Jahr 2010 neu gebauten Wohnungen wurden 50 % mit Gas, 24 % mit Wärmepumpen, 13 % mit Fernwärme, 2 % mit Heizöl, 1 % mit Strom und 10 % mit sonstigen Energiearten beheizt. Die Beheizung aller im Jahr 2010 vorhandenen Wohnungen kannst du der Tabelle rechts entnehmen.

a) Berechne für die Beheizung der insgesamt vorhandenen Wohnungen die Prozentsätze.

b) Zeichne sowohl für die neu genehmigten als auch die insgesamt vorhandenen Wohnungen ein Diagramm und vergleiche die beiden. Formuliere in einem Satz, was dir auffällt.

Beheizung	Wohnungen
insgesamt	36 089 000
davon	
Gas	17 543 000
Öl	10 148 000
Holz	1 258 000
Strom	1 429 000
Fernwärme	4 741 000
Erdwärme	269 000
Kohle	282 000

6.2 Bildliche Darstellung von Daten und ihre Wirkungen auf einen Betrachter

Einstieg

Im November 2010 lag der durchschnittliche Weltmarktpreis für 500 g Kaffee bei 170 US-Cent, im November 2005 war er nur halb so hoch.
Für einen Zeitungsartikel wurden verschiedene Diagramme entworfen.
Welche der folgenden Darstellungen gibt den Preisanstieg angemessen wieder?
Begründet eure Antwort.

2005 2010

2005 2010

2005 2010

Aufgabe 1

Ein Fotogeschäft gibt zum Firmenjubiläum eine Werbebroschüre heraus.
Bestimmte Aussagen sollen durch bildliche Darstellungen hervorgehoben werden.
Vergleiche jeweils die beiden Vorschläge.

a) Aussage: „In den letzten fünf Jahren konnten wir den Umsatz vervierfachen."
Welcher Vorschlag stellt die Veränderung angemessen dar?

Vorschlag 1

Vorschlag 2

b) Aussage: „Durch Verwendung modernster Technologie konnte der Bedarf an giftigen Chemikalien halbiert werden."
Welcher Vorschlag stellt die Veränderung angemessen dar?
Betrachte dazu auch die Volumina der Würfel.

Vorschlag 1

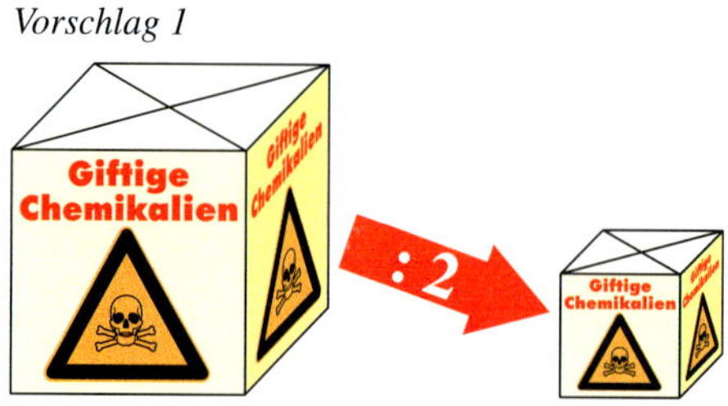

Vorschlag 2

c) Aussage: „Unsere günstigen Preise haben den Trend zum Foto im Posterformat verstärkt." Vergleiche die beiden Vorschläge. Welcher Eindruck wird vermittelt?

Vorschlag 1

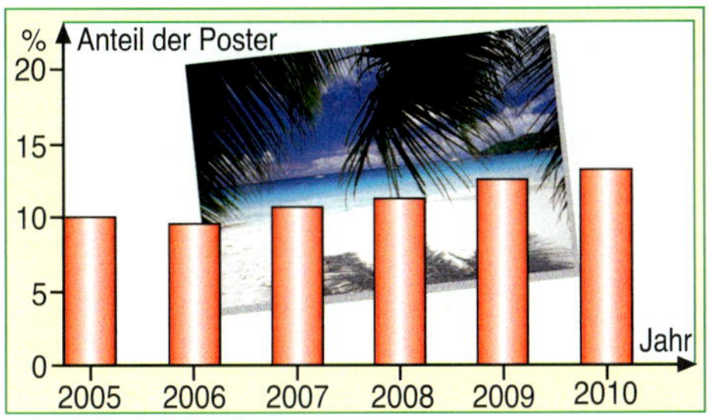

Vorschlag 2

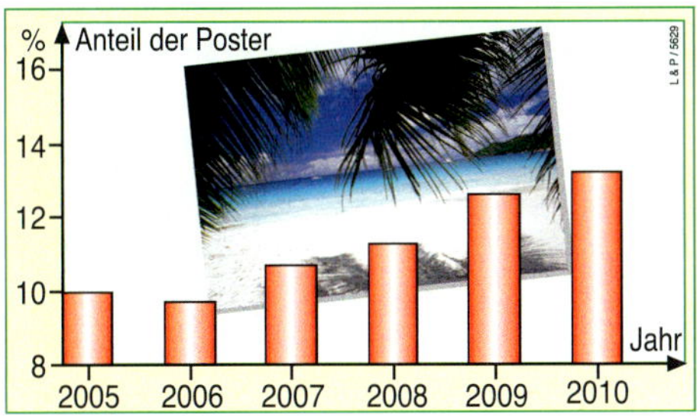

Lösung

a) Beim Vorschlag 1 wurden die Seitenlängen des ersten Fotos vervierfacht. Dadurch versechzehnfacht sich der Flächeninhalt.

Beim Vorschlag 2 wurden die Seitenlängen nur verdoppelt. Dadurch vervierfacht sich aber der Flächeninhalt. Daher gibt der Vorschlag 2 einen angemessenen Eindruck von der Veränderung, der Vorschlag 1 dagegen einen übertriebenen.

Vorschlag 1

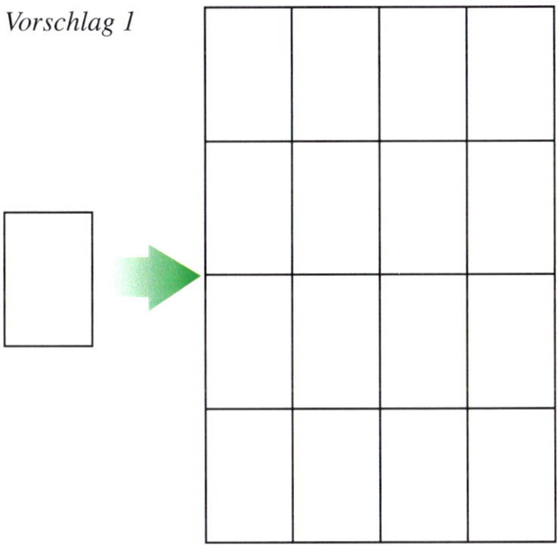

Vorschlag 2

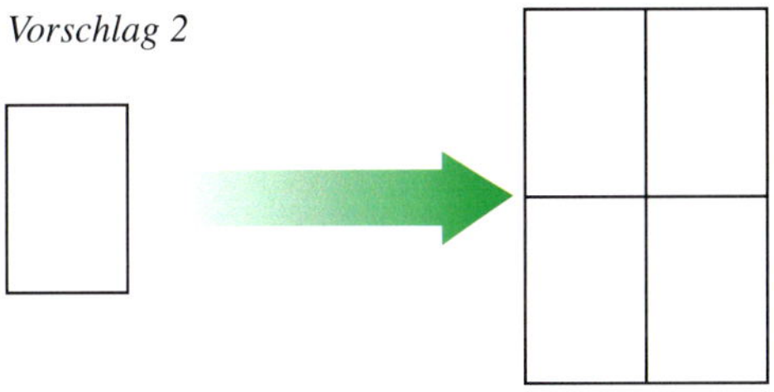

b) Bei Vorschlag (1) wurde jede Seitenlänge des großen Würfels halbiert. Dadurch beträgt das Volumen des kleinen Würfels ($1\,cm^3$) nur ein Achtel des Volumens des großen Würfels ($8\,cm^3$). Diese Abbildung stellt die Verringerung übertrieben dar.
Bei Vorschlag (2) betragen die Kantenlängen des kleinen Würfels 1,6 cm, sein Volumen damit ungefähr $4{,}1\,cm^3$. Dies ist ungefähr die Hälfte vom Volumen des Ausgangswürfels.
Daher ist diese Darstellung angemessen.

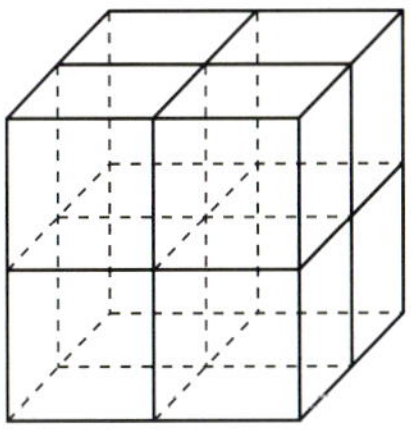

c) Bei Vorschlag (2) sieht die Zunahme des Poster-Anteils erheblich stärker aus.
Das liegt an der größeren Einteilung auf der Hochachse und daran, dass nicht bei 0 %, sondern erst bei 8 % begonnen wurde.

Information

(1) Wirkungen grafischer Darstellungen

In Aufgabe 1 haben wir gesehen, dass verschiedene grafische Darstellungen derselben Daten ganz unterschiedliche Wirkungen bei einem Betrachter hervorrufen können.

Durch die Art der grafischen Darstellung kann man einen gewünschten Eindruck bei dem Betrachter hervorrufen. Man sagt daher: Durch die Art der grafischen Darstellung von Häufigkeiten können Betrachter „manipuliert“ werden.

(2) Darstellungen mit Flächen und Körpern

Bei flächenhaften Darstellungen achten wir unbewusst auf den Flächeninhalt, bei körperhaften auf das Volumen. Bei der Zeichnung ist darauf zu achten, dass kein übertriebener Eindruck von einer Veränderung entsteht.

Veranschaulicht man Daten durch Rechtecke oder Quader, so muss Folgendes berücksichtigt werden: Eine Verdoppelung der Seitenlängen eines Rechtecks führt zu einer Vervierfachung des Flächeninhalts. Eine Verdoppelung der Kantenlängen eines Quaders führt sogar zu einer Verachtfachung des Volumens.

Übungsaufgaben

2. Die Anzahl der Haushalte mit Flachbildschirm-Fernsehgeräten stieg von 2007 bis 2010 in Deutschland auf das Doppelte an. Stelle fest, ob die Abbildung diese Veränderung angemessen darstellt. Miss dazu die Seitenlängen der Bildschirme.

3. Die Verbreitung von Personalcomputern (PC) hat in den letzten Jahren rasant zugenommen. Stand 1993 in Deutschland gerade einmal in jedem fünften Haushalt ein PC, so verfügten 2009 bereits vier Fünftel aller Haushalte über einen oder mehrere PC. Zeichne eine Darstellung mit Rechtecken für die Monitorbildschirme, die diese Veränderung angemessen wiedergibt.

4. Die Nutzung von QR- und Strichcodes hat sich im Verlauf des Jahres 2010 verachtfacht. Zeichne eine Darstellung mit Quadern für Smartphones, die diese Veränderung angemessen wiedergibt.

5. Vergleicht die Darstellungen in beiden Grafiken. Welche Form wurde gewählt? Widersprechen sich die Angaben? Überlegt andere Möglichkeiten der Darstellung und zeichnet sie.

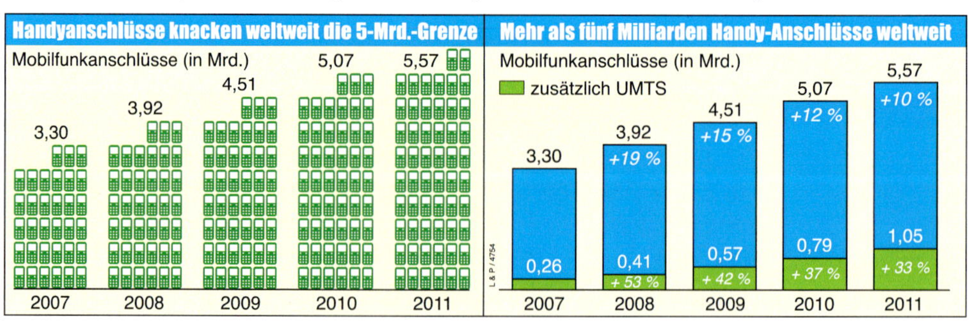

6. Die Tabelle zeigt die Entwicklung der Haus- und Sperrmüllmenge pro Einwohner.

Jahr	1993	1996	2000	2002	2004	2006	2008	2009	2010	2011
Müllmenge (in kg)	200	167	160	153	150	147	143	146	145	144

Zeichne je ein Diagramm, das zu einem Zeitungsartikel mit der Überschrift „Drastischer Rückgang der Müllmengen" sowie „Müllmenge immer noch zu hoch" passt.

Mit einem Programm kannst du leicht die Wirkung von Diagrammen ausprobieren.

7. Die Grafik rechts wurde im Januar 2002 veröffentlicht, als überlegt wurde, ein Pfand auf Getränkedosen einzuführen. Zeichne eine Grafik, die gut zu der Überschrift „Mehrwegverpackungen immer noch an der Spitze" passt.

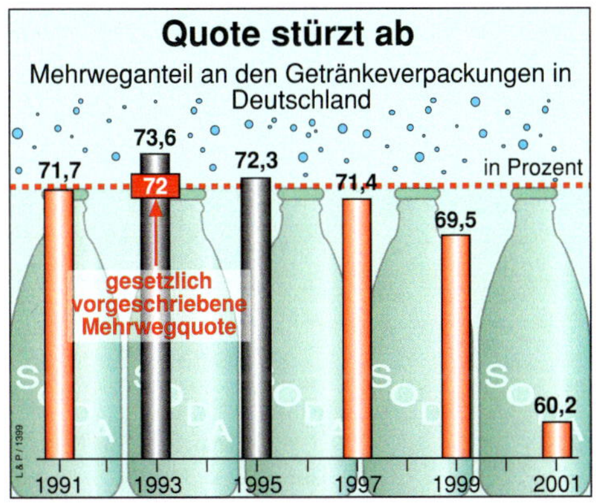

8. Die Mitgliederzahl eines Sportvereins ist in den letzten Jahren angestiegen.

Jahr	2008	2009	2010	2011	2012
Anzahl	1021	1063	1109	1152	1197

Der Präsident meint: „Unsere persönliche Betreuung der Mitglieder hat die Anzahl nicht nur halten, sondern sogar etwas steigern können." Der Jugendwart meint: „Das zunehmende Angebot an Funsportarten hat zu einem enormen Mitgliederzuwachs geführt." Zeichne ein Säulendiagramm für den Präsidenten und eines für den Jugendwart.

9. Die Größe der Erdbevölkerung betrug Mitte des Jahres 2012:

Afrika	1 072 000 000
Amerika	948 000 000
Asien	4 260 000 000
Europa	740 000 000
Australien und Ozeanien	37 000 000

Welcher Eindruck entsteht durch das Bild?

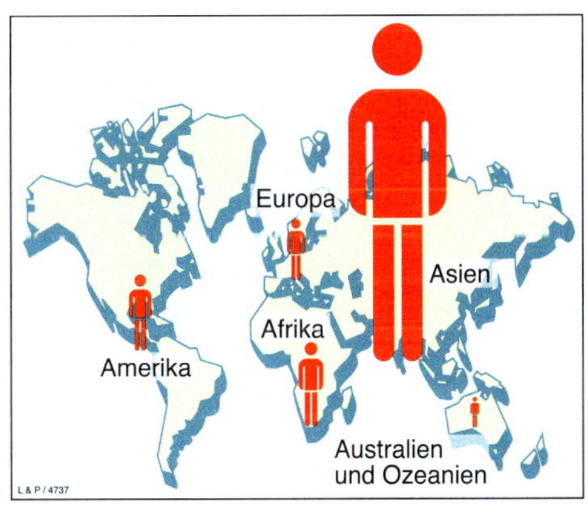

10. Sucht in Zeitungen und Zeitschriften nach Darstellungen, die einen unangemessenen Eindruck hervorrufen. Hängt die Beispiele zusammen mit eigenen besseren Darstellungen des jeweiligen Sachverhalts im Klassenraum aus. Ihr könnt auch einen Leserbrief schreiben.

Das kann ich noch!

A) Rechne in die jeweils in Klammern angegebene Einheit um.

1) 5 cm (m) **4)** 243 cm³ (ℓ) **7)** 20 g (kg) **10)** 200 ℓ (m³)
2) 5 cm² (m²) **5)** 500 mℓ (cm³) **8)** 70 s (min) **11)** 2,5 h (min)
3) 1000 cm³ (m³) **6)** 2 ha (m²) **9)** 150 ha (km²) **12)** 0,04 m² (cm²)

6.3 Klasseneinteilung bei Stichproben

Einstieg

In einer Fabrik für Verpackungsmaterial wurde eine neue Art von Brothülle auf Wasserdampfdurchlässigkeit geprüft. Bei 50 Exemplaren fand man nach einer zweitägigen Lagerung bei 40 °C bei den verpackten Broten folgende Verringerung des Gewichts (in g).

5,6	1,0	4,6	8,1	2,7	2,6	13,0	9,8	11,9	2,0
3,4	12,4	1,8	4,5	6,3	5,0	8,3	8,0	8,2	3,1
3,0	3,8	5,8	1,8	11,8	4,0	5,7	2,6	8,2	4,7
3,8	5,9	1,8	2,4	2,6	2,5	4,0	1,4	3,5	6,0
5,9	1,7	10,4	6,0	8,1	3,2	9,8	7,7	2,0	8,1

a) Max behauptet: „Ein Säulendiagramm mit diesen Werten würde komisch aussehen.“ Erläutere seine Aussage.

b) Fasst Werte zusammen: 0 g bis unter 2,5 g; 2,5 g bis unter 5 g; ...
Berechnet die relativen Häufigkeiten und zeichnet ein Säulendiagramm.

Aufgabe 1

Daten
(Plural von Datum)
Zahlenwerte, Angaben

Einteilen von Daten in Klassen

Bei einem Sportfest mehrerer Schulen erreichten 40 Schüler der Altersgruppe 12 bis 14 Jahre beim Weitsprung die in der folgenden Liste angeführten Messwerte (in m).

3,91	4,32	4,44	3,46	4,01
3,90	4,59	4,79	4,70	3,33
3,48	4,07	3,78	3,25	3,94
3,10	4,34	4,20	3,75	4,28
4,16	3,29	4,39	4,19	3,87
4,25	3,59	3,64	4,26	3,53
3,79	4,52	4,27	4,05	3,63
3,07	4,06	3,86	4,15	3,93

Diese Liste nennt man auch *Urliste*, da sie die ursprünglich gemessenen Daten enthält.

Hier ist mit Klasse nicht Schulklasse gemeint!

a) Leonie hat vor, mit diesen Messwerten ein Säulendiagramm zu zeichnen.
Wie würde das Diagramm aussehen? Wie könnte man es verbessern?

b) Beim Eintragen der Ergebnisse in den Ergebnisbogen werden ohnehin nicht die genauen Werte eingetragen. Es wird stattdessen ein 20 cm breiter Bereich markiert, in dem das Ergebnis liegt. Teile die Sprungweiten in solche *Klassen* ein.
1. Klasse: 3,00 m ≤ Weite < 3,20 m   2. Klasse: 3,20 m ≤ Weite < 3,40 m, ...
Berechne die relativen Häufigkeiten der einzelnen Klassen und zeichne ein Säulendiagramm.

Lösung

a) Fast alle Weiten kommen keinmal oder nur einmal vor. Das Säulendiagramm würde nur Säulen gleicher Höhe mit vielen Lücken dazwischen aufweisen. Man könnte ihm kaum Informationen entnehmen.
Man müsste die Weiten nicht so genau angeben, damit nicht so viele verschiedene Weiten entstehen. Man könnte z. B. auf 10 cm runden.

b)

Klasse	3,00 m bis 3,20 m	3,20 m bis 3,40 m	3,40 m bis 3,60 m	3,60 m bis 3,80 m	3,80 m bis 4,00 m	4,00 m bis 4,20 m	4,20 m bis 4,40 m	4,40 m bis 4,60 m	4,60 m bis 4,80 m
Absolute Häufigkeit	II	III	IIII	𝍸	𝍸 I	𝍸 II	𝍸 III	III	II
	2	3	4	5	6	7	8	3	2
Relative Häufigkeit	0,05	0,075	0,1	0,125	0,15	0,175	0,20	0,075	0,05

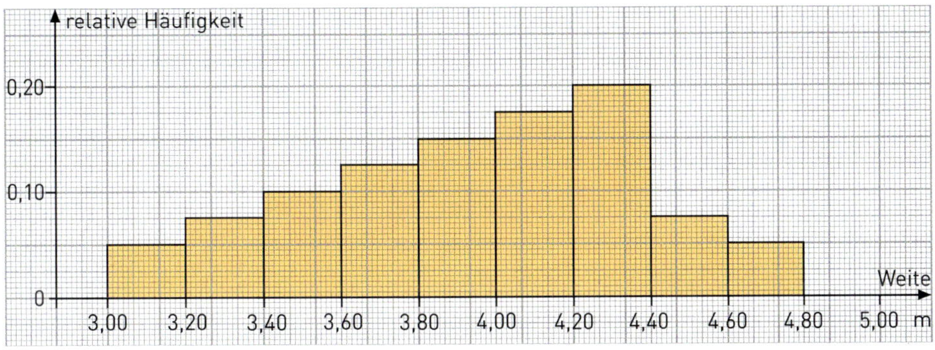

Weiterführende Aufgaben

Auswirkungen der gewählten Klassenbreiten

2. Betrachte die Liste aus Aufgabe 1. Überlege mit deinen Mitschüler(innen) andere Klassenbreiten. Teilt dann die Messwerte ein und zeichnet ein Säulendiagramm mit den relativen Häufigkeiten. Vergleicht eure Säulendiagramme.

Grafische Darstellung bei unterschiedlicher Klassenbreite

3. Für das Einkommen der Arbeitnehmer eines Betriebes wurden zwei verschiedene Diagramme angefertigt. Welches hältst du für angemessen? Begründe.

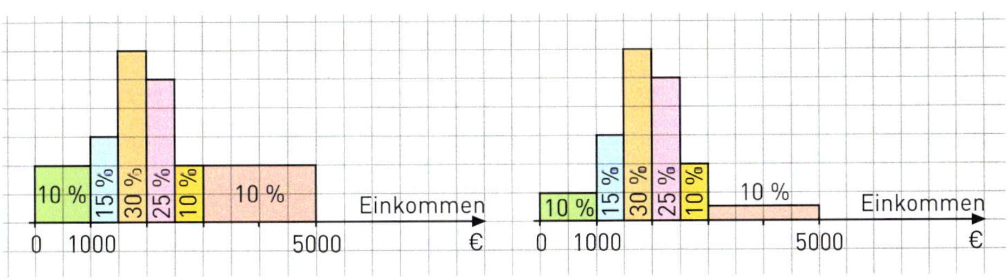

Information

(1) Einteilung in Klassen

Untersucht man Merkmale mit sehr vielen Ausprägungen, ist es oft sinnvoll, jeweils mehrere benachbarte Ausprägungen in **Klassen** zusammenzufassen. Ergebnisse, die auf eine Klassengrenze fallen, werden im Allgemeinen der oberen Klasse zugeordnet.
Die Anzahl der Klassen sollte nicht zu groß, aber auch nicht zu klein gewählt werden.

(2) Histogramm

Bei Flächenangaben ergibt sich der Eindruck aus dem Flächeninhalt.

Zur Darstellung der Häufigkeiten einer in Klassen eingeteilten Stichprobe werden Rechtecke über den Klassen gezeichnet. Falls alle Klassen gleich breit sind, gibt die Höhe der Rechtecke die relativen Häufigkeiten an. Sind die Klassen verschieden breit, sind die Rechtecke so hoch zu zeichnen, dass ihre Flächeninhalte die relativen Häufigkeiten darstellen.

Übungsaufgaben

4. Die Schülerinnen und Schüler der Klasse 6b haben mit einem Videofilm zu Situationen im Straßenverkehr ihre Reaktionszeiten auf ein unerwartetes Ereignis gemessen:

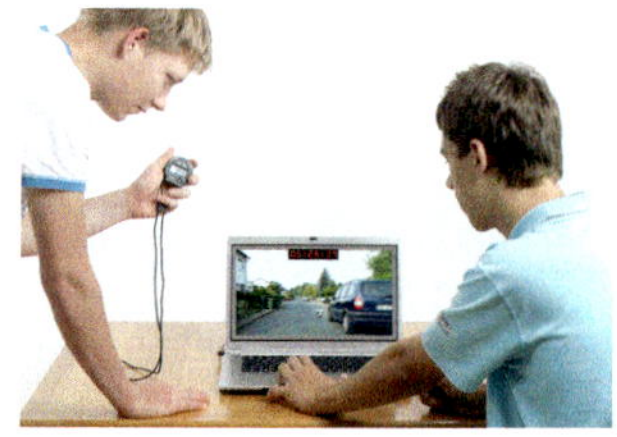

1,02 s	1,15 s	1,10 s	1,26 s	1,19 s	1,09 s	1,11 s	1,06 s
1,13 s	1,15 s	1,18 s	1,17 s	1,22 s	1,04 s	1,11 s	1,16 s
1,17 s	1,10 s	1,24 s	1,07 s	1,21 s	1,09 s	1,14 s	1,22 s

a) Erläutere, warum es ungünstig ist, diese Daten so mit einen Säulendiagramm darzustellen.

b) Fasse die Werte in Klassen der Breite 0,05 s, beginnend mit 1,00 s zusammen und zeichne damit ein Säulendiagramm.

5. Die Schüler der Klasse 6a haben ihre Zeiten beim 50 m-Sprint gemessen:

7,7 s	9,0 s	8,5 s	10,1 s	9,4 s	8,1 s	8,8 s	9,0 s	8,6 s	9,3 s
9,7 s	7,9 s	8,6 s	9,1 s	9,2 s	8,2 s	9,6 s	8,4 s	9,6 s	8,9 s
8,2 s	8,8 s	10,0 s	9,0 s	7,5 s	9,4 s	8,2 s	9,9 s	10,3 s	9,5 s

Bilde Klassen der Breite 0,5 s, beginnend bei 7,0 s. Zeichne damit ein Säulendiagramm.

6. Auf einer Teststrecke wurde die Geschwindigkeit von 38 Rennwagen in $\frac{km}{h}$ gemessen:

390;	331;	421;	327;	199;	219;	318;	389;	299;	294;
371;	365;	293;	325;	293;	397;	209;	273;	269;	268;
201;	281;	394;	363;	351;	369;	388;	282;	313;	211;
416;	213;	201;	320;	327;	359;	220;	338		

Führe für diese Daten drei Klasseneinteilungen mit verschiedenen Breiten durch. Zeichne jeweils ein Säulendiagramm der absoluten Häufigkeiten. Vergleiche daran die durchgeführten Klasseneinteilungen.

7. Robert und Anna sollen von einem Bindfaden nach Augenmaß jeder 100 möglichst genau 10 cm lange Stücke abschneiden. Die Nachmessung ergab:

Länge (in cm)	8,6 – 9,0	9,0 – 9,4	9,4 – 9,8	9,8 – 10,2	10,2 – 10,6	10,6 – 11,0	11,0 – 11,4
Robert	1	7	26	31	23	10	2
Anna	0	2	24	49	23	1	1

a) Zeichne jeweils ein Säulendiagramm. Vergleiche die beiden Stichproben. Wer hat das bessere Augenmaß?

b) Führe den Versuch selber durch. Vergleiche deine Stichprobe mit der Stichprobe von Robert und Anna.

8. Kraftfahrer, die keinen Unfall verursachen, zahlen im Laufe der Zeit immer weniger Versicherungsprämie. Die Versicherungen erfassen dazu die Anzahl der (ununterbrochenen) schadenfreien Jahre. Die folgende Tabelle zeigt, wie viele Kraftfahrer wie lange schon schadenfrei sind.
Zeichne ein Histogramm.

Schadenfreie Jahre	0 – 1	1 – 2	2 – 3	3 – 4	4 – 5	5 – 6	6 – 8	8 – 10	10 – 14	14 – 18	18 – 25
Anteil der Versicherten (in %)	9	4	5	5	6	7	9	10	16	9	20

6.4 Arithmetisches Mittel

Einstieg

Bei den Bundesjugendspielen hat die Riege 1 den besten Weitspringer mit 4,24 m gestellt. Die Schüler der Riege 2 glauben aber, dass sie im Durchschnitt besser gesprungen sind.

RIEGE 1		RIEGE 2	
Lukas	3,71 m	Niklas	3,87 m
Tim	4,16 m	Philip	3,94 m
Jonas	4,03 m	Tom	3,75 m
Leon	3,65 m	Marvin	4,04 m
Maximilian	3,82 m	Florian	4,12 m
Erdal	3,58 m	Daniel	3,66 m
Jannik	3,86 m	Niko	3,91 m
Felix	4,24 m	Osman	4,06 m
Georgios	3,93 m	Finn	4,03 m
Lennard	4,04 m	Tobias	3,83 m
Alexander	3,98 m	Roberto	3,85 m
Kevin	3,77 m	Moritz	3,98 m
Pascal	3,80 m		

Aufgabe 1

Berechnen des arithmetischen Mittels

Die sechsten Klassen sammelten in Vierergruppen für eine Aktion.

a) Die 6a und 6b haben folgendes Sammelergebnis erhalten:

Gruppe	I	II	III	IV	V	VI	VII
Klasse 6a	225 €	190 €	170 €	205 €	245 €	210 €	190 €
Klasse 6b	130 €	245 €	220 €	265 €	185 €	230 €	–

Welche Klasse ist die „bessere Sammelklasse"?

b) Vergleiche auch mit der Klasse 6c, in der eine Vierergruppe 204 €, drei Vierergruppen je 192 € und vier Vierergruppen je 215 € gesammelt haben.

Lösung

a) Die Klasse 6a hat insgesamt 1435 € gesammelt, während die Klasse 6b es auf 1275 € brachte. Damit übertrifft die Klasse 6a die Klasse 6b um 160 €.
Die Klasse 6a hat aber eine Gruppe mehr. Dies wollen wir berücksichtigen.
Die Klasse 6a kam mit 7 Gruppen auf 1435 €. Wenn man den Gesamtbetrag auf die 7 Gruppen gleichmäßig verteilt, erhält man 1435 € : 7, also 205 € je Gruppe.
Die entsprechende Rechnung für die Klasse 6b liefert 1275 € : 6, also 212,50 €.
Die Klasse 6b ist die bessere Sammelklasse, denn bei ihr liegt der durchschnittliche Wert der Beträge um 7,50 € höher als bei der Klasse 6a.

b) In Klasse 6c haben acht Vierergruppen gesammelt.
Wir berechnen auch hier den Gesamtbetrag und verteilen ihn gleichmäßig auf die acht Vierergruppen.

$$\frac{1 \cdot 204\,€ + 3 \cdot 192\,€ + 4 \cdot 215\,€}{8} = \frac{1640\,€}{8} = 205\,€$$

Die Klasse 6c sammelte in jeder Vierergruppe im Mittel 205 €, also genau so viel wie in der Klasse 6a.

Information

Zum Vergleich der Sammelergebnisse der Klassen wurde für jede Klasse der *Mittelwert (Durchschnittswert)* berechnet. Man nennt diesen Mittelwert **arithmetisches Mittel**. Entsprechend kann man bei allen Daten verfahren, mit denen Rechnungen durchgeführt werden können.

Statt arithmetisches Mittel sagt man auch Mittelwert oder durchschnittlicher Wert.

So berechnet man das **arithmetische Mittel** von mehreren Werten:
Addiere die Werte und dividiere die Summe durch die Anzahl der Werte.

Beispiel:
2,36 kg; 1,42 kg; 3,78 kg

Rechnung:
$$\frac{2{,}36\,\text{kg} + 1{,}42\,\text{kg} + 3{,}78\,\text{kg}}{3} = \frac{7{,}56\,\text{kg}}{3} = 2{,}52\,\text{kg}$$

Ergebnis: Das arithmetische Mittel ist 2,52 kg.

Kommen Werte mehrfach vor, kann man das arithmetische Mittel so berechnen:
Multipliziere jeden Wert mit seiner absoluten Häufigkeit, addiere diese Ergebnisse und dividiere durch die Summe aller absoluten Häufigkeiten.

Beispiel:

Wert	2,7 m	3,1 m	3,6 m
Häufigkeit	2	5	3

Rechnung:
$$\frac{2 \cdot 2{,}7\,\text{m} + 5 \cdot 3{,}1\,\text{m} + 3 \cdot 3{,}6\,\text{m}}{2 + 5 + 3} = \frac{31{,}7\,\text{m}}{10} = 3{,}17\,\text{m}$$

Ergebnis: Das arithmetische Mittel ist 3,17 m.

Weiterführende Aufgaben

Ausgleichseigenschaft des arithmetischen Mittels

2. a) Rechts ist das Sammelergebnis der Klasse 6a aus Aufgabe 1 im Säulendiagramm dargestellt. Der rote Strich kennzeichnet das arithmetische Mittel. Vergleiche die Abweichungen der Sammelergebnisse vom arithmetischen Mittel.

b) Zeichne selbst ein Säulendiagramm für das Sammelergebnis der Klasse 6b aus Aufgabe 1.

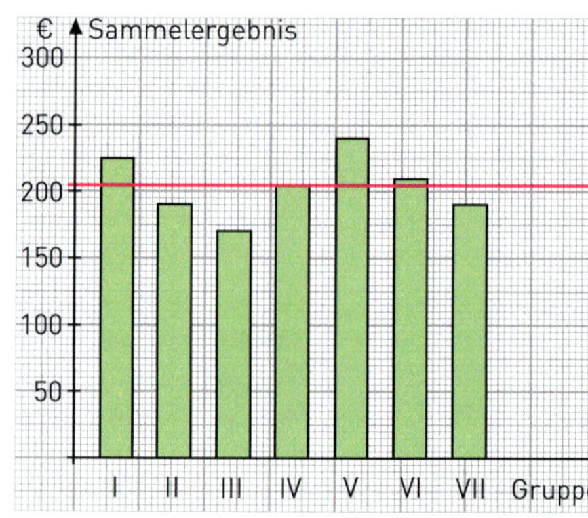

Stichproben mit Ausreißern

3. Luca hat die Zeit gestoppt, die der Bus von der Schule bis nach Hause benötigt und diese in einer Tabelle notiert (siehe unten):

a) Betrachte die Tabelle.
Was fällt auf?
Welche Ursache ist möglich?

b) Berechne das arithmetische Mittel der Fahrzeiten.

c) Luca möchte einen durchschnittlichen Wert für eine Fahrzeit angeben.
Welchen Wert sollte er angeben?

Fahrt Nr.	1	2	3	4	5	6	7	8	9	10	11	12	13	14	15
Fahrtzeit (in min)	24	27	25	28	25	26	97	23	24	27	25	24	28	23	24

Arithmetisches Mittel bei klassierten Daten

4. In einer Fabrik wird der Tagesproduktion eine Stichprobe von 80 Energiesparlampen entnommen, um ihre Brenndauer zu testen. Das Ergebnis findest du in der Tabelle rechts.

Brenndauer (in h)	Anzahl der Lampen
6000 bis 7000	3
7000 bis 8000	5
8000 bis 9000	11
9000 bis 10000	16
10000 bis 11000	21
11000 bis 12000	14
12000 bis 13000	8
13000 bis 14000	2

a) Bestimme einen Näherungswert für das arithmetische Mittel. Begründe dein Vorgehen.

b) Denke dir zu der klassierten Stichprobe eine beliebige Urliste aus. Bilde dann aus den Werten dieser Urliste das arithmetische Mittel und vergleiche mit dem Ergebnis von Teilaufgabe a) und den Ergebnissen deiner Mitschüler. Was stellst du fest?

Information

(1) Ausreißer

Ist in einer Datenmenge ein stark von den übrigen Werten abweichender Wert (ein so genannter *Ausreißer*) vorhanden, so kann das arithmetische Mittel aller Werte wenig aussagekräftig sein. Es kann sinnvoll sein, den Ausreißer bei der Berechnung des arithmetischen Mittels wegzulassen.

(2) Praktischer Mittelwert

Auch wenn die Urliste von Daten einer Datenmenge nicht mehr bekannt ist, sondern nur daraus gebildete Klassen, kann man das arithmetische Mittel bilden.

Man berechnet das arithmetische Mittel von klassierten Daten, indem man alle Werte einer Klasse durch die Klassenmitten ersetzt und hiervon das arithmetische Mittel wie üblich berechnet. Dieses arithmetische Mittel heißt **praktischer Mittelwert**. Er unterscheidet sich nur geringfügig vom arithmetischen Mittel der Daten der Urliste.

Übungsaufgaben

5. Eine Bäckerei entnimmt ihrer Tagesproduktion eine Stichprobe von 20 Broten und kontrolliert deren Gewicht (in g).

502	513	498	504	512
500	509	520	499	518
503	514	507	515	495
507	516	522	503	505

Bestimme das arithmetisches Mittel.
Erläutere auch, warum die Kontrolle an mehreren Broten erfolgt.

6. Die Schüler und Schülerinnen von 6. Klassen wurden nach ihrem monatlichen Taschengeld befragt:

20 €;	20 €;	12 €;	15 €;	15 €;	12 €;	20 €;	25 €;	12 €;	15 €;	20 €;	12 €;	15 €;	8 €;
12 €;	20 €;	12 €;	8 €;	8 €;	12 €;	15 €;	5 €;	12 €;	15 €;	15 €;	15 €;	20 €;	8 €

Bestimme das arithmetisches Mittel.

7. In einer 6. Klasse wurde die Anzahl der Atemzüge pro Minute und die Anzahl der Pulsschläge pro Minute gezählt.

a) Zeichne jeweils ein Säulendiagramm.

b) Berechne jeweils das arithmetisches Mittel.

c) Macht eine entsprechende Erhebung in eurer Klasse.

Anzahl der Atemzüge	17	18	19	20	21	22	23
Anzahl der Schüler	1	3	7	11	8	2	1

Anzahl der Pulsschläge	58	59	60	61	62	63	64	65	66	67	68	69	70	71
Anzahl der Schüler	1	0	0	2	3	0	5	2	1	2	4	1	2	2

8. Rechts findest du die Anzahl der Fehler von Monika und Alexa in den Englisch-Vokabeltests des letzten Monats.

Alexa	4	2	2	1
Monika	5	4	2	1

Alexa sagt: „Meine durchschnittliche Fehleranzahl liegt bei 2,25, denn $\frac{4+2+2+1}{4} = 2{,}25$."

Monika sagt: „Meine durchschnittliche Fehleranzahl liegt nur bei 2,125." Ihre Begründung:

Durchschnitt nach Test 1: $\frac{5+4}{2} = 4{,}5$ Durchschnitt nach Test 2: $\frac{4{,}5+2}{2} = 3{,}25$ Durchschnitt nach Test 3: $\frac{3{,}25+1}{2} = 2{,}125$

9. Ein Englischlehrer sagt: „Der Vokabeltest ist normal ausgefallen, denn der Mittelwert der Fehler liegt bei 3,3."
Der Ergebnisspiegel sah wie rechts aus.
Was „verschleiert" hier der Mittelwert?

Fehleranzahl	1	2	3	4	5	6
Anzahl der Schüler(innen)	6	4	0	0	8	2

10. Bei einem Turnwettkampf erhält ein Teilnehmer folgende Wertungen:
8,5; 8,9; 8,6; 9,0; 8,6; 8,4; 9,2

a) Berechne das arithmetische Mittel.

b) Warum werden bei solchen Turnwettkämpfen im Allgemeinen die höchste und die niedrigste Punktzahl nicht berücksichtigt?

11. Auf einer Teststrecke hat man bei Lkw die Geschwindigkeiten in $\frac{km}{h}$ gemessen:

78,6	66,1	84,2	65,4	39,7	43,8	63,5	88,6	59,8	58,7
74,2	73,0	58,6	65,0	58,6	96,7	41,8	54,6	53,8	53,5
40,1	56,2	78,7	72,6	70,1	73,8	77,5	56,3	62,5	42,1
83,2	19,4	40,2	63,9	65,3	71,7	43,9	67,5		

a) Teile diese Urliste in Klassen mit folgenden Klassenmitten auf:

(1) $20\,\frac{km}{h}$, $30\,\frac{km}{h}$, ..., $100\,\frac{km}{h}$ **(2)** $20\,\frac{km}{h}$, $40\,\frac{km}{h}$, ..., $100\,\frac{km}{h}$

b) Berechne das arithmetische Mittel mithilfe der Klassenmitten und mit den Werten der Urliste. Vergleiche. Erkläre Abweichungen.

6.5 Median

Einstieg

Ein Hotel bittet Gäste um Rückmeldung mit dem Fragebogen rechts. Es wurden angekreuzt:

(1) für die Zimmer:

(2) für das Restaurant:

Bestimmt die durchschnittliche Beurteilung der Zimmer sowie des Restaurants.

Einführung

Bestimmen des Median

Eine Gruppe von 27 Schülerinnen und Schülern wurde nach ihrer Freizeitgestaltung befragt.
Ein Ergebnis dieser Umfrage siehst du rechts.
In einem Artikel in der Schülerzeitung soll nicht das vollständige Umfrageergebnis, sondern nur ein Durchschnittswert veröffentlicht werden.
Für die Berechnung des arithmetischen Mittels muss man die Summe aller Werte durch deren Anzahl dividieren.
Hier können wir auf diese Weise keinen Durchschnittswert bilden, da wir z. B. nicht die Summe aus „überaus wichtig“ und „sehr wichtig“ bilden können.

Wie wichtig ist dir Musik in deinem Leben?	
Wichtigkeit	Anzahl der Schüler (absolute Häufigkeit)
überaus wichtig (ü)	9
sehr wichtig (s)	8
wichtig (w)	4
nicht so wichtig (n)	3
unwichtig (u)	1
völlig unwichtig (v)	2

Wir ordnen daher den nur qualitativ abgestuften Werten Punktzahlen zu:

(1) Ordnen wir „überaus wichtig“ die Punktzahl 5 zu, „sehr wichtig“ die Punktzahl 4 usw. bis „völlig unwichtig“ 0, so ergibt sich als durchschnittlicher Wert:
$\frac{9 \cdot 5 + 8 \cdot 4 + 4 \cdot 3 + 3 \cdot 2 + 1 \cdot 1 + 2 \cdot 0}{27} = \frac{96}{27} \approx 3{,}6;$ also ungefähr „wichtig“.

(2) Wählen wir dagegen die Zuordnung völlig unwichtig $\rightarrow$ 0, unwichtig $\rightarrow$ 1, weniger wichtig $\rightarrow$ 2, wichtig $\rightarrow$ 4, sehr wichtig $\rightarrow$ 8, überaus wichtig $\rightarrow$ 16, so ergibt sich als durchschnittlicher Wert:
$\frac{9 \cdot 16 + 8 \cdot 8 + 4 \cdot 4 + 3 \cdot 2 + 1 \cdot 1 + 2 \cdot 0}{27} = \frac{231}{27} \approx 8{,}6;$ also ungefähr „sehr wichtig“.

Daher sind die mithilfe solcher Zuordnungen erhaltenen Ergebnisse nicht aussagekräftig; sie hängen stark von der willkürlichen Zuordnung der Punkte ab.
Da wir die einzelnen Antworten nicht miteinander verrechnen können, bleibt nur die Möglichkeit, sie in ihrer Rangfolge nebeneinander aufzustellen:

ü ü ü ü ü ü ü ü ü	s s s s s s s s	w w w w	n n n	u	v v
9-mal	8-mal	4-mal	3-mal	1-mal	2-mal

geordnete Stichprobe

Als durchschnittlichen Wert kann man den genau in der Mitte dieser 27 Werte stehenden Wert angeben. Das ist hier der an der 14. Stelle, also s für „sehr wichtig“.
Diesen Wert nennt man den *Median (Zentralwert)* der geordneten Stichprobe.

Information

Bei den Antworten zur Bedeutung der Musik im Leben der Schüler konnten wir kein arithmetisches Mittel bestimmen, da die Antworten nur in einer Rangfolge zueinander anzuordnen sind. Eine Addition einzelner Angaben, z. B. *wichtig + unwichtig*, ist nicht möglich.

Den **Median** (*Zentralwert*) von mehreren Werten erhält man so: Zunächst werden die Angaben der Urliste ihrer Rangfolge nach geordnet.
Bei ungerader Anzahl von Angaben ist der Median die in der Mitte stehende Angabe.
Bei gerader Anzahl von Angaben kann man die beiden mittleren Angaben als Median angeben. (Wenn möglich, wählt man häufig das arithmetische Mittel dieser beiden Angaben als Median).

Beispiel:
☺ 😐 ☹ ☺ ☺
Rangfolge:
☹ 😐 ☺ ☺ ☺
↑
mittlere Angabe
Ergebnis: Der Median ist ☺.

Weiterführende Aufgabe

Einfluss von Ausreißern auf den Median

1. Gib eine Stichprobe an, deren arithmetisches Mittel sich bei Abänderung eines einzigen Wertes stark verändert. Untersuche auch, wie sich der Median ändert.

Sind in einer Stichprobe Ausreißer vorhanden, kann es sinnvoll sein, statt des arithmetischen Mittels den Median zu bilden.

Übungsaufgaben

2. 19 Schüler bearbeiten eine Aufgabe und bewerten anschließend deren Schwierigkeitsgrad mit „leicht lösbar" (ll), „lösbar" (l), „schwer lösbar" (sl) bzw. „unlösbar" (ul).
Das Ergebnis lautet: ul, sl, sl, l, l, ll, sl, l, l, sl, ll, sl, l, l, sl, ll, l, ll, sl
Welchen Schwierigkeitsgrad sollte man der Aufgabe zusprechen?

3. 25 Zuschauer bewerten den Film „Warte, bis Tarzan kommt" mit „ausgezeichnet" (a), „sehr gut" (sg), „gut" (g), „mittelprächtig" (m), „schlecht" (s), „sehr schlecht" (ss):
ss, s, s, s, m, m, g, s, sg, a, m, m, a, a, s, m, g, sg, sg, s, g, g, s, m, sg.
Den Film „Tarzan ist wieder da" bewerten sie folgendermaßen:
sg, s, m, s, ss, g, g, s, ss, m, m, s, g, sg, m, g, m, g, s, s, m, ss, m, ss, sg.
Welcher der beiden Filme wird besser bewertet?

4. Gegeben sind die sieben Verbrauchsangaben 8,4 ℓ; 7,8 ℓ; 9,2 ℓ; 7,5 ℓ; 10,1 ℓ; 8,3 ℓ; 8,9 ℓ.
a) Bestimme das zugehörige arithmetische Mittel und den zugehörigen Median.
b) Erweitere die gegebene Liste durch zwei verschiedene Angaben, sodass sich das arithmetische Mittel nicht ändert. Welche Eigenschaften müssen die beiden ergänzten Angaben haben?
c) Erweitere die gegebene Liste durch zwei verschiedene Angaben, sodass sich der Median nicht ändert. Welche Eigenschaften müssen die beiden Ergänzungen haben?

5. Ein Lehrer notiert sich nach jeder Unterrichtsstunde Bewertungen zur Mitarbeit der Schüler(innen) mit den Symbolen ++, +, ○, –, ––.
Für Carina und David lauten die Ergebnisse:
Carina: +, ++, ○, –, –, +, ○, ○, +, –, ○, +, –
David: ++, –, ––, ++, +, –, ○, +, +, ++, –, +, +
Wer von beiden hat besser mitgearbeitet?

6. In einer Klasse sind 25 Schülerinnen und Schüler.
Der Lehrer soll für eine statistische Erhebung die Durchschnittsgröße der Schülerinnen und Schüler seiner Klasse feststellen.
Um die Arbeit zu erleichtern, lässt der Lehrer die Kinder nach der Größe „wie die Orgelpfeifen" antreten. Dann sagt er: „Die/der Dreizehnte soll vortreten." Bei dieser Person misst er die Größe und gibt den gemessenen Wert als Durchschnittswert an.
Kann man so die Durchschnittsgröße bestimmen? Begründe.

7. **a)** Begründe: Ist die Anzahl der Werte in einer geordneten Liste ungerade, so ist der Median immer ein Wert, der in der Liste vorkommt. Gib ein Beispiel für eine derartige Liste an.
b) Begründe: Ist die Anzahl der Werte in einer geordneten Liste gerade, so kann der Median ein Wert sein, der in der Liste vorkommt oder nicht. Gib je ein Beispiel an.

8. Vor ungefähr 450 Jahren schlug Jacob Köbel in seinem Buch über „Geometry" einen Weg vor, wie man mithilfe von zufällig ausgewählten Männern das allgemeine „Fuß" festlegen könne.

a) Beschreibe die aus dem Bild erkennbare Methode.
b) Wie lang wäre ein solcher „Fuß" geworden, wenn die 16 Männer folgende Fußlängen gehabt hätten:
28,3 cm; 29,0 cm; 27,4 cm; 28,5 cm;
28,2 cm; 28,0 cm; 29,1 cm; 28,0 cm;
28,2 cm; 27,8 cm; 28,9 cm; 28,9 cm;
27,7 cm; 28,8 cm; 30,0 cm; 29,2 cm?
c) Wie lang wäre ein solcher „Fuß" geworden, wenn man den Median der Fußlängen bestimmt hätte?
d) Lege entsprechend der Methode von Köbel mithilfe deiner Klasse ein aktuelles Längenmaß „Schuh" fest.

9. In einer Zeitschrift stand: „Das durchschnittliche Sterbealter der Bevölkerung beträgt heute 76 Jahre, zur Zeit von Christi Geburt lag es bei 36 Jahren." In dieser Notiz stand aber nicht, ob der Mittelwert oder der Median angegeben worden ist. Welcher Wert ist geeigneter?
Tipp: Beachte beispielsweise die Säuglingssterblichkeit damals und heute.

Das kann ich noch!

A) Finde die Fehler beim schriftlichen Rechnen.

1)	2)	3)	4)
243	537	152 · 81	4836 : 12 = 43
+ 187	− 112	1216	48
+ 312	− 84	152	036
11	443	1368	36
632			0

10. Beim Schulsportfest waren Jan, Tim und Michael die drei besten Weitspringer ihrer Klasse. Sie hatten in fünf Durchgängen lauter gültige Sprünge.

	1. Sprung	2. Sprung	3. Sprung	4. Sprung	5. Sprung
Jan	4,40 m	4,45 m	4,48 m	4,30 m	4,12 m
Tim	4,10 m	4,20 m	4,35 m	4,13 m	4,32 m
Michael	4,35 m	4,38 m	4,35 m	4,45 m	4,37 m

a) Berechne bei jedem Schüler die durchschnittliche Sprungleistung mithilfe des arithmetischen Mittels.

b) Bestimme bei jedem Schüler die mittlere Sprungleistung mithilfe des Medians.

c) Welcher Schüler zeigte die konstanteste Leistung?

d) Wer gewann den Wettbewerb?

11. Berechne arithmetisches Mittel und Median.
Welcher Wert kennzeichnet die Stichprobe besser?

a) Zwölf Schüler aus der Klasse 6 wurden nach dem monatlichen Taschengeld befragt: 9 €, 15 €, 12 €, 30 €, 12 €, 6 €, 9 €, 18 €, 60 €, 15 €, 9 €, 24 €.

b) In einem kleinen Betrieb wurden die monatlichen Einkünfte bestimmt: 1407 €, 870 €, 1185 €, 2500 €, 1260 €, 1572 €, 1450 €.

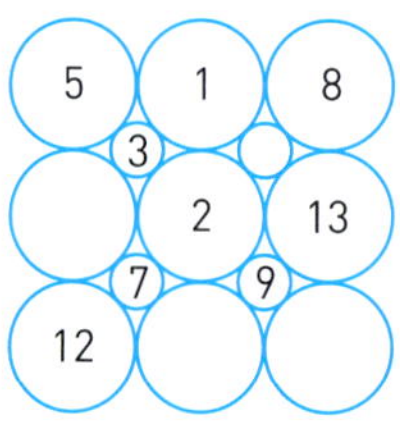

12. Übertrage die Grafik links in dein Heft. In den kleinen Kreisen steht jeweils das arithmetische Mittel der Zahlen aus den vier umgebenden Kreisen.

13. Julias Vater nutzt sein Auto beruflich. Jeden Freitag nach Feierabend tankt er wieder voll und stellt dabei für die abgelaufene Arbeitswoche die Länge der gefahrenen Strecke und die verbrauchte Benzinmenge fest. Rechts siehst du seine Unterlagen für die letzten 10 Wochen.

Kalenderwoche	Strecke (in km)	Benzin (in ℓ)
11	480	38,4
12	565	45,2
13	500	38,4
14	420	35,7
15	455	36,4
16	470	38,0
17	570	45,0
18	515	40,0
19	390	35,0
20	560	40,0

a) In welcher Woche fuhr Julias Vater die längste Strecke, in welcher Woche die kürzeste?

b) Wie lang ist die Strecke, die Julias Vater durchschnittlich in einer Woche gefahren ist?

c) Wie viel hat er durchschnittlich in einer Woche getankt?

d) In welchen Wochen war der Benzinverbrauch relativ hoch, in welchen relativ niedrig?

14. Ein Verbraucherinstitut testete verschiedene ähnliche Produkte, um durch seine Bewertung die Käufer bei ihrer Kaufentscheidung zu unterstützen. Bei einem Test über Navigationsgeräte wurden im Jahre 2012 nebenstehende Daten veröffentlicht.

a) Es ist nicht angegeben, ob der mittlere Preis das arithmetische Mittel oder der Median ist. Gebt für jeden Typ Gerätepreise an, die auf den jeweiligen mittleren Preis als arithmetisches Mittel bzw. Median führen.

b) Überlegt, warum Testzeitschriften häufig den Median und nicht das arithmetische Mittel der Preise angeben.

Durchführen einer statistischen Erhebung

Wenn man eine statistische Erhebung durchführen und auswerten will, muss man in der Regel vier Schritte durchführen:

1. **Planen:** Dazu gehört z. B. das Auswählen und Formulieren der zu stellenden Fragen, das Festlegen der Stichprobe, die Entscheidung über den Zeitpunkt der Erhebung. Es ist darauf zu achten, dass eine für die Gesamtheit repräsentative Stichprobe ausgewählt wird.
   Beispiele:
   a) Eine Klasse meint, dass das Verkehrsaufkommen in der Nähe der Schule gefährlich hoch ist. Die Schülerinnen und Schüler planen, wie viele Gruppen den Verkehr zählen sollen und wann und wie lange gezählt werden soll.
   b) Ein Großhändler befürchtet, dass eine Lieferung von Apfelsinen zu viele schlechte enthält. Er plant, wie groß seine Stichprobe sein soll.

2. **Daten erheben:** Dazu gehört das Notieren der Daten in einen Erhebungsbogen.
   Beispiele:
   a) Die Schüler legen eine Strichliste an, um die Anzahlen festzustellen.
   b) Der Großhändler zählt, wie viele Apfelsinen nicht einwandfrei sind.

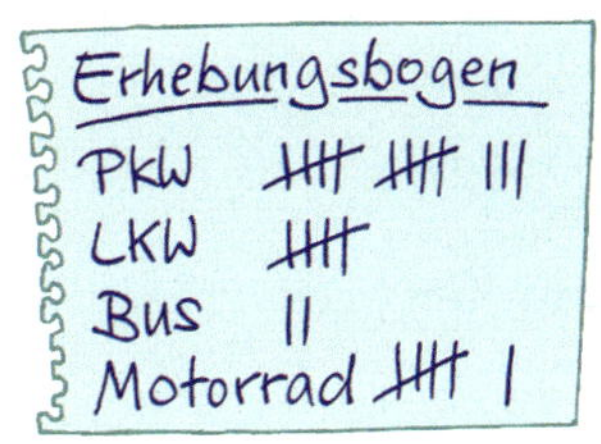

3. **Daten aufbereiten und auswerten:** Die erhobenen Daten werden in Tabellen oder Diagrammen zusammengefasst. Es können z. B. relative Häufigkeiten, arithmetisches Mittel und Median berechnet werden.

4. **Folgerungen:** Schließlich wird man aus den Ergebnissen noch Folgerungen ziehen.
   Beispiele:
   a) Die Verkehrsdaten können der Stadtverwaltung übergeben werden, damit diese auf dieser Grundlage entscheidet, ob der Straßenverkehr zumutbar ist oder nicht.
   b) Der Großhändler kann auf der Grundlage seiner Stichprobe abschätzen, wie viele faule Apfelsinen die ganze Lieferung enthält. Er kann damit entscheiden, ob er die gesamte Lieferung annehmen oder ablehnen will.

Anregungen für Gruppen- und Partnerarbeit

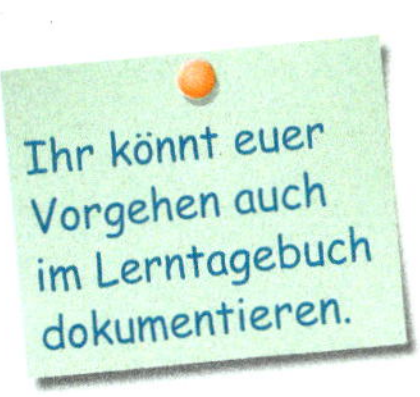

Du kannst zusammen mit einem oder mehreren deiner Mitschüler auch selbst statistische Erhebungen durchführen. Bereitet die Ergebnisse so auf, dass sie in der Schülerzeitung oder auf der Homepage der Schule veröffentlicht werden können. Hier einige Vorschläge – ihr findet sicherlich noch mehr:

- Was halten Schüler der Klassen 5 bis 10 vom Lesen? Welche Bücher sind beliebt?
- Was halten Schüler der Klassen 5 bis 10 vom Sport? Welche Sportarten sind bei den Schülern deiner Schule am beliebtesten? Welche Sportarten werden von ihnen selbst ausgeführt, welche Sportarten gern im Fernsehen betrachtet?
- Was halten Schüler der Klassenstufen 5 bis 10 von Computerspielen? Wie groß ist die absolute und die relative Häufigkeit der Schüler, die selbst Computerspiele haben?
- Wie viel Zeit müssen die Schüler deiner Klasse für die Anfertigung von Hausaufgaben aufbringen? Wie stark unterscheiden sich die einzelnen Fächer darin?

Das Wichtigste auf einen Blick

Absolute und relative Häufigkeit

Die **absolute Häufigkeit** gibt an, wie oft etwas vorkommt.
Die **relative Häufigkeit** gibt den Anteil an.
Relative Häufigkeiten gibt man als Brüche, Dezimalbrüche oder in Prozent an. Die Summe der relativen Häufigkeiten ist immer 1.

Beispiel:
430 Befragte (in einer Stichprobe aus 1000 Personen) haben als Lieblingsverein Borussia Dortmund angegeben. Die relative Häufigkeit der Borussia-Fans ist:
$\frac{430}{1000} = 0{,}43 = 43\,\%$

Arithmetisches Mittel

Das **arithmetische Mittel** ist die Summe aller Werte dividiert durch die Anzahl.

Beispiel: 3 Ponys wiegen je 360 kg und 2 Ponys wiegen je 370 kg. Das arithmetische Mittel ist: $\frac{3 \cdot 360\,\text{kg} + 2 \cdot 370\,\text{kg}}{5} = 364\,\text{kg}$

Median

Ordnet man alle Ergebnisse in einer Stichprobe, so nennt man den in der Mitte stehenden Wert **Median**.

Beispiel:
Umfrage zur Beliebtheit des Schulessens.
Ergebnisse: ☹ 😃 😃 😐 ☹ 😃 😃
geordnete Stichprobe:
☹ ☹ 😐 😐 😃 😃 😃
↳ Median

Bist du fit?

1. Ein Gymnasium mit 925 Schülern will verschiedene Aktivitäten am Nachmittag anbieten. Die Schülervertretung führt eine Pausenumfrage zu den Schülerwünschen durch. Rechts das Ergebnis.

Hausaufgabenbetreuung	24 Schüler
Computerkurse	38 Schüler
Sport	1 Schüler
nicht interessiert	48 Schüler

a) Wie groß ist die Grundgesamtheit und wie groß ist der Umfang der Stichprobe?
b) Bestimme die relativen Häufigkeiten der Schüler, die sich für Angebote interessieren.
c) Stelle die Ergebnisse in einem Diagramm dar.
d) Mit wie vielen Schülern kann man jeweils für die Hausaufgabenbetreuung, die Computerkurse und den Sport rechnen?

2. Eine Molkerei kontrolliert ihre Abfüllmaschine:

Inhalt (in mℓ)	995	996	997	998	999	1000	1001	1002	1003	1004	1005
Anzahl der Packungen	2	3	5	10	15	21	20	11	5	4	2

Berechne das arithmetische Mittel und die Spannweite für den Inhalt.

3. Eine Autowerkstatt bittet ihre Gäste täglich um die Bewertung des Service:
Montag: 🙂 😐 ☹ 😐 😃 😃 🙂 😐 🙁
Dienstag: 😃 😐 ☹ 🙁 🙁 ☹ 😐 🙂 😐 ☹ 🙁
Hat sich die Beurteilung des Service geändert?

7. Ganze Zahlen

Aus dem Alltag weißt du, dass man für manche Größen bei den Angaben durch Zahlen auch Minus- und Pluszeichen verwendet.

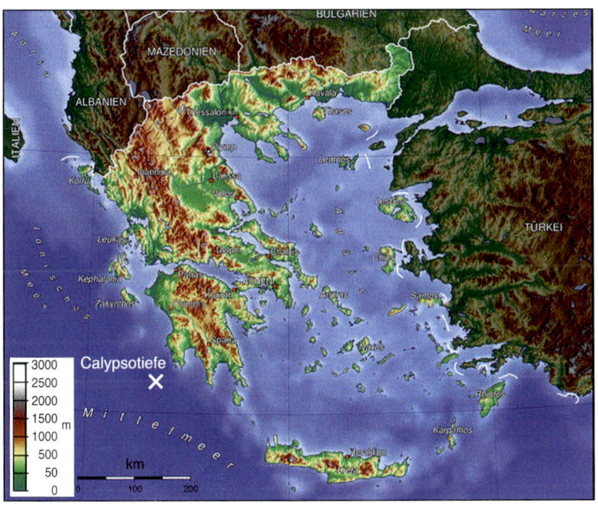

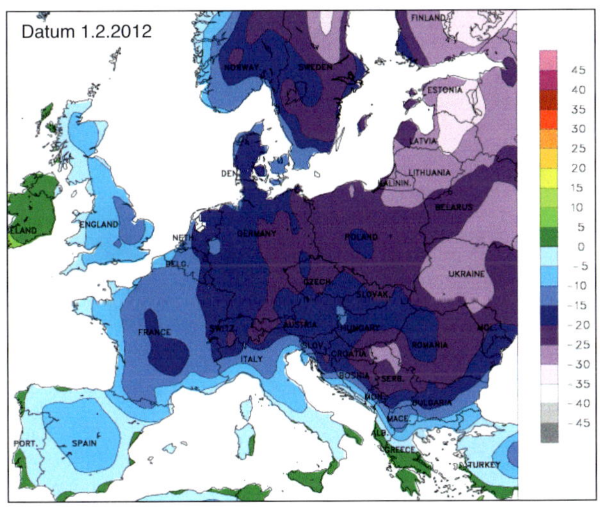

- Lies die Höhenangaben des Calypsotiefs, des Golfs von Korinth und einiger Berge ab.
- Lies die Temperaturen einiger europäischer Hauptstädte bei einem starken Kälteeinbruch am 1. Februar 2012 ab.

In diesem Kapitel ...
lernst du, wie man negative Zahlen zum Beschreiben von Sachsituationen verwenden kann.
Weiter lernst du, wie man ganze Zahlen addiert und multipliziert.

Lernfeld: Zahlen unter Null

Zeitleiste

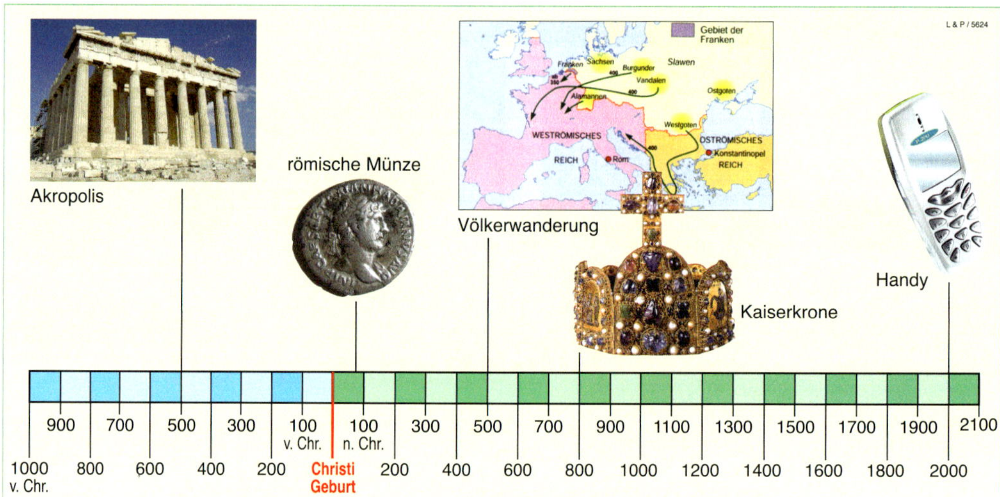

Die Darstellung von geschichtlichen Daten erfolgt oft in Zeitleisten, damit man einen schnellen Überblick über den zeitlichen Verlauf verschiedener Ereignisse hat.

➔ Erstelle selbst eine solche Zeitleiste. Trage zum Beispiel berühmte Mathematiker, Herrscher im Römischen Reich oder andere Daten ein.

➔ Nach dem 2. Weltkrieg im Jahr 1945 musste in Deutschland vieles neu aufgebaut werden. Man bezeichnet diesen Zeitpunkt auch als Stunde Null in der deutschen Geschichte. Zeichne eine Zeitleiste mit 1945 als Jahr Null und trage verschiedene Ereignisse ein.

➔ Erstellt gemeinsam eine große Zeitleiste aus mehreren Blättern und hängt sie im Klassenraum aus.

Auf und ab mit dem Fahrstuhl

Vielleicht habt ihr schon in einem Hochhaus mit mehreren Kellergeschossen gesehen, dass die Geschosse mit natürlichen Zahlen und mit Zahlen mit einem Minuszeichen davor beschriftet sind. Hier sollt ihr ein Spiel dazu herstellen und spielen.
Zeichnet als Spielfeld das Bedienfeld eines Liftes mit Geschossen von − 6 bis + 15.
Stellt Karten mit den Geschossnummern von − 6 bis + 15 her.
Stellt einen Würfel her, der mit − 2, − 1, 0, + 1, + 2, + 3 beschriftet ist.

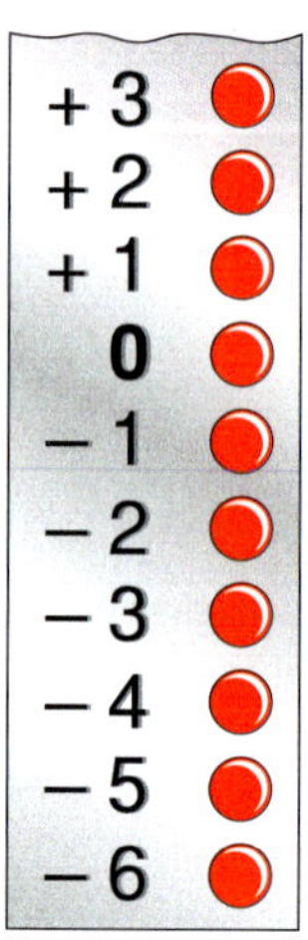

➔ Am Spielanfang stellt jeder Spieler seine Spielfigur in das Erdgeschoss und zieht verdeckt vier Geschosskarten. Seine Spielfigur muss dann die angegebenen Geschosse besuchen. Die Spieler würfeln reihum. Bei +1, +2 und +3 darf die Figur die gewürfelte Augenzahl aufwärts gehen, bei −1 und −2 abwärts. Bei 0 bleibt die Spielfigur stehen. Hat ein Spieler ein gezogenes Stockwerk erreicht, gibt er die entsprechende Geschosskarte zurück. Sieger ist, wer als erster alle gezogenen Stockwerke erreicht hat.

➔ Von Monopoly und anderen Spielen kennt ihr Ereigniskarten. Erweitert das Spiel noch, in dem ihr zusätzliche Ereigniskarten herstellt. Die angegebenen Ereignisse treten dann beim Werfen einer 0 ein.

7.1 Einführung der ganzen Zahlen

Einstieg

Welche Bedeutung haben die Zahlenangaben in den Bildern?
Findet weitere solcher Beispiele.

Aufgabe 1

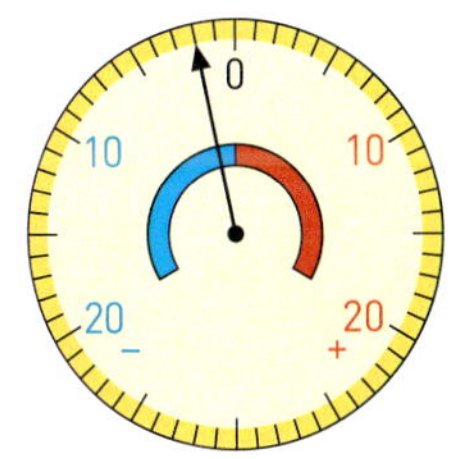

Moritz wohnt in Minden. Für eine Wetterbeobachtung hat Moritz an einem Wintertag das Thermometer im Garten zu verschiedenen Zeitpunkten abgelesen.
Die Messwerte hat er in einer Tabelle notiert.

Zeit	6:00 Uhr	9:00 Uhr	12:00 Uhr	15:00 Uhr	18:00 Uhr
Temperatur	– 4 °C	– 2 °C	+ 1 °C	+ 4 °C	– 3 °C

a) Was kannst du der Tabelle entnehmen? Gib auch verschiedene Sprechweisen für Temperaturen an.

b) Lisa sagt: „Um 6:00 Uhr und um 15:00 Uhr waren vier Grad.“
Nimm Stellung zu Lisas Aussage.

c) Zu welchen Zeiten hätte man 0 °C auf dem Thermometer ablesen können?

d) Moritz möchte die von ihm um 9:00 Uhr in Minden gemessene Temperatur mit der an anderen Orten vergleichen.
In einer Radiomeldung wird die Temperatur an verschiedenen Orten um 9:00 Uhr genannt:

Ort	Freiburg	Köln	Hannover	Berlin	Dresden
Temperatur (in °C)	– 5	– 1	+ 1	+ 6	+ 3

Zeichne auf kariertes Papier eine Temperaturskala von –7 °C bis +7 °C.
Wähle 1 cm für 1 °C. Markiere anschließend die angegebenen Temperaturen. Notiere auch die Orte.

Lösung

a) Von 6:00 Uhr morgens bis zum Nachmittag ist die Temperatur angestiegen, danach wieder gesunken. Die niedrigste beobachtete Temperatur betrug – 4 °C, die höchste + 4 °C.
Man sagt auch 4 °C unter null oder 4 Grad minus.

b) Lisa hat nicht beachtet, dass Temperaturen unter und über null unterschieden werden müssen.

c) Zwischen 9:00 Uhr und 12:00 Uhr muss das Thermometer 0 °C erreicht haben, da in diesem Zeitraum die Temperatur von Minusgraden zu Plusgraden gestiegen ist.
Ebenso hat das Thermometer zwischen 15:00 Uhr und 18:00 Uhr die Temperatur 0 °C angezeigt, da die Temperatur von Plusgraden zu Minusgraden gefallen ist.

d) Du erhältst folgendes Bild.

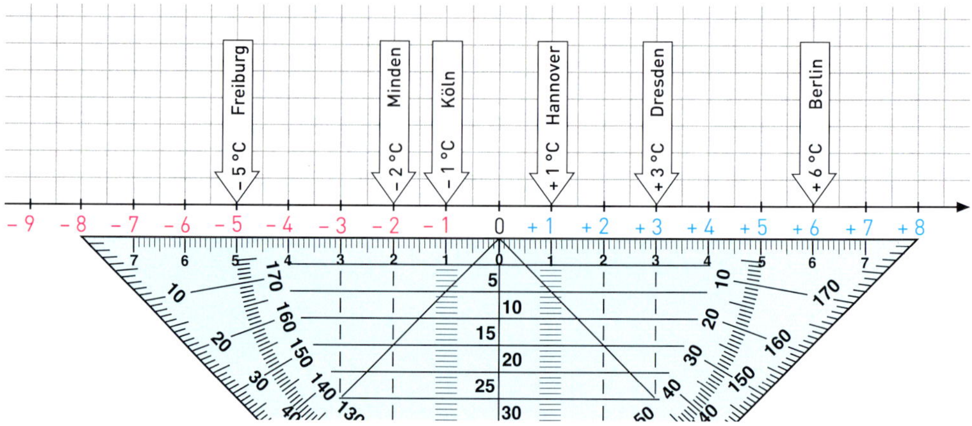

Information

Negative Zahlen

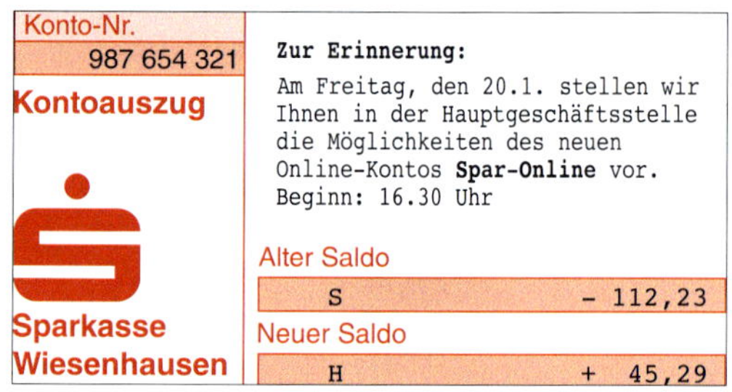

In Aufgabe 1 kommen Angaben vor, die wir mit den bisher bekannten Zahlen nicht vollständig beschreiben können. Wir mussten eine zusätzliche Angabe hinzufügen, nämlich ob die Temperatur über null oder unter null liegt.
Im täglichen Leben gibt es mehrere Beispiele für Sachverhalte, bei denen ähnliche Zusatzinformationen gemacht werden müssen:

- Temperaturen (über oder unter dem Gefrierpunkt von Wasser)
- Höhenangaben (über NN (Normalnull) oder darunter)
- Geldangaben auf Bankkonten (Haben oder Soll)

In der Mathematik und im Alltag unterscheidet man solche Zustände über und unter einem festgelegten Normalzustand (dem Nullpunkt) durch das Vorzeichen + (plus) oder – (minus).

Normalnull
mittlere Höhe des Meeresspiegels (in Amsterdam)
Haben
Der Kontoinhaber hat Geld auf dem Konto.
Soll
Der Kontoinhaber schuldet dem Geldinstitut Geld.

Wir erweitern den *Zahlenstrahl* zur **Zahlengeraden**:

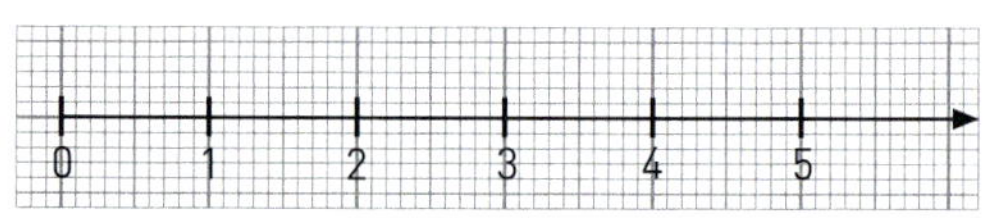

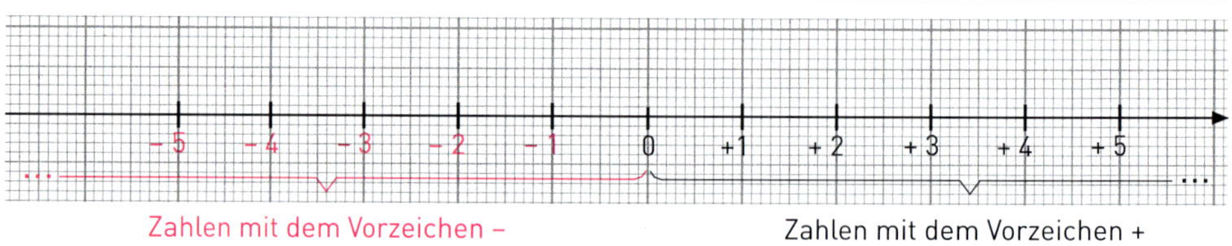

Zahlen wie –100; –15; –31; 0; + 2; + 13 heißen **ganze Zahlen**. Die Zahlen mit dem Vorzeichen + nennt man **positiv**, die Zahlen mit dem Vorzeichen – **negativ**. Das Vorzeichen + wird oft weggelassen. Die Zahl 0 ist weder positiv noch negativ.

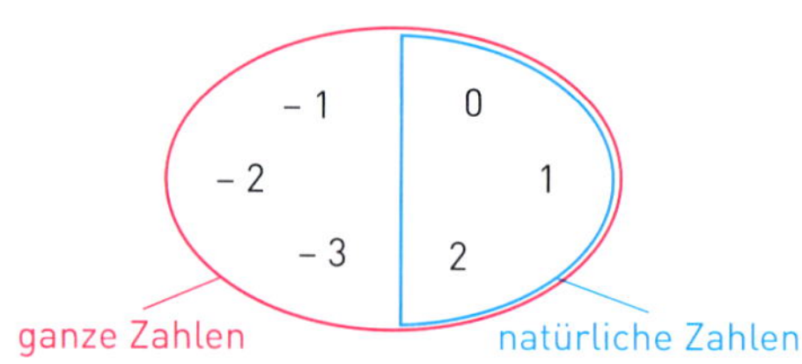

Übungsaufgaben

2. a) Was bedeuten die Zahlen +8; −8; −5; 0; −2; +2; −4 bei
(1) einem Thermometer; **(2)** Höhenangaben; **(3)** einem Kontoauszug?

b) Drücke mithilfe von Vorzeichen aus:
(1) 180 m über Normalnull **(3)** 12 °C unter null **(5)** 180 € Soll
(2) 270 m unter Normalnull **(4)** 23 °C über null **(6)** 270 € Haben

3. Auf der Zahlengeraden sind Zahlen durch Pfeile markiert. Notiere diese Zahlen.

a)

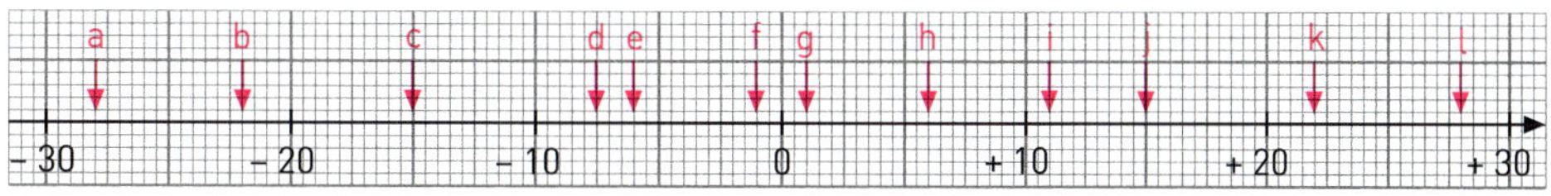

b)

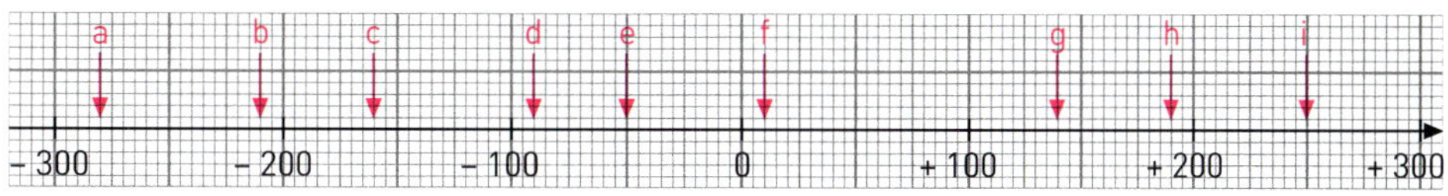

4. Ordne die Zahlen aus der Lösungskiste den richtigen Stellen an der Zahlengeraden zu.

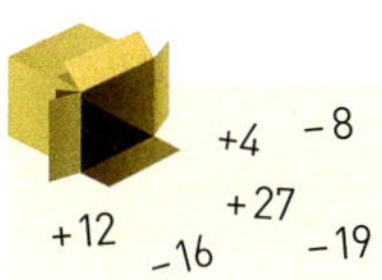

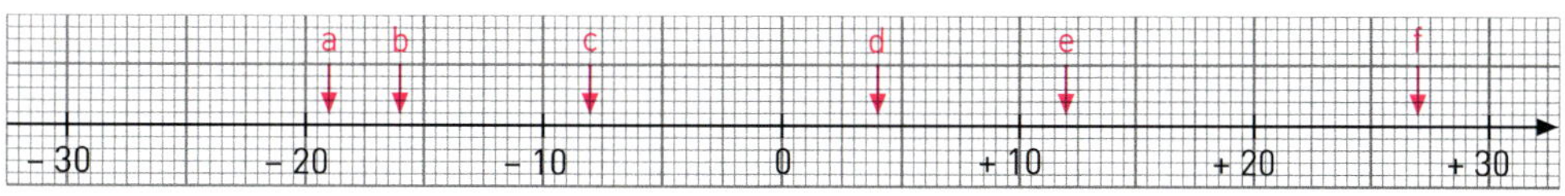

5. Zeichne jeweils eine Zahlengerade und markiere die Zahlen an der Zahlengeraden. Achte auf eine geeignete Einteilung der Zahlengeraden.

a) −7; +3; +1; −11; +5 **b)** +110; −50; 60; −10; 70 **c)** −3; −6; +9; +2

6. a) Unterscheide Angaben für Berge und Tiefseegräben durch Vorzeichen voneinander. Trage sie dazu auf einer gemeinsamen Skala ein.

b) Stellt euch gegenseitig geeignete Fragen und beantwortet sie.

Höhe einiger Berge	
Mount Everest	8 846 m
Kilimandscharo	5 892 m
Montblanc	4 807 m
Matterhorn	4 478 m
Zugspitze	2 962 m
Tiefe einiger Tiefseegräben	
Marianengraben	11 034 m
Philippinengraben	10 540 m
Puerto-Rico-Graben	9 219 m
Caymangraben	7 680 m
Perugraben	6 262 m

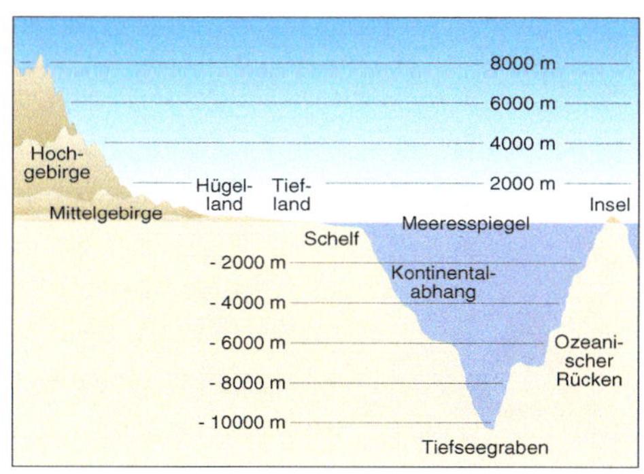

7. Was ist mit den folgenden Zeitungsausschnitten gemeint?

Firma FLOTTIVA schreibt wieder schwarze Zahlen

Verein Waldeslust kommt aus den roten Zahlen nicht heraus

7.2 Koordinatensystem

Ziel

In Klasse 5 hast du das Koordinatensystem für Punkte, deren Koordinaten natürliche Zahlen sind, kennen gelernt. Hier lernst du, wie man auch andere Punkte angeben kann.

Zum Erarbeiten

Erweitern des Koordinatensystems

Im Koordinatensystem ist das Dreieck mit den Eckpunkten A (1 | 3), B (7 | 1), C (6 | 5) gezeichnet.

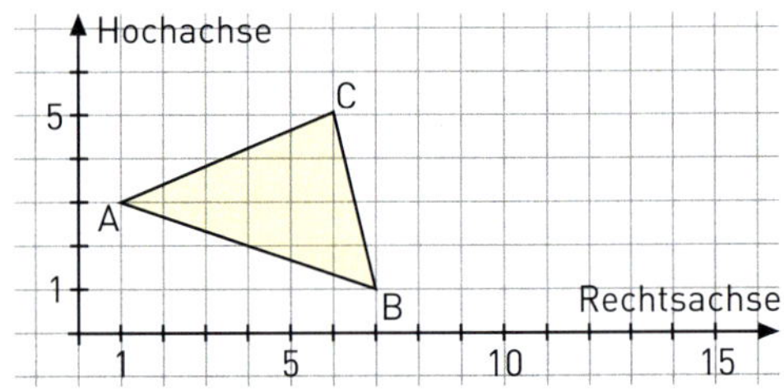

(1) Zeichne ein zum Dreieck ABC symmetrisch zur Rechtsachse liegendes Dreieck $A_1B_1C_1$. Bestimme die Koordinaten der Eckpunkte A_1, B_1 und C_1.

(2) Zeichne ein zum Dreieck ABC symmetrisch zur Hochachse liegendes Dreieck $A_2B_2C_2$. Bestimme die Koordinaten der Eckpunkte A_2, B_2 und C_2.

(3) Zeichne ein zum Dreieck $A_2B_2C_2$ symmetrisch zur Rechtsachse liegendes Dreieck $A_3B_3C_3$. Bestimme die Koordinaten der Eckpunkte A_3, B_3 und C_3.

➔ Für die Lösung der Aufgaben (1), (2) und (3) müssen wir das Koordinatensystem erweitern. Rechts- und Hochachse sind nicht mehr Zahlenstrahlen, sondern Zahlengeraden.

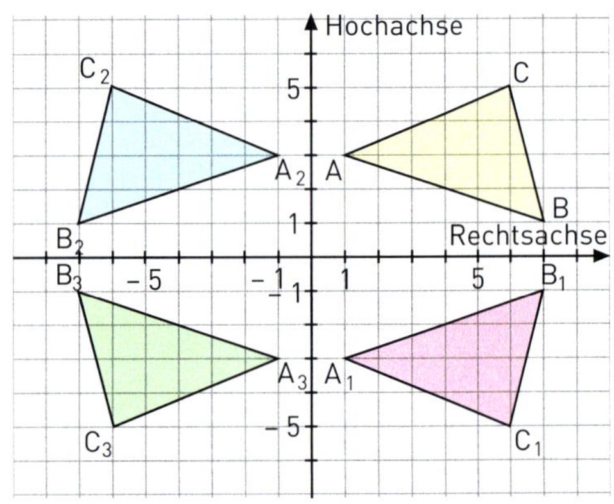

(1) Die Eckpunkte des Bilddreiecks haben die Koordinaten $A_1(1|-3)$, $B_1(7|-1)$, $C_1(6|-5)$.

(2) Die Eckpunkte des Bilddreiecks haben die Koordinaten $A_2(-1|3)$, $B_2(-7|1)$, $C_2(-6|5)$.

(3) Die Eckpunkte des Bilddreiecks haben die Koordinaten $A_3(-1|-3)$, $B_3(-7|-1)$, $C_3(-6|-5)$.

Information

Bei der Lösung der obigen Aufgabe entsteht ein vollständiges **Koordinatensystem**.
Es besteht aus zwei Zahlengeraden (*Rechtsachse* und *Hochachse*). Sie schneiden sich orthogonal im Punkt O (0 | 0), dem *Koordinatenursprung*. Statt Koordinatenursprung sagt man auch kurz: **Ursprung**.
Wie die Koordinaten eines Punktes bestimmt werden, entnimmst du der nebenstehenden Zeichnung. Der Punkt A hat die erste Koordinate - 4 auf der Rechtsachse und die zweite Koordinate 3 auf der Hochachse. Wir schreiben A (- 4 | 3) (gelesen: *Punkt A mit den Koordinaten - 4 und 3*).
Die Koordinatenachsen zerlegen die Ebene in vier Bereiche, die man die vier **Quadranten** nennt. Die Nummerierung der Quadranten entnimmst du der nebenstehenden Zeichnung. Jeder Punkt, der nicht auf einer der beiden Koordinatenachsen liegt, gehört genau einem Quadranten an.

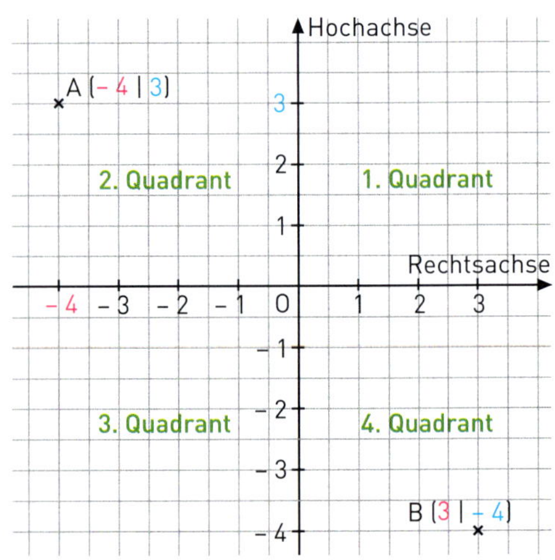

Quadrant (lat.) der vierte Teil

Zum Üben

1. Auf Michaels Geburtstag sollen bei einem Spiel vier Aufgaben gelöst werden. Die Zettel mit den Aufgabenlösungen sollen nacheinander in die Kästen mit den Standorten A, B, C und D eingeworfen werden. Jede Gruppe besitzt einen Kompass. Die Anweisungen für den Weg findest du rechts. Für die Auswertung sollen die ausgefüllten Zettel aus den Kästen geholt werden.

Gehe folgenden Weg:
- vom Start: 100 m nach Osten und 150 m nach Norden (Kasten A)
- danach von A aus: 400 m nach Westen (Kasten B)
- dann von B aus: 500 m nach Süden (Kasten C)
- dann von C aus: 550 m nach Osten (Kasten D)

a) Fertige eine Skizze an.
b) Wie kommst du vom Start aus direkt zu den Standorten B, C und D?

2. Lies die Koordinaten der Punkte ab und notiere sie, z. B. P(−3 | 1).

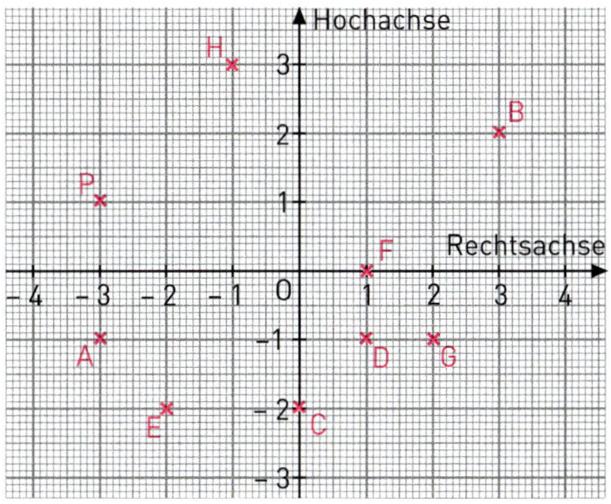

3. Zeichne ein Koordinatensystem mit der Einheit 1 cm und trage die Punkte ein. In welchem Quadranten liegen sie?
A(−4 | −2), B(3 | 7), C(4 | −2), D(2 | 5), E(−3 | 7), F(−1 | −1), G(0 | −7), H(−7 | 9), K(7 | −9), L(−1 | 3), M(−2 | 3), N(1 | −2), P(3 | 1).

4. **a)** Trage in ein Koordinatensystem die Punkte A(5 | −3), B(6 | 4), C(−6 | 9) und D(−7 | 2) ein. Verbinde sie der Reihe nach mit einem Lineal. Was für eine Figur entsteht?
b) Zeichne die Punkte A(−2 | −7), B(0 | −7), C(−1 | −5), D(1 | 0) und E(−3 | 0) in ein Koordinatensystem. Verbinde A mit B, B mit C, C mit D und D mit E jeweils geradlinig. Ergänze das Bild mit einer Strecke zu einer sinnvollen Figur.

c) Zeichne in ein Koordinatensystem eine schöne Figur (Maske, Schiff, …). Teile deinem Nachbarn die Koordinaten mit, sodass er die Figur nachzeichnen kann.

5. Ergänze zu einer symmetrischen Figur. Gib die Koordinaten aller Punkte an.

a)

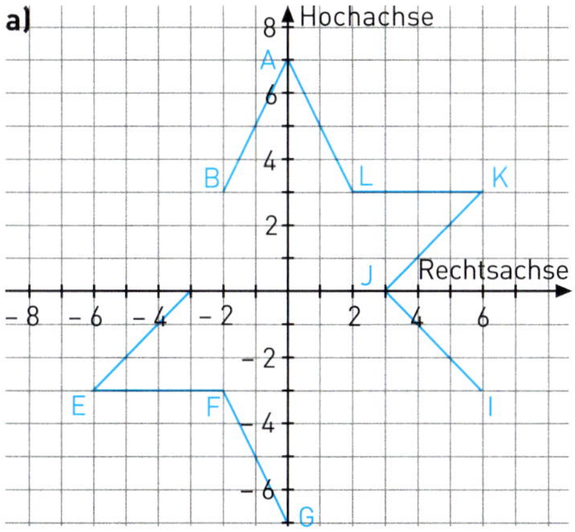

b)

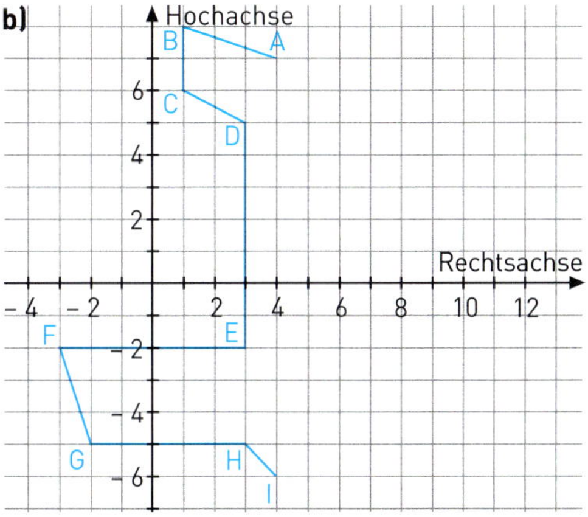

7.3 Vergleichen und Ordnen

Einstieg

In den Niederlanden liegen einige Orte sehr niedrig, zum Teil liegen sie sogar unter dem Meeresspiegel NN.
Ordne die Orte nach der Höhe; beginne dabei mit dem am niedrigsten gelegenen Ort.

Aufgabe 1

Die Abbildung zeigt die Wetterkarte an einem Februartag.
Ordne die Temperaturen; beginne mit der niedrigsten. Verwende das Zeichen <. Zeichne dazu eine Temperaturskala in dein Heft und trage die Temperaturen ein.

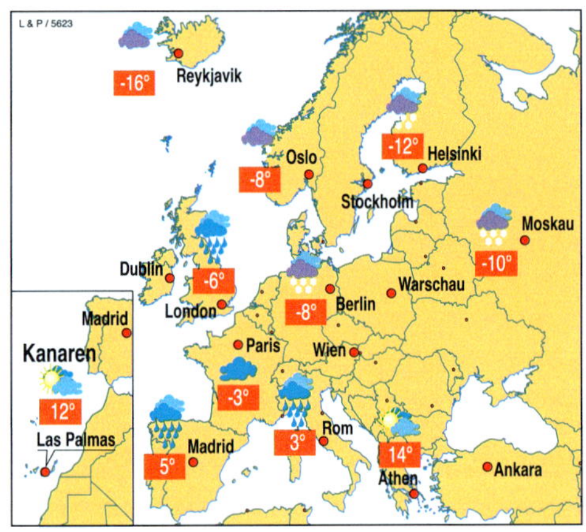

Lösung

Wir tragen zunächst die Temperaturen auf einer Temperaturskala ein.

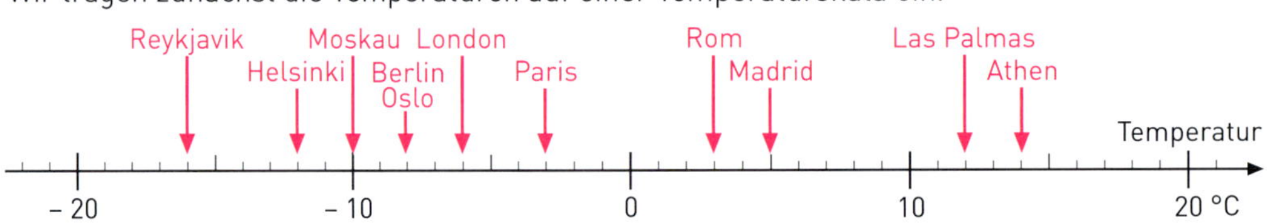

Aus der Temperaturskala kann man sofort folgende Reihenfolge ablesen:
$-16\,°C < -12\,°C < -10\,°C < -8\,°C < -6\,°C < -3\,°C < 3\,°C < 5\,°C < 12\,°C < 14\,°C$

Information

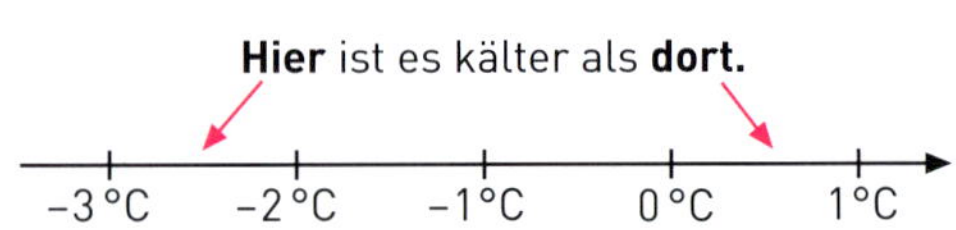

Temperaturen kann man mit „ist niedriger als" vergleichen. Auf einer waagerechten Skala liegt die niedrigere Temperatur links von der höheren.
Für gebrochene Zahlen weißt du bereits, dass „ist kleiner als" auf einem waagerechten Zahlenstrahl **„liegt links von"** bedeutet. Die Temperaturskala zeigt, dass dies auch für ganze Zahlen eine sinnvolle Festlegung ist.

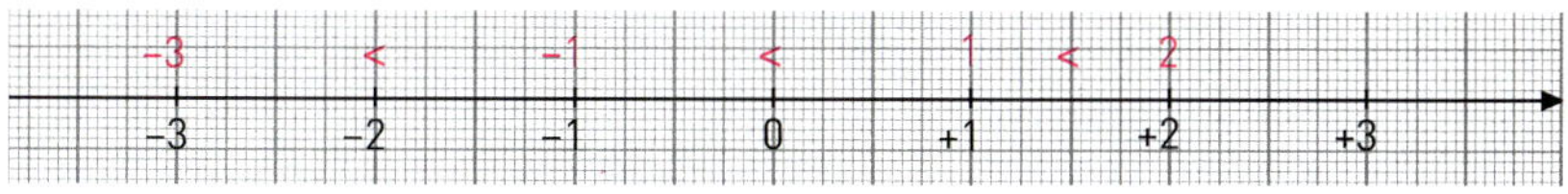

Nur eine Pfeilspitze in Richtung größerer Zahlen!

„Ist kleiner als" bedeutet „Ist niedriger als"

Positive und negative Zahlen kann man nach „ist kleiner als" ordnen.
In Richtung der Pfeilspitze des Zahlenstrahls werden die Zahlen größer. Auf der (waagerechten) Zahlengeraden liegt die kleinere von zwei Zahlen stets links, die größere von zwei Zahlen stets rechts.

Beachte: Die positiven Zahlen liegen dabei rechts von 0.

Beispiele:
−3 liegt links von −1, also −3 < −1
1 liegt links von 2, also 1 < 2
−2 liegt rechts von −4, also −2 > −4
2 liegt rechts von −2, also 2 > −2

Beachte: Man kann Temperaturen auch mit „ist größer als" vergleichen. Auf einer waagerechten Skala liegt die größere Temperatur weiter rechts.
Entsprechend gilt z.B. −1 liegt rechts von −3, also −1 > −3.

Übungsaufgaben

2. Ordne nach *ist niedriger als*.
a) Temperaturen: −3 °C; −4 °C; 0 °C; +2 °C; −5 °C; +4 °C
b) Höhenangaben: −2 m; +3 m; +4 m; −3 m; −4 m; −5 m
c) Kontostände: +230 €; −780 €; −7 €; +1480 €; +250 €; −1130 €

3. Trage die Zahlen auf einer Zahlengeraden ein. Ordne auf diese Weise nach *ist kleiner als*. Notiere dein Ergebnis als Kette mithilfe des Zeichens <.
a) −5; +4; −8; 0; −3; +2; −1 Zeichne die Zahlengerade waagerecht.
b) −7; +3; +4; −2; +1 Zeichne die Zahlengerade senkrecht.

4. Setze im Heft < oder > ein. Du kannst z. B. an Temperaturen oder Höhenangaben denken.

a) −7 □ −9;	**d)** −13 □ −8;	**g)** −6 □ +2;	**j)** +4 □ −5;	**m)** +9 □ −1
b) +4 □ −5;	**e)** −1 □ +3;	**h)** −3 □ −12;	**k)** +3 □ +6;	**n)** −13 □ −12
c) +3 □ +12;	**f)** −4 □ −7;	**i)** −6 □ −1;	**l)** +8 □ −4;	**o)** −2 □ +3

5. Gib jeweils drei Zahlen an, die die Bedingung erfüllen. Die Zahl
a) ist negativ und größer als −5;
b) ist größer als −10 und kleiner als −4;
c) ist kleiner als −20 und zweistellig;
d) liegt zwischen −11 und −6;
e) ist kleiner als −5 und einstellig;
f) ist größer als −20 und zweistellig.

6. Kontrolliere Lenas Hausaufgaben. Berichtige gegebenenfalls.

a) −7 < −2; +8 < −8; 1 < −1000; −1 < 0; −100 > 17; 1 > −10000

b) −157 < −200; 354 < −400; −555 > −455; −352 > 252; 0 < −750

7. Bestimme zu jeder Zahl die nächstkleinere und nächstgrößere ganze Zahl. Schreibe wie im Beispiel.
a) −6 **b)** −11 **c)** −1 **d)** 0 **e)** −9

Zahl: −3
−4 < −3 < −2

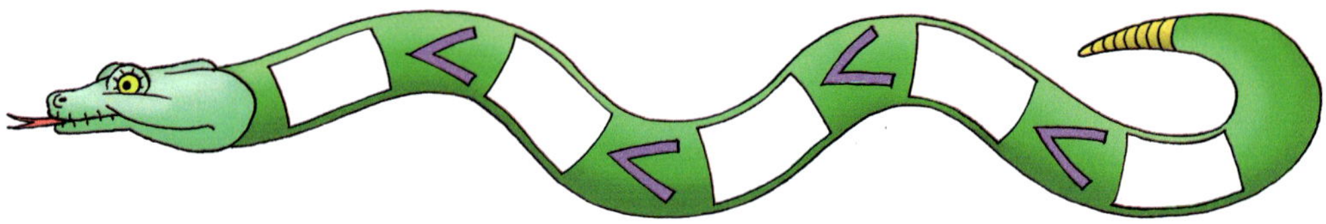

8. Die Zahlenschlange hat Hunger. Zuerst musst du ihr die größte Zahl zuwerfen, damit diese in den Schwanz gelangen kann. Die folgenden Zahlen müssen immer kleiner werden.

a) Füttere nun die Schlange mit den Zahlen:

(1) −7; +2; −12; −6; 0 **(2)** −6; +3; −8; 0; −11

b) Denke dir weitere Beispiele aus und lasse sie von deinem Partner eintragen.

9. Nimm Stellung zu folgenden Schüleräußerungen:

10. Welchen Abstand haben die beiden Zahlen auf der Zahlengeraden? Welche Zahl liegt genau in der Mitte zwischen ihnen?

a) −4 und 2 **c)** −5 und 3 **e)** −16 und −8
b) −2 und 4 **d)** −100 und 100 **f)** −20 und 16

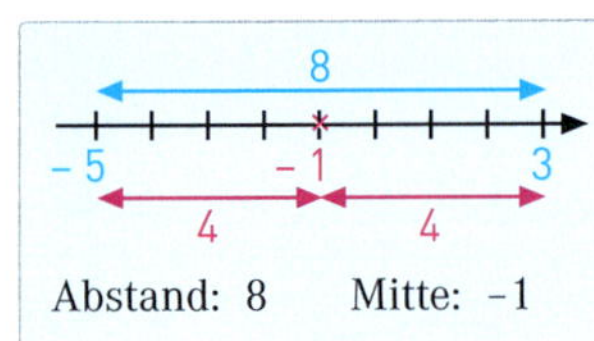

11. Am Ende eines Spiele-Nachmittags wollen Juliane und ihre Freundinnen natürlich eine Siegerliste erstellen. Hilf ihnen dabei.

Bettina	Juliane	Kathrina	Lisa	Mareike	Sophie
−5	−12	−15	−3	4	8

12. Entscheide, ob die Aussage wahr oder falsch ist. Begründe.

(1) 0 ist die kleinste natürliche Zahl.
(2) 0 ist die kleinste negative Zahl.
(3) 0 ist die kleinste ganze Zahl.
(4) 0 ist die kleinste Zahl.

13. Aus der Zeit des römischen Reichs sind Geburts- und Sterbedaten vielfach überliefert.

In unserer Zeitrechnung gibt es kein Jahr Null. Dem 31. Dezember 1 v. Chr. folgt sofort der 1. Januar 1 n. Chr.

Gaius Marius	156 – 86 v. Chr.
Pompeius	106 – 48 v. Chr.
Caesar	100 – 44 v. Chr.
Antonius	82–30 v. Chr.
Kleopatra	69–30 v. Chr.
Octavian	63 v. Chr.–14 n. Chr.
Trajan	53–117 n. Chr.

a) Sortiere nach den Geburtsdaten (Sterbedaten) an einer Zeitleiste.
b) Sortiere nach dem Lebensalter. Beachte die Besonderheit des Jahres Null.

7.4 Beschreiben von Zustandsänderungen

Einstieg

Pegel Wasserstandsmesser

Im Radio wurde alle 2 Stunden durchgegeben, wie sich der Wasserstand (Pegel) ändert. Patricia hat mitgeschrieben:

Zeitpunkt	10 Uhr	12 Uhr	14 Uhr	16 Uhr
Durchsage	um 50 cm gefallen	um 40 cm gefallen	um 30 cm gestiegen	um 45 cm gestiegen

Um 8 Uhr betrug der Pegelstand 160 cm. Zeichnet eine Wasserstandsskala und tragt die Wasserstandsänderungen ein. Gebt dann die Wasserstände zu den verschiedenen Zeitpunkten an.

Aufgabe 1

Zustandsänderungen beschreiben

Anna hat an einem Tag im Winter alle 2 Stunden die Temperatur gemessen.

Zeitpunkt der Messung	8 Uhr	10 Uhr	12 Uhr	14 Uhr	16 Uhr	18 Uhr	20 Uhr
Temperatur	− 4 °C	− 1 °C	+ 4 °C	+ 6 °C	+ 2 °C	− 2 °C	− 5 °C

Stelle die Temperaturänderungen zwischen benachbarten Messungen als Pfeile an der Zahlengeraden dar.

Lösung

Eine Möglichkeit ist folgende:

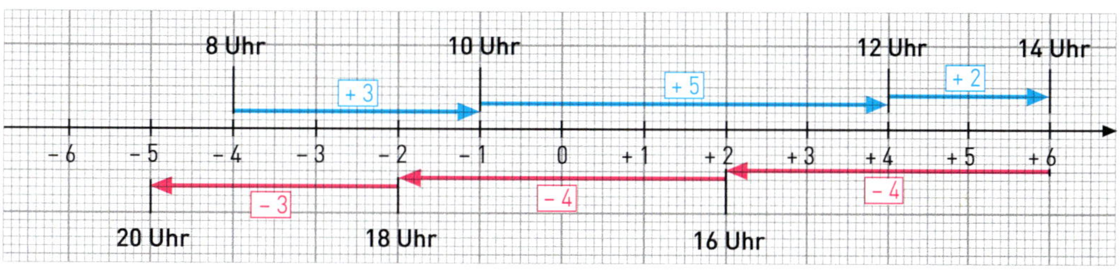

Information

Bisher haben wir mit den positiven und negativen Zahlen *Zustände* wie Temperaturen auf dem Thermometer, Soll und Haben beim Kontoauszug oder Höhenangaben in der Geografie bezeichnet. Mit positiven und negativen Zahlen kann man aber auch *Zustandsänderungen* wie z.B. das Steigen und Fallen der Temperatur (Temperaturänderungen), das Steigen und Fallen des Wasserstandes (Wasserstandsänderungen) oder das Buchen von Gutschrift und Lastschrift auf einem Konto (Kontostandsänderungen) beschreiben.

Das Vorzeichen + bedeutet Übergang zu einem höheren Zustand (Steigen), das Vorzeichen − bedeutet Übergang zu einem niedrigeren Zustand (Fallen).
An der Zahlengeraden bedeutet:

(1) Zustandsänderung + 3:
Gehe 3 nach rechts, z.B.
$-2 \xrightarrow{+3} +1$

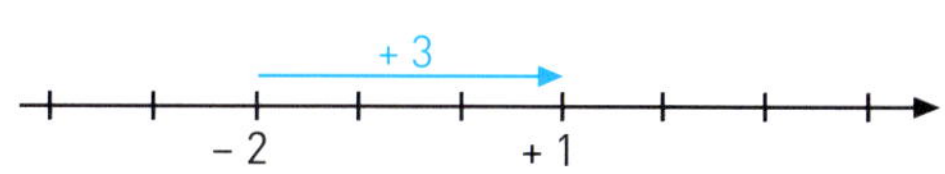

(2) Zustandsänderung − 4:
Gehe 4 nach links, z.B.
$+3 \xrightarrow{-4} -1$

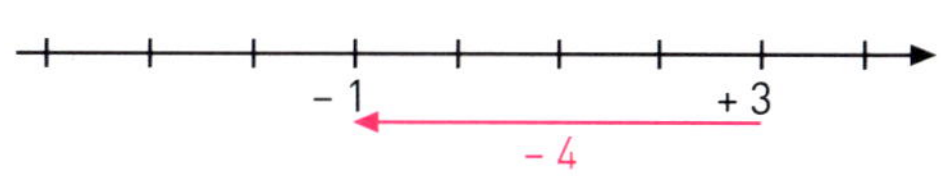

Weiterführende Aufgabe

Drei Grundtypen zu Aufgaben mit Zustandsänderungen

2. Trage die gegebenen Angaben in das Schema ein und ermittle die fehlende Angabe.

a) Die Temperatur fällt von −3 °C um 5 Grad.

b) Nach einer Buchung auf einem Konto sind aus 20 € Guthaben 30 € Soll geworden.

c) Nach dem Aufsteigen um 4 m befindet sich ein Tauchboot noch 6 m unter dem Meereswasserspiegel.

Übungsaufgaben

3. Gib den neuen Zustand an.

a) Ein Thermometer zeigt 2 °C unter null an. Die Temperatur steigt um 6 Grad.

b) Ein Thermometer zeigt 3 °C unter null an. Die Temperatur fällt um 5 Grad.

c) Ein Bankkonto weist 82 € Guthaben aus. 100 € werden bar abgehoben. Später trifft eine Gutschrift über 43 € ein.

d) Ein Bankkonto weist 15 € Soll aus. Es werden 160 € eingezahlt. Später werden noch 32 € abgebucht.

4. Die Pfeile an der Zahlengeraden geben Zustandsänderungen an.
Bestimme jeweils die Änderung und notiere sie mit einer positiven oder negativen Zahl.

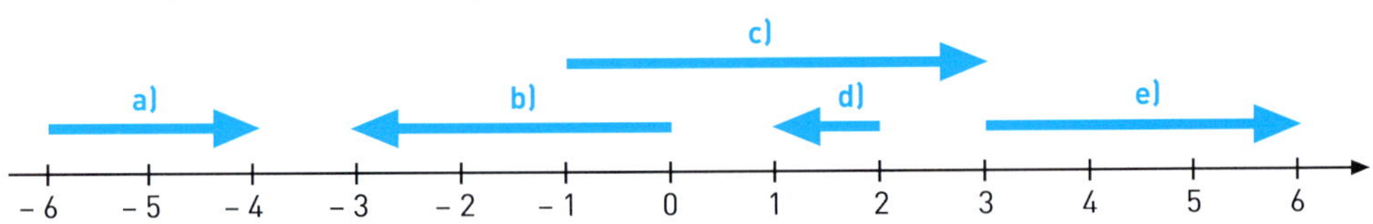

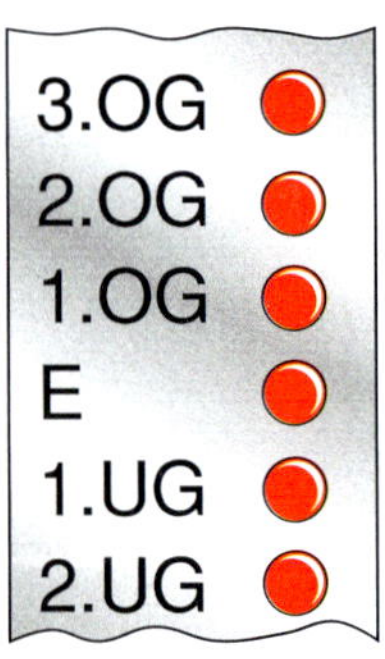

5. Ein Hochhaus hat 14 Obergeschosse und 4 Untergeschosse.
Aus welchem Stockwerk kommt Julia, wenn sie

a) 4 Stockwerke nach unten gefahren ist und im 1. UG aussteigt;

b) im 4. OG aussteigt und 7 Stockwerke nach oben gefahren ist?

6. Göhan gewinnt oder verliert bei einem Würfelspiel in jeder Runde einige Punkte. Er notiert aber nicht die in der jeweiligen Runde gewonnene bzw. verlorene Punktanzahl, sondern verrechnet diese sofort mit seinem Punktestand bis zu dieser Runde. Rechts siehst du seinen Spielzettel. Welche Punktzahl hat er in jeder einzelnen Spielrunde bekommen?

GLÜCKSWÜRFEL

	Göhan	A
1. Spiel	+14	
2. Spiel	− 2	
3. Spiel	−18	
4. Spiel	+ 3	
5. Spiel	+ 8	
6. Spiel	−17	
7. Spiel	+ 1	

7. Stellt euch gegenseitig Fragen und beantwortet sie.

a) Ein Thermometer zeigt 3 °C unter null an. Die Temperatur steigt [fällt] um 9 Grad.

b) Über Nacht ist die Temperatur um 7 Grad gefallen. Morgens sind es −3 °C [+8 °C].

c) Nach der Buchung einer Gutschrift von 28 € [Lastschrift von 33 €] betrug der Kontostand 3 €.

d) Ein Tauchboot sank [stieg] um 156 m auf nun 233 m unter dem Meeresspiegel.

8. Ein Hubschrauber schwebt 480 m über dem Mittelmeer (ü. M.).
Wie hat er seine Höhe insgesamt geändert, wenn er nach dem Flug gelandet ist
a) in Jerusalem;
b) in Nazareth;
c) am See Genezareth;
d) am Toten Meer?

9. a) Maiks Opa hat noch einen Videorecorder. Die Bandanzeige ändert sich von 0:30:00 auf – 0:20:10. Was ist passiert?
b) Die Anzeige steht auf –0:25:30. Maik spult um 1 h 30 min 10 s vor [zurück].

10. In dem Schema ist die Änderung eines Zustandes dargestellt. Übertrage in dein Heft und fülle die Lücken aus. Du kannst die Zahlengerade benutzen. Denke an eine Sachsituation.

a)	b)	c)	d)
$\square \xrightarrow{+8} +5$	$+3 \xrightarrow{\square} -2$	$-3 \xrightarrow{-9} \square$	$\square \xrightarrow{-8} -8$
$\square \xrightarrow{-4} -2$	$-6 \xrightarrow{\square} +5$	$+2 \xrightarrow{-7} \square$	$-8 \xrightarrow{\square} +8$
$\square \xrightarrow{+3} -7$	$+2 \xrightarrow{\square} -8$	$-14 \xrightarrow{+9} \square$	$+8 \xrightarrow{-8} \square$

11. Die Position des Förderkorbs auf Straßenhöhe soll mit 0 m angegeben werden. Positionen in der Grube sind negativ, Positionen oberhalb der Straße positiv.
a) Welche Positionsänderung muss jeweils vorgenommen werden?
(1) von – 4 m auf + 6 m **(4)** von – 5 m auf – 1 m
(2) von + 8 m auf – 3 m **(5)** von + 6 m auf + 2 m
(3) von – 2 m auf – 5 m **(6)** von – 3 m auf + 3 m
b) Welche Endposition erreicht der Förderkorb jeweils?
(1) von + 3 m um – 7 m **(4)** von – 2 m um – 5 m
(2) von – 4 m um + 6 m **(5)** von – 8 m um + 3 m
(3) von + 7 m um – 4 m **(6)** von + 5 m um – 4 m

12. Eine Transportfirma hat im letzten Jahr folgende Gewinne und Verluste erwirtschaftet.
a) Welche Änderungen traten zwischen den einzelnen 3-Monats-Abschnitten (sogenannten Quartalen) auf?
b) Wann war der Gewinnzuwachs am größten [kleinsten]?

Jan. – März	2 000 € Gewinn
April – Juni	4 000 € Verlust
Juli – Sept.	15 000 € Gewinn
Okt. – Dez.	3 000 € Verlust

13. a) Ein Bankkonto hat ein Guthaben von 72,50 €. Wie lautet der Kontostand, wenn eine Überweisung (Bezahlen einer Rechnung) über 91,25 € ausgeführt wurde?
b) Der Wasserstand in einem Stausee liegt 2,4 dm unter dem Richtwert. Welche Änderung ist nötig, damit der Wasserstand 0,5 dm über dem Richtwert erreicht?

14. Du hast an verschiedenen Stellen unterschiedliche Verwendungsmöglichkeiten für positive und negative Zahlen kennen gelernt. Schreibe eine kleine Zusammenfassung.

7.5 Addition ganzer Zahlen

Einstieg

Hier findet ihr drei Blöcke von Additionsaufgaben.

(1)	(2)	(3)
$(+2) + (+2) =$	$(+2) + (+2) =$	$(+2) + (-1) =$
$(+2) + (+1) =$	$(+1) + (+2) =$	$(+1) + (-1) =$
$(+2) + 0 =$	$0 + (+2) =$	$0 + (-1) =$
$(+2) + (-1) =$	$(-1) + (+2) =$	$(-1) + (-1) =$
$(+2) + (-2) =$	$(-2) + (+2) =$	$(-2) + (-1) =$
$(+2) + (-3) =$	$(-3) + (+2) =$	$(-3) + (-1) =$

a) Berechnet zunächst in dem ersten Block die blauen Aufgaben. Welche Gesetzmäßigkeiten erkennt ihr von einer Aufgabe zur nächsten? Wendet diese Gesetzmäßigkeit zur Berechnung der roten Aufgaben an. Verfahrt entsprechend bei den anderen Blöcken.

b) Bildet selbst Beispiele für solche Blöcke.

c) Welche Regeln erkennt ihr für das Addieren ganzer Zahlen?

Einführung

Regel für das Addieren ganzer Zahlen

Die Spielregel des Würfelspiels gibt Folgendes an:
Würfle mit beiden Augen-Würfeln und addiere beide Punktzahlen. Dabei ist die Punktzahl des Würfels positiv oder negativ, so wie der Vorzeichen-Würfel anzeigt. Positive Werte geht man vorwärts, negative rückwärts.
Nacheinander werden zwei Punktzahlen (mit Vorzeichen) gewürfelt.

(1) (2) (3) (4)

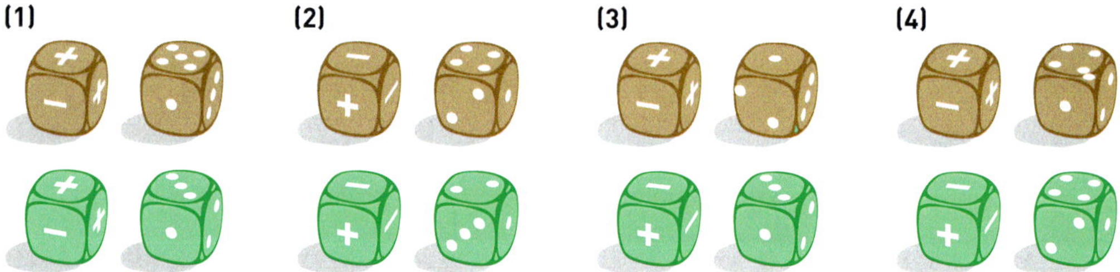

Die Änderung der Position der Spielfigur auf dem Spielfeld kann in zwei einzelnen Schritten vorgenommen werden. Wir wollen beide Änderungen zu einer Gesamtänderung zusammenfassen. Die Positionsänderungen können wir durch Pfeile darstellen und so aneinander legen, dass der zweite dort beginnt, wo der erste endet. Bei zwei positiven Änderungen entspricht dies einer Addition. Auch bei Änderungen mit negativen Zahlen wollen wir das Aneinanderlegen von Pfeilen als Addition auffassen.
Für die Änderungen der Position im Würfelspiel ergeben sich die folgenden Situationen.

(1) Hier muss man erst 5 Felder vorwärts und anschließend weitere 3 Felder vorwärts ziehen. Insgesamt kommt man 8 Felder vorwärts.
Die zugehörige Additionsaufgabe lautet:
$(+5) + (+3) = (+8)$

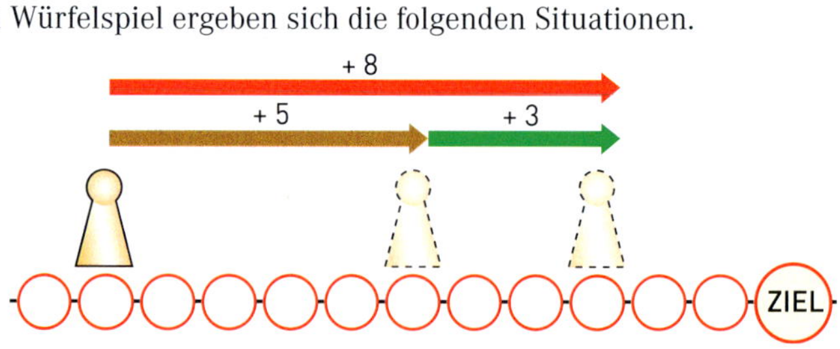

(2) Hier zieht die Figur erst 4 Felder zurück und dann nochmals 2 Felder zurück. Insgesamt geht man 6 Felder zurück.
Die zugehörige Additionsaufgabe lautet:
$(-4) + (-2) = (-6)$

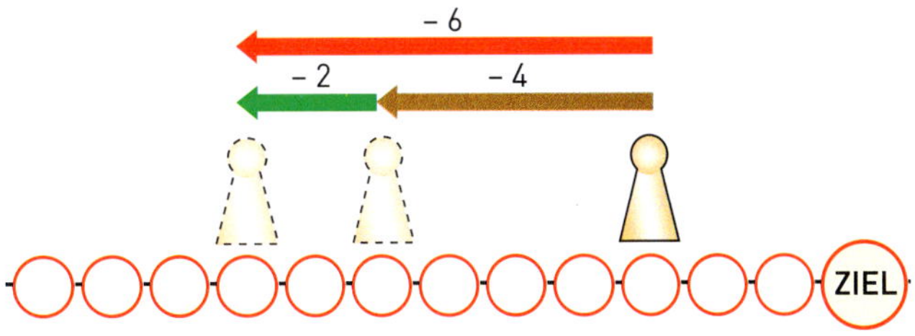

Hier kommt + in doppelter Bedeutung vor:
- als Vorzeichen positiver Zahlen
- als Rechenzeichen für das Addieren.

(3) Die Figur zieht erst 1 Feld vor und dann 3 Felder zurück. Damit muss die Figur vom Ausgangspunkt insgesamt 2 Felder zurück.
Die zugehörige Additionsaufgabe lautet:
$(+1) + (-3) = (-2)$

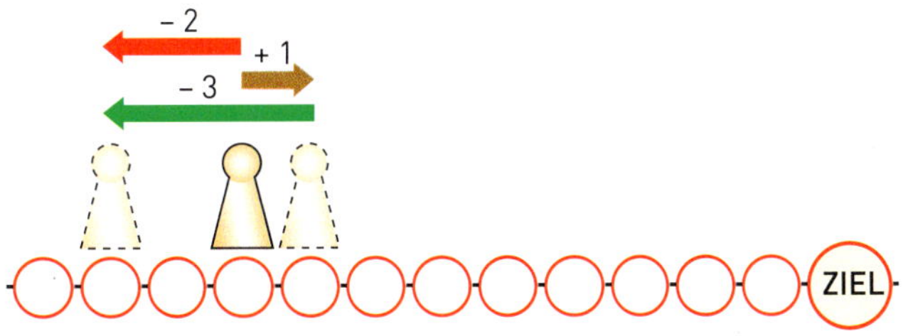

(4) Die Figur zieht zunächst 6 Felder vor und anschließend 4 Felder zurück. Insgesamt kommt man 2 Felder vor.
Die zugehörige Additionsaufgabe lautet:
$(+6) + (-4) = (+2)$

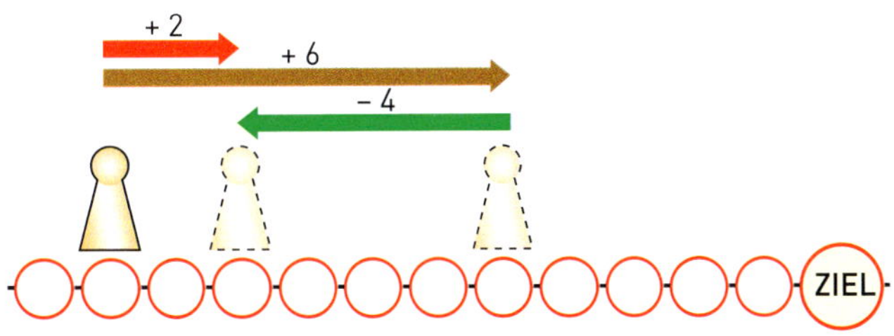

Information

Du hast gesehen, dass man beim Zusammenfassen von Positionsänderungen der Spielfiguren darauf achten muss, ob beide Änderungen gleich gerichtet sind, oder nicht. Da wir diese Zusammenfassung als Addition betrachten wollen, müssen wir beim Addieren ganzer Zahlen zwei Fälle unterscheiden.

(1) Addition ganzer Zahlen mit gleichen Vorzeichen

Die Summe zweier positiver Zahlen ist positiv, die Summe zweier negativer Zahlen ist negativ.

$(-2) + (-6) = -8$

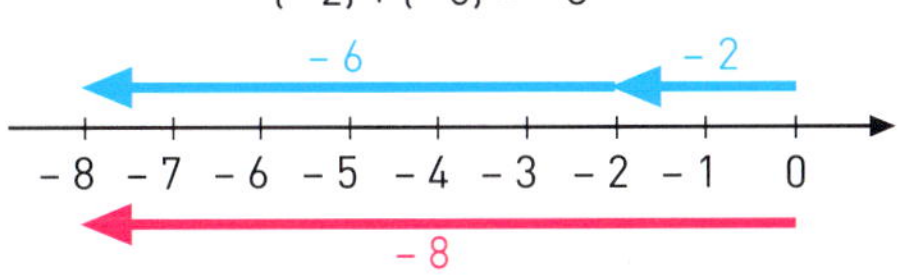

$(+4) + (+3) = +7$

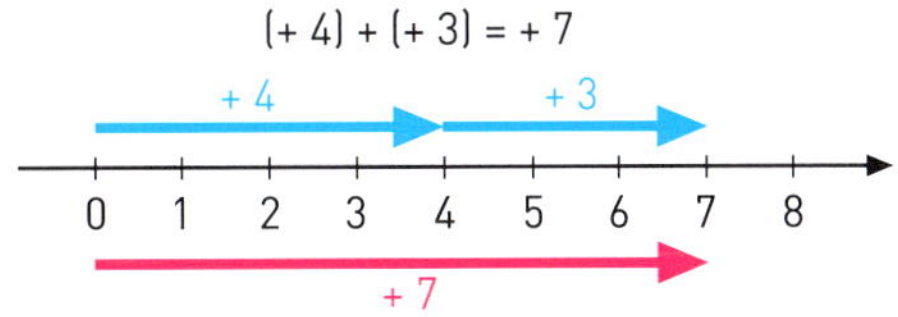

(2) Addition ganzer Zahlen mit unterschiedlichen Vorzeichen

Die Summe aus einer positiven und einer negativen Zahl ist positiv, wenn die positive Zahl für die Zustandsänderung überwiegt. Sie ist negativ, wenn die negative Zahl für die Zustandsänderung überwiegt.

$(-7) + (+3) = -4$

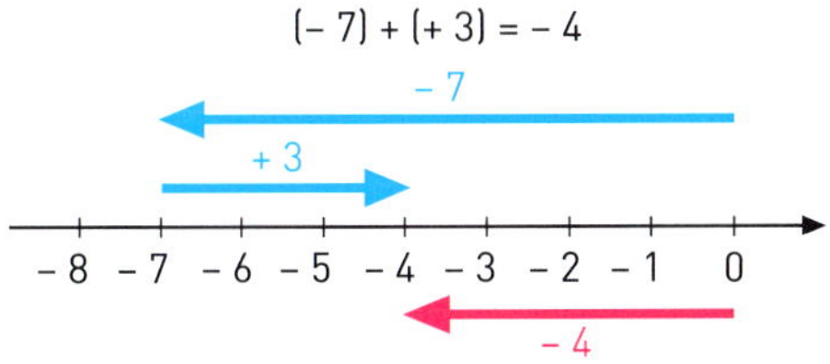

$(+8) + (-6) = +2$

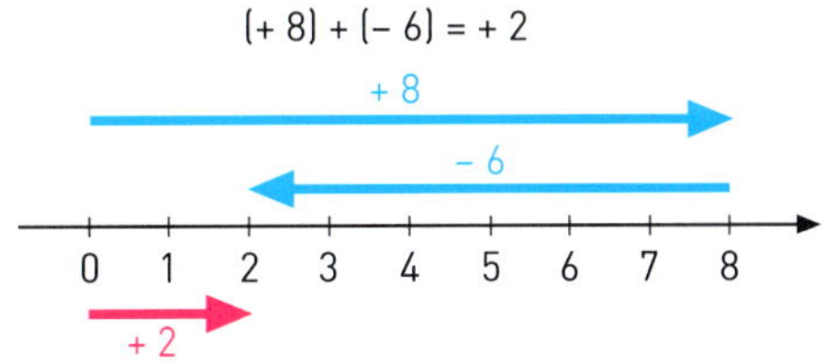

Weiterführende Aufgaben

Buchung
Geschäftsvorgang auf einem Konto, z. B. Lastschrift, Gutschrift, …

Unterschiedliche Deutung der Addition ganzer Zahlen

1. Frau König eröffnet ein Konto und zahlt 100 € ein. Danach erteilt sie einen Überweisungsauftrag von 120 €, um eine Rechnung zu bezahlen. Die 120 € gehen zulasten ihres Kontos.

a) Fasse die Gutschrift (Einzahlung) und die Lastschrift (Überweisung) zu *einer* Buchung zusammen.
Beachte: Hier werden zwei Kontostandsänderungen zu *einer* Änderung zusammengefasst.

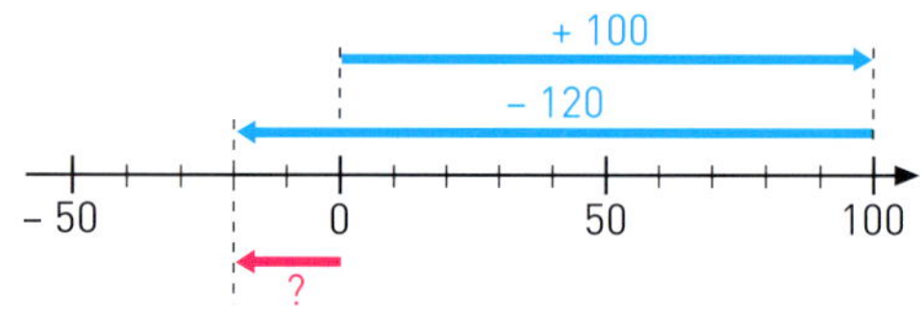

b) Der Kontostand nach der Einzahlung wird durch die Lastschrift verändert. Berechne den neuen Kontostand.
Beachte: Hier berechnest du aus einem Kontostand und einer Änderung einen neuen Kontostand.

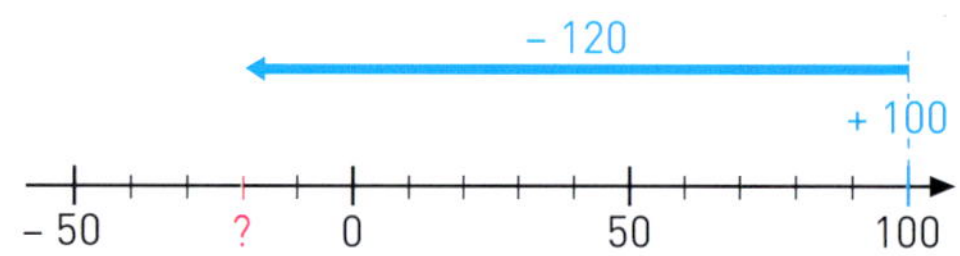

Notiere in beiden Fällen eine Summe mit ganzen Zahlen. Was stellst du fest?

Anschauliche Deutung der Addition ganzer Zahlen

Das Addieren ganzer Zahlen kann man auf zweifache Weise deuten:

(a) *Zwei Zustandsänderungen werden zu einer Änderung zusammengefasst.*
(+ 3) + (− 7) = −4

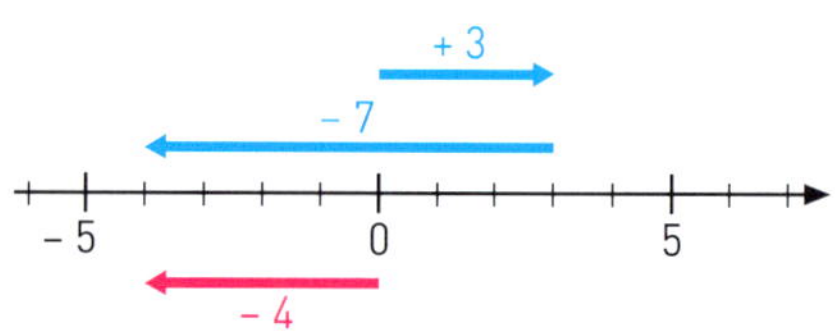

Beispiele:
Der Fahrstuhl fährt erst 3 Etagen nach oben und anschließend 7 Etagen nach unten. Insgesamt also 4 Etagen nach unten.

(b) *Auf einen Zustand wird eine Änderung angewandt; man erhält einen neuen Zustand.*
(+ 3) + (− 7) = −4

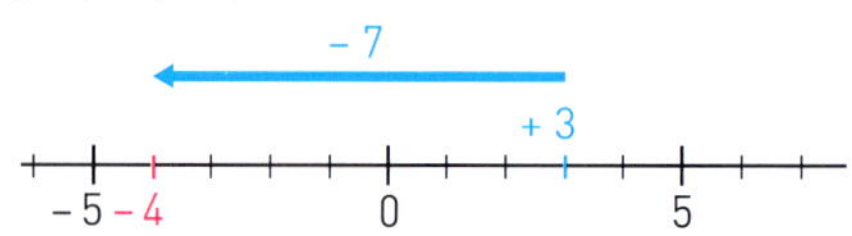

Der Fahrstuhl befindet sich in der 3. Etage und fährt dann 7 Etagen nach unten. Man befindet sich dann im 4. Untergeschoss.

Größenvergleich von Summand und Summe

2. Du weißt: Addiert man zu einer natürlichen Zahl eine natürliche Zahl, so ist die Summe größer als die erste Zahl.
Untersuche an Zahlenbeispielen, ob das auch bei ganzen Zahlen so ist.

- Addiert man zu einer ganzen Zahl eine positive Zahl, so ist die Summe größer als die erste Zahl.
- Addiert man zu einer ganzen Zahl eine negative Zahl, so ist das Ergebnis kleiner als die erste Zahl.

Beispiele:
$-4 + (+2) = -2$; $\quad -2 > -4$
$-4 + (-2) = -6$; $\quad -6 < -4$

Übungsaufgaben

3. Der Wasserstand in einem Binnenhafen wird regelmäßig gemessen. Fasse die Wasserstandsänderungen an zwei aufeinander folgenden Tagen im Heft zu einer Gesamtänderung zusammen.
Veranschauliche dir die Situation an einer Wasserstandsskala.

	Wasserstandsänderung		
	1. Tag	2. Tag	Gesamtänderung
a)	−4 cm	−12 cm	
b)	+2 cm	+6 cm	
c)	+3 cm	−8 cm	
d)	−5 cm	+7 cm	

4. **a)** Eine Temperaturmessung zeigt an zwei aufeinander folgenden Tagen zunächst einen Anstieg um 3 °C und ein anschließendes Absinken der Temperatur um 7 °C. Fasse die Änderungen zu einer Gesamtänderung zusammen.
b) Das Thermometer zeigt zu Beobachtungsbeginn +3 °C. Danach sinkt die Temperatur um 7 °C. Welche Endtemperatur wird erreicht?
c) Schreibe beide Teilaufgaben als Additionsaufgabe ganzer Zahlen. Vergleiche.

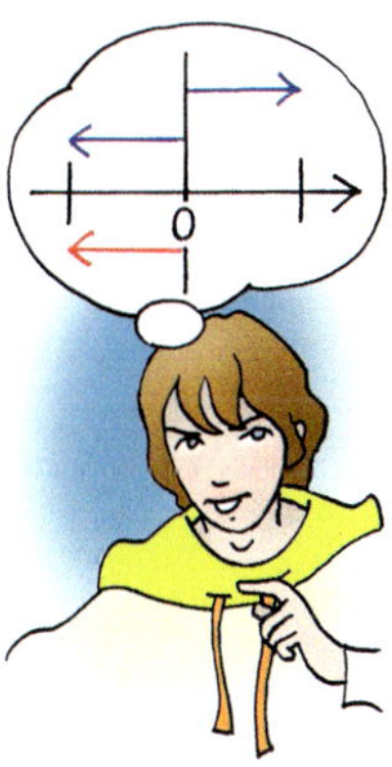

5. Die Abbildungen zeigen verschiedene Aufgaben zur Addition ganzer Zahlen.
Schreibe die zur Abbildung gehörende Aufgabe mit Ergebnis auf.

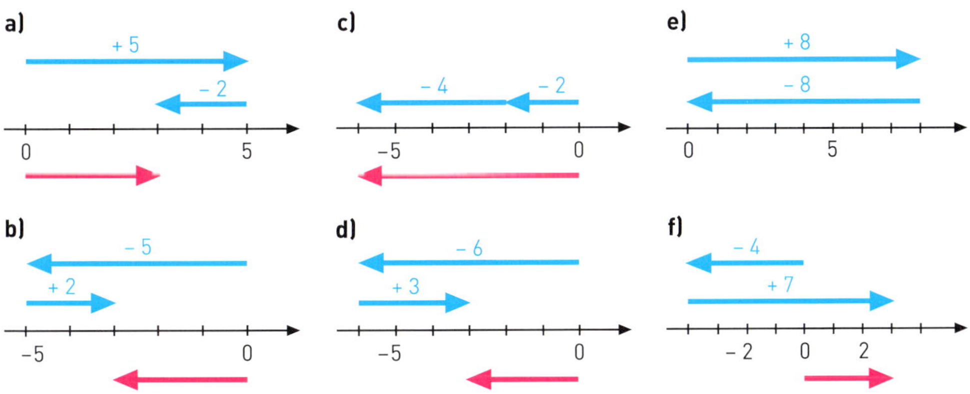

6. Denke an die Darstellung an der Zahlengeraden und löse möglichst im Kopf.

a) (+ 13) + (+ 7)
(− 9) + (− 6)
(− 4) + (+ 3)
(+ 7) + (− 11)

b) (+ 12) + (+ 9)
(+ 8) + (− 10)
(− 9) + (+ 6)
(− 8) + (− 13)

c) (− 12) + (+ 9)
(− 7) + (+ 10)
(− 3) + (− 11)
(+ 5) + (+ 16)

d) (− 14) + (− 4)
(− 4) + (+ 8)
(− 6) + (− 4)
(+ 7) + (− 19)

e) (− 53) + (− 31)
(− 22) + (+ 65)
(− 32) + (− 55)
(+ 43) + (+ 28)

f) (− 360) + (− 150)
(+ 170) + (− 450)
0 + (− 290)
(+ 321) + 0

7. Prüfe Torbens Hausaufgaben.
Korrigiere jedes falsche Ergebnis.

a) $(-9) + (+4) = -5$
$(-6) + (-3) = +9$
$(+8) + (-3) = -5$

b) $(+12) + (-3) = +15$
$(+3) + (-6) = -3$
$(-7) + (+7) = -14$

8. Formuliere jeweils eine sinnvolle Frage und schreibe zur Antwort eine Rechenaufgabe auf.

a) Gestern Nacht sank die Temperatur um 4 Grad. Im Laufe des heutigen Tages stieg sie dann wieder um 3 Grad an.

b) Heute Morgen ist es sehr kalt: −12 °C. Die Sonne kann aber noch einen Temperaturanstieg um 4 Grad bewirken.

c) Die heutige Sturmflut hat zum höchsten Wasserstand in diesem Jahr geführt: 380 cm über Normalnull. Man rechnet damit, dass das Wasser noch um weitere 50 cm ansteigt.

d) Nachdem der Wasserstand heute Nacht um 60 cm gefallen war, stieg er heute im Laufe des Tages wieder um 20 cm.

e) Von Frau Siedes Konto werden zum Monatsersten die Miete von 675 € abgebucht und als Nachschlagszahlung für Strom und Wasser 58 €.

9. Wähle drei Zahlen aus und bilde die Summe aus diesen Zahlen. Teile nun das Ergebnis deinem Partner mit. Er soll die drei Zahlen herausfinden.

a)

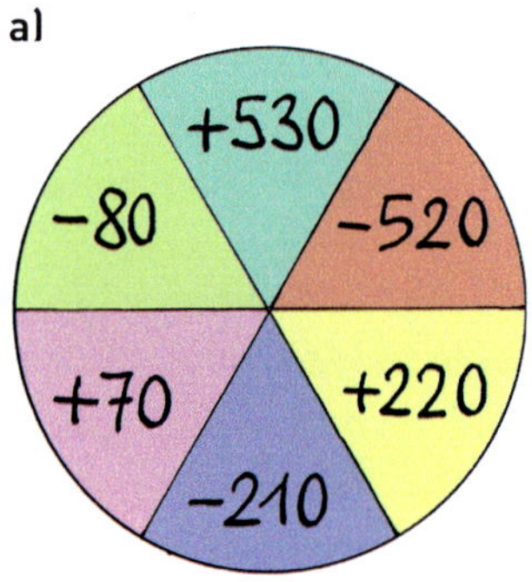

b)

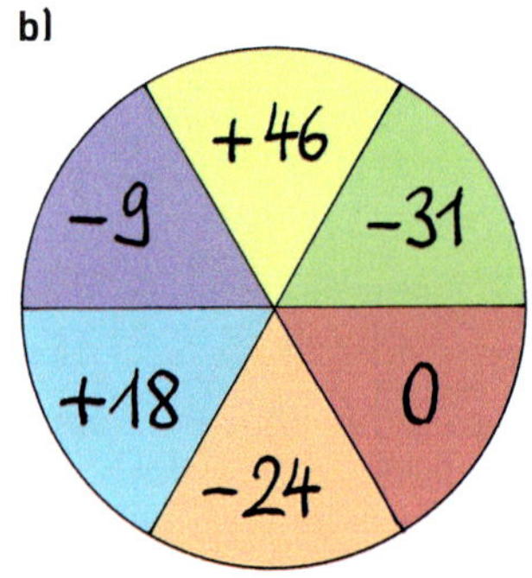

10. Übertrage die Mauern in dein Heft und addiere nebeneinander stehende Zahlen. Das Ergebnis wird im Feld darüber eingetragen.

a)

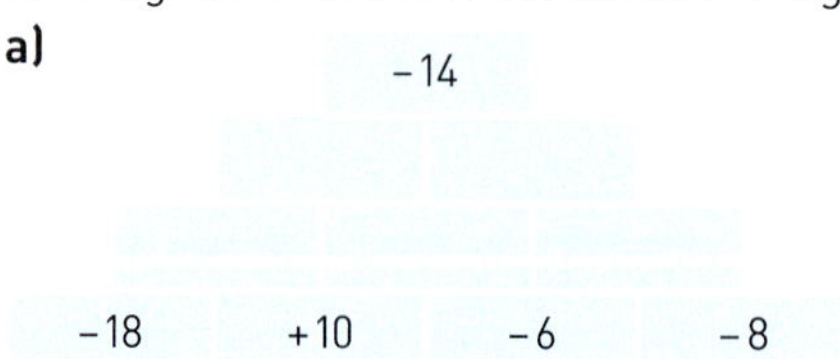

b)

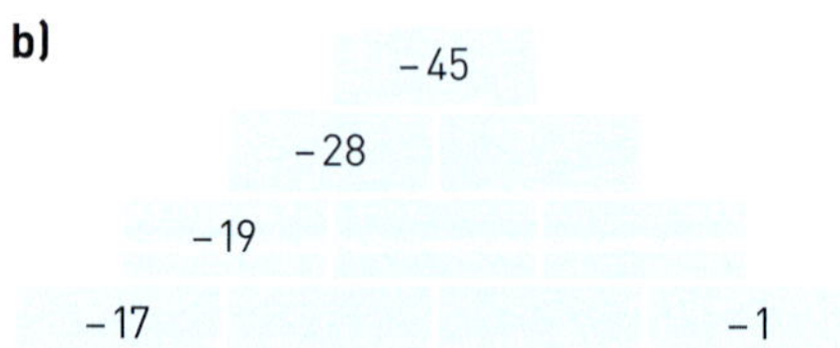

11. In den Bildern ist die Zusammenfassung zweier Zustandsänderungen oder die Änderung eines Zustands dargestellt.

(1)

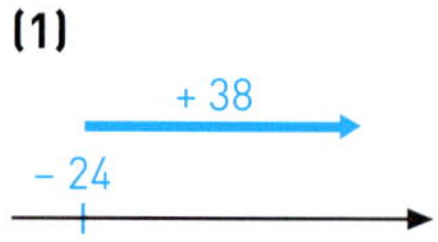

(2)

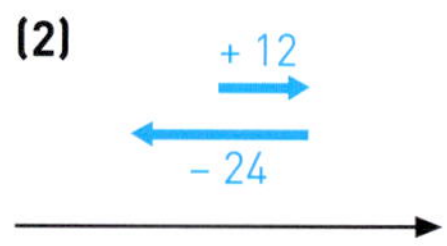

(3)

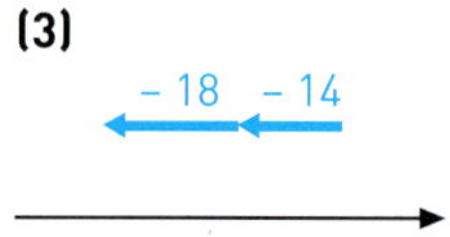

(4)

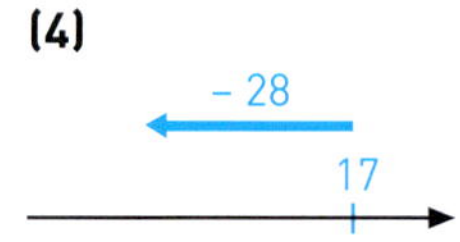

a) Schreibe zu jedem Bild eine Summe und gib den Wert der Summe an.

b) Schreibe zu jedem Bild eine Rechengeschichte. Denke dabei z. B. an Temperaturen, Buchungen, Kontostände, Wasserstände und Höhenangaben.

12. Setze für □ das passende Zeichen >, < bzw. =.

a) (+ 17) + (− 21) □ − 9	**b)** (+ 11) + (− 20) □ − 9	**c)** (− 21) + (+ 16) □ + 5
(− 11) + (− 14) □ − 25	(− 3) + (+ 6) □ − 3	(+ 18) + (− 24) □ − 8
(− 9) + (+ 13) □ − 4	(+ 7) + (− 5) □ + 2	(+ 7) + (− 16) □ − 9

13. Bei den folgenden Aufgaben kannst du auch in einer anderen Einheit rechnen.

a) Ein Bankkonto weist 216,75 € Guthaben aus. Vom Konto werden 250 € bar abgehoben. Gib den neuen Kontostand an.

b) Eine Firma erhält von einem Lieferanten eine Gutschrift über 325,17 € und eine Rechnung über 721,85 €. Fasse zusammen.

c) Eine Kundin im Supermarkt bekommt einen Pfandbon über 12,18 € und kauft für 22,63 € ein. Wie viel muss sie an der Kasse noch zahlen?

d) Die Rechnung für Zimmerrenovierung beträgt 431,70 €. Eine Anzahlung in Höhe von 150 € ist schon erfolgt. Wie hoch ist der Betrag, der noch zu zahlen ist?

e) Nachdem der Wasserstand in der letzten Woche um 1,23 m gefallen war, ist er im Laufe der letzten beiden Tage wieder um 0,36 m gestiegen.

f) Herr Sauter hat auf seinem Konto 237,13 € Schulden. Nachdem sein Gehalt über 2445,17 € überwiesen wurde, zahlt er noch 545,50 € Miete und 718,75 € für die Autoversicherung.

14. a) Welche Zustandsänderungen kannst du zusammenfassen, damit die Gesamtänderung null ergibt?

b) Mit welchen Zustandsänderungen kannst du eine negative (positive) Gesamtänderung erzielen? Gib drei Beispiele an und versuche eine allgemeine Regel zu finden.

15. Ist die Behauptung richtig? Begründe die Antwort.

a) Die Summe zweier negativer Zahlen ist kleiner als jeder der Summanden.

b) Damit die Summe positiv ist, muss mindestens ein Summand positiv sein.

c) Wenn keiner der Summanden null ist, kann auch die Summe nicht gleich null sein.

16. Du hast an verschiedenen Stellen unterschiedliche Verwendungsmöglichkeiten für ganze Zahlen kennen gelernt. Schreibe eine kleine Zusammenfassung.

17. a) Berechne: **(1)** (+ 12) + (− 16) **(2)** (− 10) + (+ 6)

b) Gib weitere Beispiele an, bei denen das Ergebnis mit dem aus Teilaufgabe a) übereinstimmt.

c) Formuliere eine allgemeine Regel, mit der man Aufgaben bilden kann, die das Ergebnis von Teilaufgabe a) haben.

Spiel (2 Spieler)

18. Das Bild rechts zeigt zwei verschieden farbige Ikosaeder (Zwanzigflächner). Sie stellen positive und negative Zahlen dar.
Die erwürfelten Zahlen werden addiert.
Gewonnen hat, wer zuerst z. B. die Summe − 19 schafft.

19 + (− 13) = 6

Zeitzonen und Zeitverschiebung

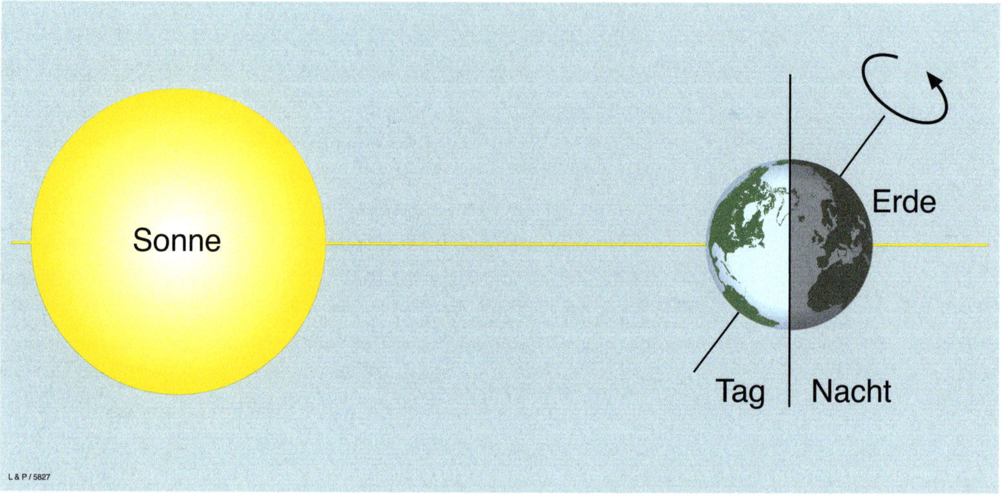

Lange Zeit war die Zeit an einem Ort mithilfe der Sonne festgelegt: 12 Uhr mittags war der Zeitpunkt, zu dem die Sonne ihren höchsten Punkt über dem Horizont erreichte. Da die Erde sich aber um sich selbst dreht, hat die Sonne in z. B. in Dresden $\frac{1}{2}$ Stunde vorher ihren höchsten Stand bevor es in Duisburg der Fall ist. Bei dieser Festlegung der Uhrzeit nach dem Sonnenstand wären 12 Uhr mittags in Dresden und 12 Uhr mittags in Duisburg zu verschiedenen Zeitpunkten.

Bis in das 19. Jahrhundert galten in den einzelnen Ländern Deutschlands unterschiedliche Zeiten, zum Beispiel in Bayern die Münchner Zeit, die gegenüber der in ganz Preußen geltenden Berliner Zeit sieben Minuten nachging.
Für Fahrten z. B. mit der Eisenbahn in Deutschland ließ sich so kein einheitlicher Fahrplan festlegen. Daher hat man seit dem 1. April 1893 mit dem so genannten Zeitgesetz für ganz Deutschland eine einheitliche Zeit vereinbart, die mitteleuropäische Zeit MEZ.

Je weiter östlich ein Ort von Deutschland liegt, desto früher ist steht dort die Sonne am höchsten. Man kann daher nicht für alle Orte der Erde die gleiche Zeit festlegen, sondern teilt diese in Zeitzonen ein. In Griechenland z. B. gilt die osteuropäische Zeit OEZ, die sich um eine Stunde von unserer unterscheidet. Vielleicht warst du schon einmal im Urlaub in Griechenland und hast gemerkt, dass man bei der Reise dorthin seine Uhr um eine Stunde vorstellen muss. Entsprechend muss man die Uhr bei der Reise zurück wieder um eine Stunde zurückstellen.

1. Wo erreicht die Sonne am frühesten ihren höchsten Stand: in England, in Deutschland oder in Russland?

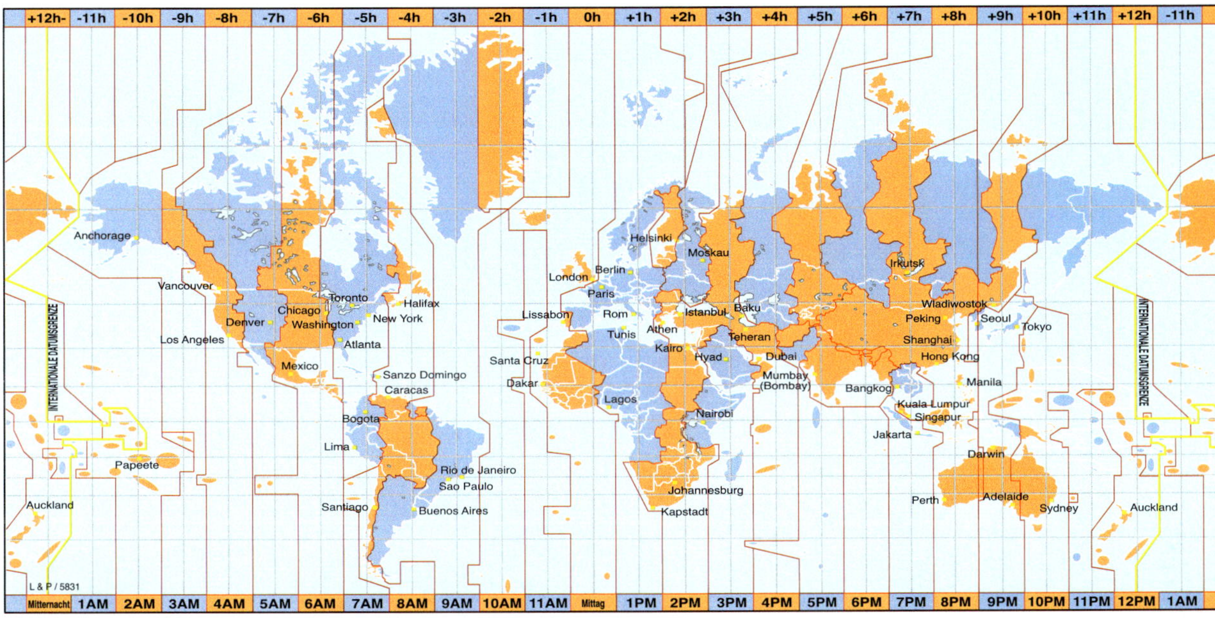

Oben siehst du: Man hat die Erde insgesamt in 24 Zeitzonen unterteilt, in denen unabhängig vom Sonnenstand die gleiche Zeit festgelegt ist.

2. **a)** Idealerweise müssten alle 24 Zeitzonen die gleiche Breite von 15 Breitengraden haben. Überlege, woraus sich diese ideale Breite ergibt.

b) In Wirklichkeit sind die Zeitzonen z. T. sogar mit unregelmäßigen Grenzen voneinander getrennt. Überlege, warum man die Unterteilung wohl so getroffen hat.

3. Stelle dir vor, bei uns ist es 12 Uhr mittags:

a) Wo ist es Mitternacht?

b) Wo ist es 6 Uhr morgens?

c) Wo ist es 18 Uhr abends?

4. **a)** Jakobs Oma lebt in Toronto und möchte ihm an seinem Geburtstag morgens um 7 Uhr anrufen und gratulieren. Um welche Uhrzeit in Kanada muss sie telefonieren?

b) Wenn Tim aus Hannover um 6 Uhr aufsteht, wie spät ist es dann in Mexiko?

c) Sarah fliegt um 17:30 Uhr von New York nach Moskau. Der Flug soll 13 Stunden dauern. Zu welcher Ortszeit kommt sie an?

d) Stellt euch gegenseitig weitere Aufgaben.

5. Notiert für einige Städte die Veränderung gegenüber der MEZ. Schreibt z. B. für Sydney +9 h und für Denver −8 h.
Berechnet Zeitdifferenzen zwischen verschiedenen Städten. Schreibt dazu auch Subtraktionsaufgaben. Könnt ihr Regeln entdecken?

7.6 Multiplikation ganzer Zahlen

7.6.1 Der zweite Faktor ist positiv oder null

Einstieg

Rechts findet ihr zwei Blöcke von Multiplikationsaufgaben.

(1)	(2)
$(+2)\cdot 3 =$	$(+4)\cdot 2 =$
$(+1)\cdot 3 =$	$(+2)\cdot 2 =$
$0\cdot 3 =$	$0\cdot 2 =$
$(-1)\cdot 3 =$	$(-2)\cdot 2 =$
$(-2)\cdot 3 =$	$(-4)\cdot 2 =$
$(-3)\cdot 3 =$	$(-6)\cdot 2 =$

a) Berechnet zunächst in dem ersten Block die blauen Aufgaben. Welche Gesetzmäßigkeit erkennt ihr von einer Aufgabe zur nächsten? Wendet diese Gesetzmäßigkeit zur Berechnung der roten Aufgaben an.
Verfahrt entsprechend bei dem anderen Block.

b) Bildet selbst Beispiele für solche Blöcke.

c) Welche Regeln erkennt ihr für das Multiplizieren einer negativen mit einer positiven rationalen Zahl? Präsentiert euer Ergebnis.

Aufgabe 1

Die Spielregel eines Würfelspiels gibt Folgendes an:
Würfle mit den beiden Augen-Würfeln und dem Vorzeichen-Würfel. Ziehe die Spielfigur wie es der braune Würfel anzeigt. Dabei ist die Punktzahl positiv oder negativ, so wie es der Vorzeichen-Würfel anzeigt. Positive Werte geht man vorwärts, negative rückwärts. Ziehe so oft, wie es der grüne Würfel bestimmt.

(1)

(2)

Die Änderungen der Position der Spielfigur auf dem Spielfeld kann in einzelnen Schritten vorgenommen werden. Fasse die Änderungen zu einer Gesamtänderung zusammen.

Lösung

Die Positionsänderungen können wir durch Pfeile darstellen und diese so aneinander legen, dass die nächste Änderung dort beginnt, wo die vorherige endet.

(1) Hier muss man zwei Felder vorwärts ziehen und diesen Zug dreimal nacheinander ausführen. Insgesamt geht man 6 Felder vor:

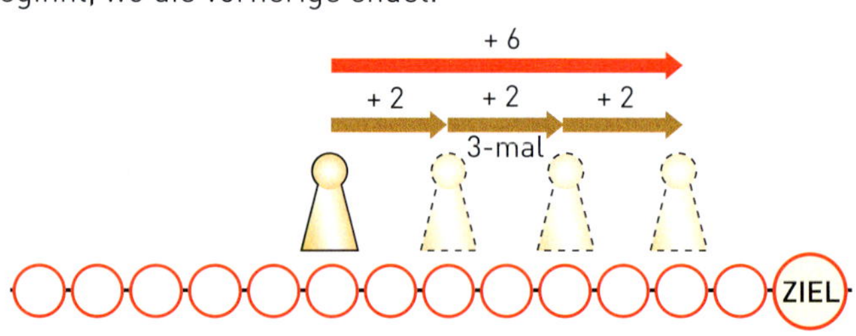

$(+2) + (+2) + (+2) = +6$

Diese mehrfache Addition ein und derselben Zahl kann man auch als Multiplikationsaufgabe schreiben:

$(+2) + (+2) + (+2) = (+2)\cdot 3 = +6$

(2) Hier muss man zwei Felder rückwärts ziehen und diesen Zug viermal nacheinander ausführen. Insgesamt geht man 8 Felder zurück:
$(-2) + (-2) + (-2) + (-2) = -8$
Diese mehrfache Addition ein und derselben Zahl kann man auch als Multiplikationsaufgabe schreiben:
$(-2) + (-2) + (-2) + (-2) = (-2) \cdot 4 = -8$

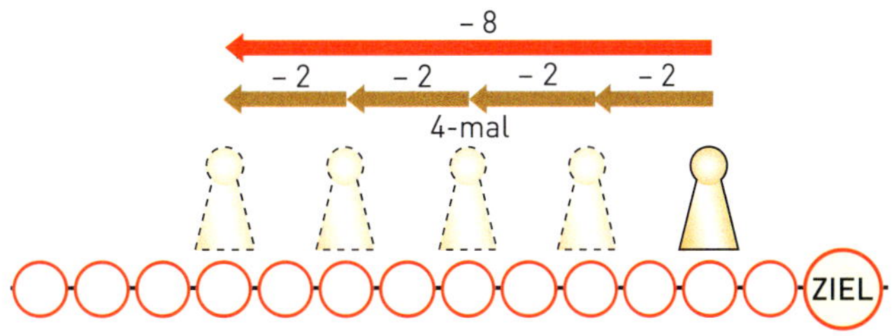

Information

(1) Anschauliche Deutung des Multiplizierens einer ganzen Zahl a mit einer positiven Zahl

Bei der Lösung der Aufgabe 1 wurde der Pfeil für + 2 aneinander gelegt. Der Ergebnispfeil für + 6 ist dreimal so lang wie der Pfeil für + 2. Man sagt dafür auch: Der Pfeil für + 2 wird mit dem Faktor 3 gestreckt.

Erster Faktor: Pfeil
Zweiter Faktor: Veränderung des Pfeils

Das Multiplizieren einer beliebigen ganzen Zahl a mit einer *positiven ganzen* Zahl b entspricht einem Strecken des Pfeils für a mit der Zahl b.
Beispiel: $(-7) \cdot 3 = -21$

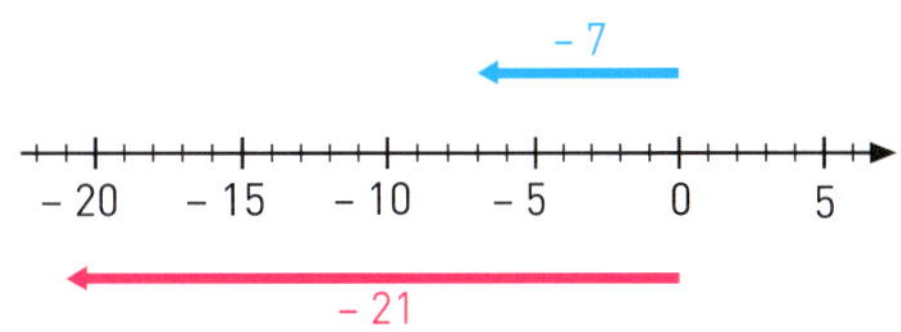

(2) Multiplizieren mit der Zahl 0

Von den natürlichen Zahlen und den Bruchzahlen weißt du schon:
Wenn eine positive Zahl oder 0 mit der 0 multipliziert wird, erhält man 0 als Ergebnis.
Das soll auch für negative ganze Zahlen gelten:
$(-3) \cdot 0 = 0$; $(-5) \cdot 0 = 0$

Übungsaufgaben

2. Für die Musikschule werden in jedem Monat 47 € als Beitrag abgebucht. Welcher Betrag ist das im Jahr? Schreibe dazu sowohl eine Additionsaufgabe als auch eine Multiplikationsaufgabe mit negativen Zahlen.

3. Schreibe als Produkt und berechne.

a) $(-4) + (-4) + (-4) + (-4) + (-4) + (-4)$
b) $(-11) + (-11) + (-11) + (-11)$
c) $(-25) + (-25) + (-25) + (-25)$
d) $(-13) + (-13) + (-13) + (-13) + (-13)$
e) $0 + 0 + 0 + 0$
f) $(+29) + (+29) + (+29) + (+29) + (+29) + (+29) + (+29)$

4. Deute an der Zahlengeraden. Rechne auch.

a) $(-1) \cdot 4$ **c)** $(-4) \cdot 3$ **e)** $(-3) \cdot 5$ **g)** $(-5) \cdot 2$
b) $(+3) \cdot 3$ **d)** $(-5) \cdot 2$ **f)** $(+2) \cdot 4$ **h)** $(+6) \cdot 4$

5. Aus dem blauen Pfeil wird der rote Pfeil erzeugt. Schreibe dazu ein Produkt.

a)

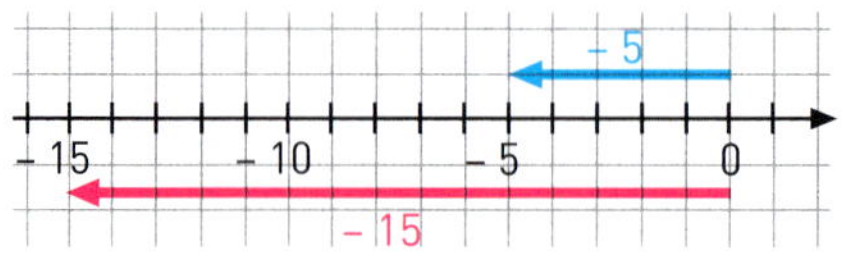

c)

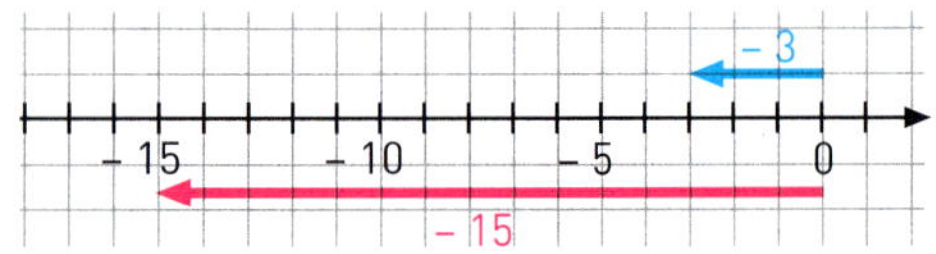

b)

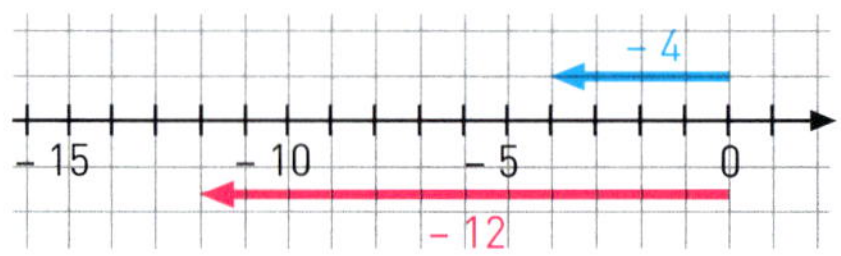

d)

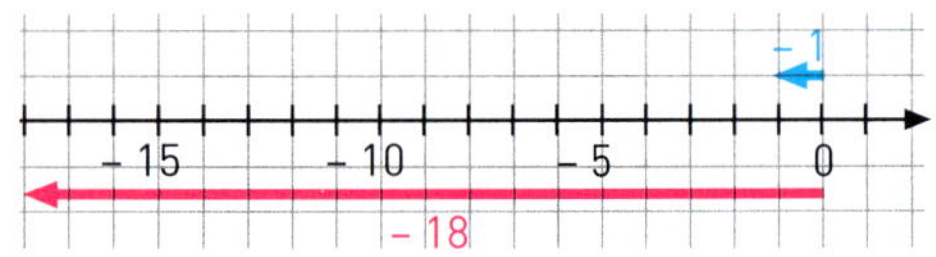

+7 = 7

6. Berechne.

a) $(-5)\cdot 7$	**b)** $(-3)\cdot 5$	**c)** $(-15)\cdot(+7)$	**d)** $(-30)\cdot(+3)$
$(-8)\cdot 3$	$(-9)\cdot 4$	$(-11)\cdot(+8)$	$(-25)\cdot(+4)$
$(-10)\cdot 6$	$(-7)\cdot 7$	$(-12)\cdot(+5)$	$(-50)\cdot(+8)$

7.6.2 Der zweite Faktor ist negativ

Einstieg

Hier sind zwei Blöcke von Multiplikationsaufgaben.

a) Berechnet zunächst in dem ersten Block die blauen Aufgaben. Welche Gesetzmäßigkeit erkennt ihr von einer Aufgabe zur nächsten? Wendet diese Gesetzmäßigkeit zur Berechnung der roten Aufgaben an. Verfahrt entsprechend bei dem anderen Block.

(1)	(2)
$(+2)\cdot(+2) =$	$(+2)\cdot(-3) =$
$(+2)\cdot(+1) =$	$(+1)\cdot(-3) =$
$(+2)\cdot\ 0 =$	$0\cdot(-3) =$
$(+2)\cdot(-1) =$	$(-1)\cdot(-3) =$
$(+2)\cdot(-2) =$	$(-2)\cdot(-3) =$
$(+2)\cdot(-3) =$	$(-3)\cdot(-3) =$

b) Bildet selbst Beispiele für solche Blöcke.

c) Welche Regeln erkennt ihr für das Multiplizieren ganzer Zahlen?

Einführung

Multiplizieren einer positiven Zahl mit einer negativen Zahl

Es gilt: $(-2)\cdot(+3) = -6$. Was aber bedeutet $(+3)\cdot(-2)$?

Dazu vereinbaren wir: Das Kommutativgesetz soll auch für die Multiplikation ganzer Zahlen gelten: $(+3)\cdot(-2) = (-2)\cdot(+3) = -6$.

Auch bei der Multiplikationsaufgabe $(+3)\cdot(-2)$ wollen wir den ersten Faktor $(+3)$ als Pfeil darstellen und den zweiten Faktor (-2) als Veränderung dieses Pfeils.

Wie erhält man dann am Zahlenstrahl aus dem Pfeil für $+3$ den Pfeil für -6?

Das kann auf zwei Weisen geschehen.

Spiegeln am Nullpunkt bedeutet Richtungsumkehr bzw. Vorzeichenwechsel.

1. Weg: Der Pfeil für +3 wird zunächst mit dem Faktor 2 gestreckt und dann am Nullpunkt gespiegelt (umgewendet).

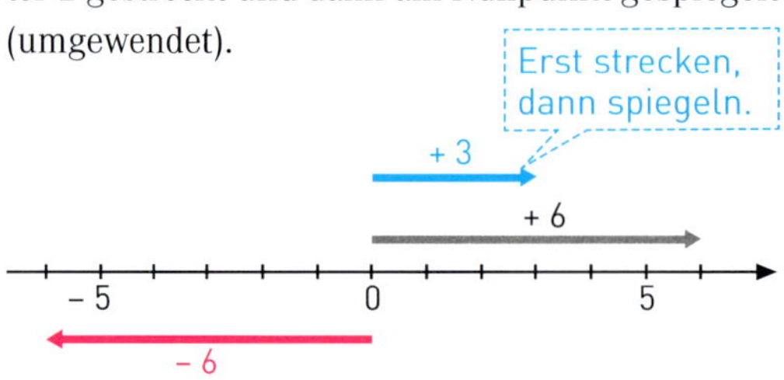

2. Weg: Der Pfeil für +3 wird zunächst am Nullpunkt gespiegelt (umgewendet) und dann mit dem Faktor 2 gestreckt.

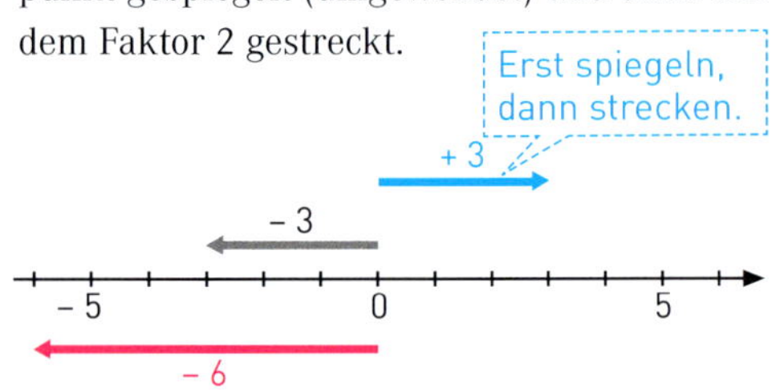

Wir sagen kurz: Es wird ein Strecken am Nullpunkt mit Richtungsumkehr durchgeführt.

Information Wir setzen für das Multiplizieren mit einer negativen Zahl fest:

Anschauliche Deutung des Multiplizierens einer ganzen Zahl mit einer negativen Zahl

Das Multiplizieren einer beliebigen ganzen Zahl a mit einer negativen ganzen Zahl b entspricht einem *Strecken mit Richtungsumkehr* des Pfeils für a.

Beispiel: (+ 2) · (− 3) = − 6

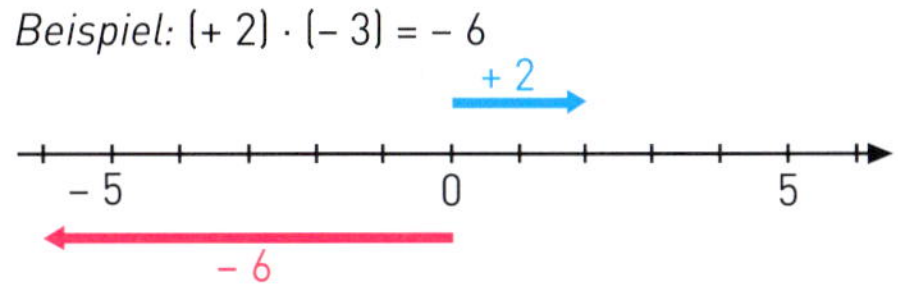

Aufgabe 1 **Multiplizieren zweier negativer Zahlen**

Zeichne zu (− 3) · (− 2) ein Pfeilbild an der Zahlengeraden. Berechne dann (− 3) · (− 2).

Lösung

1. Weg:
Strecken mit dem Faktor 2, dann Spiegeln am Nullpunkt.

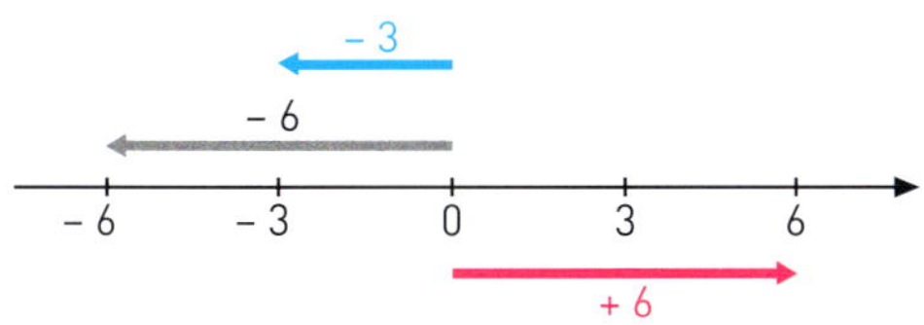

2. Weg:
Spiegeln am Nullpunkt, dann Strecken mit dem Faktor 2.

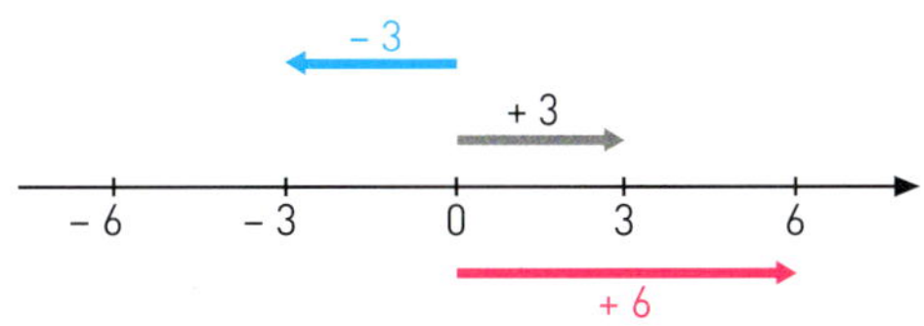

Bei jedem der beiden Wege erhältst du: (− 3) · (− 2) = + 6

Information

(1) Regel für das Multiplizieren ganzer Zahlen

An den bisherigen Beispielen erkennt man, wie man ganze Zahlen multipliziert.

plus mal plus ergibt plus
minus mal minus ergibt plus
plus mal minus ergibt minus
minus mal plus ergibt minus

Regel für das Multiplizieren ganzer Zahlen

Haben beide Faktoren dasselbe Vorzeichen, ist das Produkt positiv.
Haben beide Faktoren verschiedene Vorzeichen, ist das Produkt negativ.
Außerdem gilt für jede beliebige Zahl a:
a · 0 = 0; 0 · a = 0.

Beispiele:
(+ 3) · (+ 4) = +(3 · 4) = + 12
(− 3) · (− 4) = +(3 · 4) = + 12
(+ 3) · (− 4) = −(3 · 4) = − 12
(− 3) · (+ 4) = −(3 · 4) = − 12

(2) Begründung der Vorzeichenregel für die Multiplikation ganzer Zahlen

Aufgrund der anschaulichen Bedeutung der Multiplikation als Streckung (gegebenenfalls mit Richtungsumkehr) ergibt sich:
Ist der zweite Faktor positiv, so findet nur eine Streckung statt. Das Vorzeichen des ersten Faktors bleibt bestehen.
Ist der zweite Faktor negativ, so findet außerdem noch eine Spiegelung am Nullpunkt statt. Das Vorzeichen des ersten Faktors wird geändert.

Übungsaufgaben

2. Deute an der Zahlengeraden. Rechne auch.

a) (+ 5) · (− 3) **b)** (+ 4) · (− 5) **c)** (− 25) · (− 4) **d)** (− 7) · (− 6) **e)** (+ 4) · (− 1) **f)** (− 12) · (− 3) **g)** (+ 15) · (− 3) **h)** (+ 1) · (− 1)

3. Der blaue Pfeil ist in den roten Pfeil übergegangen. Beschreibe die Veränderung. Notiere dazu eine Multiplikationsaufgabe.

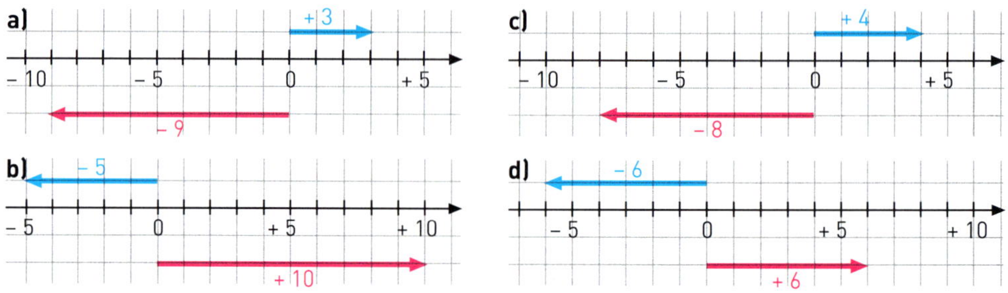

4.

a) (–4)·(+7)	**b)** (–12)·(–9)	**c)** (–17)·(+3)	**d)** (+20)·(+16)
(+4)·(–7)	(+12)·(+9)	(+17)·(–3)	(–20)·(+16)
(+4)·(+7)	(–12)·(+9)	(–17)·(–3)	(+20)·(–16)
(–4)·(–7)	(+12)·(–9)	(+17)·(+3)	(–20)·(–16)

5.

a) (–5)·(+3)	**b)** (–4)·(–5)	**c)** (+6)·(+7)	**d)** (+12)·(–5)
(+6)·(–2)	(+8)·(–7)	(–10)·(–8)	(–15)·(–8)
(+7)·(+8)	(–9)·(+3)	(+25)·(–4)	(+20)·(–9)

6. Stellt euch abwechselnd gegenseitig Aufgaben zum Multiplizieren ganzer Zahlen. Wie viele Aufgaben schafft ihr in drei Minuten?

7. Multipliziere nebeneinander stehende Zahlen. Schreibe das Ergebnis in das Feld darüber.

a)

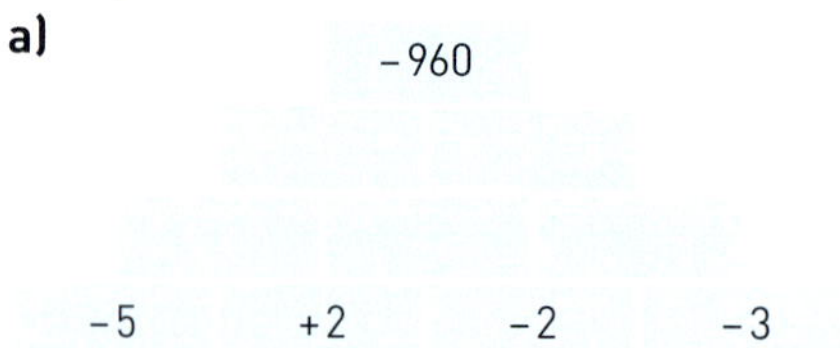

b)

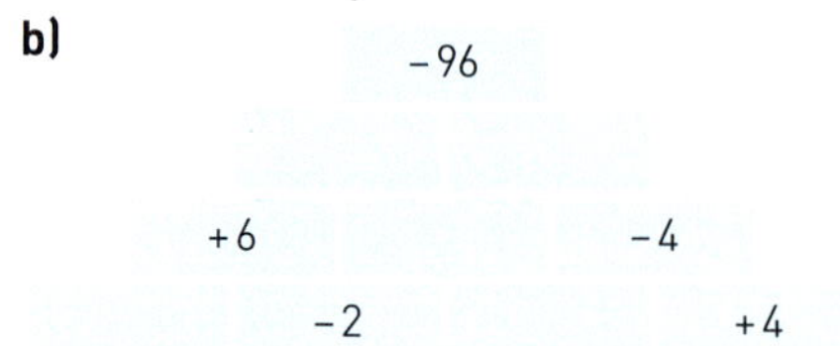

8. Schreibe die vorgegebene Zahl auf verschiedene Weisen als Produkt ganzer Zahlen.
a) 36 **b)** 24 **c)** –12 **d)** –27 **e)** 0

9. Richtig oder falsch? Begründe.
a) Ist bei zwei Faktoren einer negativ, so ist das Produkt negativ.
b) Das Produkt zweier negativer ganzer Zahlen ist immer größer als jeder der Faktoren.
c) Ist das Produkt zweier ganzer Zahlen negativ, so ist es kleiner als beide Faktoren.
d) Das Produkt von zwei ganzen Zahlen ist nie null.
e) Das Produkt von drei ganzen Zahlen ist nur dann positiv, wenn alle drei Faktoren gleiches Vorzeichen haben.

Spiel
2 Spieler

10. Würfelt abwechselnd mit zwei verschiedenfarbigen Würfeln und multipliziert die Augenzahlen. Der Partner legt vor jedem Wurf fest, welche Vorzeichen für die Würfel verwendet werden. Addiert die Produkte für 10 Spielrunden. Wer dann näher an null ist, hat gewonnen.

7.7 Aufgaben zur Vertiefung

Leonard Euler (1707 – 1783)

1. Der Mathematiker Leonhard Euler hat in seiner 1770 erschienenen „Vollständigen Anleitung zur Algebra" den Umgang mit negativen Zahlen beschrieben. Lies seinen Text rechts. (Thl. ist die Abkürzung für Thaler.)
Was bedeutet: „Negative Zahlen sind weniger als nichts"?

> Da nun die negativen Zahlen als Schulden betrachtet werden können, in so fern die positiven Zahlen den wirklichen Besitz angeben, so kann man sagen, daß die negativen Zahlen weniger sind als nichts; also wenn Jemand Nichts im Vermögen hat, und noch dazu noch 50 Thl. schuldig ist, so hat er wirklich 50 Thl. weniger als Nichts; denn, wenn man ihm 50 Thl. schenken würde, um seine Schulden zu bezahlen, so würde er alsdann erst Nichts haben, während er doch jetzt mehr hat als vorher.

2. a) Das Quadrat rechts ist ein *magisches Quadrat* oder auch: *Zauberquadrat*. Du weißt, wenn man die Zahlen einer Zeile oder Spalte oder Diagonalen addiert, so erhält man immer dieselbe Summe. Prüfe das nach.

8	−5	−6	5
−3	2	3	0
1	−2	−1	4
−4	7	6	−7

b) Übertrage in dein Heft. Ergänze die begonnenen magischen Quadrate.

(1)

	0	4	−7
−6	3		6
−5	2	−2	
8	−3	1	−4

(2)

6	3		−4
		2	7
	5		−2
	−6	8	1

(3)

−4	1		
7	−2	2	−5
	−1		−6
			5

c) Trage die Zahlen −4, −3, −2, −1, 0, 1, 2, 3, 4 so in das Quadrat rechts ein, dass sich in jeder Zeile, jeder Spalte und jeder Diagonalen die Summe 0 ergibt.

3. Eine Kaffeerösterei kontrolliert ihre Abfüllmaschinen für Großküchen und wiegt 10 Kaffeetüten, die 1 kg Kaffee enthalten sollen. Die Ergebnisse sind: 1005 g; 997 g; 1010 g; 999 g; 1003 g; 1007 g; 989 g; 998 g; 1003 g; 1009 g

a) Bestimme die Abweichung des Gewichts von Sollgewicht 1000 g mithilfe ganzer Zahlen.
Rechne Abweichungen nach oben positiv, solche nach unten negativ.

b) Bestimme daraus das arithmetische Mittel der Abweichungen.

c) Ermittle daraus das arithmetische Mittel des Gewichts der untersuchten Kaffeetüten.

Das Wichtigste auf einen Blick

Ganze Zahlen – Zahlengerade

Die **Menge der ganzen Zahlen** besteht aus **positiven** und **negativen Zahlen** und 0. Das Vorzeichen + wird oft weggelassen. Die 0 ist weder positiv noch negativ.
Diese Zahlen kann man an der **Zahlengeraden** darstellen.

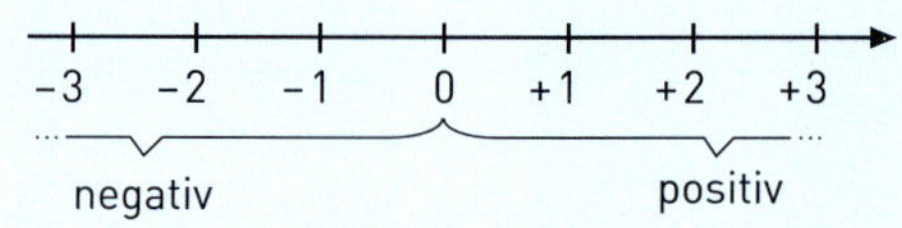

Vergleichen und Ordnen

Ganze Zahlen kann man nach „ist kleiner als“ ordnen. Auf der nach rechts gerichteten Zahlengerade liegt die kleinere Zahl links von der größeren.

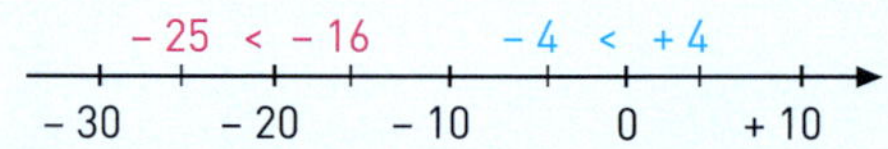

Zustandsänderungen

Mit positiven und negativen Zahlen kann man auch **Zustandsänderungen** beschreiben.
Das Vorzeichen + bedeutet Übergang zu einem höheren Zustand (Steigen), das Vorzeichen – bedeutet Übergang zu einem niedrigeren Zustand (Fallen).

Zustandsänderung + 2:
Gehe 2 nach rechts:
$-3 \xrightarrow{+2} -1$

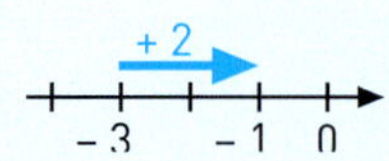

Zustandsänderung – 3:
Gehe 3 nach links:
$+2 \xrightarrow{-3} -1$

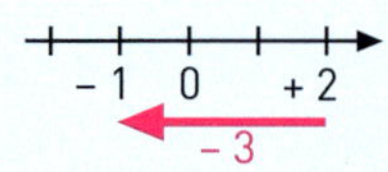

Addieren ganzer Zahlen

(1) Die Summe zweier positiver Zahlen ist positiv, die Summe zweier negativer Zahlen ist negativ.
(2) Die Summe aus einer positiven und einer negativen Zahl kann positiv oder negativ sein oder auch 0 sein. Das hängt davon ab, ob die positive oder die negative Zustandsänderung überwiegt.

Beispiele:

$(+6) + (+8) = +14$

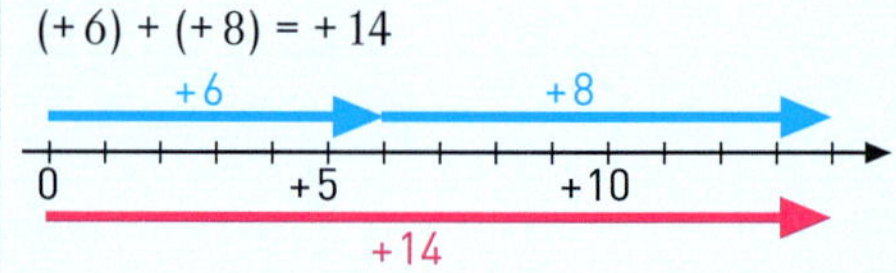

$(-5) + (-7) = -12$

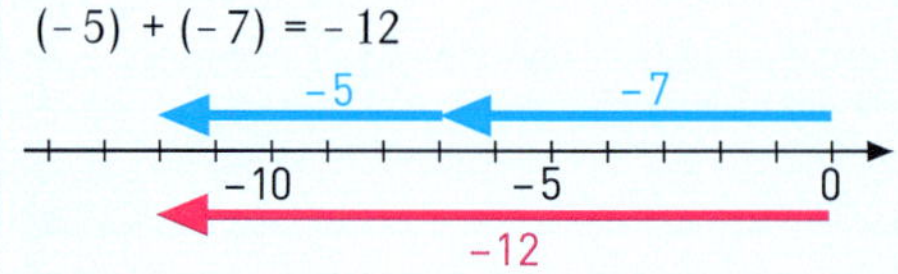

$(+5) + (-7) = -2$

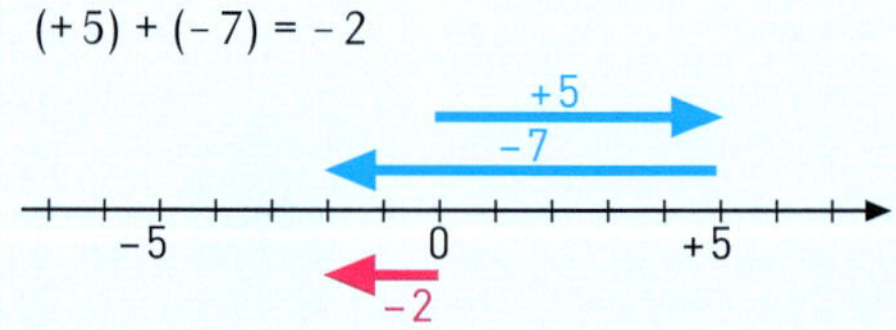

$(+9) + (-4) = +5$

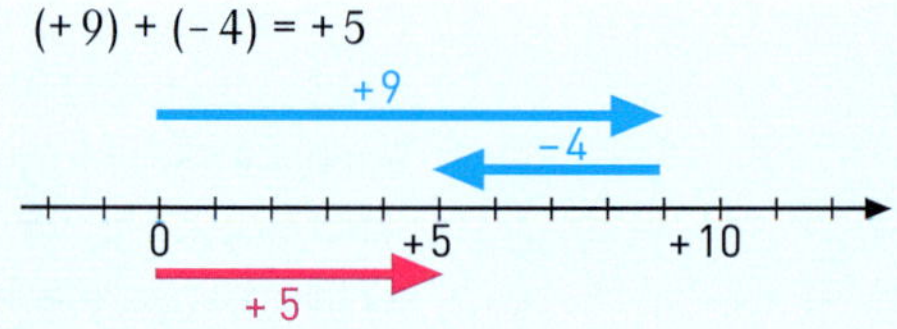

Multiplizieren ganzer Zahlen

(1) Haben beide Faktoren dasselbe Vorzeichen, ist das Produkt positiv.
(2) Haben beide Faktoren verschiedene Vorzeichen, ist das Produkt negativ.

Außerdem gilt für jede beliebige Zahl a:
$a \cdot 0 = 0;\ 0 \cdot a = 0$

Beispiele:

$(+4)\cdot(+5) = +20;\ (-3)\cdot(-7) = +21$
$(+4)\cdot(-5) = -20;\ (-3)\cdot(+7) = -21$

$(-3)\cdot 0 = 0;\ 0\cdot(-5) = 0$

Bist du fit?

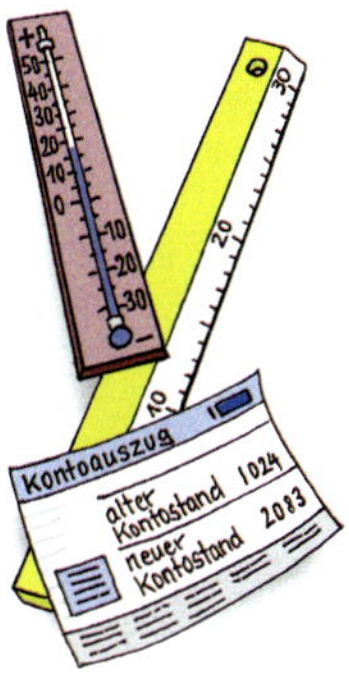

1. Was bedeuten die Zahlen +12; −21; +17; −3; 0
a) beim Thermometer; **b)** bei Höhenangaben; **c)** auf einem Kontoauszug?

2. Lies die Zahlen von der Zahlengeraden ab.

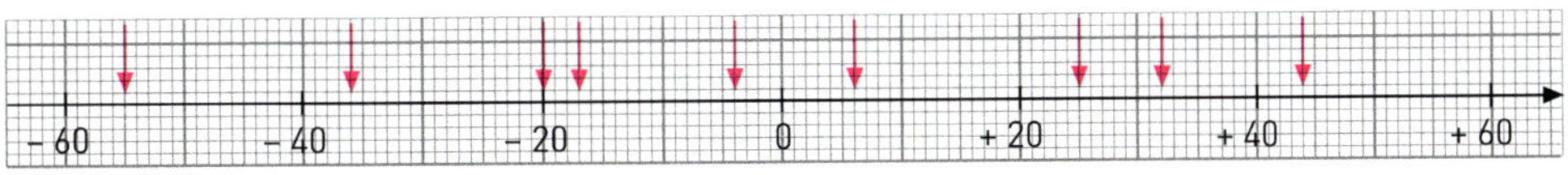

3. Setze im Heft < oder > ein. Denke z. B. an Temperaturen.

a) −3 ■ +6; +7 ■ −1
b) −4 ■ −6; −5 ■ −2
c) +3 ■ −8; −1 ■ −4
d) −11 ■ −3; −7 ■ −6
e) −4 ■ +1,5; +2 ■ −3,2

4. Zeichne zu den gegebenen Zustandsänderungen die Pfeildarstellung an der Zahlengeraden und fülle damit die Lücken aus.

a) ■ $\xrightarrow{-8}$ −3; ■ $\xrightarrow{+2}$ −4
b) +7 $\xrightarrow{■}$ −4; −12 $\xrightarrow{■}$ −5
c) −5 $\xrightarrow{-8}$ ■; +3 $\xrightarrow{-8}$ ■
d) ■ $\xrightarrow{+2}$ −6; −4 $\xrightarrow{■}$ +6

5. Stelle selbst eine Frage und beantworte sie.

a) Die Temperatur betrug +2 °C und ist um 8 Grad gefallen.
b) Sandra hat einen Einkaufsgutschein über 35 € und will für 49 € einkaufen.
c) Der Wasserstand in einem Stausee ist erst um 126 cm gefallen, dann um 78 cm gestiegen.
d) Nach einem heißen Sommertag ist die Temperatur um 17 Grad gefallen. Jetzt beträgt sie +16 °C.

6.
a) (+21) + (−63); (−12) + (−41); (−72) + (+18)
b) (−18) + (+4); (+12) + (−76); (−23) + (+28)
c) (−41) + (−17); (−28) + (+69); (−37) + (−28)
d) (−19) + (+36); (−61) + (−17); (−38) + (+19)

7.
a) (−4) · (+2); (−6) · (−2); (+7) · (−8)
b) (+5) · (+4); (−7) · (+8); (−9) · (−4)
c) (+9) · (+9); (−8) · 0; (+10) · (−4)
d) (+12) · (−5); (+15) · (+5); (−10) · (−9)

8. Ist die Behauptung richtig? Begründe deine Antwort.

(1) Die Summe zweier negativer Zahlen ist immer negativ.
(2) Ist ein Summand positiv, so ist auch die Summe positiv.
(3) Eine positive ganze Zahl ist immer größer als eine negative ganze Zahl.
(4) Eine Summe von zwei ganzen Zahlen kann kleiner sein als jeder einzelne Summand.
(5) Das Produkt von zwei ganzen Zahlen ist nur dann positiv, wenn beide Faktoren positiv sind.
(6) Wenn das Produkt zweier ganzer Zahlen kleiner ist als jeder Faktor, dann haben die Faktoren verschieden Vorzeichen.

Lösungen zu Bist du fit?

Seite 39

1. **a)** < **b)** = **c)** > **d)** < **e)** = **f)** <

Seite 40

2. **a)** $4\frac{5}{8}$; $5\frac{7}{9}$; $2\frac{5}{6}$; $4\frac{7}{12}$; $3\frac{1}{6}$ $\qquad 2\frac{5}{6} < 3\frac{1}{6} < 4\frac{7}{12} < 4\frac{5}{8} < 5\frac{7}{9}$

b) $5\frac{1}{3}$; $4\frac{4}{9}$; $3\frac{5}{7}$; $4\frac{12}{17}$; $5\frac{4}{15}$ $\qquad 3\frac{5}{7} < 4\frac{4}{9} < 4\frac{12}{17} < 5\frac{4}{15} < 5\frac{1}{3}$

c) $4\frac{5}{12}$; $2\frac{7}{18}$; $3\frac{7}{15}$; $6\frac{3}{25}$; $5\frac{3}{5}$; $2\frac{5}{12}$; $3\frac{7}{25}$; $6\frac{3}{4}$; $5\frac{6}{11}$ $\qquad 2\frac{7}{18} < 2\frac{5}{12} < 3\frac{7}{25} < 3\frac{7}{15} < 4\frac{5}{12} < 5\frac{6}{11} < 5\frac{3}{5} < 6\frac{3}{25} < 6\frac{3}{4}$

3. $\frac{9}{20} < \frac{8}{15}$; Nichte Eva erbt also mehr.

4. **a)** $\frac{5}{12} > \frac{3}{10} > \frac{3}{20} > \frac{2}{15}$

b) 300 Karten: 40 Karten Klasse 6a, 90 Karten Klasse 6b, 125 Karten Klasse 6c

5. Die Farbmischung besteht aus 5 Teilen weißer Farbe und 2 Teilen gelber Farbe, also insgesamt aus 7 Teilen. Ein Teil entspricht also 4 kg. Es sind dann $5 \cdot 4\,\text{kg} = 20\,\text{kg}$ weiße Farbe und $2 \cdot 4\,\text{kg} = 8\,\text{kg}$ gelbe Farbe.

6. $\frac{75\,\text{ml}}{50\,\text{ml}} = \frac{75}{50} = \frac{3}{2} = 3:2$

7. **a)** $\frac{3}{4}$; $\frac{1}{2}$ **c)** $\frac{3}{2} = 1\frac{1}{2}$; $\frac{3}{10}$ **e)** $\frac{39}{50}$; $\frac{7}{12}$ **g)** $\frac{116}{15} = 7\frac{11}{15}$; $\frac{43}{8} = 5\frac{3}{8}$ **i)** $\frac{25}{9} = 2\frac{7}{9}$; $\frac{61}{10} = 6\frac{1}{10}$ **k)** $5\frac{3}{4}$; $6\frac{1}{9}$

b) $\frac{13}{12} = 1\frac{1}{12}$; $\frac{2}{15}$ **d)** $\frac{17}{12} = 1\frac{5}{12}$; $\frac{1}{12}$ **f)** $\frac{75}{56} = 1\frac{19}{56}$; $\frac{5}{56}$ **h)** 5; $\frac{47}{6} = 7\frac{5}{6}$ **j)** $\frac{19}{8} = 2\frac{3}{8}$; $\frac{19}{5} = 3\frac{4}{5}$ **l)** $5\frac{3}{5}$; $\frac{2}{5}$

8. *Überschlag:* $2\,\text{kg} + \left(\frac{1}{2}\,\text{kg} + \frac{5}{2}\,\text{kg}\right) + \left(\frac{3}{4}\,\text{kg} + \frac{2}{5}\,\text{kg}\right) \approx 2\,\text{kg} + 3\,\text{kg} + 1\,\text{kg} = 6\,\text{kg}$

Rechnung: $\frac{1}{2}\,\text{kg} + 2\,\text{kg} + \frac{5}{2}\,\text{kg} + \frac{3}{4}\,\text{kg} + \frac{2}{5}\,\text{kg} = 6\frac{3}{20}\,\text{kg}$

Antwort: Der Inhalt der Tasche ist $6\frac{3}{20}$ kg schwer.

9. **a)** $\frac{1}{2} + \frac{1}{3} + \frac{3}{2} = \left(\frac{1}{2} + \frac{3}{2}\right) + \frac{1}{3} = \frac{4}{2} + \frac{1}{3} = 2 + \frac{1}{3} = 2\frac{1}{3}$

b) $\frac{3}{9} + \frac{4}{7} + \frac{3}{7} = \frac{3}{9} + \left(\frac{4}{7} + \frac{3}{7}\right) = \frac{3}{9} + \frac{7}{7} = \frac{3}{9} + 1 = 1\frac{3}{9}$

c) $\frac{4}{5} + \frac{3}{8} + \frac{4}{3} + \frac{2}{8} + \frac{6}{5} + \frac{1}{3} = \left(\frac{4}{5} + \frac{6}{5}\right) + \left(\frac{3}{8} + \frac{1}{8}\right) + \left(\frac{4}{3} + \frac{1}{3}\right) = \frac{10}{5} + \frac{4}{8} + \frac{5}{3} = 2 + \frac{1}{2} + 1\frac{2}{3} = 4\frac{1}{6}$

d) $\frac{3}{16} + \frac{4}{9} + \frac{5}{16} + \frac{2}{9} + \frac{1}{3} + \frac{1}{2} = \left(\frac{3}{16} + \frac{5}{16}\right) + \left(\frac{4}{9} + \frac{2}{9}\right) + \frac{1}{3} + \frac{1}{2} = \frac{8}{16} + \frac{6}{9} + \frac{1}{3} + \frac{1}{2} = \frac{1}{2} + \frac{2}{3} + \frac{1}{3} + \frac{1}{2} = \left(\frac{1}{2} + \frac{1}{2}\right) + \left(\frac{2}{3} + \frac{1}{3}\right) = 1 + 1 = 2$

10. **a)** $\frac{7}{2} = 3\frac{1}{2}$ **b)** $\frac{16}{3} = 5\frac{1}{3}$ **c)** $\frac{35}{9} = 3\frac{8}{9}$ **d)** $\frac{12}{20} = \frac{3}{5}$ **e)** $\frac{3}{20}$ **f)** $\frac{4}{15}$

11. *Beispiele:*

a) *Frage:* Wie viel Liter Milch kauft Jan?

Rechnung: $\frac{1}{2}\,\ell \cdot 5 = \frac{5}{2}\,\ell = 2\frac{1}{2}\,\ell = 2{,}5\,\ell$ *Antwort:* Jan kauft $2\frac{1}{2}\,\ell$ Milch.

b) *Frage:* Wie viel Pizza erhält jeder?

Rechnung: $2\frac{1}{4} : 3 = \frac{9}{4} : 3 = \frac{3}{4}$ *Antwort:* Jeder erhält $\frac{3}{4}$ Pizza.

c) *Frage:* Wie viele Päckchen Butter muss Tom kaufen?

Rechnung: $1\frac{3}{4}\,\text{kg} : \frac{1}{4}\,\text{kg} = \frac{7}{4}\,\text{kg} : \frac{1}{4}\,\text{kg} = 7$ *Antwort:* Tom muss 7 Päckchen Butter kaufen.

Seite 92

1. –

2. Winkel mit den Schenkeln $\overrightarrow{OA}$ und $\overrightarrow{OB}$: 43° Winkel mit den Schenkeln $\overrightarrow{QP}$ und $\overrightarrow{QR}$: 129°

3. **a)** Achsensymmetrisch: alle Punktsymmetrisch: Israel

b) Bahamas: Das Dreieck bzw. der gelbe Streifen weisen Achsensymmetrie auf.
Israel: Der Stern weist Achsensymmetrie, Drehsymmetrie und Punktsymmetrie auf.
Bangladesch: Das grüne Feld weist Achsensymmetrie auf. Der rote Punkt weist Achsensymmetrie, Drehsymmetrie und Punktsymmetrie auf.
Dänemark: Die roten Felder weisen jeweils Achsen- und Punktsymmetrie auf. Die weißen Streifen weisen einzeln Achsen- und Punktsymmetrie auf, insgesamt zusammen aber nur Achsensymmetrie.

Seite 92

4. An den Orten B, D und G hat man Empfang. Die Orte A, C, E und F liegen alle außerhalb eines Kreises um S mit dem Radius 35 km (7 Kästchen). Die Punkte B, D und G liegen innerhalb des Kreises. Der Punkt H liegt fast auf dem Kreis, bei genauem Zeichnen aber doch etwas außerhalb. Man wird wohl aber doch noch Empfang haben.

5. **a)** rechtwinklig **b)** gleichschenklig **c)** rechwinklig – gleichschenklig **d)** gleichschenklig

6. Größe des Mittelpunktswinkels: $360° : 8 = 45°$

7. In 24 Stunden 360°, in 1 Stunde $360° : 24 = 15°$, in 20 Stunden $15° \cdot 20 = 300°$.

8. Achsenspiegelung

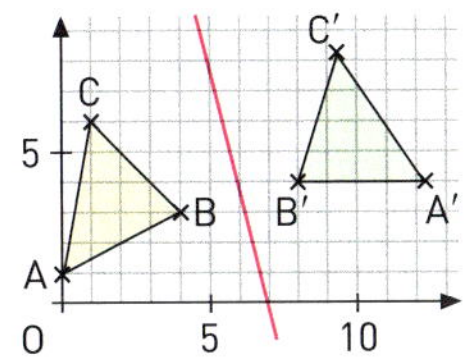

Punktspiegelung

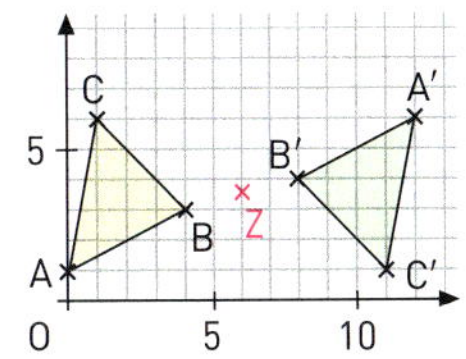

9.

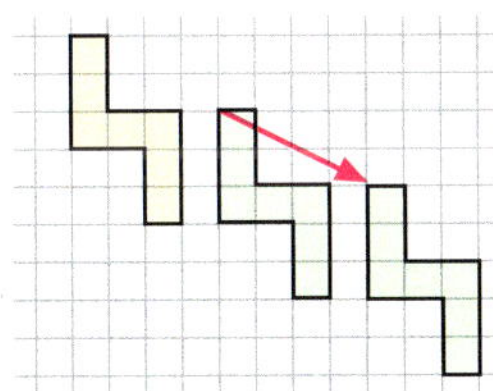

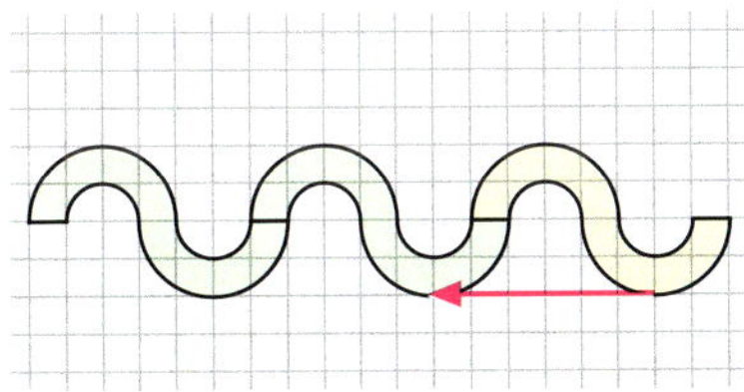

Seite 146

1. 0,2 = 0,20 = 0,200; 0,02 = 0,020; 0,202 = 0,2020

2. $0{,}06 = \frac{6}{100} = \frac{3}{50}$; $0{,}15 = \frac{15}{100} = \frac{3}{20}$; $0{,}29 = \frac{29}{100}$; $0{,}92 = \frac{92}{100} = \frac{23}{25}$; $1{,}21 = \frac{121}{100} = 1\frac{23}{100}$; $1{,}5 = \frac{150}{100} = \frac{3}{2} = 1\frac{1}{2}$;
$1{,}84 = \frac{184}{100} = \frac{46}{25} = 1\frac{21}{25}$; $2{,}08 = \frac{208}{100} = \frac{52}{25} = 2\frac{2}{25}$; $2{,}36 = \frac{236}{100} = \frac{59}{25} = 2\frac{9}{25}$

3. **a)** 2,769 **b)** 5,79 **c)** 0,09 **d)** 7,8 **e)** 4 **f)** 7,1

4. Wir wählen 1 mm für 1 Million Einwohner.
Vorher runden wir auf ganze Millionen.

Deutschland	82 Mio.;
Frankreich	65 Mio.;
Spanien	47 Mio.;
Niederlande	17 Mio.;
Schweden	10 Mio.;
Dänemark	6 Mio.

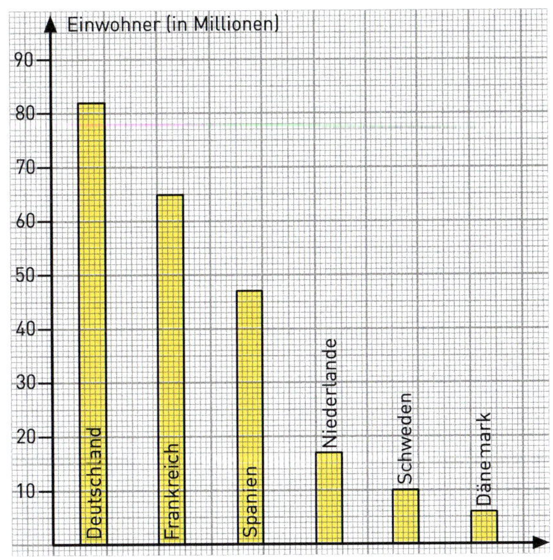

5. 0,07 < 0,25 < 0,52 < 1,03 < 1,0998 < 1,3 = 1,30 < 1,976 < 1,98 < 1,984 < 2,75

6. **a)** 7,5 **b)** 5,7 **c)** 1,15 **d)** 4,94 **e)** 6,48 **f)** 1,18

7. **a)** 27,246 **b)** 1,0215 **c)** 27,428 **d)** 56,517

8. **a)** 156,7 **b)** 0,7834 **c)** 0,034711 **d)** 3,69 **e)** 15 **f)** 3,74

Seite 146

9. **a)** 397,76 **b)** 62,04 **c)** 220,11 **d)** 321,526 **e)** 13,56 **f)** 0,27 **g)** 15,37 **h)** 56

10. **a)** 51,75 € : 25 = 2,07 € Jeder muss 2,07 € bezahlen.
b) 3 t : 2,5 kg = 3000 kg : 2,5 kg = 1200 Es können 1200 Dachziegel geladen werden.

11. **a)** $A = 9{,}60\,m \cdot 4{,}50\,m + 2 \cdot (9{,}60\,m + 4{,}50\,m) \cdot 1{,}80\,m = 93{,}96\,m^2$
$93{,}96\,m^2 \approx 94\,m^2$ müssen gestrichen werden.
b) $V = 9{,}60\,m \cdot 4{,}50\,m \cdot (1{,}80\,m - 0{,}20\,m) = 69{,}12\,m^3$
Es werden $69{,}12\,m^3 = 69120\,\ell$ Wasser benötigt.

12. **a)** $0{,}\overline{5}$; $0{,}8\overline{3}$; $0{,}2\overline{142857}$; $1{,}\overline{81}$; $1{,}\overline{285714}$ **b)** $2\frac{7}{9}$; $2\frac{7}{99}$; $2\frac{108}{999}$

Seite 166

1. **a)** $3{,}75\,cm^2$ **b)** $3{,}75\,cm^2$ **c)** $7{,}5\,cm^2$ **d)** $9{,}5\,cm^2$

2. **a)** Parallelogramm; $32\,cm^2$ **b)** Trapez; $52\,cm^2$ **c)** Rechteck; $34\,cm^2$ **d)** Dreieck; $7{,}5\,cm^2$ **e)** Dreieck; $21\,cm^2$ **f)** Fünfeck; $22\,cm^2$

3. **a)** $A = \frac{(1{,}50\,m + 1{,}10\,m) \cdot 0{,}95\,m}{2} = 1{,}235\,m^2$ **b)** $A = \frac{1{,}50\,m \cdot 1{,}10\,m}{2} = 0{,}825\,m^2$

Seite 199

1. **a)** $\frac{7}{2} = 3\frac{1}{2}$ **b)** $\frac{16}{3} = 5\frac{1}{3}$ **c)** $\frac{35}{72}$ **d)** $\frac{8}{5} = 1\frac{3}{5}$ **e)** $\frac{3}{20}$ **f)** $\frac{15}{28}$

Seite 200

2. **a)** $\frac{25}{12} = 2\frac{1}{12}$ **b)** $\frac{5}{6}$ **c)** $\frac{14}{15}$ **d)** $\frac{10}{7} = 1\frac{3}{7}$ **e)** $\frac{81}{56} = 1\frac{25}{56}$ **f)** $\frac{9}{20}$ **g)** $\frac{4}{9}$ **h)** 48 **i)** $\frac{2}{3}$ **j)** $\frac{1}{4}$ **k)** $\frac{4}{9}$ **l)** $\frac{49}{16} = 3\frac{1}{16}$

3. **a)** $\frac{2}{9}$ **b)** $\frac{2}{3}$ **c)** $\frac{5}{6}$ **d)** $\frac{1}{3}$ **e)** $\frac{5}{9}$

4. $1\frac{1}{2}\ell \cdot 6 = 9\,\ell$; $9\,\ell : 0{,}2\,\ell = 45$, also 45 Gläser

5. **a)** $1\frac{1}{4}$ kg **b)** $\frac{3}{8}\ell$ **c)** $3\frac{3}{4}$ Unzen

6. 128 km

7. **a)** $1\,t = 1000\,kg$; $1\frac{1}{4}\,t = 1250\,kg$; $1250\,kg : 12\frac{1}{2}\,kg = 100$ Sie erhält 100 Säcke.
b) $1\frac{1}{4}t \cdot 1\frac{1}{2} = 1\frac{7}{8}t = 1875\,kg$ kleine Kartoffeln Insgesamt: $1\frac{1}{4}t + 1\frac{7}{8}t = 3\frac{1}{8}t$

8. **a)** $\frac{1}{18}$ **b)** $2\frac{1}{2}$ **c)** $2\frac{1}{8}$ **d)** 1,92 **e)** $1\frac{1}{2}$ **f)** 0,5 **g)** 7,7 **h)** $\frac{11}{12}$ **i)** 2,38 **j)** $2\frac{1}{6}$ **k)** $2\frac{1}{20}$ **l)** $\frac{2}{15}$ **m)** $\frac{5}{6}$ **n)** 4 **o)** 25 **p)** $2\frac{1}{3}$

9. **a)** $\left(\frac{5}{9} + \frac{5}{6}\right) \cdot 1\frac{4}{5} = \frac{25}{18} \cdot 1\frac{4}{5} = \frac{5}{2} = 2\frac{1}{2}$

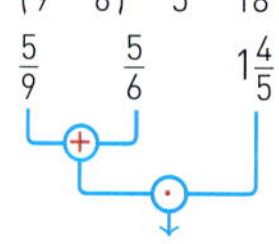

b) $10 : \left(2\frac{1}{2} - 1\frac{2}{3}\right) = 10 : \frac{5}{6} = 12$

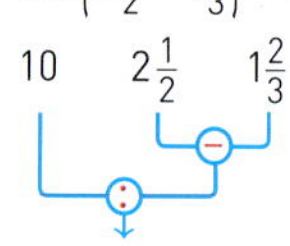

c) $8{,}9 - 5{,}5 \cdot 1{,}2 = 8{,}9 - 6{,}6 = 2{,}3$

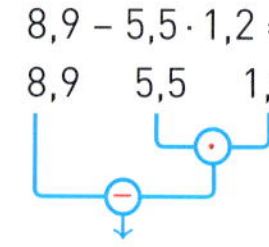

d) $\left(\frac{9}{10}\right)^2 + 6\frac{3}{5} : 3\frac{1}{7} = \frac{81}{100} + \frac{21}{10} = \frac{81}{100} + \frac{210}{100} = 2\frac{91}{100}$

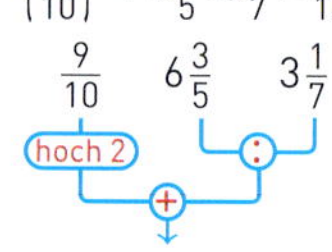

10. **a)** $12\frac{1}{9}$ **b)** $12\frac{2}{3}$ **c)** $5\frac{1}{2}$ **d)** 9,1

11. $7 \cdot 2\frac{3}{4}\,kg + 9 \cdot 1\frac{4}{5}\,kg = \frac{77}{4}\,kg + \frac{81}{5}\,kg = \frac{709}{20}\,kg = 35\frac{9}{20}\,kg$ Das Gesamtgewicht beträgt $35\frac{9}{20}$ kg.

12. Gilt $a : (b + c) = a : b + a : c$? Beispiel für $a = 4$, $b = 2$, $c = 3$:
$4 : (2 + 3) = 4 : 5 = \frac{4}{5}$ und $4 : 2 + 4 : 3 = 2 + 1\frac{1}{3} = 3\frac{1}{3}$ Dieses Distributivgesetz gilt nicht.

Seite 228

1. **a)** Grundgesamtheit: 925 Schüler
Umfang der Stichprobe: 111 Schüler

b) Hausaufgabenbetreuung: $\frac{24}{111} \approx 21{,}6\,\%$
Computerkurse: $\frac{38}{111} \approx 34{,}2\,\%$
Sport: $\frac{1}{111} \approx 0{,}9\,\%$
kein Angebot: $\frac{48}{111} \approx 43{,}2\,\%$
Interesse an einem der drei Angebote:
$\frac{24+38+1}{111} = \frac{63}{111} = \frac{21}{37} \approx 0{,}568 = 56{,}8\,\%$

c) Siehe Bild rechts.

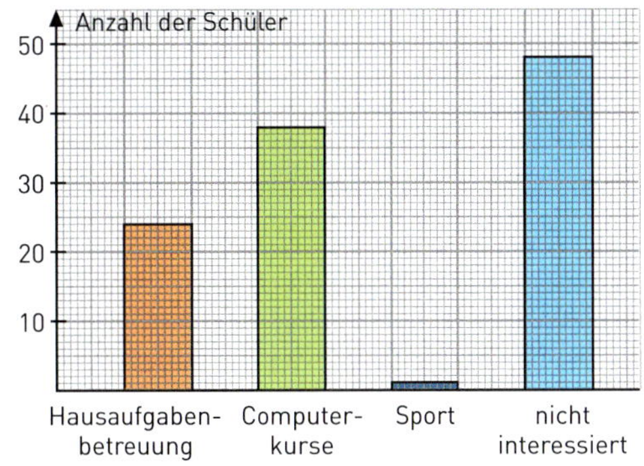

d) Hausaufgabenbetreuung: $925 \cdot \frac{24}{111} \approx 200$
Computerkurse: $925 \cdot \frac{38}{111} \approx 317$
Sport: $925 \cdot \frac{1}{111} \approx 8$
kein Angebot: $925 \cdot \frac{48}{111} \approx 400$

2. $(2 \cdot 995\,m\ell + 3 \cdot 996\,m\ell + 5 \cdot 997\,m\ell + 10 \cdot 998\,m\ell + 15 \cdot 999\,m\ell + 21 \cdot 1000\,m\ell + 20 \cdot 1001\,m\ell + 11 \cdot 1002\,m\ell$
$+ 5 \cdot 1003\,m\ell + 4 \cdot 1004\,m\ell + 2 \cdot 1005\,m\ell) : (2 + 3 + 5 + 10 + 15 + 21 + 20 + 11 + 5 + 4 + 2)$
$= 98\,011\,m\ell : 98 \approx 1000\,m\ell$
Das arithmetische Mittel liegt bei ungefähr $1000\,m\ell$.

3. Montag:  Dienstag: 

Median Median

Seite 257

1. **a)** 12 °C über null; 21 °C unter null; 17 °C über null; 3 °C unter null; 0 °C
b) 12 m über NN; 21 m unter NN; 17 m über NN; 3 m unter NN; 0 m (genau Meeresspiegelhöhe)
c) 12 € Guthaben; 21 € Schulden; 17 € Guthaben; 3 € Schulden; 0 €

2. $-55;\ -36;\ -20;\ -17;\ -4;\ +6;\ +25;\ +32;\ +44$

3. **a)** $-3 < +6$; $+7 > -1$ **b)** $-4 > -6$; $-5 < -2$ **c)** $+3 > -8$; $-1 > -4$ **d)** $-11 < -3$; $-7 < -6$ **e)** $-4 < +1{,}5$; $+2 > -8$

4. **a)** $+5 \xrightarrow{-8} -3$; $-6 \xrightarrow{+2} -4$ **b)** $+7 \xrightarrow{-11} -4$; $-12 \xrightarrow{+7} -5$ **c)** $-5 \xrightarrow{+8} +3$; $+3 \xrightarrow{-8} -5$ **d)** $-8 \xrightarrow{+2} -6$; $-4 \xrightarrow{+10} +6$

5. *Zum Beispiel:*

a) *Frage:* Wie hoch ist die Temperatur dann?
Rechnung: $+2 \xrightarrow{-8} -6$
Antwort: Die Temperatur beträgt nun −6 °C.

b) *Frage:* Wie viel € hat Sandra zu wenig?
Ansatz und Rechnung: $49 \xrightarrow{\quad} 35$, also $49 \xrightarrow{-14} 35$
Antwort: Sie hat 14 € zu wenig.

c) *Frage:* Um wie viel cm hat sich der Wasserstand insgesamt verändert?
Rechnung: $(-126) + (+78) = -48$
Antwort: Der Wasserstand ist insgesamt um 48 cm gefallen.

d) *Frage:* Wie warm war es vor dem Temperatursturz?
Ansatz und Rechnung: $\xrightarrow{-17} +16$, also $+33 \xrightarrow{-17} +16$
Antwort: Die Temperatur betrug 33 °C.

6. **a)** -42; -53; -54 **b)** -14; -64; $+5$ **c)** -58; $+41$; -65 **d)** $+17$; -78; -19

7. **a)** -8; $+12$; -56 **b)** $+20$; -56; $+36$ **c)** $+81$; 0; -40 **d)** -60; $+75$; $+90$

Seite 257

8. **(1)** Die Behauptung ist richtig, denn: Addiert man zu einer ganzen Zahl eine negative Zahl, so ist das Ergebnis kleiner als die erste Zahl. Da die erste Zahl bereits negativ ist, ist das Ergebnis auch negativ.

(2) Die Behauptung ist falsch. Z.B. ist die Summe aus +3 und −5 negativ, nämlich −2.

(3) Die Behauptung ist richtig. Die positiven Zahlen liegen auf der Zahlengeraden rechts von null, die negativen links von null.

(4) Die Behauptung ist richtig. Z.B. ist $(-2) + (-3) = -5$. Weiter ist −5 ist kleiner als −2 und kleiner als −3.

(5) Die Behauptung ist falsch. Das Produkt zweier negativer ganzer Zahlen ist auch positiv.

(6) Die Behauptung ist richtig, denn bei gleichen Vorzeichen ist das Produkt wie negativ und gleich oder größer als jeder Faktor.

Verzeichnis mathematischer Symbole

$a = b$	a gleich b
$a \neq b$	a ungleich b
$a < b$	a kleiner b
$a > b$	a größer b
$a \approx b$	a ungefähr gleich b
$a + b$	a plus b; Summe aus a und b
$a - b$	a minus b; Differenz aus a und b
$a \cdot b$	a mal b; Produkt aus a und b
$a : b$	a durch b; Quotient aus a und b
$a \mid b$	a ist Teiler von b
$a \nmid b$	a ist nicht Teiler von b
a^n	a hoch n; Potenz aus Basis (Grundzahl) a und Exponent (Hochzahl) n
$\{1; 5; 8\}$	Menge mit den Elementen 1, 5, 8
$\{\ \}$	leere Menge
$\mathbb{N}$	Menge der natürlichen Zahlen: $\mathbb{N} = \{0: 1; 2; 3; ...\}$
AB	Verbindungsgerade durch die Punkte A und B; Gerade durch A und B
$\overline{AB}$	Verbindungsstrecke der Punkte A und B; Strecke mit den Endpunkten A und B
$\lvert AB \rvert$	Länge der Strecke $\overline{AB}$
$g \parallel h$	g ist parallel zu h
$g \nparallel h$	g ist nicht parallel zu h
$g \perp h$	g ist orthogonal zu h
$g \not\perp h$	g ist nicht orthogonal zu h
ABC	Dreieck mit den Eckpunkten A, B und C
ABCD	Viereck mit den Eckpunkten A, B, C und D
$A(a \mid b)$	Punkt mit dem Rechtswert a und dem Hochwert b. a ist die 1. Koordinate, b die 2. Koordinate von A.

Stichwortverzeichnis

Bildquellenverzeichnis

Umschlag: mauritius images, Mittenwald (Danita Delimont); 3.1, 11.1: Getty Images, München (Christel Rosenfeld); 3.2, 41.1: Getty Images, München (Charly Franklin); 4.1, 95.1: Imago, Berlin (Xinhua); 4.2, 147.1: iStockphoto, Calgary (Elenathewise); 4.3, 167.1: Getty Images, München (Sami Sarkis); 5.1, 201.1: iStockphoto, Calgary (Henrik5000); 5.2, 229.1: Thinkstock, Sandyford/Dublin 18; 8.1: Getty Images, München (iStockvectors/ Tom Nulens); 12.1, 12.2, 12.3, 12.4, 15.1: Michael Fabian, Hannover; 16.1: fotolia.com, New York (Sergej Toporkov); 24.1, 25.3, 34.1: Michael Fabian, Hannover; 25.1: Getty Images, München (iStockvectors); 25.2: Getty Images, München (Dorling Kindersley); 38.1: © Camille-Graeser-Stiftung/ VG Bild-Kunst, Bonn 2013; 41.2: M.C. Escher's "Symmetry Drawing E1" © 2013 The M.C. Escher Company-Holland. All rights reserved. www.mcescher.com; 41.3: M. C. Escher's "Symmetry Drawing E18"/© 2013 The M.C. Escher Company-Holland. All rights reserved. www.mcescher.com; 41.4: M. C. Escher's "Symmetrie Drawing E 107"/© 2013 The M.C. Escher Company-Holland. All rights reserved. www.mcescher.com; 42.1: TopicMedia Service, Putzbrunn (Lothar Lenz); 43.1: Corbis, Düsseldorf (Phil Schermeister); 43.2: Agentur Focus, Hamburg (SPL); 43.3: Corbis, Düsseldorf (Adam Peiperl); 44.1: Michael Fabian, Hannover; 44.2, 44.3: Torsten Warmuth, Berlin; 46.1: mauritius images, Mittenwald (Muth); 47.1: Schapowalow, Hamburg (Boelter); 47.2: Imago, Berlin (Imagebroker); 47.3: mauritius images, Mittenwald (Christian Bäck); 48.1: Imago, Berlin (Mc Photo/Ingo Schulz); 48.2: Thomas Semmler, Lünen; 49.1, 49.2, 51.1: Michael Fabian, Hannover; 54.1: Friedrich Suhr, Lüneburg; 57.1: Picture-Alliance, Frankfurt (dpa/lbn/Rainer Jensen); 57.2: LAV Elstertal Bad Köstritz e.V; 58.1, 59.1, 60.1: Michael Fabian, Hannover; 60.2: iStockphoto, Calgary (Dan Barnes); 62.1: fotolia.com, New York (Florian Andronache); 63.1: Magdalena Tooren-Wolff, Hannover; 64.1: fotolia.com, New York (SyB); 65.1: V. Wenzel; 67.1: Hans Tegen, Hambühren; 67.2: S. Werner, Hannover; 68.1: Hans Tegen, Hambühren; 69.1: Picture-Alliance, Frankfurt (dpa/Rolf Hai); 73.1: Imago, Berlin (blickwinkel); 73.2: Alois Greiner, Braunschweig; 73.3: mauritius images, Mittenwald (Dr. Eckart Pott); 75.1, 75.2: Dr. Eckhard Globig, Jülich; 76.1, 76.2: Michael Fabian, Hannover; 76.3-4: Friedrich Suhr, Lüneburg; 77.1: ullstein bild, Berlin; 77.2: Friedrich Suhr, Lüneburg; 87.1, 87.2, 87.3, 87.4: Michael Fabian, Hannover; 92.1: Astrofoto, Sörth; 94.1: Das Luftbild-Archiv, Wennigsen; 94.2: Langner & Partner, Hemmingen-Arnum; 95.2: Imago, Berlin (STAR-MEDIA); 95.3: Langner & Partner, Hemmingen-Arnum; 95.4: Friedrich Suhr, Lüneburg; 96.1: Imago, Berlin (GEPA pictures); 96.2: Picture-Alliance, Frankfurt (dpa); 100.1: Picture-Alliance, Frankfurt; 100.2: Corbis, Düsseldorf (Lothar Lenz); 100.3: Corbis, Düsseldorf (Hackenberg/zefa); 100.4: mauritius images, Mittenwald (STOCK4B); 102.1: Michael Fabian, Hannover; 104.1: Picture-Alliance, Frankfurt (dpa); 106.1: Friedrich Suhr, Lüneburg; 108.1: Michael Fabian, Hannover; 109.1: Imago, Berlin (Baering); 110.1, 110.2, 110.3, 111.1-4: Michael Fabian, Hannover; 112.1: Imago, Berlin (UPI Photo); 114.1, 116.1: Michael Fabian, Hannover; 116.2: Torsten Warmuth, Berlin; 117.1: Agentur Focus, Hamburg (SPL/Robert Markus); 118.1, 119.1: Michael Fabian, Hannover; 120.1: Langner & Partner, Hemmingen-Arnum; 125.1: Torsten Warmuth, Berlin; 128.1: Michael Fabian, Hannover; 131.1: iStockphoto, Calgary (ElementalImaging); 133.1: Druwe & Polastri, Cremlingen/Weddel; 134.1: iStockphoto, Calgary (frytka); 134.2: Michael Fabian, Hannover; 135.1: TopicMedia Service, Putzbrunn (Stephan Goerlich); 136.1: Getty Images, München (Clive Rose); 138.1: Deutsches Jugendherbergswerk Rheinland, Düsseldorf; 139.1: Picture-Alliance, Frankfurt (Mika); 143.1: Friedrich Suhr, Lüneburg; 148.1: Michael Fabian, Hannover; 148.2: TopicMedia Service, Putzbrunn (Martin Moxter); 149.1: TopicMedia Service, Putzbrunn (Daniel Schoenen/PM); 149.2: TopicMedia Service, Putzbrunn (Denis Meyer); 149.3: fotolia.com, New York (Fred); 156.1: Getty Images, München (photolibrary); 162.1, 162.2: Michael Fabian, Hannover; 163.1: F. Miltenberger, Wutöschingen; 163.2: ddp images, Hamburg (AP); 164.1: TopicMedia Service, Putzbrunn (Ingo Schulz); 166.1, 166.2: Michael Fabian, Hannover; 168.1: Panther Media, München (Kati Neudert); 168.2, 170.1: Michael Fabian, Hannover; 172.1: Druwe & Polastri, Cremlingen/Weddel; 175.1: Imago, Berlin (imagebroker); 175.2: Langner & Partner, Hemmingen-Arnum; 178.1: Michael Fabian, Hannover; 180.1: Hans Tegen, Hambühren; 181.1: Langner & Partner, Hemmingen-Arnum; 182.1: Regionalmuseum, Wolfhagen; 182.2a-f: Langner & Partner, Hemmingen-Arnum; 182.3: Staatsarchiv, Bremen; 185.1: Imago, Berlin (blickwinkel); 185.2a-f: AMIGO Spiel + Freizeit GmbH, Dietzenbach; 186.1-2: Michael Fabian, Hannover; 189.1: imagetrust, Koblenz (Markus Matzel); 198.1: Langner & Partner, Hemmingen-Arnum; 200.1, 200.2: Michael Fabian, Hannover; 201.2: Druwe & Polastri, Cremlingen/Weddel; 204.1, 207.1: Michael Fabian, Hannover; 208.1: U. Willms, Mönchengladbach; 209.1, 209.2: Michael Fabian, Hannover; 212.1, 213.1-2: Langner & Partner, Hemmingen-Arnum; 216.1, 216.2: Michael Fabian, Hannover; 218.1: Druwe & Polastri, Cremlingen/Weddel; 219.1: Michael Fabian, Hannover; 220.1: altrofoto, Regensburg; 221.1, 222.1: Michael Fabian, Hannover; 222.2: ddp images, Hamburg (dapd © AP); 225.1: Michael Fabian, Hannover; 225.2: akg-images, Berlin; 226.1: Langner & Partner, Hemmingen-Arnum; 228.1: Michael Fabian, Hannover; 230.1: Langner & Partner, Hemmingen-Arnum; 239.1: Torsten Warmuth, Berlin; 241.1: mauritius images, Mittenwald (Herr Schwarz); 241.2: Michael Fabian, Hannover; 245.1: Torsten Warmuth, Berlin; 247.1-2: Michael Fabian, Hannover; 248.1: TopicMedia Service, Putzbrunn (Carsten Leuzinger); 249.1: TopicMedia Service, Putzbrunn (Andreas Rose); 251.1, 254.1: Michael Fabian, Hannover; 255.1: akg-images, Berlin; 255.2: ddp images, Hamburg (dapd).

Es war nicht in allen Fällen möglich, den Inhaber der Bildrechte ausfindig zu machen und um Abdruckgenehmigung zu bitten. Berechtigte Ansprüche werden selbstverständlich im Rahmen der üblichen Konditionen abgegolten.